生态与社会经济可持续发展研究丛书

可持续建筑技术教程

冯国会 于 靓 郝 红 等编著
高甫生 主审

中国建筑工业出版社

图书在版编目（CIP）数据

可持续建筑技术教程 / 冯国会等编著. —北京：
中国建筑工业出版社，2019.7

（生态与社会经济可持续发展研究丛书）

ISBN 978-7-112-23702-9

Ⅰ. ①可… Ⅱ. ①冯… Ⅲ. ①建筑科学–教材 Ⅳ.
① TU

中国版本图书馆 CIP 数据核字（2019）第 085694 号

　　本书包括 11 章，分别是：可持续建筑的理论基础、建筑室外环境、建筑室内环境质量、可持续城市的相关规划设计、可持续建筑设计方法、建筑设备系统、被动式建筑技术、绿色建材、可再生能源利用技术、智能建筑、可持续建筑的施工及运营维护等内容。本书论述人与自然和谐的城市社区建设途径与可持续建筑设计方法。

　　本书可供从事生态、资源环境与社会经济可持续发展、可持续建筑与环境设计人员使用，也可供大专院校相关专业人员使用。

责任编辑：胡明安
责任校对：赵　菲

生态与社会经济可持续发展研究丛书
可持续建筑技术教程
冯国会　于　靓　郝　红　等编著
高甫生　主审

*

中国建筑工业出版社出版、发行（北京海淀三里河路9号）
各地新华书店、建筑书店经销
北京建筑工业印刷厂制版
北京建筑工业印刷厂印刷

*

开本：787毫米×1092毫米　1/16　印张：21¾　字数：543千字
2021年4月第一版　　2021年4月第一次印刷
定价：**65.00**元
ISBN 978-7-112-23702-9
（33988）

丛书编写编审委员会

顾　问：肖金成　谷树忠　陈国民　方　月

编写委员会

主　任：冯国会

副主任：付士磊　汤姚楠　孙江宁

委　员：于　靓　郝　红　李慧星　于　水　郭慧宇
　　　　李　刚　康智强　丁相群　潘　琳　尚金玲
　　　　张　超　杨珊珊　李英良　曹学敏　刘玉娇
　　　　李　帅　王　阳　尹　航

编审委员会

主　任：石铁予　周伟奇

副主任：刘亚臣　王雅莉　高甫生　宋庆勇

委　员：于　靓　郝　红　李慧星　付士磊　汤姚楠
　　　　樊旭锋　李学锋　孙江宁　潘　琳

丛 书 前 言

生态、生态环境、资源环境与社会经济可持续发展紧密关联。工业文明粗放式经济发展造成严重的生态环境危机，人类对资源过度开发，必然导致严重的资源短缺和环境恶化，人类对自然资源的利用和消耗超出其更新能力，严重威胁到人类生存和社会的可持续发展。我国是世界上最大的发展中国家，可持续发展是我国基本国策与国家战略。当今我国社会已进入中国特色社会主义新时代，从工业文明到生态文明，从经济高速发展转向高质量发展已成必然。相关问题的研究多为可持续发展理论与实践中的热点研究，其中也涉及多学科交叉的前沿难点研究。

由中国建筑工业出版社出版的《生态与社会经济可持续发展研究丛书》，从城市群、城市、城市建筑，也即从宏观、中观、微观三个不同层面，分别采用生态学、环境学、生态经济学、区域经济学、产业经济学、城市规划学、建筑学等多学科交叉方法，从不同视角研究生态及资源环境与社会经济可持续发展关联的多个热点研究。这套丛书基于著作者长期从事科研、教学、规划设计的重要成果积累，由中国生态城市研究院、中国科学院生态环境研究中心城市与区域生态国家重点实验室、沈阳建筑大学、东北财经大学以及中国城市建设研究院的教授、博导、博士、博士后为主的合作团队撰写，并由教育部高等学校城乡规划专业教学指导分委员会副主任委员，中国建筑学会常务理事，中国城市规划学会常务理事石铁矛博导和中科院城市与区域生态国家重点实验室副主任，国际城市生态学会中国分会副理事长周伟奇博导任丛书编审委员会主任；中国城市经济学会生态文明专委会共同筹划，并作为生态文明的学术研究工作给予全力支持，共同邀请著名资深学者、国家发展和改革委员会国土开发与地区经济研究所原所长肖金成博导和国务院发展研究中心资源与环境政策研究所副所长、2011年中国十大国土经济人物谷树忠博导顾问与指导。值此丛书著作陆续出版之际，对丛书及每本著作所有帮助、支持与指导过的每位学者、专家，以及中国建筑工业出版社对这套学术著作一直来的重点支持，一并表示衷心致谢！

这套丛书包括《生态城市规划概论》《我国生态城市的实践比较与展望》《辽中南城市群产业结构优化研究》《转型期的资源型城市高效协调发展研究——以徐州示范为例》《城市环境演变效应与绿地系统综合效益评价体系研究》《城市环境低碳规划设计理论与实践》以及《可持续建筑技术教程》等。其中，《辽中南城市群产业结构优化研究》《转型期的资源型城市高效协调发展研究——以徐州示范为例》两本专著，论述与实证城市群区域、老工业基地和资源型城市的产业结构优化与改革以及生态转型与可持续高质量发展;《城市环境演变效应与绿地系统综合效益评价体系研究》一书论述景观格局演化和从工业文明到生态文明的城市环境时空演变效应以及基于 GEP 的城市绿地系统综合效益评价指标体系构建;《生态城市规划概论》《我国生态城市的实践比较与展望》两本著作,以城市为载体,论述按生态学原则建立起来的社会、经济、自然协调发展的生态城市新型社会关系,及其规划建设的理论与实践探索;《城市环境低碳规划设计理论与实践》论述城市低碳环境生态设计方法与技术的理论与实践,实证与量化分析城市空间形态要素对生活碳排放的影响;《可持续建筑技术教程》一书论述人与自然和谐的城市社区建设途径与可持续建筑设计方法。上述著作一方面,就《生态与社会经济可持续发展研究丛书》而言,是围绕可持续发展研究核心主题的一个整体,但就每本书而言,又是一本独立内容的学术著作,因而使用更具灵活性;另一方面,这套丛书由于研究理论上跟踪学科前沿研究,研究载体选择多具典型性、代表性,研究方法力求科学严谨,因而总体上有其先进性、科学性和系统性的特色,有较好的理论意义与实用价值。从整体来说,这套丛书适用于从事生态、资源环境与社会经济可持续发展的系统研究人员和高校相关专业与交叉学科基础研究人员的参考用书;从每本书来说又分别可供从事生态城市研究及其规划设计与管理人员、城市群、区域经济、产业结构优化及供给侧结构性改革、资源型城市生态转型与高质量可持续发展、生态系统服务功能与生态服务价值及城市环境资产的相关研究人员,以及可持续建筑与环境设计研究人员的参考用书及辅助教材、培训教材使用(详见各书前言)。

由于生态与社会经济可持续发展研究涉及面很广、专业性又很强,而编者水平有限,这套丛书还有诸多不足,也许有些观点有待进一步商榷。请广大读者不吝赐教,作者将认真吸取广大读者的意见与建议,在理论研究与应用实践中不断修改完善,适宜再版时适当补充相关著作,使丛书组成得以进一步完善。

《生态与社会经济可持续发展研究丛书》编写委员会
《生态与社会经济可持续发展研究丛书》编写委员会主任
沈阳建筑大学副校长

前　　言

本书把可持续性建筑作为一个极其复杂的系统工程对待，着眼于综合效益的可持续性。本书分别从可持续建筑的理论基础、建筑室内外环境、可持续建筑的相关规划设计、建筑设备、被动式建筑技术、建筑材料、可再生能源利用、智能建筑及建筑的运营维护等多个方面介绍了可持续性的建筑技术知识。

全书共分为 11 章，由沈阳建筑大学冯国会教授拟定全书内容和编写提纲。在全书中，沈阳建筑大学的于靓副教授负责编写第 1 章和第 5 章，于水副教授负责编写第 2 章，郝红副教授负责编写第 3 章和第 9 章，郭慧宇实验师负责编写第 4 章，李刚副教授负责编写第 7 章，李慧星教授负责编写第 6 章和第 11 章，康智强副教授负责编写第 10 章，丁相群副教授负责编写第 8 章。全书由冯国会教授统稿。

本书应用了很多资料（数据、图表等），谨向有关文献的作者表示衷心的感谢。由于编者的水平有限，书中错误和不足之处，敬请专家和读者批评指正，编者不胜感谢。

编者

目　录

第1章 可持续建筑的理论基础

1.1 引　言

人类总是想方设法地保护与维持自身的进步，满足自己的需求以实现自己的雄心壮志。但是，无论是在发达国家还是发展中国家，这些努力都难以为继，因为环境资源被消耗得太快太多，以至于已经透支。也许我们这一代的资产盈亏表上还是赢利的，但是我们的下一代却要承受损失。

自工业革命以来，全球取得了令人瞩目的技术成就，人口和相应的资源消耗大幅度增长。当步入21世纪时，人类通过技术手段征服自然的观念，使我们逐渐意识到人类行为产生了"边际效应"，即：水、气污染、固体垃圾排放、全球变暖、资源短缺、臭氧层破坏和森林过度砍伐等。这些效应给地球的"承受能力"（指：为维持生命提供资源的同时保持再生的能力）带来了巨大负担。

人们长期以来想要摆脱现实生活质量落后的状况，一直坚信发展才能创造财富，从而忽略自然环境的保护，甚至认为资源能源是取之不尽、用之不竭的，不停地在利用自然资源。如今人们的生活质量有了很大的提高，但在发展的过程中却使环境不断地污染、不断地恶化。伴随着意识到这种现象的严重性，人类开始强调人与自然之间的关系，更加注重对自然的保护、尊重自然、利用自然。这些观念对于中国的发展产生了不小的影响。

1980年，世界自然保护联盟（IUCN）在《世界保护战略》中首次使用了"可持续发展"的概念，可持续发展一词在1987年联合国报告《我们共同的未来》（Our Common Future）后被广泛使用。这一具有划时代意义的报告表明了我们创造增长与繁荣的集体能力无意中也对我们的资源及生态系统产生了深远的影响。这些影响不断加剧，其负面效应不断出现，也许会危及我们的子孙后代满足他们需求的能力。为了扭转这些趋势，该报告提倡一种新型的经济发展模式：可持续发展，以使社会在满足今日需求的同时，也能为后代保护资源和自然系统。

1.1.1 可持续发展概念

自国际上正式提出可持续发展观以来，其概念和内涵都有了明显的发展。据统计，目前关于可持续发展的定义已经多达100多种。大致可以从以下3个角度进行描述。

广泛性定义：可持续发展是既满足当代人的需求，又不对后代人满足其需求的能力构成危害的发展称为可持续发展。

科学性定义：可持续发展涉及自然、环境、社会、经济、科技、政治等诸多方面，所以，由于研究者所站的角度不同，对可持续发展所做的定义也就不同。大致归纳如下：

（1）从自然环境角度定义可持续发展

1991 年，国际生态学联合会（INTECOL）和国际生物科学联合会（IUBS）联合举行了关于可持续发展问题的专题研讨会。该研讨会的成果发展并深化了可持续发展概念的自然属性，将可持续发展定义为："保护和加强环境系统的生产和更新能力"，其含义为可持续发展是不超越环境，系统更新能力的发展。

（2）从社会环境角度定义可持续发展

1991 年，由世界自然保护同盟（IUCN）、联合国环境规划署（UN-EP）和世界野生生物基金会（WWF）共同发表《保护地球——可持续生存战略》（Caring for the Earth：A Strategy for Sustainable Living），将可持续发展定义为"在生存于不超出维持生态系统涵容能力之情况下，改善人类的生活品质"，并提出了人类可持续生存的九条基本原则。

（3）从经济学角度定义可持续发展

爱德华 -B·巴比尔（Edivard B.Barbier）在其著作《经济、自然资源：不足和发展》中，把可持续发展定义为"在保持自然资源的质量及其所提供服务的前提下，使经济发展的净利益增加到最大限度"。皮尔斯（D-Pearce）认为："可持续发展是今天的使用不应减少未来的实际收入""当发展能够保持当代人的福利增加时，也不会使后代的福利减少"。

（4）从技术角度定义可持续发展

斯帕思（Jamm Gustare Spath）认为："可持续发展就是转向更清洁、更有效的技术，尽可能接近'零排放'或'密封式'，工艺方法尽可能减少能源和其他自然资源的消耗"。

综合性定义：在众多的定义中，布伦特兰夫人主持的《我们共同的未来》报告中的定义被国际社会一致认可。定义：可持续发展是既满足当代人的需求，又不对后代人满足其需求的能力构成危害的发展，又被称为布伦特兰定义（它包括两个重要的概念："需求"和"限制"的概念）。

1）需求的概念包含维持一种对所有人来说可接受的生活标准的基本条件。

2）限制的概念包含由技术状况和社会机构决定的环境能满足现在和将来的需要的能力。

这些成熟性的定义都是科学家在过去的几十年里潜心研究的成果，而可持续发展的起源要追溯到 1962 年。表 1-1 为环境协议和可持续发展的里程碑内容。

环境协议和可持续发展的里程碑　　　　　　　　　　　　　　　　　表 1-1

日期	事件	日期	事件
1962 年	《寂静的春天》（美国）	1980 年	《世界保护战略》（国际自然与自然资源保护联合会）
1969 年	"生态建筑"（意大利）	1980 年	《全球 2000 年报告》（美国）
1972 年	《增长的极限》报告	1983 年	赫尔辛基空气质量大会（联合国）
1972 年	《人类环境宣言》（联合国斯德哥尔摩环境大会）	1983 年	世界环境和发展大会（联合国）
1973 年	《小是美好的》	1987 年	禁止使用破坏臭氧层物质《蒙特利尔协议》（联合国）
1979 年	保护动植物生存环境伯尔尼大会（欧洲会议）	1987 年	《我们共同的未来》（布朗特兰德委员会以联合国名义制定）
1979 年	日内瓦空气污染大会（联合国）	1990 年	《关于城市环境的绿色文件》（欧共体）

续表

日期	事　　件	日期	事　　件
1992 年	《里约热内卢地球峰会》（联合国）	1999 年	《自然资本论：关于下一次工业革命》（美国）
1992 年	《我们共同的遗产》（英国）	1999 年	《资本主义文化与全球问题》（美国）
1994 年	《联合国气候变化框架公约》（联合国）	2002 年	《执行计划》（联合国）
1994 年	欧洲环境事务局建立（欧盟）	2002 年	《约翰内斯堡可持续发展承诺》（联合国）
1995 年	《四倍数》（德国）	2007 年	"巴厘岛路线图"（联合国）
1997 年	《京都议定书》（联合国）		

1.1.2　可持续发展原则

1. 公平性原则

所谓的公平性是指机会选择的平等性。这里的公平具有两方面的含义：一方面是指代际公平性，即世代之间的纵向公平性；另一方面是指同代人之间的横向公平性，可持续发展不仅要实现当代人之间的公平，而且也要实现当代人与未来各代人之间的公平，这是可持续发展与传统发展模式的根本区别之一。公平性在传统发展模式中没有得到足够重视。从伦理上讲，未来各代人应与当代人有同样的权利来提出对资源与环境的需求。可持续发展要求当代人在考虑自己的需求与消费的同时，也要对未来各代人的需求与消费负起历史的责任。同后代人相比，当代人在资源开发和利用方面处于一种无竞争的主宰地位。各代人之间的公平要求任何一代都不能处于支配的地位，即各代人都应有同样选择的机会空间。

2. 可持续性原则

所谓的可持续性是指生态系统受到某种干扰时能保持其生产率的能力。资源环境是人类生存与发展的基础和条件，离开了资源环境人类的生存与发展就无从谈起。资源的持续利用和生态系统的可持续性的保持是人类社会可持续发展的首要条件。可持续发展要求人们根据可持续性的条件调整自己的生活方式，在生态可能的范围内确定自己的消耗标准。可持续发展的可持续性原则从某一侧面反映了可持续发展的公平性原则。

3. 共同性原则

可持续发展关系到全球的发展。尽管不同国家的历史、经济、文化和发展水平不同，可持续发展的具体目标、政策和实施步骤也各有差异，但是，公平性和可持续性原则是一致的。要实现可持续发展的总目标，必须争取全球共同的配合行动，即发展共同性原则。

这是由地球整体性和相互依存性所决定的。因此，致力于达成既尊重各方的利益，又保护全球环境与发展体系的国际协定至关重要。正如《我们共同的未来》中写的"今天我们最紧迫的任务也许是要说服各国，认识回到多边主义的必要性"，"进一步发展共同的认识和共同的责任感，是这个分裂的世界十分需要的。"这就是说，实现可持续发展就是人类要共同促进自身之间、自身与自然之间的协调，这是人类共同的道义和责任。

1.1.3　可持续发展意义

可持续发展是一个目标，它使我们的发展具有可持续性，意味着转变对不可再生材料和能源的大量使用；意味着创造新材料、发明新技术、使可再生和不可再生资源得到更好、更有效的使用；意味着存储和保护我们的可再生资源和生态承载能力，使之更具生产力以满足不断扩大、日益增长的人口需求；还意味着在一代代不同地区、不同种族中对这些资源公平、平衡地使用。可持续发展寻求三种关系的平衡：经济发展、环境保护及社会公平。

同时，可持续发展向我们强调了几个比较重要的观念：

首先，地球在自身的可持续状态下运转了很长时间，而现在，人们正在试图打破地球自身的这种可持续状态，现在许多人依然对那种只有生产越多、消耗越多、消费越多，生活质量才能越来越高的传统生产和生活方式趋之若鹜。因此，可持续发展最先要重新让人们认识生活方式，然后使人们的欲望和地球本身的循环平衡起来，建立起高效而不粗放、知足而不浪费、公正而不偏颇、适当而不奢侈。

其次，可持续更加强调了人与自然环境的一种相互依赖的观点，人、自然、环境，三者相互关联相互依赖，正如世间万物都是相互关联和依赖一样，大家共同处在一个大的网络之中，无论哪一方受到伤害，整个网络甚至网络中的每一部分都将受到影响，只有从多方面进行考虑，才能避免这样不必要的影响。

最后，就是改变的观念，改变也是可持续发展的必要过程，可持续发展要让人们有全新的思想，摒弃旧的思想，这需要有改变，只有把旧的生产、消耗和消费方式改变，才能提高资源的利用率，而在改变的过程中每一个方面都应该进行对自己的适当改变，只有这样才能完成对这个大环境的改变。

我国建筑行业在经济发展过程中起到了很重要的作用，它不仅在推动我国经济发展方面中占有很重要的地位，而且还解决了大部分人的就业问题，与此同时和建筑行业相关的其他行业借助这个机会也迅速发展起来，由此看来建筑行业是我国发展的主要命脉。建筑行业对于物资需求量很大，随着它的不断地发展，由此所带来的关于可持续性的问题也越来越多，这些问题慢慢也成为全社会关注的热点，所以建筑行业的可持续发展问题不容小视。

1.1.4　可持续建筑国内外发展概况

1. 可持续建筑国外发展概况

（1）项目可持续管理（PSM）FIDIC 方法（图 1-1）

FIDIC 将全社会可持续指标转化为项目层次的指标，提出以下几条：1）可持续发展是整个社会的观念；2）可持续发展是一个变化的目标；3）与可持续发展相关的问题和影响往往与地域和文化有关；4）走向进步的一个先决条件是建立一个可持续发展的创新环境。

（2）可持续性项目理性评价（SPeAR）

可持续性项目例行评估评价是基于一个既可作为一种管理性的信息工具，也可作为一个设计过程一部分的，由 4 块代表可持续性问题的扇形框架组成。由奥雅纳公司创造的可持续性项目例行评估通过 4 个要素将可持续性引入决策过程：环境保护、社会公理、经济的存活力度及对资源的有效利用（图 1-2）。

（3）LEED 绿色建筑物评级系统

LEED（Leadership Energy and Environmental Design），"能源环境设计先锋"是美国于

2003 年设立的绿色建筑协会推行的绿色建筑认证工具。LEED 评价体系目的在于规范统一完整的绿色建筑概念，改变绿色建筑市场，其宗旨是在设计中有效减少环境和住户的负面影响。

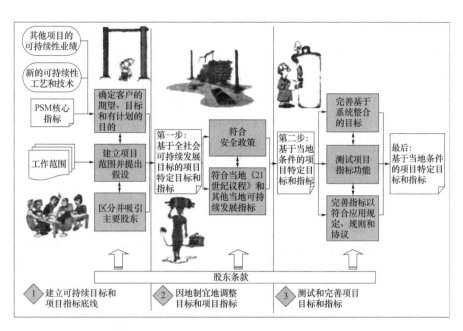

图 1-1 项目可持续性管理（PSM）的过程

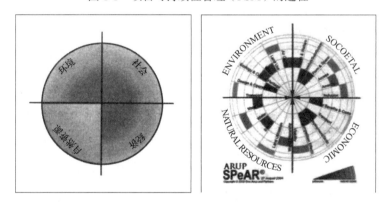

图 1-2 SPeAR®4- 扇形模型

LEED 评估体系包括可持续选址、节水、能源和大气、材料和资源、室内环境质量以及设计革新六大部分，以对建筑进行综合考察、评判其对环境的影响，并根据每个方面的指标进行打分。综合得分结果，将通过评估的建筑分为铂金（80 分以上）、金（60 ~ 79分）、银（50 ~ 59 分）和认证（40 ~ 49 分）级别。

目前我国已成为 LEED 认证大国，世界排名仅次于美国。至 2013 年 4 月 16 日，我国有 1237 个项目申请 LEED，其中 24 个项目获得 LEED 铂金，202 个金奖，82 个银奖，34个通过认证，895 个项目未通过评审。

2. 可持续建筑国内发展概况

随着建筑的需要量不断增加，我国每年的新建建筑面积不断增加，导致了建设土地的紧缺，伴随着全球资源、能源的日渐枯竭，环境的日益恶化，可持续发展已经成为全球对人类社会长期发展的思想战略的共识，近年来，人们越来越关注绿色建筑，其已经成为建筑行业最热的关键词，随着我国现代化建设的高速发展，更对绿色建筑的发展提出了紧迫的要求。

（1）《中国生态住宅技术评估手册》

《中国生态住宅技术评估手册》是由中华全国工商业联合会、房地产商会联合清华大学、住房城乡建设部科技发展促进中心、中国建筑科学研究院、哈尔滨工业大学、北京天鸿圆方建筑设计有限责任公司等单位编制的国内第一部生态住宅的评估体系。

作为国内第一部生态住宅评估体系，自 2001 年第一版出版以来，已经发行了 11000 册，使用者多为建筑设计院、房地产开发企业、政府有关主管部门（如建设局等）以及行业协会等。全国工商联房地产商会依据该评估体系开展了"全国绿色生态住宅示范项目"推广工作。自 2002 年以来，共建立了 26 个绿色生态住宅示范项目，遍及全国 15 个省 23 个城市，总建筑面积约 750 万 m^2。

（2）《绿色奥运建筑评估体系》

由清华大学、中国建筑科学研究院、北京市建筑设计研究院、中国建筑材料科学研究院等 9 家单位承担的"奥运绿色建筑标准及评估体系研究"课题组于 2002 年 10 月正式成立。

绿色奥运建筑评估体系已在水立方、五棵松体育文化中心、运动员村等 12 个奥运新建项目、所有奥运临建和改扩建场馆及其他二十余项建设项目中得到了较好的应用，在节能、节材及环保等方面进行了优化，促进了绿色奥运和绿色建筑理念的落实。

（3）《绿色建筑评价标准》

2019 年 3 月 13 日，住房和城乡建设部于发布了第 61 号公告，批准《绿色建筑评价标准》为国家标准，编号为 GB/T 50378—2019，自 2019 年 8 月 1 日起实施。原《绿色建筑评价标准》GB/T 50378—2014 同时废止。

绿色建筑评价标准评价体系包括节地与室外环境、节能与能源利用、节水与水资源利用、节材与材料资源利用、室内环境质量、施工管理、运营管理六个部分。通过对评价条目的逐项评分，最终按照一般项和优选项必须满足的项数要求评为一星级，二星级和三星级。

目前，我国共有 2164 个绿标认证，其中获得一星级认证的有 779 个，包括一星级设计认证 771 个，一星级运营认证 70 个；获得二星级认证的有 935 个，包括二星级设计认证 886 个，二星级运营认证 67 个；获得三星级认证的有 422 个，包括三星级设计认证 407 个，三星级运营认证 59 个；申请中的绿标有 38 个。

1.2　可持续建筑的必要性

建筑和建筑工业对全球、城市和区域环境都有巨大的影响。能源消耗、水资源和材料、土地消耗等导致全球性环境问题；水、气和固体废弃物排放以及噪声等对城市和区域环境造成很大的影响。同时，建筑行业造成的环境污染在整体环境污染中占有相当大的比例。

1.2.1 环境方面的影响

1. 全球性环境的影响

建筑对室外环境的影响体现在酸雨、臭氧层破坏、全球变暖、生物多样性锐减以及生态破坏、沙漠化、淡水资源污染、土地资源污染、毒化学品污染和危险废物越界转移等。而其中的全球气候变暖与臭氧层破坏成为与建筑最密切相关的全球性环境问题。

温室气体是人类肆意挥霍能源而产生的副产品。矿物燃料产生的能源，首先被用来生产建筑材料；随后在建造过程中被消耗；然后在房屋漫长的寿命周期中，被房屋的居住者所消耗。而这些矿物燃料的消耗，正是大量二氧化碳的主要来源。在温室气体中，尽管二氧化碳不是最有害的，但其排放量却是最多的。由于人类活动引发气候变化，因此开始要求人们在建筑设计、施工过程方面做出相应的变化，并且改建现有建筑，减少能源消耗进而减少温室气体的排放。

建筑中的制冷系统和消防系统曾经消耗大量的氯氟烃类物质，这类物质是造成地球臭氧层破坏的主要原因。蒙特利尔协定的签订为淘汰氯氟烃创造了条件。

2. 区域环境的影响

建筑行业排放的大气、水和固体废弃物在全社会的排放中占有相当大的比例。能源消耗导致各种废气排放，建筑物投入使用过程中产生大量生活污水和大量的生活垃圾，建筑物建造过程中产生大量建筑垃圾包括砖、瓦、混凝土碎块等。

废水和固体废弃物等都是未被利用的资源，或许还有一些现在的技术无法利用及利用不经济的资源。尽量减少废弃物的产生，同时尽量循环回收和利用废弃物，是从事建筑领域的科研人员的神圣使命。

1.2.2 资源方面的影响

自然资源指天然存在的自然物（不包括人类加工制造的原材料）并有利用价值的自然物，如土地、矿藏、水利、生物、气候、海洋等资源，是生产的原料来源和布局场所。联合国环境规划署对自然资源的定义为：在一定的时间和技术条件下，能够产生经济价值，提高人类当前和未来福利的自然环境因素的总称。自然资源按其增值性能分类，分为可再生资源、可更新资源与不可再生资源。按其属性分类，分为生物资源、农业资源、森林资源、国土资源、矿产资源、海洋资源、气象资源、能源资源、水资源等。从数量变化的角度分类，分为耗竭性自然资源、稳定性自然资源与流动性自然资源。

地球上的自然资源是有限的。据 2012 年 12 月 12 日北京日报显示，2012 年 12 月，瑞士银行发布了全球石油领域现状的最新报告，同时公布了目前世界石油储量前 10 个国家的最新排名。该报告指出，目前世界已证实石油储量有 1.8 万亿桶，这意味着按现有石油消费水平，世界石油还可开采 46 年。这 10 个国家的最新排名分别是：沙特 362 亿 t、加拿大 184 亿 t、伊朗 181 亿 t、伊拉克 157 亿 t、科威特 138 亿 t、阿联酋 126 亿 t、委内瑞拉 109 亿 t、俄罗斯 82 亿 t、中国 60 亿 t、利比亚 54 亿 t。

1.2.3 文化方面的影响

城市建筑是城市文化的重要的组成部分，建筑是城市文化的具体表现形式和重要载体，它能反映出城市特有的文化特征。在建筑体现城市文化的特征的同时，建筑本身就是文化的重要的组成部分。城市文化是城市的特色，是城市的灵魂，城市文化的地域性特色主要通过城市建筑来反映出彼此城市间的区别不同。建筑把城市的历史和文化特征汇集到城市建筑中，呈现给人们不同的城市形象，并影响现代城市的文化与居民的审美和价值观。

英国诺丁汉税务中心（图 1-3）：由 7 个不连续建筑组成，采用轻质遮阳板和自动控制的遮阳百叶，使整个建筑既能充分利用白天的自然光，又可以有效地遮挡室外的直射光线，避免室内眩光。自然通风从四周外墙处进风，然后将污浊的室内空气利用楼梯间角楼的烟囱效应向外拔风。楼板局部外露，利用混凝土的热惰性积蓄太阳能热量，整个建筑群利用垃圾焚烧热量作热源管网。

图 1-3 英国诺丁汉税务中心

德国爱森 RWE 办公楼（图 1-4，图 1-5）：楼高 30 层，透明玻璃环抱大楼，各种功能清晰可见。精心设计的圆柱形外形既能降低风压，减少热能流失和结构损耗，又能优化自然光的射入；固定外层玻璃幕墙的铝合金结构呈三角形连接，使日光的射入达到最佳状态；内走廊的墙面与顶部采用玻璃，折射办公室内的阳光可以照明；外墙由双层玻璃幕墙构成，用于有效的太阳热能设备；内层可开启的无框玻璃墙，可使办公室空气自然流通。

图1-4　德国爱森RWE办公楼（一）　　　　图1-5　德国爱森RWE办公楼（二）

荷兰代尔夫特科技大学图书馆（图1-6，图1-7）：荷兰代尔夫特科技大学图书馆：玻璃外墙及处于馆内中心位置的透明圆锥体中空设计，不但引入天然光，节约能源，圆锥体顶部的天窗更能造成空气对流，将馆内的热气带走。

图1-6　荷兰代尔夫特科技大学图书馆（一）

图 1-7　荷兰代尔夫特科技大学图书馆（二）

1.2.4　社会经济方面的影响

当前中国正在逐步进入消费社会，社会经济的迅速转型带来社会领域各方面的转变。消费社会是一个消费主导型的社会，一方面，消费社会的商品化和市场化程度不断加深，另一方面，刺激消费成为推动社会经济持续增长的重要手段，人们的消费观念、审美情趣、生活方式发生了转变。在建筑领域，城市开发、形象工程、标志性建筑、时尚建筑等成为当今中国建筑的关键词。消费社会的出现给中国建筑带来了发展的机遇，同时也面临着许多困境与挑战。

1.3　可持续建筑设计与技术

1.3.1　可持续建筑的发展历程

可持续建筑涉及诸多方面的理论和技术，真正实现建筑的可持续发展是一个漫长而艰巨的过程。随着人类生产、生活水平的发展，更多问题的不断涌现，以及人类生活生产能力的不断提高，可持续建筑的发展，需要从理论研究、建筑设计、建筑科学、能源应用等多方面入手，逐渐形成了一个有组织的完整系统。可持续建筑在欧洲、亚洲，甚至是发展中地区，均有着悠久的历史，构成了人类文明的重要组成部分。

1. 可持续发展之亚洲

在亚洲，特别是在古代中国，"风水"就是一项古老的建筑理念。"风"就是元气和场能，"水"就是流动和变化。中国古人认为，人既然是自然的一部分，自然也是人的一部分，达到"天人合一"的境界是再平常不过了。风水的核心思想是人与大自然的和谐，早期的风水主要关乎宫殿、住宅、村落、墓地的选址。在日本，由于大部分地区气候温和、雨量充沛、盛产木材，所以木架草顶是日本建筑的传统形式。房屋采用开场式布局，地板架空，居室小巧精致。总之，亚洲各国的建筑不同程度体现了人与自然、人与环境的和谐统一。

2. 可持续发展之欧洲

19 世纪中叶，约翰·罗斯金（John Ruskin）、威廉·莫里斯（William Morris）和理查德·莱德比（Richard Lethaby）均以各自不同的方式对工业化将会满足人类物质精神需要的假设提出了质疑。罗斯金在《建筑的七盏明灯》中提倡仿效和谐的自然秩序，其中记述："上帝将地球借给我们生活，这是一个伟大的遗产，它更多地属于我们的子子孙孙。对于我们来说，他们的名字已经写在了本书当中，我们没有权利因为我们做错任何事情或疏忽大意而使他们受到不必要的惩罚。或者用我们的权利剥夺他们本应继承的利益"。莫里斯号召一种乡村自给自足系统的回归与地方手工艺技术的复苏。而莱德比则倡导建筑师对自然美的认识。他们所说的"自然秩序"正是今天我们所提出的"可持续发展"的理念，这便是产生于 19 世纪的可持续发展设计运动的萌芽。

苏格兰的帕迪·盖兹（Patrick Geddes），美国的巴克明斯特·富勒（Buckminster Fuller）和弗兰克·劳埃德·罗杰斯（Frank Lloyd Wright），埃及的哈桑·法蒂（Hassan Fathy）以及当代的理查德·罗杰斯（Richard Rogers）和诺曼·福斯特（Norman Foster）均继承和发展了以上三位先驱者的思想，然而他们对"自然"的响应又各不相同。日益严峻的全球变暖问题使"自然"的概念被低能耗设计所替代。罗杰斯和福斯特设计了新型低能耗的办公室、学校，甚至机场的候机大厅。这是对 20 世纪设计的反思，并趋向于广泛改善城市地区的环境状况。在气候温和的城市中应用玻璃或塑料雨篷进行保暖御寒便体现了这一设计观念。盖兹和富勒提出在城市种植农作物，以便人们更直接地去亲近自然。法蒂和赖特则有不同的见解：他们力图使用当地的材料和建造工艺创造出不同于地方建筑传统的现代建筑。在这个过程中，他们提出了新的理念——社会可持续发展与生态学的紧密结合。19 世纪 60 年代早期的英国图像学派也在高科技与环境问题之间寻求协调统一。朗·赫恩（Ron Herron）的"行走的城市"与查尔科（Chalk）的有机城市理论对"绿色"进行了大胆解释。前者对移居的概念提出了极端的预测，而后者则探讨了复杂的社会生态学与建筑秩序的融合。

西方国家倾向"度量"可持续发展。而东方国家则倾向单纯的"感受"，近现代以来，西方发达国家的大多数建筑师和工程师认同可持续发展理论并确定了相关的指标体系。但颇具讽刺意味的是：这些高呼可持续发展的国家，却由于其过分依赖科学技术的理念，以及由于西方社会达到了较高的社会经济发展水平，使得他们事实上采用着过高的生活标准，浪费着地球的能源和资源。与西方相比，许多尚未有意识地提倡可持续发展的亚洲和非洲国家，部分由于习惯于类似"天人合一"的观念，部分由于较低的社会经济发展水平，所采用的成功的绿色实践往往是对自然环境的适应过程，因而其人均环境影响很小。因此，可以概括地说，以西方为主的经济发达地区通过低能耗、新材料等高科技手段实现生态设计，而以亚非国家为主的经济发展中地区则通过被动技术或适宜技术进行绿色实践。

3. 当代设计中的可持续发展观念

历史为我们提供了有价值的经验，告诉我们要将当今的可持续发展置于一个更加宽广的社会和文化背景之下。"绿色建筑"的理念，不仅基于健康环保、低碳节能而且重在可持续发展的理念正在逐步深入人心，并且正在改变建筑产业全行业和房地产业的发展格局。在建筑领域，可持续发展不仅对国家发展低碳绿色经济、实现节能减排发展目标具有重要意义，而且对于科研能力的水平也起到了推动的作用。使传统的建筑向绿色低碳建筑转型，实现建筑业对环境的低碳排放、低污染、低负荷影响，是国际建筑行业的主流趋势，也是我国建筑业可持续发展的必由之路。科学的理念应该包括：可持续理念，即发展满足当代人需要，又不影响后代人满足自身需要的能力；循环理念，即建筑材料、能源、水、消费品等要实现循环再利用或回归大自然；全寿命理念，即对从场地选择、规划设计、施工、使用到拆除的全过程，进行成本效益分析；生态理念，即保护生物多样性；低碳理念，即节能减排。"三最理念"，即资源利用效率最高、对环境影响最小和对生物种群最好，运用这些理念，运用适宜技术，尽可能实现自然采光、通风，同时要立足于地域现状，设计和发展适宜性的可持续建筑。

1.3.2　可持续建筑理论与实践

1. 生态建筑

（1）概念

生态建筑简称 ECO，ECO 是 Eco-building 的缩写，是根据当地的自然生态环境，运用生态学、建筑技术科学的基本原理和现代科学技术手段等，合理安排并组织建筑与其他相关因素之间的关系，使建筑和环境之间成为一个有机的结合体，同时具有良好的室内气候条件和较强的生物气候调节能力，以满足人们居住生活的环境舒适，使人、建筑与自然生态环境之间形成一个良性循环系统。

（2）生态建筑实践

1）马来西亚米那亚大厦

由建筑师杨经文设计的那亚大厦于 1992 年 8 月建成于马来西亚，是一栋 30 层（163m）高的圆柱体塔楼，其主要设计特征为：

① 空中花园从一个三层高的植物绿化护堤开始，沿建筑表面螺旋上升（平面中每三层凹进一次，设置空中花园，直至建筑屋顶）；

② 中庭使凉空气能通过建筑的过度空间；

③ 绿化种植为建筑提供阴影和富氧环境空间；

④ 曲面玻璃墙在南北两面为建筑调整日辐射得热量。构造细部使浅绿色的玻璃成为通风滤过器，从而使室内不至于完全被封闭；

⑤ 每层办公室都设有外阳台和通高的推拉玻璃门便于控制自然通风程度；

⑥ 所有楼电梯和卫生间都采用了自然采光和通风；

⑦ 屋顶露台由钢和铝的支架结构所覆盖，它同时为屋顶游泳池及顶层体育馆的曲屋顶（远期有安装太阳能电池的可能性）提供遮阳和自然采光；

⑧ 被围和的房间形成一个核心桶，通过交流空间的设置消除了黑暗空间；

⑨ 一套自动检测系统被用于减少设备和空调系统的能耗。

2）中国大别山庄

大别山的建筑以全新的生态理念设计出了目前世界上规划最大的绿色生态建筑群，由于景区的设计者希望它能够成为人类文化遗产，因此这组建筑已经超越了某种单一文化的限制。大别山庄遵循了"在保护前提下的开发"的原则，"景观保护、环境保护、文化保护"在这里显得更加充分。大别山庄的总台数穿房、穿房古藤、客房、会议室及餐饮大厅都是值得考究的特色生态建筑。

2. 绿色建筑

（1）概念

绿色建筑是指在建筑的全寿命周期内，最大限度地节约资源（节能、节地、节水、节材）、保护环境和减少污染，为人们提供健康、适用和高效的使用空间，与自然和谐共生的建筑。

（2）绿色建筑实践

1）英国诺丁汉大学新校区

由建筑师迈克·霍普金斯设计的诺丁汉大学新校区坐落在英国诺丁汉市。其设计重点是 1.3 万 m^2 的线性人工湖，营造水资源的平衡利用，注重材料的生态效应和围护结构节能，设置低能耗通风系统，充分利用太阳能和自然采光等。

2）德国考莫兹银行总部大厦

由建筑师诺曼·福斯特设计的考莫兹银行总部大厦于 1997 年 6 月建成在德国法兰克福，是一栋 60 层高塔楼，建筑面积约为 130000m^2，其主要特征为：

① 多个冬季花园围绕建筑主体塔楼盘旋而上。建筑侧面被 4 层高的花园所分割；

② 建筑主体中通高的中庭与花园连通，像烟囱一样为内向的办公室提供 100% 的自然通风；

③ 利用混凝土的除热性能为建筑提供自然夜间降温；

④ 利用自动监控的垂直遮阳板系统为建筑物提供遮阳和日照控制；

⑤ 利用时间和运动检测器实行节能人工照明控制；

⑥ 采用多层里面系统实现建筑节能；

⑦ 成对的剪力墙在角落围合起来，以支撑承托 8 层的大跨梁。这些大梁使办公室和花园都成为无柱的开敞空间；

⑧ 建筑平面为每边 60m 长的等边三角形，每边都向外微曲以取得最大的办公空间；

⑨ 楼电梯和服务空间被安排在平面的三个角上，以加固像村落一样成簇安排的办公室和花园。

3. 节能建筑

（1）概念

节能建筑是指遵循气候设计和节能的基本方法，对建筑规划分区、群体和单体、建筑朝向、间距、太阳辐射、风向以及外部空间环境进行研究后，设计出的低能耗建筑。

（2）节能建筑实践

1）英国 BRE 办公楼

这座办公楼坐落于瓦特福德（Watford）市郊的建筑研究所，于 1996 年建成。建筑内容纳了为 100 余名工作人员准备的办公 800m^2 的会议设施，总面积为 2040m^2。

该建筑办公室的层高为 3.7m，保证了自然光照明的需要；南侧设有风塔，可保证良好自然通风；夏天利用地板中的地下水管道冷却楼板，达到降低室温的效果，冬天则通过地板下的加热管道及散热器供暖；采用节能灯具；遮阳系统中运用到了半透明陶瓷遮阳百叶，反射玻璃，电动卷帘，并种植了落叶树，夏季遮阳冬季抵挡寒风；利用太阳能作为节约能源的方式之一等。

2）清华节能楼

2008 年奥运建筑的"前期示范工程"——我国首座超低能耗示范楼在清华大学校园东区落成。这座"绿色"建筑集中使用了近百项国内外最先进的建筑节能技术。该楼总建筑面积约 3000m^2，地下一层，地上四层，由办公室、实验室和辅助用房组成，每平方米约 8000 元安装成本。楼东侧墙上遮光板可以随着阳光的变化自动调节角度，折射阳光，保证大楼从早 6 点到晚 6 点 12h 使用自然光；夏天，通过关闭百叶窗可以减少热辐射，再加上房顶上的冷水管道，不用空调可以把温度控制在 18℃左右；整座楼三面都是真空玻璃窗结构，它一共有四层玻璃且中间一层是真空的，形成暖瓶效应，使得房间内冬暖夏凉。

4. 太阳能建筑

（1）概念

利用太阳能供暖和制冷的建筑。在建筑中应用太阳能供暖、制冷，可节省大量电力、煤炭等能源，而且不污染环境，在年日照时间长、空气洁净度高、阳光充足而缺乏其他能源的地区，采用太阳能供暖、制冷，尤为有利。目前，太阳能建筑还存在投资大，回收年限长等问题。

（2）太阳能建筑实践

1）阿姆斯福特太阳能村

阿姆斯福特太阳能村是目前世界上最大的太阳能居住型社区，也是以建筑节能为中心，装机容量名列前茅的太阳能发电居住区，是当今荷兰住宅建设的示范项目。太阳能利用是该项目的重点，辅以配套的建筑节能技术，达到节约能源和社区可持续发展的目标。太阳能村共有 6000 幢住宅，10 余万人，太阳能光伏发电能力达 1.3MW。

2）特朗伯集热墙光热太阳能建筑

光热太阳能建筑是人类最早利用太阳能的方式，有一种特朗伯集热墙被广泛用于光热太阳能建筑。特朗伯集热墙：将集热墙向阳外表面涂以深色的选择性涂层加强吸热，并减少辐射散热，使该墙体成为集热和储热器，待到需要时又称为放热体。该集热墙是由法国太阳能实验室主任 Felix Trombe 博士首先提出并实验的，故称"特朗伯墙"。

5. 智能建筑

（1）概念

通过将建筑物的结构、系统、服务和管理四项基本要求以及他们的内在关系进行优化，来提供一种投资合理，具有高效、舒适和便利环境的建筑物。

（2）智能建筑实践

1）松下 TWIN-21 大楼

松下 TWIN-21 大楼始建于 1986 年 3 月，位于日本大阪市，是一座 38 层塔楼，高度为 157m，建筑面积为 11536m^2。

其智能化项目有：BA 系统：Tenant Box 管理系统，自动计量、计费等到楼管理系统的整合化。OA 系统：会议室预约、电话计费、自动转账、公司内通信等系统。节省能源系统：发电机排热利用汽电共生系统。

2）美国 CITICORP CENTER 大楼

CITICORP CENTER 大楼始建于 1984 年 11 月，位于美国旧金山市，共 43 层，高度为 185m。

其智能化项目有：CA 和 OA 系统：PBX：AT&TS YSTEM85，LAN：以 PBX 为中心

的星型网络，OA 依承租户而异。配线方式：Cellular Duct 方式。照明方式：利用人体感知器自动熄灯。UTC 大楼管理系统（空调、照明、防灾、电梯、能源消耗监视），CCTV 监视。

1.3.3　可持续建筑设计方法

可持续建筑设计方法主要指：减轻建筑环境负荷、协调建筑与环境关系的建筑设计方法。具体来讲可归纳出以下 5 个方面：建筑与自然环境共生、应用减轻环境负荷的建筑节能新技术、保持建筑生涯的可循环再生性、创造健康舒适的建筑室内环境以及使建筑融入历史与地域的人文环境中等，现将这些主要方法归纳列于表 1-2。

可持续的环境概念与建筑设计对应方法　　　　　　　　　　　表 1-2

环境概念			建筑设计对应方法
与自然环境共生	保护自然	保护全球生态系统；对气候条件、国土资源的重视；保持建筑周边环境生态系统的平衡	减少 CO_2 及其他大气污染物的排放；对建筑废弃物进行无害化处理；结合气候条件，运用对应风土特色的环境技术；适度开发土地资源，节约建筑用地；对周围环境热、光、水、视线、建筑风、阴影影响的考虑；建筑室外使用透水性铺装，以保持地下水资源平衡；保全建筑周边昆虫、小动物的生长繁育环境；绿化布置与周边绿化体系形成系统化、网络化关系
	利用自然	充分利用阳光、太阳能；充分利用风能；有效使用水资源；活用绿化植栽；利用其他无害自然资源	利用外窗自然采光；太阳能供暖、烧热水；建筑物留有适当的可开口位置，以充分利用自然通风；大进深建筑中设置风塔等利于自然通风设施；设置水循环利用系统；引入水池、喷水等设施降低环境温度，调节小气候；充分考虑绿化配置，软化人工建筑环境；利用墙壁、屋顶绿化隔热；利用落叶树木调整日照；利用地下井水为建筑降温；使用中厅、光厅等采光；太阳能发电；风力发电；收集雨水充分利用；地热暖房、发电；河水、海水利用
	防御自然	隔热、防寒、直射阳光遮蔽；建筑防灾规划	建筑方位规划时考虑合理的朝向与体型；日晒窗设置有效的遮阳板；建筑外围护系统的隔热、保温及气密性设计；防震、耐震构造的应用；滨海建筑防空气盐害对策；高热工性能玻璃的运用；高安全性的防水系统；建筑防污噪声防台风对策
建筑节能及环境新技术的应用	降低能耗	能源使用的高效节约化；能源的循环使用	根据日照强度自动调节室内照明系统；居于空调、局域换气系统；对未使用能源的回收利用；排热回收；节水系统；适当的水压、水量；对二次能源的利用；蓄热系统
	长寿命化	建筑长寿命化	使用耐久型强的建筑材料；设备竖井、机房、面积、层高、荷载等设计留有发展余地；便于对建筑保养、修缮、更新的设计

续表

环境概念			建筑设计对应方法
建筑节能及环境新技术的应用	环境亲和材料	无环境污染材料； 可循环利用材料； 地产材料运用； 再生材料运用	使用、解体、再生时不产生氟化物、NO$_x$物等环境污染源； 防震、耐震构造的应用； 对自然材料的使用强度以不破坏其自然再生系统为前提； 使用易于分别回收再利用的材料； 使用地域的自然建筑材料以及当地建筑产品； 提倡使用经无害化加工处理的再生材料
	无污染化施工	降低环境影响的施工方法； 建设副产品的妥善处理	防止施工过程中氟化物、NO$_x$物等的产生； 提倡工厂化生产，减少现场作业量，提高材料使用与施工效率； 减少以致不使用木材作为建筑模板； 保护施工现场既存树木； 开挖的地下土方尽量回填； 使用无害地基土壤改良及就地使用建设废弃物制成的建筑产品
循环再生型的建筑生涯	建筑使用	使用经济性； 使用无公害性	保持设备系统的经济运行状态； 降低建筑管理、运营、保安、保洁等费用； 对应信息化社会的发展，引入智能化的管理体系； 建筑消耗品搬入、搬出简便化，减少搬运量； 采用易再生及长寿命建筑消耗品； 建筑废水、废气无害处理后排出； 夜间储能； 便于垃圾的分别回收处理
	建筑再生	建筑更新； 建筑再利用	考虑设备检修通道以便于设备更换； 建筑内外饰面可更新构造方式； 充分发挥建筑的使用可能性，通过技术设备手段更新利用旧建筑； 对旧建筑进行节能化改造
	建筑废弃	无害化解体； 解体材料再利用	建筑解体时不产生对环境的再次污染； 对符合建筑材料进行分解处理； 对不同种类的建筑材料分别解体回收，形成再资源化系统； 难以再利用材料的可燃化
舒适健康的室内环境	健康的环境	健康持久的生活环境； 优良的空气质量	使用对人体健康无害的材料，减少VOC（挥发性有机化合物）的使用； 符合人体工程学的设计； 对危害人体健康的有害辐射、电波、气体等的有效抑制； 充足的空调换气量； 空气环境除菌、除尘、除异味处理； 夜间换气
	舒适的环境	优良的温湿度环境； 优良的光、视线环境； 优良的声环境	对环境温湿度的自动控制； 充足合理的桌面照度； 防止建筑间的对视及室内的尴尬遇视； 建筑防噪声干扰； 温湿度的区域可控制系统； 吸声材料的运用
融入历史与地域的人文环境	继承历史	对城市历史地段的继承； 与乡土的有机结合	对古建筑的妥善保存； 对拥有历史风貌的城市景观的保护； 对传统民居的积极保护和再生，并运用现代技术使其保持与环境的协调和适应； 集成地方传统的施工技术和生产技术； 对传统街区景观的继承和发展
	融入城市	与城市肌理的融合； 对风景、地景、水景的继承	建筑融入城市轮廓线和街道尺度中； 对城市土地、能源、交通的适度使用； 继承保护城市与地域的景观特色，并创造积极的城市新景观； 保持景观资源的共享化

		环境概念	建筑设计对应方法
融入历史与地域的人文环境	活化地域	保持居民原有的生活方式； 居民参与建筑设计与街区更新； 保持城市的恒久魅力与活力	保持居民原有的出行、交往、生活惯例； 城市更新中保留居民对原有地域的认知特性； 居民参与设计方案的选择； 创造城市可交往空间； 设计过程与居民充分对话； 建筑面向城市充分开敞

1.3.4 可持续建筑存在问题

在大力倡导可持续建筑的政策下，世界各国越发地争先发展可持续性建筑，这股蜂拥而至的潮流必然会导致一些不良的后果。

（1）为满足单独的某一项指标而忽略整体的建筑节能水平。如遇到开发策略性问题，很多时候是为了节约用地，见缝插针的开发使得建筑的使用质量降低，环境遭到破坏。

（2）建筑设计内在的价值体现不足。随着市场经济迅猛发展，市场经济与建筑设计伦理之间的冲击也越来越大，大部分建筑师根本没有清醒地认识自身的价值和社会责任，对所承揽的建筑设计也没有充分重视，设计深度不够等。

（3）建筑风格与社会风俗不符。建筑设计师更多地专注于功能性设计，并未融合更多的社会因素和人文因素，导致可持续建筑缺乏生气，使得建筑机械化、商业化。

1.4 可持续建筑的实践与未来

1.4.1 概述

可持续建筑是目前建筑行业的发展趋势，因为是一项正在达成或者即将达成的目标，所以没有人可以高瞻远瞩地评论可持续建筑的一切承载后果，但对于建筑从业人员来说，投身于可持续建筑实践可以说是一种信念的飞跃。与传统的建筑实践相比较，未来的可持续建筑将在建筑及其产生的环境性能的评估和认证、建筑设计模式的革新和建筑性能模拟技术、新型建筑材料、设备和能源系统、建筑施工和运行管理等方面需要全新的理念和知识。将可持续建筑的理念灌输于当代建筑从业人员的头脑中，等同于将可持续建筑推广、发扬，形成建筑业的全新模式。

1.4.2 可持续建筑的评估与认证发展

对可持续建筑性能，或简称环境性能进行定量化的评估，有利于建筑业主对环境性能全面了解，有利于设计人员选择方案。

建筑环境性能评估系统需要满足科学性、合理性、可行性的原则，另外也需要被广泛接受，才具备评判建筑环境性能和指导选择建筑方案的价值。目前，世界各国已陆续出台了适合本国国情的建筑环境性能评价系统，影响最大的几种包括：

1. "建筑研究所环境评估法"（Building Research Establishment Environmental Assessment Method，BREEAM）是 1990 年由英国的"建筑研究所"（Building Research Establishment，BRE）提出的，作为世界上第一个绿色建筑评估法，其目的在于为绿色建筑实践提供权威

性的指导以期减少建筑对全球和地区环境的负面影响;使得设计者对环境问题更加重视,引导"对环境更加友好"的建筑需求,刺激环保建筑的市场;提高对环境有重大影响的建筑的认识并减少环境负担;改善室内环境,保障居住者的健康。其核心理念是"因地制宜、平衡效益"。

BREEAM 评估指标包括 9 个方面(括号内百分数为此项评估指标的权重),分别是:能源使用(13%)、水(5%)、健康与舒适性(16%)、交通(10%)、材料(绿色建材和垃圾管理措施)(10%)、土地利用——选择褐地或是被污染用地开发(3%)、污染(14%)、用地生态价值(12%)、管理(17%)。被评估的建筑根据其所满足的评估指标,BREEAM 体系即按照该项条款的指标分数在加权累加后得到最后总分,并按照建筑得分给予 4 个主要级别的评定,分别是"通过""好""很好""优秀"。

2. 早在 1995 年,美国绿色建筑委员会(USGBC)已编写出 Leadership in Energy and Environmental Design(LEED)。目的是推广整体建筑设计流程,用可以识别的全国性认证来改变市场走向,规范一个完整、准确的绿色建筑概念,促进绿色竞争和绿色供应。宗旨是:在设计中有效地减少环境和住户的负面影响。

LEED 评估指标包括 7 个方面(括号内百分数为此项评估指标的权重),分别是:可持续场址(20%)、节水(7%)、能源与大气(25%)、材料与资源(17%)、室内环境质量(22%)、创新(6%)、人员认证(1%)。被评估的建筑根据其所满足的指标评估,LEED 体系即按照该项条款的指标分数在加权累加后得到最后总分,并按照建筑得分给予 4 个主要级别的评定,分别是"一般认证""银级认证""金级认证""铂金认证"。

3. "绿色建筑挑战"(Green Building Challenge,简称 GBC)是从 1996 年起由加拿大自然资源部(Natural Resources Canada)发起并有 14 个国家参加的一项国际合作行动。绿色建筑挑战(GBC)目的是发展一套统一的性能参数指标,建立全球化的绿色建筑性能评价标准和认证系统,使有用的建筑性能信息可以在国家之间交换,最终是不同地区和国家之间的绿色建筑实力具有可比性。其核心内容是通过"绿色建筑评价工具"(Green Building Tool,GBTool)的开发和应用研究,为各国各地区绿色生态建筑的评价提供一个较为统一的国际化平台,从而推动国际绿色生态建筑整体的全面发展。

4. 最新版的 GBTool 主要从 7 大部分环境性能问题入手评价建筑的绿色程度:资源消耗、环境负荷、室内环境质量、服务质量、经济性、使用前管理和社区交通。所有评价的性能标准和子标准的评价等级被设定从 -2 分到 +5 分,通过制定一套百分比的加权系统,各个较低层系的分值分别乘以各自的权重百分数,而后相加得出的和是高一级标准层系的得分值。

与各国确定不同类型的技术措施固定的得分点不同,GBTool 是一种框架体系,各个国家可以根据自己的要求,对影响建筑环境性能的不同部分给予不同的得分(权重)。

5. 从 1994 年日本颁布《环境基本法》之后,2001 年由日本学术界、企业家、政府三个方面联合组成"建筑综合环境评价委员会",并联合研究开发 CASBEE。CASBEE 的核心理念认为一座建筑物的设计和建造对环境的影响部分都可以分为积极和消极的两个部分,建筑环境的评价以这种双重性为基础。积极影响为建筑物的建造提供了良好的室内环境,同时提升了场地内的室外环境;消极影响在建筑物的建造和使用过程中会消耗大量的资源和能源,施工、使用和废弃都会带来巨大的负荷。

CASBEE 是 Comprehensive Assessment System of Building Environmental Efficiency 的缩写，直译为建筑物综合环境性能评价体系，是一种较为简明的评价体系，在具体评分时我们把评估条例分为 Q 和 L 两大类：Q（Quality）指建筑环境质量和为使用者提供服务的水平；L（Load）指能源、资源和环境负荷的付出。CASBEE 认为，所谓绿色建筑，即是我们追求能耗最小的 L 而获取最大的 Q 的建筑。所以，为了使评估过程更加明朗，CASBEE 引用了建筑物环境效益（Building Environmental Efficiency，简称 BEE）的概念，并用于表达建筑环境评价的所有结果。BEE 的表达式为"BEE = Q/L"。

CASBEE 评价指标分为 6 大类，分别是：室内环境、服务性能、室外环境（占地内）、能源、资源与材料、建筑用地外环境。各评价项目以 5 分为满分，分 1、2、3、4、5 级进行评分，一般水平为 3 居中，最低为 1，最高为 5。然后，各自分别按其权重系数加总求和，分出孰优孰劣。最新版的 CASBEE（改造）简易版的评价指标权重系数为：Q1：Q2：Q3 = 0.40：0.30：0.30；L1：L2：L3 = 0.40：0.30：0.30（工厂以外）；Q1：Q2：Q3 = 0.30：0.30：0.40；L1：L2：L3 = 0.40：0.30：0.30（工厂）。

CASBEE 家族，见图 1-8。

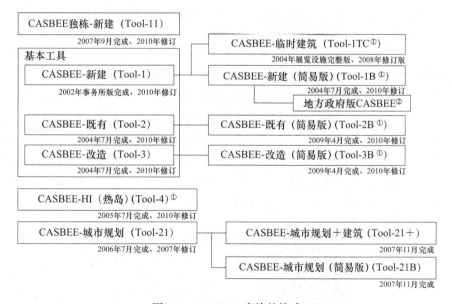

图 1-8 CASBEE 家族的构成

注：① HI：Heat Island；TC：Temporary Construction；B：Brief version。
② CASBEE- 名古屋（2004.04 发行）；CASBEE- 大阪（2004.10 发行）；
CASBEE- 横滨（2005.07 发行）等，全国的自治体研发工作正在推进。

6. 代表着世界第二代绿色建筑评估体系的 DGNB 是由德国可持续发展建筑委员会 Deutsche Geselischaft Nach-haltiges Bauen）与德国政府于 2008 年共同开发编制的。DGNB 建筑认证的目的是：使得建筑在平衡中获取更高的价值，在获得更多的销售额或租金的同时将可持续发展作为辅助参数指标来考虑，促进公众对于 DGNB 建筑认证体系的理解，促进环境和健康。

2006 年起，德国政府着手组织相关机构和专家对第一代绿色建筑评估体系进行研究，在分析过程中他们针对现有体系中尚不完善之处，提出第二代绿色建筑评估体系应该包含以下 6 方面内容：经济质量、生态质量、功能及社会、过程质量、技术质量、基地质量。DGNB 体系对每一条标准都给出明确的评估方法及评分标准，将这些所得数据输入计算机，经过 DGNB 软件的计算，对待评价建筑进行评分，每条标准的最高得分为 10 分，每条标准根据其所包含内容的权重系数可评定为 0 ～ 3，因为每条单独的标准都会作为上一级或者下一级标准使用。根据评估公式计算出质量认证要求的建筑达标度。评估达标度分为金、银、铜级，50% 以上为铜级，65% 以上为银级，80% 以上为金级。

7. 由清华大学、中国建筑科学研究院、北京市建筑设计研究院、中国建筑材料科学研究院等 9 家单位组成的 "奥运绿色建筑标准及评估体系研究" 课题组于 2002 年 10 月正式成立。该项研究以落实 "绿色奥运" 承诺为目标，根据绿色建筑的概念和奥运建筑的具体要求，制定奥运建筑与园区建设的 "绿色化" 标准，研究开发针对这一标准的、科学的、可操作的评价方法和评估体系；探索发展绿色建筑的途径，进而为在全国城镇建设中推行 "绿色建筑" 探索经验，并提供参考与示范作用。2003 年 8 月，《绿色奥运建筑评估体系》正式面世。

整体上，《绿色奥运建筑评估体系》借鉴了日本 CASBEE 中建筑环境效率的概念，将评分指标分为 Q 和 L 两大类：Q（Quality）指建筑环境质量和为使用者提供服务的水平；L（Load）指能源、资源和环境负荷的付出。通过图 1-9 所示二维的表达方式描绘参评项目的 "绿色性"。当评估结果处于图中 A 区时，表示该项目通过很少的资源、能源和环境付出，就获得了优良的建筑品质，是最佳的绿色建筑。B 区、C 区尚属于绿色建筑，但或资源与环境消耗太大，或建筑品质略低。D 区属于高资源、能源消耗且建筑品质并不太高。E 区则是很多的资源、能源和环境付出却获得低劣的建筑品质，一定需要设法避免。

《绿色奥运建筑评估体系》中，根据评价内容的不同，各性能类别设置了 2 ～ 3 级条目。独立的权重系统为每级条目分别加权。每个具体的评价值都采用 5 分制，主要采取措施得分率与直接打分两种形式。在 5 级评分制中，1 分为最低分，3 分为平均水平，5 分为最好。难以划分 5 级时，也可以划分 3 级（1 分、3 分、5 分）进行评价。

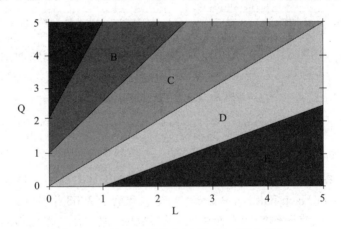

图 1-9　二维方式描绘参评项目的 "绿色性"

满足最低条件（标准、法律、规定以及本评估体系提出的一些基本条件）时评为 1 分，如果连最低条件都无法满足，则评为 0 分，且不能参评。

8. 2006 年 3 月 7 日，由中国建筑科学研究院、上海市建筑科学研究院、中国城市规划设计研究院、清华大学、中国建筑工程总公司、中国建筑材料科学研究院、国家给水排水工程技术研究中心、深圳市建筑科学研究院、中国城市建设研究院等单位联合参与编制的《绿色建筑评价标准》出台，2006年6月1日正式颁布使用。住房和城乡建设部于2014年4日15日发布了第408号公告，批准《绿色建筑评价标准》为国家标准，编号为GB/T 50378—2014，自2015年1月1日起实施。原GB/T 50378—2006《绿色建筑评价标准》同时废止。2019年3月13日，住房和城乡建设部发布了第61号公告，批准《绿色建筑评价标准》为国家标准，编号为GB/T 50378—2019，自2019年8月1日起实施，原《绿色建筑评价标准》GB/T 50378—2014同时废止。

绿色建筑评价指标体系由节地与室外环境、节能与能源利用、节水与水资源利用、节材与材料资源利用、室内环境质量和运营管理6类指标组成。各大指标中的具体指标分为控制项、一般项和优选项三类。其中，控制项为评委绿色建筑的必备条款；优选项主要指实现难度较大、指标要求较高的项目。

住宅建筑控制项、一般项与优选项共有76项，其中控制项27项，一般项40项，优选项9项（表1-3）。公共建筑控制项、一般项与优选项共83项，其中控制项26项、一般项43项、优选项14项（表1-4）。

划分绿色建筑等级的项数要求（住宅建筑） 表 1-3

等级	一般项数（共40项）						优选项数（共9项）
	节地与室内环境（共8项）	节能与能源利用（共6项）	节水与水资源利用（共6项）	节材与材料资源利用（共7项）	室内环境质量（共6项）	运营管理（共7项）	
★	4	2	3	3	2	4	—
★★	5	3	4	4	3	5	3
★★★	6	4	5	5	4	6	5

划分绿色建筑等级的项数要求（公共建筑） 表 1-4

等级	一般项数（共43项）						优选项数（共14项）
	节地与室外环境（共6项）	节能与能源利用（共10项）	节水与水资源利用（共6项）	节材与材料资源利用（共8项）	室内环境质量（共6项）	运营管理（共7项）	
★	3	4	3	5	3	4	—
★★	4	6	4	6	4	5	6
★★★	5	8	5	7	5	6	10

1.4.3 可持续建筑的设计和技术

可持续城市规划设计遵循的主要原则：

（1）尊重自然的原则；

（2）以人为本的原则；

（3）适度高效的原则；

（4）社会和谐的原则；

（5）复合共生的原则。

可持续建筑在设计、施工、和运行过程中有多种策略和方法。可持续建筑的设计主要包括可持续场地设计和建筑的气候适应性设计策略。最初的场地规划是确保建筑总体环境绩效的关键。设计中需要考虑的基本因素包括：

（1）建筑居住或使用者的健康、舒适和安全性；

（2）场地规划：保护场地内的自然和社会特征、建筑采用合适的位置与朝向和保护场地内的植被；

（3）提高资源利用率。

符合可持续城市的基础设施规划建设的主要目的是满足城市物流、人流、能流、信息流的高效率运转，同时减少对自然资源尤其是不可再生资源的消耗，避免对生态环境的破坏，而这与城市空间结构、土地利用以及各项城市基础设施系统合理规划和建设相关。这里的城市基础设施系统主要是指道路交通系统、给水排水系统、能源系统、固体废弃物处理系统等。针对不同的基础设施系统，相应的可持续建筑技术主要有：

（1）可持续交通的技术基础—新能源汽车技术；

（2）城市雨水利用技术、城市中水利用技术；

（3）可再生能源的开发利用、智能电网技术；

（4）城市垃圾的处理技术。

1.4.4　从整个建筑系统谈可持续建筑

可持续建筑规划的基本思想就是在城市发展的过程中以可持续理念为出发点，满足经济、社会和环境保护的共同协调发展，形成一种相互平衡和健康的局面。可持续城市规划无意去全盘否定传统的城市规划理论，而是对其进行继承并注入新的全局和协调的观点，改变其局限性。

尽管可持续建筑是一个复杂的概念，但其基本法则有：减少资源和能源的输入、这是出发点；减少污染和废物；尽量的循环使用；尽量使用当地资源；尽量使用已经具备的城市设施、减少资源的消耗；保护自然环境、创造宜人的城市空间。

可持续建筑要有生态的可承受性，经济的运转能力，社会结构的可使用性。可持续建筑从资源角度必须合理利用本身资源，寻求友好的使用过程，注重使用效率，保持资源及其开发利用的平衡；从环境角度，公众不断努力提高社区及区域的自然人文环境；从经济角度，在可持续过程中，城市系统和结构功能相互协调，均衡分布工业、农业、交通等城市活动，促使城市新的结构和功能与原有功能结构及其内部和谐一致；从社会角度，追求一个人类相互交流信息，传播和文化极大发展的城市。

1.4.5　从运营管理角度谈可持续建筑

影响可持续建筑的项目管理因素是项目生命周期的各个阶段犹如串联起来的一组电路。任何一个环节出现问题就会破坏项目管理的可持续发展。影响可持续发展项目管理的关键因素有很多，涉及项目的各个方面。对项目可持续性的影响因素包括：项目的经济效益、项目的资源利用情况、项目的可改造性、项目的环境状况、项目的科技进步情况、项目的可维护性等几方面。当然，项目的可持续性发展还要受到管理、组织的影响，另外项目所在国的政策、政治状况等都会对项目的可持续性产生影响，其影响不仅涉及项目的可持续性甚至关系到项目的生死存亡。

运营管理的措施包括：在项目的可行性研究阶段就要确定可持续发展的主题；在项目的设计、施工阶段，要采用绿色环保的施工技术和材料；在项目的使用阶段，要对产生的废弃物采用分类、无害处理。只有当项目达到污染治理的标准，并且与周围自然环境相协调，项目才具有持续发展的可能。

思 考 题

1. 什么是可持续发展？
2. 可持续发展需要遵循哪些原则？
3. 简述可持续发展的意义。
4. 简述可持续建筑在国内外发展的情况。
5. 建筑对社会的哪些方面造成了影响？
6. 简述可持续发展的历程。
7. 可持续建筑的理论与实践都有哪些？
8. 简单概括可持续建筑的设计方法。
9. 目前可持续建筑存在着哪些问题？
10. 目前国内外关于可持续建筑的评估与认证体系都有哪些？各举 3～4 个例子即可。

参 考 文 献

[1] Rodman D，Lenssen N．A Building Revolution: How Ecology and Healthoncerns Are Transforming Construction[R]. America：Worldwatch，1996.
[2] 人类环境宣言 [OL]. http://www. nethics. net/nethics_neu/n3/quellen/voelkerrechtsverb_texte/stockhol_human-environment. html.
[3] 世界保护策略 [OL]. http://www. batcon. org/batsmag/vlnl·10. html.
[4] World Commission on Environment and Developmen，Our Common Future[M]. New York：Oxford University Press，1987.
[5] 里约环境与发展宣言 [OL]. http://www. unep. org/Documents/Default. asp?DocumentID=78&Article ID-1163. 1992.
[6] Caring for the Earth: A Strategy for Sustainable Living[OL]. http://gcmd. nasa. gov/records/GCMD_IUCN_CARING. html. 1991.
[7]（英）布莱恩·爱德华兹. 可持续建筑（第二版）[M]. 周玉鹏等译. 北京：中国建筑工业出版社，2003.
[8] 西安建筑科技大学绿色建筑研究中心. 绿色建筑 [M]. 北京：中国计划出版社，1999.
[9] 中国科学院可持续发展战略研究组. 2003 中国可持续发展战略报告 [M]. 北京：科学出版社，2003.
[10] 王革华. 能源与可持续发展 [M]. 北京：化学工业出版社，2005.
[11] 王祥荣. 生态与环境——城市可持续发展与生态环境测控新论 [M]. 南京：东南大学出版社，2000.
[12] 沈清基. 城市生态与城市环境 [M]. 上海：同济大学出版社，1998.
[13] 王荣光，沈天行. 可再生能源利用与建筑节能 [M]. 北京：机械工业出版社，2004.

［14］（英）大卫·劳埃德·琼斯．建筑与环境——生态气候学建筑设计［M］．王茹等译．北京：中国建筑工业出版社，2005.

［15］（英）布莱恩·爱德华兹．绿色建筑［M］．朱玲等译．沈阳：辽宁科学技术出版社，2006.

［16］（英）约翰·罗斯金．建筑的七盏明灯［M］．张鹏译．济南：山东画报出版社，2006.

［17］Sim V der R. Ecological Design[M]. Washington：Island Press，1995.

［18］Todd J. From EcoCities to Living Machine：Principle of Ecological Design[M]. America：North Atlantic Books，1994.

［19］David Pearson，Design Your Natural Home[M]. New York：Collins Design，2005.

［20］Calthorpe P，Corbett M，Duany A，Moule E，Plater-Zyberk E，Polyzoides S. The Ahwahnee Principles[OL]. http：//www. lgc. org/ahwahnee/principles. html. 1991.

［21］William McDonough. The Hannover Principles[OL]. http://repo-nt. tcc. virginia. edu/classes/tec315/Resources/ALM/Environment/hannover. html. 1992.

［22］US National Park Service. Guiding Principle of Sustainable Design[M]. America：Diane Pub，1993.

［23］Vale B，Vale R. Green Architecture：Design for a sustainable future[M]. UK：Thames and Hudson Ltd，1996.

［24］Yeang K. Designing With Nature：The Ecological Basis for Architectural Design[M]. New York：Mcgraw-Hill，1995.

［25］（美）伊恩·轮诺克斯·麦克哈格．设计结合自然［M］．黄经纬译．天津：天津大学出版社，2005.

［26］Johnson H D. Green Plans：Greenprint for sustainability［M］. Lincoln：University of Nebraska Press，1997.

［27］（美）Public Technology Inc. US Green Building Council．绿色建筑技术手册［M］．王长庆等译．北京：中国建筑工业出版社，1999.

［28］徐子苹，刘少瑜．英国建筑研究所环境评估法 BREEAM 引介［J］．新建筑，2002（1）：55-58.

［29］黄琪英．国内绿色建筑评价的研究［D］．四川：四川大学，2005：16.

［30］王清勤．澳大利亚绿色建筑情况简介［J］．南方建筑，2010 年第 5 期，8-9.

［31］欧阳生春．美国绿色建筑评价标准 LEED 简介［J］．建筑科学，第 24 卷，第 8 期：2008 年 8 月.

［32］王玮．美国绿色建筑 LEED 评估体系简介［J］．认证技术，2013 年第 9 期，48-50.

［32］陈柳钦．绿色建筑评价体系探讨［J］．建筑经济，2011 年第 6 期，48-51.

［33］华佳．浅析日本 CASBEE 评价体系．住宅产业．2012,05，46-47.

［34］绿色建筑论坛．绿色建筑评估．北京：中国建筑工业出版社，2007.

［35］左娜．俄罗斯风格建筑队东北边贸城市文化的影响——以绥芬河为例［J］．大众文艺，194-195.

［36］马明华．消费社会视角下的当代中国建筑创作研究［D］．广东：华南理工大学，2012：Ⅰ.

［37］比尔·华莱士．可持续发展之路——工程师手册［M］．刘加平等译．北京：中国建筑工业出版社，2008.

［38］祁斌．日本可持续的建筑设计方法与实践［J］．世界建筑，1999（2）：30-34.

第2章 建筑室外环境

2.1 城市气候概述

2.1.1 概念

城市气候是指在大气候或区域气候的背景条件下，由于城市化的影响而形成的一种局地气候或小气候。城市气候呈现出所谓"五岛"的特征，即"热岛""湿岛""干岛""雨岛""混浊岛"，城市热岛即城市热岛效应。

城市气候是指大都市特有且与周围郊区有异的各种气候条件，城市气候相对郊区农村气候来说是个气候岛。例如，城市热岛、干岛、雨岛、烟霾岛、雾岛等。城市环境对城市气候的影响很大，城市气候是人类活动影响小气候的明显表现。城市面积虽小，但人口密集，工业集中，是人们生活的重要舞台。由于这种高度集中，造成空气污染，大量人为热量的释放和特殊的下垫面条件，使城市和农村的气候产生了明显的差异，形成了独具特点的城市小气候。

城市气候形成的主要原因是：

（1）现代城市以钢铁、水泥、砖瓦、土石、玻璃为材料的各种建筑物下垫面的刚性、弹性、比热等物理特性与自然地表不同，从而改变了气候反射表面和辐射表面的特性，也改变了表面附近热交换和表面气体粗糙度。如图2-1是不同的地面的反射和辐射表面特性。

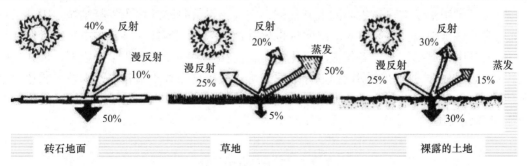

图 2-1　不同地质的热物性

（2）工业生产、交通运输、取暖降温、家庭生活等活动释放出的热量、废气和尘埃，使城市内部形成了一个不同于自然气候的人工气候环境。

（3）由于巨量气体和固体污染物排入空气中，明显地改变了城市上空的大气组成。城市气候不同于周围地区主要表现是：年平均气温和最低温度普遍较高（形成"城市热岛"）；年平均相对湿度和冬、夏季相对湿度都较低；多尘埃和云雾；辐射较少；风速较低，多静风；降水量较多等。

2.1.2　特征

城市气候既有所属区域大气候背景的影响，又反映了城市化后人类活动所产生的作用，因此，不同大气候区的城市气候不尽相同，但也存在一些共同的城市气候特征，城市气候的共同特征有以下几方面：

（1）由于城市下垫面特殊性质；空气中由燃料产生的二氧化碳等较多；加上人为的热源等因子，城市气温明显高于郊区，这种情况称为"城市热岛效应"。国内外许多学者的研究表明：城市热岛强度是夜间大于白天，日落以后城郊温差迅速增大，日出以后又明显减小。

（2）城市中由于下垫面多为建筑物和不透水的路面，蒸发量、蒸腾量小，所以城市空气的平均绝对湿度和相对湿度都较小。但由于城市下垫面热力特性、边界层湍流交换以及人为因素均存在日变化，因此，城市绝对湿度的日振幅比郊区大、白天城区绝对湿度比郊区低，形成"干岛"，夜间城市绝对湿度比郊区大，形成"湿岛"。

（3）由于城市空气中尘埃和其他吸湿性核较多，在条件适合时，即使空气中水汽未达到饱和，相对湿度仅达 70% ～ 80%，城市中也会出现雾，所以城市的雾多于郊区。有些城市汽车尾气排放的废气，在强烈阳光照射下，还会形成一种以臭氧醛类和过氧乙酰硝酸酯（PAN）等为主要成分的浅蓝色烟雾，称为"光化学烟雾"，这种雾对人体是有害的。

（4）由于城市热岛效应，市区中心空气受热不断上升，四周郊区相对较冷的空气向城区辐合补充，而在城市热岛中心上升的空气又在一定高度向四周郊区辐散下沉以补偿郊区低空的空缺，这样就形成了一种局地环流，称为城市热岛环流。这种环流在晴朗少云，背景风场极其微弱的静稳天气条件下，最为明显。应该指出虽然城市热岛效应夜间大于白天，但由于夜间郊区大气结构稳定，有时还存在逆温层，因此上升气流层不强，而白天郊区大气层结本身不稳定，流入城市后，上升速度快，所以城市热岛环流白天比夜间强，而且夜间的郊区风具有阵性。

（5）城市中由于有热岛中心的上升气流，空气中又有较多的粉尘等凝结核，因此云量比郊区多，城市中及其下风方向的降水量也比其他地区多。另外，城市中由于大量使用能源，向大气中排放出许多二氧化硫和氧化氮，它们在一系列复杂的化学反应下，形成硫酸和硝酸，通过成雨过程和冲刷过程成为酸雨降落。酸雨可导致土壤贫瘠，森林生长速率减慢，微生物活动受到抑制，对鱼类生存构成威胁，刺激人的咽喉和眼睛。因此，防治酸雨是刻不容缓的任务。

2.2　城市热环境

2.2.1　城市热环境概念

大气边界层是大气环流受到地表（下垫面）的影响，形成的紊流（湍流）层；城市区域的大气边界层为城市边界层；城市下垫面为一体化的下垫面层，称为城市覆盖层。城市内部不同于周围地区的热环境，城市是具有特殊性质的立体化下垫面层，局部大气成分发生变化，其热量收支平衡关系与农村显著不同。

2.2.2 城市热岛效应

城市热岛的现象和风的关系不大，但是和空气间的相互作用有关。通常情况下，热空气密度小，轻，它会上升；冷空气密度大，沉，它会往下降，填补热空气上升留下的空缺。这就形成了气流的循环运动，也叫热力环流。就是说，地面空气在上升过程中本该随着空间位置的升高而逐渐降低温度，但是如果高空有热量积聚，它比上升的气流热，那么，气流的上升运动会被抑制。高空中的热气层就叫作逆温层。

事实上，逆温层往往出现在日落之后，消失在日出之前。这也就是为什么我们觉得所观察到的烟的现象夜间比白天明显的原因。如果不刮风，逆温层就像一个无色透明的玻璃罩，抑制着空气的上下流动也阻挡了周围乡村风的涌入。将本该被稀释的大气污染物越来越多地堆积在城市上空。

有一个现象不知道注意过没有，在晴朗无风的夜晚，如果你从郊区进入城市的话，你会感觉到气温在升高。尤其是在市中心人口密集或建筑物多的地方，会特别明显。这时候，如果你只是穿城而过，再到郊区，你又会感觉到气温降下来了。城市就像一个热的"岛屿"矗立在周围乡村凉爽的海洋之中。当然了，我们所说的岛屿和海洋都是比喻。科学家们也同意这样的说法，他们把这种现象叫作"城市热岛"。

城市热岛是怎么来的呢？在大都市里，现代生活制造出了巨大的热量。而来自城市建设的钢筋水泥、土木砖瓦、柏油路面以及那些密集的建筑群又让城市接受并且向外辐射出更多来自太阳的热量，它们取代了乡村里面那些原本能够降低温度的树木、草地、河流。据统计，固定热源排放废气占全天热量的 66.6%，柏油路面车轮滚滚的移动热源占 30.1%，稠密人口放出的生物热量 1%。

当郊区较冷的空气从四面八方涌向城市，城市和周围乡村的冷空气就形成了一个环流体系。本来，来自郊区的冷空气参与这个环流体系可以逐渐稀释城市排放出的热量和工业废气，但是，因为逆温层的长期存在，城区里的冬季开始缩短，霜雪减少，有时有些地方甚至还会发生郊外下雪而市内下雨的情景；虽然冬季里城市热岛效应可以减少人和动植物的取暖能耗，但在夏天，它会加重城市的供水紧张，加剧光化学烟雾灾害，甚至它的高温会造成人的中暑或休克。而另一方面制冷设备的加倍运转，会将更多的热量排放出来，形成一种恶性循环。

这几年，城市里面患咽炎、气管炎等呼吸道疾病的人越来越多了，这都和城市热岛有关。所以，城市热岛实际上是一种"热污染"。而治理它却是一个难题。只有当大范围的乡村风速达到每秒钟 3m 以上时，才能加速城乡间的热力环流，减轻城市空气的混浊程度。要实现这个目标，只能是大面积设置绿地，增加透水面积。现在，世界各国的科学家们都致力于热岛现象的研究。

城市人口密集、工厂及车辆排热、居民生活用能的释放、城市建筑结构及下垫面特性的综合影响等是其产生的主要原因。热岛强度有明显的日变化和季节变化。日变化表现为夜晚强、白天弱，最大值出现在晴朗无风的夜晚，上海观测到的最大热岛强度达 6℃以上。季节分布还与城市特点和气候条件有关，北京是冬季最强，夏季最弱，春秋居中，上海和广州以 10 月最强。年均气温的城乡差值约 1℃左右，如北京为 0.7～1.0℃，上海为

$0.5 \sim 1.4$℃，洛杉矶为 $0.5 \sim 1.5$℃。城市热岛可影响近地层温度层结，并达到一定高度。城市全天以不稳定层结为主，而乡村夜晚多逆温。水平温差的存在使城市暖空气上升，到一定高度向四周辐散，而附近乡村气流下沉，并沿地面向城市辐合，形成热岛环流，称为"乡村风"，如图 2-2，这种流场在夜间尤为明显。城市热岛还在一定程度上影响城市空气湿度、云量和降水。对植物的影响则表现为提早发芽和开花、推迟落叶和休眠。

如图 2-3，为我国部分地区的城市热岛效应卫星图，它是城市气温比郊区气温高的现象。热岛效应是形成城市气候最直观、最基本的方式，也是城市气候最典型的表现特征。城市热岛的形成一方面是在现代化大城市中，人们的日常生活所发出的热量；另一方面，城市中建筑群密集，沥青和水泥路面比郊区的土壤、植被具有更大的热容量（可吸收更多的热量），而反射率小，使得城市白天吸收储存太阳能比郊区多，夜晚城市降温缓慢仍比郊区气温高。城市热岛是以市中心为热岛中心，有一股较强的暖气流在此上升，而郊外上空为相对冷的空气下沉，这样便形成了城郊环流，空气中的各种污染物在这种局地环流的作用下，聚集在城市上空，如果没有很强的冷空气，城市空气污染将加重，人类生存的环境被破坏，导致人类发生各种疾病，甚至造成死亡。

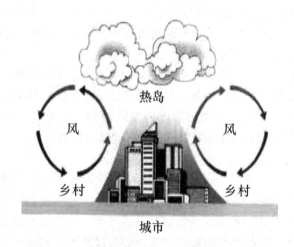

图 2-2　城市热岛形成图

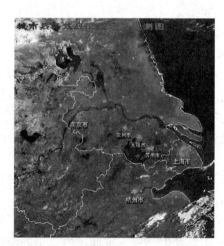

图 2-3　城市热岛效应卫星图

2.2.3　热岛效应危害

热岛效应危害主要有：

（1）总辐射减弱，日照减少。由于空气污染，尘块增多，大气混浊度增加，于是使到达地面的太阳辐射大为减少。据对比观测发现，市区的总辐射约比郊区少 10% ~ 20%。冬季太阳高度角较小时减弱尤甚，有时甚至可减少到 50%。同时，日照时数也逐渐减少。一般，城市和农村环境相比，日照要少 5% ~ 15%。据观测，近 50 年里东京年日照时数已下降约 70 ~ 80h 左右。

（2）市内呈现高温，城市就像一个温暖的岛屿。市区温度高，郊区温度低，等温线呈圆形分布。这种现象叫作热岛效应。据观测，城市热岛效应一般可使市区的年平均温度比郊区高 $0.5 \sim 1.0$℃。但不同季节、不同的天气条件下，市区与郊区的气温差的大小也不同。如 1979 年冬季一次晴朗天气条件下，在上海的对比观测发现市中心温度比郊区高

6℃。热岛效应的形成，与城市上空污染物质的保温作用、地面蒸发耗热量的减少、风速小、减少热量水平输送、人为热量的释放和与生物体的热交换等因素有关。

（3）出现热岛环流伴随着热岛效应，产生热岛环流，尤其是夏季，城市中心气流上升，到一定高度则向四周流散，而地面则是郊区空气流向城市中心。

（4）低湿、多雾、降水增加。市区由于排水良好，地面较干燥，蒸发很少，所以绝对湿度较郊外低，差值一般在 0.1KPa 以下。相对湿度则因市区温度高，以致偏低更多一些。据欧洲观测，年平均相对湿度城市与郊区相差 4% ~ 6%。

城市上空因凝结核多，雾日显著增加。从 19 世纪末到 20 世纪初，东京年雾日数平均增加 20 ~ 30 天，上海则增加了 15 天左右。城市与郊区相比，冬季市区雾日数可比郊区多 100%，夏季多 30%。城市降水也有增加。观测表明，城市年降水量比郊区多5% ~ 10%。另外，微雨日数（0.1 ~ 1.0mm/ 日）也有显著增加。据东京观测，市中心比郊区多 20 日左右。

城市气候在形成以后，因为受到人为活动的影响会产生变异，影响城市气候变异的因素主要是：

人造建筑因素：城市众多的砖石、钢筋水泥建筑物及沥青和水泥道路取代了天然的植被与土壤，影响了城市的气温、湿度等气候条件。某些建筑物取代了自然地形，影响了城市局部地区的风向、风速、热量等，例如大厦、沥青及水泥路；有些类型的建筑物则影响了雨水的径流。例如停车场、沥青及水泥路等。

人口因素：城市居民大量增多，其日常生活及生产活动会增添大量热源。比如某城市举办奥运会期间，因为人口在短时间内的大量聚集导致城市内局部地区温度升高。

污染物因素：城市上空的一个特点是污染物浓度高，其中有一氧化碳、硫和氮的氧化物、多种碳氢化物、氧化剂和粉尘物质之类。其中微粒和烟尘粒等污染物对城市气候条件如气温、能见度和降雨量等甚有影响。污染物的来源主要是工业生产过程产生的废料，例如炼油厂的化合物废气排放；以及燃料的燃烧，例如交通工具的运行；住家和办公室的取暖等。城市空气污染的浓度取决于污染物放射源的大小和该城市的通风情况，即该城市的风速和其上空大气层的高度。若出现了污染物数日聚集在市区上空的情况，会出现一种叫逆温的天气现象，即"温度随高度增高而增大"，如图 2-4 所示。这种天气现象会妨碍大气的混合，严重者会令城市居民有急遽的痛苦，甚至死亡。例如 1952 年 12 月，伦敦烟雾事件中，大气逆温使得逾 8000 人死于呼吸道疾病。

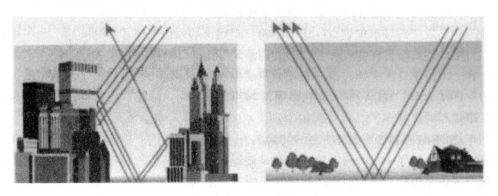

图 2-4　逆温现象

在"热岛效应"影响下，城市上空的云、雾会增加，使有害气体、烟尘在市区上空累积，形成严重的大气污染，影响到城市发展和人类健康。医学研究表明，环境温度与人体的生理活动密切相关。环境温度高于 28℃时，人们就会有不舒适感；温度再高就易导致烦躁、中暑、精神紊乱；气温高于 34℃，并伴有频繁的热浪冲击，还可引发一系列疾病，特别是使心脏、脑血管和呼吸系统疾病的发病率上升，死亡率明显增加。此外，高温还可加快光化学反应速率，从而提高大气中有害气体的浓度，进一步伤害人体健康。

在"热岛效应"的作用下，城市中每个地方的温度并不一样，而是呈现出一个个闭合的高温中心。在这些高温区内，空气密度小，气压低，容易产生气旋式上升气流，使得周围各种废气和化学有害气体不断对高温区进行补充。在这些有害气体作用下，高温区的居民极易患上消化系统或神经系统疾病，此外，支气管炎、肺气肿、哮喘、鼻窦炎、咽炎等呼吸道疾病人数也会有所增多。

酷热天气的增加给人们生活和工作带来严重影响，损害人类身体健康，甚至造成一些人因中暑而死亡；其次，"热岛现象"加剧了大气污染，城市地面散发的热气形成近地面暖气团，将城市烟尘流通受阻，形成对人体有害的"烟尘穹隆"；再次，"热岛效应"造成局部地区水灾，城市产生的上升热气流与潮湿的海陆气流相遇，会在局部地区上空形成乱积云，而后降下暴雨，每小时降水量可达 100 mm 以上，从而在某些地区引发洪水，造成山体滑坡和道路塌陷等。此外，"热岛现象"还会导致气候、物候失常。广州近年出现木棉早开、芒果秋实等现象就是"热岛现象"所致。

2.2.4　热岛效应与可持续建筑

根据 2000 年在荷兰国际可持续建筑会议的规定，可持续建筑是在可持续发展理论和原则指导下设计、建造使用的建筑，可持续发展建筑需要思考的操作事项是建材、建筑物、城市区域的尺度大小，并考虑其中的机能性、经济性、社会文化和生态因素，为达到可持续发展，建筑环境必须反映出不同区域性的状态和重点以及建筑不同的模型去执行。

城市热岛效应的研究对于监测与评价城市环境质量、进行城市绿地调查与规划、建设具有国际水准的大都市都有重要的意义和作用。有研究表明，广州市的热岛效应有明显增强的趋势，不仅热岛效应的分布面积有十分明显的增加，而且热岛效应的强度亦明显加大。通过对广州市热岛效应的有关研究，积极寻找缓解热岛效应的有效途径，对于提高能源利用率和提高市民生活环境质量，具有重要意义。

城市热岛效应对城市规划有一定的影响，对城市的建设提出了新的问题。为了建立一个人与自然协调持续发展的宜居城市，如何消除城市热岛效应是城市规划者应考虑的一个重要内容。城市热岛效应的时空分布特征及其成因分析为城市规划提供了参考依据。下面从城市空气动力学、城市色彩、城市森林、城市能源和城市规模五个方面论述城市热岛效应对城市规划的影响。

城市热岛效应对城市空气动力学的影响有一定的影响。这里所讨论的城市空气动力学是指在大气边界层中风的流动特性尤其是湍流扩散规律、各种颗粒物在大气中的扩散规律、风与各种结构物和人类活动间的相互作用以及由风引起的物质和能量的迁移等。

城市热岛效应与城市空气动力学的相关关系主要表现为：城市风速小，大气层结稳定，不利于热量的散发，有利于热岛效应的形成；不利于通风的城市地貌、不合理的城市布局、高密度和高负荷的建筑导致通风不良，热量难以扩散，也有利于热岛效应的形成；不合理的道路设置和粗糙的下垫面导致涡流加剧，废热迂回环流，热岛加强。根据城市热岛效应与城市空气动力学的关系，城市布局规划应在如下几个方面加强规划：选择通气流畅的地形进行城市建设；因地制宜，对城市的各个功能区进行合理布局，尤其是工业园区和商业带的布局；调整和完善旧城区的建设与布局；控制建筑物的高度和密度，尤其是在城市的顺风口和逆风口，应避免高大建筑物和高密度建筑物对风的阻挡而导致大量热量和温室气体滞留；有江、河、湖、海分布的城市，要充分利用江河湖海的风以及水能降温增湿特点，在它们的沿岸留出足够的空间，让风和水汽能进入城市；主干道路的走向应与城市主导风向一致，同时还应对大量交通进行有层次的划分，对车辆进行分流，这样风可以迅速将城市大量集聚的热量、温室气体以及悬浮颗粒物分散，减少尘罩作用，降低热岛效应。

城市热岛效应对城市规划的影响是多方面的，上面论述的只是其中的几个重要方面。为了消除或缓解城市热岛效应，减少这种潜在的危害，城市规划部门和有关专家应根据城市热岛效应形成的原因及其分布的时空特点，在尊重城市历史文脉的基础上，充分考虑城市热岛效应对城市规划的影响，制定合理的城市规划，以期最大限度地消除或缓解城市热岛效应，实现经济、社会和自然的和谐发展。

2.2.5 城市热环境设计

把气候设计的理论和方法应用于住区规划、设计已日益引起广泛的关注，人们越来越深刻地认识到气候设计对提高住区外环境质量的重要性，它是建设生态型人居环境的重要举措。正确认识城市气候特征，对住宅规划的科学选址，合理布局，节能降耗，营造良好的安居环境，使局部小气候向有利于人体热舒适方向转化，从而提高住区外环境的热舒适质量，走可持续发展之路有着十分重要的意义。

现代城市是与人类自身接触最为密切、最为频繁的载体。相对于人类的任何其他创造成果而言，城市是人类永远未完成的作品。随着人类的技术经济条件、社会文化的发展及价值观念的变化，作为城市环境质量和景观特色再现的空间环境也是如此，不断的创造出新的具有环境整体美、群体精神价值美和文化艺术内涵美的城市空间。

中国城市环境设计现今正逐步走向人性化、生态化、高技术化。在城市环境设计中，不仅要考虑空间设计因素，而且也要考虑区域热环境带来的影响，有的城市住区设计未注重对热环境的改善，以至于在白天甚至夜晚不能很好地为居民服务。

合理配置地面材料，过去的小区场地设计大量采用非透水性硬质地面，大而空，而植物仅仅作为点缀、装饰，从而造成夏季气温过高，局部热环境非常差。因此，对于此类地面宜采用如下措施。

（1）选择吸收系数、吸收率与辐射率较低的材质，当吸收系数以及吸收率与辐射率比值较高时，地表的材质对于空气加热作用也较强，如果必须选择硬质铺地，则应选择其值都较低的材质。夏热冬冷地区小区路面尽量避免选择深色材料（如黑色的改性沥青路面）；浅色路面应与绿化遮荫相结合，减少照射到路面的太阳辐射；增加硬质不透水铺地与硬质透水铺地结合使用。

（2）利用生态型透水地面，除了采用透水性的建材（如透水性沥青混凝土、透水性花砖）铺设路面外，最有效的办法是把植物与铺装结合起来，做成各种嵌草路面。这种地面夏天的温度比全硬化地面低好几度，能减少空气的燥热。而且下雨后经透水地面保存下来的雨水可以慢慢蒸发出来，释放到空气中，增加空气的湿度和舒适感，也能滋养城市的各种绿色植物。

（3）注重水体设计夏热冬冷地区城市住区水体宜布置在夏季主导风的上风向，利于降低水面周围环境的空气湿度；利用高大落叶乔木将夏季风气流引入水面区域。足够的水体在降低空气温度方面的作用与草坪的降温作用相当，可参考草坪的用地比例，尽量加大水体面积。

（4）绿化布置与搭配合理的绿化布置有利于降低环境的整体温度，提高湿度。城市住区受各自规划影响，在地表布置方面会有所不同，设计时尽量使地表的布置和搭配优化，例如减少整片的草坪和整片的硬质铺地，将草坪与硬质铺地相间布置，这样有利于降低小区的整体温度，增加湿度，从而提高场地的整体使用率，达到场地资源的充分共享；也可将植被与水体搭配或将草坪与树木搭配等等都会受到良好的降温增湿的效果。"草地＋灌木＋乔木"的植被结构可作为夏热冬冷地区居住小区绿地的主要结构模式，乔灌草结构的植被只有在其内部构成元素达到一定比例的情况下，才能具有最大的生态作用。不同地表植物覆盖比例在相同面积和区域内造成不同空气温度下降。

2.3　城市湿环境

2.3.1　城市湿环境概念

城市中由于下垫面性质的改变，建筑物和铺砌的见识路面大多是不透水层，降水后雨水很快的流失，地面比较干燥，加上植物覆盖面积小，蒸发热量比较小，因此城市中的日平均绝对湿度比郊区小。

2.3.2　城市干岛效应

与热岛效应通常是相伴存在的。由于城市的主体为连片的钢筋混凝土筑就的不透水下垫面，因此，降落地面的水分大部分都经人工铺设的管道排至他处，形成径流迅速，缺乏天然地面所具有的土壤和植被的吸收和保蓄能力。因而平时城市近地面的空气就难以像其他自然区域一样，从土壤和植被的蒸发中获得持续的水分补给。这样，城市空气中的水分偏少，湿度较低，形成孤立于周围地区的"干岛"。

城市由于下垫面粗糙度大，又有热岛效应，其机械湍流和热力湍流都比郊区强，通过湍流的垂直交换，城区低层水汽向上空空气的输送量又比郊区多，这两者都导致城区近地面的水汽压小于郊区，形成"城市干岛"。

2.3.3　城市湿岛效应

城市湿岛效应和热岛效应不同，是城市中湿度反常小于周围地区的现象。由于城市中植物稀少，所以蒸腾作用减弱，降水全部流入地下，所以空气中湿度减少。

湿岛的种类有凝露湿岛、雨天湿岛、雾天湿岛、结霜湿岛和雪天湿岛等。

雾天湿岛常是在有雾时，雾滴与周围空气间进行水分交换，市区较暖，饱和水汽压较高，能容纳的水汽量较郊区为多，形成雾天湿岛。

结霜湿岛是市区有强热岛时，结霜量小于郊区，空气中的水汽压比郊区大，形成结霜湿岛。

雪天湿岛的形成与雨天湿岛相似，但因气温低、热岛效应小和风速稍大等，其湿岛强度较弱。

2.3.4 城市干湿岛危害

大气污染：干岛效应造成城市大气相对湿度降低，大气稳定度提高，底部大气不易与高层发生对流，城市污染物集中于城市下垫面区域，造成持续的大气污染，形成 PM2.5 的灰霾天对人体造成危害。

城市热污染：由于蒸发减少形成干岛，水蒸发带走的潜热减少，形成城市大气热岛，伴生热岛效应，加剧城市热污染。

在夜晚郊区下垫面温度和近地面气温的下降速度比城区快，在风速小，空气层结稳定的情况下，有大量露水凝结，致使其近地面空气层中的水汽压锐减。城区因热岛效应，气温比郊区高，凝露量远比郊区小，且有人为水汽量的补充，夜晚湍流强度又比白天弱，由下向上输送的水汽量少，因此这时城市近地面空气层的水汽压反比郊区大，形成"城市湿岛"。

这种湿岛主要是由于夜间城、郊凝露量不同而形成的，可称之为"凝露湿岛"。Hage 在研究加拿大埃德蒙顿城、郊湿度差别时，发现在暖季（4～10月）城市白昼绝对湿度比郊区低，夜晚则比郊区高，有明显的干岛、湿岛昼夜交替的现象。在冷季（11～翌年3月）则昼夜皆是城市绝对湿度大于郊区。在一年中夜间城市湿岛强度有两个峰值：

在 8 月份（主要峰值），在 3 月份（次要峰值），8 月份峰值是由于凝露湿岛造成的，3 月份峰值则与城区与郊区雪况不同密切相关。埃德蒙顿位于 53°10′N，冬季积雪时间长，3 月份正是积雪融化的时期。这里城市热岛效应十分明显，夜间郊区温度在 0℃ 以下时，城区则往往高于 0℃。郊区积雪表面空气中水汽因在雪面凝华而减少，城区因气温较高而有融雪现象，雪水蒸发可增加城区水汽压。

再加上城区的人为水汽比较多，因此这时城市湿岛强度偏大，也可以把这种成因的湿岛叫作"融雪湿岛"。周淑贞曾根据 1959 年 8 月 9 日至 11 日上海市区和近郊 26 个测点的逐时气温和湿度观测资料进行分析，发现城区白天水汽压比郊区小得多，夜间因城区凝露量少于郊区，水汽压高于郊区，出现干岛、湿岛昼夜交替的现象。

近年来又继续对上海湿度进行比较深入的研究，通过对 1984 年全年上海城区 11 个气象站和郊区 10 个站逐日 02、08、14、20 四个时次水汽压、相对湿度、气温、风速和云量等的普查，发现上海城市在水汽压的分布上，干岛、湿岛昼夜交替的现象比较频繁。从湿岛形成的原因上分析，可分为四类：凝露湿岛、结霜湿岛、雾天湿岛和雨天湿岛。其中以凝露湿岛最多，全年各月均有出现。这四种湿岛出现时均伴有城市热岛，且都在风速微弱时存在。

上海冬季有一结霜期，在晴朗寒冷无风或小风天气，城乡地面有冰冻和结霜现象出现，城市有热岛存在，城区结霜量比郊区小，城区近地面空气层中的水汽压大于郊区，形成城市结霜湿岛。由于上海冬季盛行大陆季风，空气中水汽压不高，再加上低温时气温每差 1℃ 其饱和水汽压的差值比高温时小，因此结霜湿岛的强度不大，只有在城市热岛强度十分显著时，才能出现此种湿岛。

上海在大雾弥漫时，发现也会有城市湿岛出现，此类湿岛称为雾天湿岛。上海雾天湿岛以在辐射雾中出现的频率最大，在平流辐射雾中次之。当有大雾时，往往城、郊各处大雾笼罩，持续时间较长，加上市区有较强的热岛出现时，就可以出现雾天湿岛。

上海在降雨时或骤雨初歇后，伴有城市热岛而风速又很小时可有城市雨天湿岛产生。由于此时市区气温比郊区高，雨水蒸发量比郊区大，因此，出现市区近地面空气层的水汽含量比郊区高的雨天湿岛现象。

综上所述，就城市湿岛的成因而言可分为五类，即凝露湿岛、融雪湿岛、结霜湿岛、雾天湿岛和雨天湿岛，这些湿岛的出现必须伴有明显的城市热岛和无风或小风天气。

城市绝对湿度的日变化与郊区不同，城、郊绝对湿度差值的日变化因自然地理条件、季节和当时天气状况而异。

城市因平均绝对湿度一般要比郊区小，气温又比郊区高，这就使得其相对湿度与郊区的差值比绝对湿度更为明显。特别是在城市热岛强度大的时间，其城市干岛效应更为突出。例如，墨西哥城热岛强度以冷季夜间最强，其城、郊相对湿度的差值也以此时最大。

上海城市热岛仲秋晴夜最强，相对湿度城、郊差值也是此时最大。城区相对湿度的日变化是单峰型，夜高昼低，与气温的日变化相反。郊区相对湿度的日变化形式与城区相似，但夜间高值维持时间一般比城区长。城、郊相对湿度差值的日变化大都与城市热岛强度的日变化相似。城市相对湿度的季节变化比较复杂，在一般情况下，因为冬冷夏热，相对湿度是冬高夏低。可是在季风气候区，由于夏季盛行海洋季风，冬季盛行大陆季风，相对湿度反而是夏季大冬季小。至于城市与郊区相对湿度差值的季节变化，更是因地而异，各不相同。

在寒温带大陆性气候区冬季寒冷，地面长期积雪，其城郊绝对湿度和相对湿度差值的绝对值也是冬季小夏季大。但在这种区域气候条件下的某些城市却出现在隆冬季节城市的绝对湿度和相对湿度都比郊区高的现象。加拿大的埃德蒙顿便是一例，在冬季其城、郊绝对湿度差值皆是正值，特别是夜间城区绝对湿度显著高于郊区。据 Hage 的分析，这一方面是由于城区人为水汽量比郊区大，另一方面是冬夜在近地面几百米高度内绝对湿度是由地面向上层逆增的，城区垂直湍流交换作用比郊区强，有一部分水汽由上层向近地面输送，因此城区绝对湿度大于郊区。虽然当地冬季也有明显的城市热岛效应，但因正值的绝对湿度差值较大，其相对湿度的城、郊差值在隆冬 12 月和 1 月也是市区高于郊区。

我国上海位于东亚副热带气候区，其逐月水汽压和相对湿度的城、郊差值都是负值，相对湿度绝对值的季节变化以秋季 10 月份最大，冬季次之，夏季 6 月份最小。

这是因为 10 月份正当上海秋高气爽的季节，云量少，风速小，热岛强度大。6 月份云量特多，热岛强度最弱，相对湿度城、郊差值因之最小。

由此可见，城市与郊区相对湿度差值的季节变化，既受城、郊绝对湿度差值季节变化的影响，又视热岛强度的季节变化而异。在不同类型气候区域的城市，其相对湿度的季节变化各具特色，不像绝对湿度城、郊差值的季节变化形式那样单纯。

2.3.5 城市湿环境设计

增加植被、增加分散水域、增加人工喷泉和喷雾设备、增加楼顶绿化与喷水系统、增加道路雨水收集与蒸发补偿系统。

湿度是影响云、雨生成，造成各地气候差异的重要因素，也是影响人舒适性的重要指标。通过城市表面水分的蒸发，消耗热量，能够实现被动式降温，增加环境湿度。城市的蒸发降温、增湿，取决于三方面，即城市的降水、风、日照和温度。因而，被动蒸发降温、增湿的前提条件是能够正确地评价地区气候条件所能提供的被动蒸发冷却资源水平。

扩大城市的蒸发源能够有效的降温。调湿，除了尽量增加城市范围内的绿化、水体面积外，还应提高城市表面对于天然降水的蓄积能力。水体和绿化一样，不仅反射太阳辐射热的能力比一般硬质表面强，而且由于谁的热容量比陆地大得多，吸收相同的太阳辐射，水面的升温值要比地面小得多。加上水的蒸发、波动、传导透射等作用，使得水体温度的变化比地面缓和得多，从而能起到调节温度、湿度的作用。

2.4 城市风环境

2.4.1 城市风环境概念

自然界中的风是由太阳辐射热引起的，太阳光照射在地球表面上，使地表温度升高，地表的空气受热膨胀变轻而往上升。热空气上升后，低温的冷空气横向流入，上升的空气因逐渐冷却变重而降落，由于地表温度较高又会加热空气使之上升，这种空气的流动就产生了风。

城市风环境的主要影响因素包括风向和风力。

风向是指缝吹来的方向，一般用 8 个方位表示，分别为：东、西、南、北、东北、西北、东南、西南。

风力是指风的机械力，用风级表示，风力越大，风级越大。根据风力不同，可分为12 级，中国气象局曾于 2001 年下发《台风业务和服务规定》，以蒲式风力等级，将风力等级由 12 级（一般指台风的风力）补充到 17 级。

风速是指空气相对于地球某一固定地点的运动速率，风速没有等级，风力才有等级，风速是风力等级划分的依据。

风向玫瑰图也叫风向频率玫瑰图，它是根据某一地区多年平均统计的各个风向和风速的百分数值，并按一定比例绘制，一般多用 8 个或 16 个罗盘方位表示，由于形状酷似玫瑰花朵而得名。风玫瑰图上所表示的吹响是指外部吹向地区中心的方向，即风向。各方向上表示风频的线段按风速数值百分比绘制成不同颜色的分线段，表示出各风向的平均风速。

图 2-5 是风向玫瑰图的实例，图中实线为全年风玫瑰图，虚线为夏季风玫瑰图。如图所示可知，当地全年风以东南风为主，基本没有西南风，而夏季更是东南风多发季节。此外，风向玫瑰图有较强的扩展性，在工程实际中，可根据情况适当修改风向玫瑰图，使之符合项目要求，图 2-6 就是将风速频率结合在风向玫瑰图中的做法。

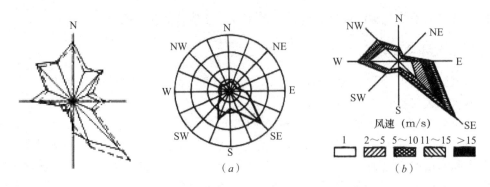

图 2-5　典型的风向玫瑰图　　　　图 2-6　一种修改过的风向玫瑰图

　　风向和风速决定了城市的主导风向和风速，继而影响了城市的布局。例如，某城市冬季的主导风向为西北风，则不能将供热锅炉安排在城市的西北方向，这样会造成冬季供暖时，供热锅炉排出的烟气顺风飘到城市中心，造成空气质量的恶化，对居民健康造成致命影响。再例如某城市夏季主导风向为南风，而城市街道的主要方向确实东北 - 西南方向，或南北方向主要为小街巷，则可能造成夏季时城市内产生的热量不能随风排出，造成热积累，导致城市内气温升高，影响生活质量和城市能耗。随着经济和工业的发展，土地与森林的开垦，污染物排放的增多，城市周边的空气环境也遭到了破坏。作为城市通风的空气来源，城市周边空气的洁净度直接影响城市内空气质量。

　　沙尘暴（Sand Duststorm）并不是近代才有的大气现象，2002 年《自然》杂志发表了中国学者的最新研究成果，把其开始的时间推到了 2200 万年前，"风成说"也是黄土高原成因较为令人信服的学说。沙尘暴是沙暴（Sandstorm）和尘暴（Duststorm）两者兼有的总称，是指强风把地面大量沙尘物质吹起并卷入空中，使空气特别混浊，水平能见度小于 1000m 的严重风沙天气现象。其中沙暴系指大风把大量沙粒吹入近地层所形成的挟沙风暴；尘暴则是大风把大量尘埃及其他细颗粒物卷入高空所形成的风暴。图 2-7 所示为 2006 年 4 月北京遭沙尘暴袭击后，居民在私家车上利用积尘写"北京下土了"几个字。

图 2-7　沙尘暴袭击后的北京

沙尘暴的危害极大。它的主要污染成分为可吸入颗粒物。通常把粒径在 10μm 以下的颗粒物称为 PM10，又称为可吸入颗粒物或飘尘。颗粒物的直径越小，进入呼吸道的部位越深。10μm 直径的颗粒物通常沉积在上呼吸道，5μm 直径的可进入呼吸道的深部，2μm 以下的可 100% 深入到细支气管和肺泡。沙尘暴的成分是带有负电荷的硅酸盐，形成后成为气溶胶，不易飘落，危害更大。虽然沙尘暴有能够在一定程度上增加降水、中和氢离子减少酸雨、将沙漠地带的营养成分移到海洋等优点，但是比起对人体和社会经济的影响，可以说有百害而无一利。沙尘暴不仅对空气环境造成污染随之产生的强风、雷暴等恶劣天气还会对农作物、城市和农村基础设施等造成巨大影响，造成严重的经济损失。图 2-8 所示为沙尘暴袭击格尔木的震撼景象。

图 2-8　沙尘暴袭击格尔木

对于城市环境，沙尘暴的影响尤为严重。沙尘暴使得城市空气环境恶劣，随着空气渗透和侵入，微小的沙尘也会进入室内，且难以排出，甚至在沙尘暴结束后也要持续一段时间，这对人体和室内设备的影响是十分大的。如果在沙尘暴天气下启动空调设备，灰尘会随着新风进入空调系统，在管道拐角或过滤、加热等设备处积存，造成设备运行负荷增加、效率降低、甚至损坏，如果积存的灰尘不进行清理，长此以往将会产生并积存大量细菌，细菌及其代谢产物再随空调风进入室内，则会造成更为严重和持久且不易察觉的空气污染。

为预防土地沙化，治理沙化土地，维护生态安全，促进经济和社会的可持续发展，中华人民共和国第九届全国人民代表大会常务委员会第二十三次会议于 2001 年 8 月 31 日通过了《中华人民共和国防沙治沙法》，2002 年 1 月 1 日起施行。自此法实施以来，我国各地，尤其华北、西北、内蒙古中东部地区积极防沙治沙，在北京、天津、河北、山西及内蒙古等 5 省（区、市）的 75 个县（旗）开展了"京津风沙源治理工程"，通过退耕还林还草，总体上遏制沙化土地的扩展趋势，使北京周围生态环境得到明显改善，风沙天气和沙尘暴天气明显减少。

霾是继沙尘暴之后另一严重的城市环境污染问题。与沙尘暴的"影响范围广、影响和损坏基础设施能力强"的特点不同，霾一般不会发生在农村地区，且其主要成分不会对农作物和农业设施造成影响。霾与雾不同。雾通常出现在秋冬春的清晨，呈白色，在气温升高后便消失。雾是由微小水滴或冰晶组成的，雾会降低空气透明度，影响能见度，雾的存在常常影响交通安全，但对城市空气环境和空调系统并不会造成严重的影响。霾是空气中悬浮大量的烟、尘而形成的，呈灰色，与雾相比，其成分更为复杂，影响也更大。

　　近些年来，随着空气质量逐渐恶化，"霾"天气现象出现频率越来越高，当中含有数百种大气化学颗粒物质，其中最有害健康的是气溶胶粒子，如矿物颗粒物、硫酸盐、硝酸盐、燃料和汽车废气等，它们在人们毫无防范的时候侵入人体呼吸道和肺叶中，从而引起呼吸系统疾病、心血管系统疾病、血液系统、生殖系统等疾病，诸如咽喉炎、肺气肿、哮喘、鼻炎、支气管炎等炎症，长期处于这种环境还会诱发肺癌、心肌缺血及损伤，此外，霾发生时，灰暗的天气很容易让人产生悲观情绪，影响心理健康。

　　相对于沙尘，霾产生后，其主要成分更容易通过门窗和空调系统进入室内，并带入大量有害物质，除影响空调系统外，更影响室内人员的身体健康。雾霾（Smog/Haze）是雾和霾的组合词。雾霾现象常见于城市。中国不少地区将雾并入霾一起作为灾害性天气现象进行预警预报，统称为"雾霾天气"。2014 年 2 月中下旬，北京出现了持续一周的雾霾天气，造成各大医院哮喘和肺气肿病人接诊量明显增加。图 2-9 展示了 2014 年 2 月 26 日和 27 日雾霾与雾霾消散后的对比。

图 2-9　北京雾霾前后对比

2.4.2　城市气流组织

　　气流组织是指对空气流向、流速以及均匀度按照一定要求进行组织安排。对于室内空气，通过送风口、回风口相对位置的布置和对空气的处理，可以有效地控制室内气流，达到良好的排污或排热等目的。

　　城市通风与室内通风一样，是以排除污染物和多余热量为目的的，但是对于城市这一大尺度的环境，空气的流向、流速和洁净度等是不能为人所控制的，因此必须通过合理的规划安排城市布局，充分利用城市所处地区的风环境，以达到排除城市污染物和多余热量的目的。

　　与室内气流组织相似，城市气流组织也存在"送风"和"排风"的概念，但与室内通风不同，城市通风的动力来自大气而非机械做功，且城市通风的"送风"与"排风"位置是变化的而非固定的。这就决定了城市规划设计的被动型：城市的规划设计要以当地风环境为依据。因此，在城市规划设计中，总是将化工厂、供热锅炉、污水处理厂一类能够产生污染物和气味的设施安排在城市的下风向或静风向。

图 2-10 某县城规划及风向玫瑰放大图

如图 2-10 所示是我国东南沿海地区某县城的城市规划图，其中深色部分代表工业用地。如图可知，当地主要吹西北风与东南风，西北风较东南风概率更大些，因此将工业用地设置在城市的东南部，以保证产生的污染物及气味能够较好地排出城市。

2.4.3 城市风环境与可持续建筑

可持续建筑（sustainable building）是查尔斯·凯博特博士 1993 年提出的，旨在说明在达到可持续发展的进程中建筑业的责任，指以可持续发展观规划的建筑，内容包括从建筑材料、建筑物、城市区域规模大小等，到与这些有关的功能性、经济性、社会文化和生态因素。

世界经济合作与发展组织对可持续建筑给出了四个原则和一个评定因素。一是资源的应用效率原则；二是能源的使用效率原则；三是污染的防止原则（室内空气质量，二氧化碳的排放量）；四是环境的和谐原则。

可持续建筑的设计原则之一就是针对当地的气候条件，采用被动式能源策略，尽量应用可再生能源。而风能作为清洁的可再生能源，是取之不尽用之不竭的，合理的城市风环境能够在局部为建筑提供风能，这部分风能可供自然通风和风力发电使用。同时，合理的城市风环境能够驱散城市内的烟尘和雾霾，并带走多余的热量，这对可持续建筑采用太阳能和节约空调能耗都有很大的帮助。

2.4.4 城市通风概念

室内通风是指通过向室内提供新鲜的室外空气，带走室内污染物或多余热量。在小体积建筑中，开窗利用自然风即可达到较好的通风效果，而对于大体积建筑，则需要专门设计机械通风系统进行通风。

与室内通风不同，城市是一个开放（除地面外都暴露在大气中）的空间，且随着时代发展，城市的体积也会慢慢发展起来。因此，与室内通风相比，城市通风的气流组织将更灵活、更复杂。

城市通风包括大气横穿城市带走污染物和热量，以及垂直方向上对污染物和热量的稀释。但由于受到传统意义上通风概念的影响，人们对横穿城市的通风的研究较为广泛和深入，但对垂直方向上通风的研究却寥寥无几。

2.4.5　城市通风作用

与室内通风类似，城市通风的主要作用是排除城市内产生的污染物和多余热量，这是城市通风的直观作用。近年来，由于城市污染物的增加、雾霾的产生和城市热岛效应的不断增强，城市通风的作用已经不仅局限于排污和排热。

室外空气质量直接影响室内空气品质，随着空调系统使用年限的增加，污染物会在通风管道内积存，天长日久将造成送入室内的空气并不洁净，而是夹杂着各种粉尘和病菌。人们在这种空气环境中长期工作，将会产生头疼、头昏、恶心、疲劳、鼻窦堵塞、目赤喉燥、胸闷气短，还伴有呼吸紊乱和咳嗽气喘等症状，这种症状称为病态建筑综合症。

对于新建的或新维护的空调系统，可通过更换过滤设备等处理到较为洁净的程度。但是室外空气质量是不能为人们所控制的，尤其是最近几年来，我国一些城市的雾霾现象日益严重，北京、石家庄、保定、武汉等城市经常出现 AQI（Air Quality Index，空气质量指数）超高甚至爆表的情况，国家和地方政府也通过关停工厂、限制公务车等措施尽量减小雾霾的产生。

城市通风可以利用自然风，结合城市的规划设计，合理利用街道和建筑产生的窄管效应加快污染物的扩散，使市区内的污染物尽快扩散到郊区，再被自然风带到野外并同时扩散到大气中，可以在一定程度上减小市内的污染。

2.4.6　城市通风设计

近年来，很多城市的规划设计都着重考虑了城市通风设计，以应对日益严重的城市热岛效应。

在城市规划中，为了配合城市通风设计，需要考虑城市干、支路的路面宽度，道路周围建筑高度与间距，建筑底部形式，城市总体轮廓，局部景观设计结合城市通风，小区围墙通风等方面。

城市道路是城市形状的骨架，它决定了城市的俯瞰面貌，同时也决定了城市通风质量的好坏。在道路规划中，应当充分考虑城市通风的要求，对道路走向、规模进行优化设计，同时，城市通风廊道沿线不宜设置高密度、高层建筑与连续、高大的立柱式广告等构筑物。城市通风廊道沿线大型居住区或建筑群宜留出此区域通风廊道，廊道应有一定宽度。最终设计的道路应当达到能够在污染比较严重的季节及时排除污染物的要求。

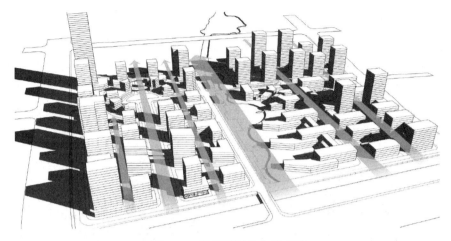

图 2-11 通风规划综合示意图

（来源：长沙市规划管理局、长沙大河西先导区管理委员会、长沙市建设委员会、深
圳市建筑科学研究院有限公司、清华大学建筑学院，长沙市城市通风规划技术指南）

城市高度决定了城市的远观面貌，同时也对城市通风有很大影响。在城市高度的规划
设计中，宜采取四周低、中心区稍高的高度控制形态布局，避免四周高，中间低的布局，
以免形成风屏障，导致风难以从野外吹到市内的情况。如图 2-12 所示，图 2-12（a）的高
度布局相对于图 2-12（b）能够较好地实现城市通风，图 2-12（b）布局使得城市外围形
成"碗"状轮廓，则不利于城市通风对于处在山区的城市，其周边地区建筑高度不宜超过
50m。同样的，对于道路两侧建筑物的高度也应进行控制，城市支路两侧建筑形成的连续
街墙所围成的道路断面，高宽比不宜大于 1，如图 2-13 所示。在城市次干路级别以上的十
字交叉路口，不宜建设高大建筑，而应以景观植物、雕塑等替代。

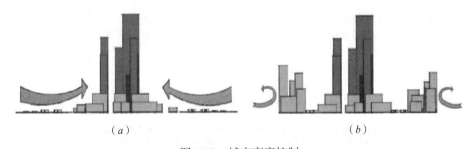

（a）   （b）

图 2-12 城市高度控制

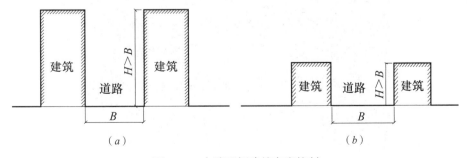

（a）   （b）

图 2-13 支路两侧建筑高度控制

对于城市商业区和居住区，应注意通风路径的设计，注意建筑物的前后位置，为通风留下适当的路径，如图 2-14 所示，图 2-14（b）的通风路径设计较图 2-14（a）更好，能够很好地使楼间空气流通。同时，应该尽量避免或减少大体量裙房建设，裙房会在一定程度上影响通风，如图 2-15 所示，小裙房能够很好地使风通过小区，实现通风在微观层面上，小区内可适当设置景观导风墙，配合适当的植物引导促进场地通风。如图 2-16、图2-17 所示，景观挡风墙和植物既为小区增添了精致、精良的设计，还能够促进小区内空气流通，保持良好的空气环境。

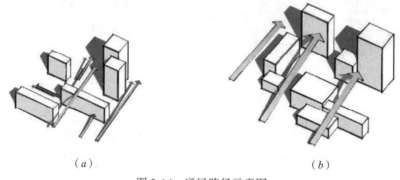

（a）　　　　　　　　　　　　　　　　　（b）

图 2-14　通风路径示意图

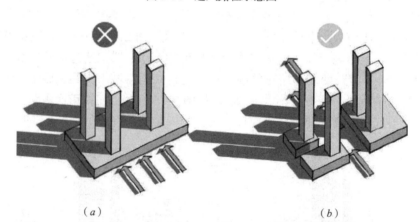

（a）　　　　　　　　　　　　　　　　　（b）

图 2-15　小裙房示意图

图 2-16　景观导风墙

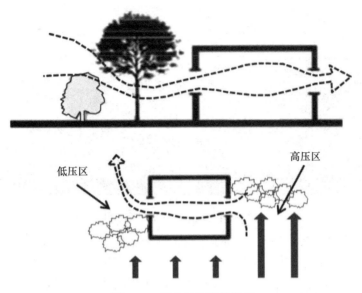

图 2-17　配合植物引导通风

对于城市的工业区，主干道应顺应常见风向，以利用道路自然通风带走交通排热，且应将工业区布置在城市夏季主导风向的下风向，减少工业活动对环境的污染，已规划区域内通风廊道，并与城市或上一级区域通风廊道相呼应，廊道两侧厂房间距不应小于 20m，大型建筑宜减少低层大体量裙房建设或大面积低矮建筑，避免阻碍区域通风。

2.5　城市大气污染

2.5.1　城市大气污染概念

所谓大气污染，是指排入大气的污染物或由其转化的二次污染物的浓度达到了有害于人类健康和破坏自然环境的危害现象。引起大气污染的原因可分为自然过程（如：火山爆发、森林火灾等）和人为因素（如：工业废气、生活燃煤、汽车尾气、核爆炸等）两种。其主要过程由污染物排放、大气传播、人与物受害这三个环节构成，一般说来，由于自然环境本身所具有的自净作用，会使自然过程造成的污染在一定时间后自动清除（使生态平衡自动恢复），因此，人类的生产活动和生活活动则成为大气污染的主要根源。

城市大气污染主要是大气气溶胶成分，大气气溶胶是悬浮于空气中固态和液态质点组成的一种复杂的化学混合物，它们的大小从几纳米的超细颗粒到几微米直径以上的粗颗粒。在两者之间是被称为细颗粒的气溶胶，其直径在 $0.1\mu m$ 到几微米，所以大气气溶胶的典型尺度是 $0.001 \sim 10\mu m$，其在大气中的居留期至少为几小时，平均可达几天、一周到数周，甚至到数年（如平流层气溶胶）。

如图 2-18 所示，城市大气污染指因城市特殊的环境条件和边界层结构以及污染源集中而造成的空气污染。是在城市的生产和生活中，向自然界排放的各种空气污染物，超过了自然环境的自净能力，给人类的身体、生产和生活带来危害。我国城市的主要污染物是二氧化硫、二氧化碳和烟尘等。

图 2-18　城市大气污染现象

　　城市大气污染的程度是各式各样的，各地极不平衡，各城市的污染类型和污染物的排放量存在很大的差异，污染的浓度也很不均匀，有着明显的日变化和季节变化，就我国大气污染现状而言，根据相关统计分析，我国的大气污染仍然是以粉尘、二氧化硫为主要污染物的燃煤型污染，此外随着城市机动车辆的迅猛增加，我国一些大城市的大气污染正在由燃煤型向汽车尾气型转变。我国城市大气污染的特征表现在：城市大气环境中总悬浮颗粒物浓度普遍超标，二氧化硫污染保持在较高水平，机动车尾气污染物排放总量迅速增加，氮氧化物污染呈加重趋势，有些城市已出现光化学烟雾现象，全国形成华中、西南、华东和华南多个酸雨区，其中华中酸雨区较为严重。

　　我国大气污染的宏观规律有三点：

　　（1）北方城市的污染程度重于南方，尤其冬季最为明显；

　　（2）大城市污染发展趋势有所减缓，中小城市污染增长甚于大城市；

　　（3）污染程度与人口、经济、能源密度及交通密度呈正相关，大气污染有冬季重于夏季、早晚重于中午的时间变化规律。

　　城市大气污染对人体健康的危害，由于污染物质的来源、性质、浓度和持续时间的不同，污染地区的气象条件、地理环境等因素的差别，甚至人的年龄、健康状况的不同，对人均会产生不同的危害。大气污染对人体的影响，首先是感觉上不舒服，随后生理上出现可逆性反应，再进一步就出现急性危害症状。大气污染对人的危害大致可分为急性中毒、慢性中毒、致癌三种。大量的流行病学资料证实，大气污染即使是低浓度的大气污染也和居民的超死亡数相关。世界卫生组织估计，全球每年有 80 万人的死亡和 460 万人寿命损失与城市大气污染相关。城市大气污染给城市中的人员带来很大的健康威胁，城市大气污染的缓解需要从多个方面着手，因此，城市大气污染应当引起人们的充分重视。

　　造成城市大气污染的因素有很多，主要是以下几个方面：

　　（1）城市人口迅速膨胀；

　　（2）很多城市缺少周密的、有预见性的总体规划；

　　（3）企业技术水平落后，"三高"企业屡禁不止；

　　（4）公共基础设施、特别是涉及大气保护的基础设施薄弱；

　　（5）缺乏健全的公共环境设施建设资金筹集机制，限制了环境设施的建设和正常运转。

城市大气污染物类型包括很多种，主要由以下几种构成：一氧化碳、化合物、NO_x、氯、二氧化硫等。

城市大气污染形式包括：雾霾、酸雨、热岛效应等。

2.5.2 城市混浊岛效应

城市混浊岛效应是指由于城市大气中的污染物质比郊区多，凝结核也多，低空的热力湍流和机械湍流又比较强，因此，造成城市的日照时数减少，太阳直接辐射大大削弱，其能见度也小于郊区的现象。例如：上海城市混浊岛效应具体表现在市区和郊区的大气质量差异，低云量及以低云量为标准的阴天日数分布和地区间太阳辐射混浊因子的差异等。

城市混浊岛效应的主要表现形式为：

（1）城市大气中的污染物质比郊区多。

（2）低云量和以低云量为标准的阴天日数远比郊区多，城市大气中因凝结核多，低空的热力湍流和机械湍流又比较强。

（3）混浊度强：城市大气中因污染物和低云多，使日照时数减少，太阳直接辐射（S）大人削弱，而因散射粒子多，其太阳散射辐射（D）却比干洁空气中的强。在以D/S表示的大气混浊度（又称混浊度因子 turbidity factor）的地区分布上，城区明显大于郊区。

（4）城区的能见度小于郊区。这是因为城市大气中颗粒状污染物多，它们对光线有散射和吸收作用，有减小能见度的效应。当城区空气中二氧化氮 NO_2 浓度极大时，会使天空呈棕褐色，在这样的天色背景下，使分辨目标物的距离发生改变，造成视程障碍。此外城市中由于汽车排出废气中的一次污染物——氮氧化物和碳氢化合物，在强烈阳光照射下，经光化学反应，会形成一种浅蓝色烟雾，称为光化学烟雾，能导致城市能见度恶化。美国洛杉矶、日本东京和我国兰州等城市均有此现象。

城市混浊岛效应的形成是因为：投射到地表的太阳辐射，可以分为两部分，一部分是以平行光线方式射来的直接阳光，称为太阳直接辐射S；另一部分是太阳辐射经过地球大气圈时，因为受到空气分子、悬浮颗粒物和云粒的散射作用而向四面八方散射出的光亮，称为散射辐射D。在相同强度的太阳辐射下，混浊空气中的散射粒子多，其散射辐射比干净空气强，直接辐射则大为削弱。气象学者用D/S表示大气的混浊度（又称混浊度因子）。城市中因工业生产、交通运输和居民炉灶等排放出的烟尘污染物比郊区多。这些污染物又大都是善于吸水的凝结核。城市中垂直湍流比较强，因此，有利于低云的发展。大量观测资料证明，城区的低云量多于附近郊区，这就使得城市的散射辐射比郊区强，直接辐射比郊区弱，大气的混浊度明显大于郊区。以上海为例，根据近27年的辐射资料统计，平均上海城区的混浊度D/S为1.17。比同期10个郊区的混浊度D/S平均要大15.8%。在上海混浊度分布图上，城区呈现出一个明显的混浊岛，在国外许多城市都有类似现象。

"城市混浊岛效应"对城市生活环境的影响。

（1）减少城市日照

由于城市混浊岛效应，市区大气中混浊物含量明显高于其他地区，也减少了大气透射率。如果没有阳光，那么住宅区的空气就不能很好的流通，绿化植物也无法生长，水体自然也不能够得到净化。同时，冬日的阳光还能带给人们温暖，调节人的心理。因此，不论是城市中建筑物室内环境还是城市外部空间环境，都与阳光的照射息息相关。好的日照环境不仅可以在寒冷的冬季提高居室的温度，还可以在炎热的夏季避免过量的热辐射，在提高居住舒适性的同时降低建筑能耗。住宅建筑的合理布局对居住小区的小气候环境质量的影响直接体现在居住的舒适性方面。

（2）降低能见度

随着飘尘浓度的增大，混浊岛效应越发显著，市区能见度严重下降。然而，大气能见度作为大气透明度的一个指标，直接表现了天空的清晰程度。在没有污染的大气中，能见度可达到 250km。随着城市工业的发展和城市规模的扩大，人类活动排放的各种大气污染物悬浮在空中，对太阳辐射产生吸收和散射作用，降低了大气透射率，并削弱了到达地面的太阳直接辐射，使大气能见度减少。复旦大学公共卫生学院宋伟民教授表示，由于各种大气污染，臭氧和各种污染物等的交互影响，使得城市的大气能见度不断降低。根据研究，大气能见度每降低一个四分位数间距（8km），上海市城区居民总死亡、心血管疾病死亡和呼吸系统疾病死亡分别增加 2.17%，3.36% 和 3.02%。

（3）出现低湿的城市"浊雾"现象

市区由于大气污染，低空吸水性很丰富，往往在相对湿度不到 100%，甚至在 90% 以下时亦有"浊雾"出现。在这种环境下，污染物与空气中的水汽相结合，将变得不易扩散与沉降，这使得污染物大部分聚集在人们经常活动的高度。而且，一些有害物质与水汽结合，会变得毒性更大，如二氧化硫变成硫酸或亚硫化物，氯气水解为氯化氢或次氯酸，氟化物水解为氟化氢。因此，空气的污染比平时要严重得多。同时组成雾核的颗粒很容易被人吸入，并容易在人体内滞留。如长时间滞留在这种环境中，人体会吸入有害物质，消耗营养，造成机体内损，极易诱发或加重疾病。尤其是一些患有对环境敏感的疾病，如支气管哮喘、肺炎等呼吸系统疾病的人，会出现正常的血液循环阻碍，导致心血管病、高血压、冠心病、脑溢血等。

（4）市区降水酸度及酸雨频率增多

城市混浊岛效应还促使城市环境中悬浮着大量吸水性物质和大量的可溶性有害气体。从而增加了酸雨的出现次数。频繁的酸雨可引起水域酸化，导致鱼类血液与组织失去营养盐分，导致鱼类烂鳃、变形，甚至死亡；酸雨会影响农作物水稻的叶子，同时土壤中的金属元素因被酸雨溶解，造成矿物质大量流失，植物无法获得充足的养分，将枯萎、死亡；酸雨对金属、石料、水泥、木材等建筑材料均有很强的腐蚀作用。酸雨能使非金属建筑材料（混凝土、砂浆和灰砂砖）表面硬化水泥溶解，出现空洞和裂缝，导致强度降低，从而导致建筑物损坏。特别是许多以大理石和石灰石为材料的历史建筑物和艺术品，耐酸性差，容易受酸雨腐蚀和变色；酸雨还通过它的形成物质二氧化硫和二氧化氮直接刺激皮肤，其中眼角膜和呼吸道黏膜对酸类十分敏感，酸雨或酸雾对这些器官有明显刺激作用，会引起呼吸方面的疾病，导致红眼病和支气管炎，咳嗽不止，尚可诱发肺病，它的微粒还可以侵入肺的深层组织，引起肺水肿、肺硬化甚至癌变。

下面我们以某市为例，对城市混浊岛效应进行简单分析。采用的数据包括两个部分：城市化水平和采用定点观测法。

基本假设：某市与其背景区域的日照时数差异及其变化完全是由人为活动强度不同引起的，各自然因素对日照时数差异的影响是同等的。某市和其郊区在同年平均日照时数差值（h），以此作为衡量混浊岛的指标。

数据的预处理过程及模型的建立：

（1）用统计软件 DPS 对一段时间内的 9 个城市化指标进行标准化处理，然后用统计软件 SPSS 计算城市化数据的主成分得分，作为综合城市发展指标。9 个特征根只有第一个超过 1，所以选择第一主成分。第一主成分特征根的贡献率为 78.919%。以第一主成分对应的因子载荷计算主成分得分作为城市化发展指数，得到模型：

$$x_{10}=0.968x_1+0.972x_2+0.780x_3+0.954x_4+0.906x_5+0.437x_6+0.980x_7-0.817x_8+0.968x_9$$

$x_1 \sim x_9$ 分别代表固定资产投资、新增资产、客运量、货运量、客运周转量、货运周转量、电话机数、非农业人口比、城区面积等 9 个指标，x_{10} 为综合指标，并以综合指标作为分析城市化进程的依据。

（2）用统计软件 DPS 对城市化综合数据和某市和其郊区在同年平均日照时数差值（均先进行标准化）做相关分析。由分析结果可以看出两者的相关性。

（3）根据相关分析，分析在不同阶段城市化综合数据和某市和其郊区在同年平均日照时数差值的相关性。

从而依据以上的分析结果得出如下结论：人类活动对环境的影响越来越明显，尤其是在人类活动最活跃的城市地区。我国正处于城市化发展的高峰期，城市环境问题越来越引起人们的关注。前人研究证明，经济发展与环境质量存在倒"U"形关系：环境库兹涅茨曲线规律，即经济发展达到一定水平后，经济增长有助于改善环境质量。

城市化发展与城市混浊岛效应的关系可分为以下几个方面：

（1）某市城市化发展与城市混浊岛效应有很强的相关性；

（2）某市发展对城市混浊岛的影响分为 3 个阶段，从弱相关到强负相关，再到强正相关；

（3）从城市化综合指标与年日照时数的相关分析可以看出，该市的混浊岛效应符合环境库兹涅茨规律。从长期变化过程来看，随着市区产业结构的调整和环保措施的加强，混浊岛效应会得到减弱。

通过以上分析，城市混浊岛效应将会严重的影响城市居民的生活品质。所以，我们应该重视城市混浊岛效应的形成，并从其根源进行防治，切勿走先污染再治理的老路，为我们的城市生活营造一个良好的生活环境。

2.5.3 雾霾

雾霾是雾和霾的统称。但是雾是雾，霾是霾，雾和霾的区别十分大。因为空气质量的恶化灾害性天气预警预报，统称为"雾"，雾霾天气现象出现增多，危害加重。中国不少地区把雾霾天气现象并入雾一起作为霾天气。霾的意思是灰霾（烟霞）空气中的灰尘、硫酸、硝酸等造成视觉程障碍的叫霾。霾与雾的区别在于发生霾时相对湿度不大，而雾中的相对湿度是饱和的（如有大量凝结核存在时，相对湿度不一定达到 100% 就可能出现饱和）。

雾是由大量悬浮在近地面空气中的微小水滴或冰晶组成的气溶胶系统，多出现于秋冬季节（这也是 2013 年 1 月份全国大面积雾霾天气的原因之一），是近地面层空气中水汽凝结（或凝华）的产物。雾的存在会降低空气透明度，使能见度恶化，如果目标物的水平能见度降低到 1000m 以内，就将悬浮在近地面空气中的水汽凝结（或凝华）物的天气现象称为雾（Fog）；而将目标物的水平能见度在 1000 ~ 10000m 的这种现象称为轻雾或霭（Mist）。形成雾时大气湿度应该是饱和的（如有大量凝结核存在时，相对湿度不一定达到 100% 就可能出现饱和）。由于液态水或冰晶组成的雾散射的光与波长关系不大，因而雾看起来呈乳白色或青白色。

霾是由空气中的灰尘、硫酸、硝酸、有机碳氢化合物等粒子组成的。它也能使大气混浊，视野模糊并导致能见度恶化，如果水平能见度小于 10000m 时，将这种非水成物组成的气溶胶系统造成的视程障碍称为霾（Haze）或灰霾（Dust-haze），香港天文台称烟霞（Haze）。一般相对湿度小于 80% 时的大气混浊视野模糊导致的能见度恶化是霾造成的，相对湿度大于 90% 时的大气混浊视野模糊导致的能见度恶化是雾造成的，相对湿度 80% ~ 90% 之间时的大气混浊视野模糊导致的能见度恶化是霾和雾的混合物共同造成的，但其主要成分是霾。霾的厚度比较厚，可达 1 ~ 3km 左右。霾与雾、云不一样，与晴空区之间没有明显的边界，霾粒子的分布比较均匀，而且灰霾粒子的尺度比较小，从 0.001μm 到 10μm，平均直径大约在 1 ~ 2μm，肉眼看不到空中飘浮的颗粒物。由于灰尘、硫酸、硝酸等粒子组成的霾，其散射波长较长的光比较多，因而霾看起来呈黄色或橙灰色。霾在吸入人的呼吸道后对人体有害，长期吸入严重者会导致死亡。

城市有毒颗粒物来源：首先是汽车尾气。使用柴油的车子是排放细颗粒物的"重犯"。使用汽油的小型车虽然排放的是气态污染物，比如氮氧化物等，但碰上雾天，也会造成严重的污染。

雾霾的主要组成成分是二氧化硫、氮氧化物和可吸入颗粒物这三项，前两者为气态污染物，最后一项颗粒物才是加重雾霾天气污染的罪魁祸首。它们与雾气结合在一起，让天空瞬间变得灰蒙蒙的。颗粒物的英文缩写为 PM，北京监测的是细颗粒物（PM2.5），也就是直径小于等于 2.5μm 的污染物颗粒。这种颗粒本身既是一种污染物，又是重金属、多环芳烃等有毒物质的载体。

PM，英文全称为 particulate matter（颗粒物）。PM2.5 是指大气中直径小于或等于 2.5μm 的颗粒物，也称为可入肺颗粒物。它的直径还不到人的头发丝粗细的 1/20。虽然 PM2.5 只是地球大气成分中含量很少的组分，但它对空气质量和能见度等有重要的影响。在城市空气质量日报或周报中的可吸入颗粒物和总悬浮颗粒物是人们较为熟悉的两种大气污染物。可吸入颗粒物又称为 PM10，指直径等于或小于 10μm，可以进入人的呼吸系统的颗粒物；总悬浮颗粒物也称为 PM100，即直径小于和等于 100μm 的颗粒物。雾霾的主要成因就是由于 PM2.5 及 PM10 的大量生成及无法得到有效的治理所形成。

一般而言，粒径 2.5 ~ 10μm 的粗颗粒物主要来自道路扬尘等；2.5μm 以下的细颗粒物（PM2.5）则主要来自化石燃料的燃烧（如机动车尾气、燃煤）挥发性有机物等，大多含有重金属等有毒物质。PM2.5 与较粗的大气颗粒物相比，PM2.5 粒径小，富含大量的有毒、有害物质，且在大气中的停留时间长、输送距离远，因而对人体健康和大气环境质量的影响更大。

图 2-19 为雾霾天气前后对比。

图 2-19 雾霾天气前后对比

雾霾形成有三个要素：一是生成颗粒性扬尘的物理基源。我国有世界上最大的黄土平高原地区，其土壤质地最易生成颗粒性扬尘微粒。二是运动差造成扬尘。例如，道路中间花圃和街道马路牙子的泥土下雨或泼水后若有泥浆流到路上，1h 干涸后，车轮旋转就会造成大量扬尘，即使这些颗粒性物质落回地面，也会因汽车不断驶过，被再次甩到城市上空。三是扬尘基源和运动差过程集聚在一定空间范围内，颗粒最终与水分子结核集聚成霾。目前来看，在我国黄土平高原地区 350 多座城市中，雾霾构造三要素存量相当丰裕。

其实雾与霾从某种角度来说是有很大差别的。比如：出现雾时空气潮湿；出现霾时空气则相对干燥，空气相对湿度通常在 60% 以下。其形成原因是大量极细微的尘粒、烟粒、盐粒等均匀地浮游在空中，使有效水平能见度小于 10km 的空气混浊的现象。符号为"∞"。霾的日变化一般不明显。当气团没有大的变化，空气团较稳定时，持续出现时间较长，有时可持续 10 天以上。由于雾霾、轻雾、沙尘暴、扬沙、浮尘、烟雾等天气现象，都是因浮游在空中大量极微细的尘粒或烟粒等影响致使有效水平能见度小于 10km。有时使气象专业人员都难于区分。必须结合天气背景、天空状况、空气湿度、颜色气味及卫星监测等因素来综合分析判断，才能得出正确结论，而且雾和霾的天气现象有时可以相互转换的。

在水平方向静风现象增多。城市里大楼越建越高，阻挡和摩擦作用使风流经城区时明显减弱。静风现象增多，不利于大气中悬浮微粒的扩散稀释，容易在城区和近郊区周边积累；垂直方向上出现逆温。逆温层好比一个锅盖覆盖在城市上空，这种高空的气温比低空气温更高的逆温现象，使得大气层低空的空气垂直运动受到限制，空气中悬浮微粒难以向高空飘散而被阻滞在低空和近地面。空气中悬浮颗粒物的增加。随着城市人口的增长和工业发展、机动车辆猛增，导致污染物排放和悬浮物大量增加，直接导致了能见度降低。实际上，家庭装修中也会产生粉尘"雾霾"，室内粉尘弥漫，不仅有害于工人与用户健康，增添清洁负担，粉尘严重时，还给装修工程带来更多的隐患。

雾霾影响人体健康，容易导致上呼吸道感染、支气管哮喘、肺癌、结膜炎、小儿佝偻病等疾病的突发。同时，日前关于空气污染对新生儿健康的影响，一项大型的国际研究有了新的证实，说是接触过某些较高空气污染物的孕妇，更容易产下体重不足的婴儿，而出生体重低的婴儿很容易增加儿童死亡率和疾病的风险，并且与婴儿未来一生的发育及健康都有很大关系。

初步研究发现：霾天气除了引起呼吸系统疾病的发病或者入院率额外的增高，霾天气还会对人体健康产生一些间接影响。霾的出现会减弱紫外线的辐射，如经常发生霾，则会影响人体维生素 D 合成，导致小儿佝偻病高发，并使空气中传染性病菌的活性增强。

2.5.4　城市大气污染解决方法

治理大气污染方法很多，措施也很多，主要的途径有调整能源战略，大力开发新型能源、强化大气环境管理、采用清洁能源、合理使用煤炭资源、实行清洁生产工艺，增加绿化面积等。

（1）调整新的能源战略，大力开发新能源，采用清洁能源。新的能源战略要求，要大力开发水利资源，大力发展核能产业，充分利用太阳能、风能、海洋能等可再生能源和清洁能源。制定各行业的节能减排标准、目标和政策措施，加强节能技术的广泛应用，抓环境保护工作，充分提高了新能源的开发和利用，缓解城市大气污染的压力，逐步改善城市空气的质量。我国水能资源开发率和利用率很低，只有 5%，还有 95% 有待于开发。调整我国能源战略、改变能源结构的首要任务是大力开发利用水利资源。各地要因地制宜，结合自己的实际情况，充分利用当地的清洁能源，搞好节能减排工作，加强环境保护，减少大气的污染。

（2）全面推行清洁生产工艺，减轻大气污染。实施产业结构调整，制定科学的产业结构模式，抓好污染企业环境的治理工作，减少工业污染排放，制定一系列相关的计划和措施，分期分批有重点的对污染严重的企业实施有序搬迁，减少企业的排污量，做到少污染，轻污染。节能减排是我国政府的一项政治任务，是列入考核地方官员标准的。

（3）采用新型燃煤，改进生活方式。深化燃煤锅炉拆除和合并工作，推进城市集中供暖，取消居民的小锅炉、小烟囱。严格控制含硫量高的煤炭进入市区，推广使用优质的含硫量低的燃煤，改用洁净煤，全面普及天然气，取消市区中自行烧的锅炉等污染严重的取暖设施，有效的控制二氧化硫的排放，加强周围生活环境的治理，避免城市垃圾处理过程中造成的二次污染。

（4）依法强化大气污染管理，严格控制大气污染物总量。地方政府要出台一系列相关的法律法规，严格控制企业的废气排放，做到谁主管谁负责，对那些低产能，高污染的企业做到严格监管。

（5）以集中控制为主，降低大气污染物的排放量。地方可以把一些污染企业集中到一起，集中控制，严格监控，大大减低大气污染物排放。

（6）做好城市绿化防治城市大气污染，利用植物杀菌、滞尘、吸收有毒气体、调节二氧化碳和氧气比例等特性，减少城市大气污染，提高城市大气质量。城市规划方案应针对当地土壤、气候和污染特点等各方面特征，结合绿色植物的特性，栽种对大气污染物有较强抵抗和吸收能力的绿色植物。应充分注意点（如公园）、线（道路）、面（居住区）绿化相结合，使整个城市绿地成为一个相互连接的系统，以充分发挥绿地的作用。

（7）做好城市交通规划，提高公共交通在城市交通中的地位，尽量减少私家车辆，有效减少城市汽车总量。例如，轨道交通容量大、人均占用道路资源少、能耗低、污染少、准点快捷、安全舒适、效率高、环境好，是现代可持续大城市客运体系的理想交通方式。

（8）合理规划街道走向和建筑物高度，形成有利于污染物扩散的大气流场，改善风环境，避免污染物在建筑周围的积聚，建筑设计时需要避免将主要功能区设置在大气污染易于出现和积聚的区域，这点对于建筑物空调系统的新风口设置也是同样的道理。

大气污染综合治理是根据城市大气质量现状与发展趋势并按拟定的环境目标计算各功能区最大允许排放量和削减量，从而制定污染治理方案。便于治理时有的放矢、对症下药。我国大部分城市的大气污染主要来源于落后的燃煤方式和汽车尾气的排放，大气污染的主要污染物是二氧化硫和悬浮颗粒，因此，应该改进落后的燃煤方式，提高燃烧效率，鼓励使用气体燃料、太阳能等无污染新能源，实现集中供暖、取消小烟囱，强化污染源治理。调整工业布局，减少汽车尾气的排放；提高城市绿化面积。近几年，我国很多城市出现了雾霾天气，雾是加重大气污染的气象条件之一，而降水又少。所以气象部门可以通过人工增雨、增雪、消雾等技术来净化大气、消除污染。

目前，我国能源消耗量仍呈现大幅上升趋势。能源结构仍以煤为主，煤炭消耗的增加，大大加重我国城市大气污染的程度，由于条件的限制，绿化面积达不到标准。大气环境质量得不到改善。根据我国的国情和经验，治理城市大气污染必须以法律、法规的形式落实。造成城市大气环境污染主要原因是能源消费结构的不合理，人们保护环境的意识薄弱，汽车排气带来的压力。因此，一方面要调整能源消费结构，以电力、天然气等清洁能源取代以煤炭为主的污染型能源，充分利用太阳能、水能和风能等可再生能源；另一方面加强大气污染治理宣传力度，提升全民环保意识，加速发展清洁能源，推进集中供暖，加强城市绿化建设，提高空气质量，保护好身边的环境。

2.6　城市噪声污染

2.6.1　城市噪声污染概念

声音是人耳对物体振动的主观感觉。从物理学角度来讲，声音可分为乐音和噪声两种。凡是有规律的振动产生的声音叫乐音；频率和强度都不同的各种声音杂乱组合而产生的声音称为噪声。如何判断一个声音是否为噪声，从物理学观点来说，振幅和频率杂乱连续或统计上无规律的声振动称为噪声。从环境保护的角度来说，判断一个声音是否为噪声，要根据时间、地点、环境及人们的心理和生理等因素。一般认为，凡是干扰人们休息、学习和工作的声音即不需要的声音统称为噪声。当噪声超过人们的生活和生产活动所能容许的程度，就形成噪声污染。噪声污染它包括危害人们身体健康的声音，干扰人们学习、工作和休息的声音及其他不需要的声音。环境噪声是指在工业生产、建筑施工、交通运输和社会生活中生产的干扰周围生活环境的声音。环境噪声污染，是指所产生的环境噪声超过国家规定的环境噪声排放标准，并干扰他人正常生活、工作和学习的现象。

近年来，噪声污染已经引起人们广泛关注，特别是在大城市中，人类是生活在一个声音的环境中，通过声音进行交谈、表达思想感情以及开展各种活动。但是有些声音并不是人们所需要的，它们损害人们的健康，影响人们的生活和工作，干扰人们的交谈和休息。据测定，我国北京、上海、天津、重庆、南京、杭州、武汉、广州、哈尔滨等大城市的市区噪声级都达到 80dB（A）以上，有些地区夜间噪声级仍高达 70dB（A）。其中来自航空的噪声影响较为严重。一般大型喷气客机起飞时，距跑道 1km 内语言交流受干扰，4km内难以睡眠和休息。超音速飞机在飞行时引起的轰鸣声，可以使地面建筑墙壁开裂，玻璃破碎。在机场附近，一般亚音速飞机起飞和降落时的噪声干扰也很严重，能使房间内的噪声高达 80 ~ 90dB（A）。工业噪声来自生产过程和施工中机械振动、撞击、摩擦等产生的声音。一般电子工业和轻工业的噪声在 90dB（A）以下，纺织厂车间里的噪声约为90 ~ 110dB（A），机械工业噪声为 80dB（A）~ 120dB（A）。生活噪声一般小于 80dB（A），但有些活动在室内造成的噪声可达 100dB（A）以上。图 2-20 为噪声等级分类。

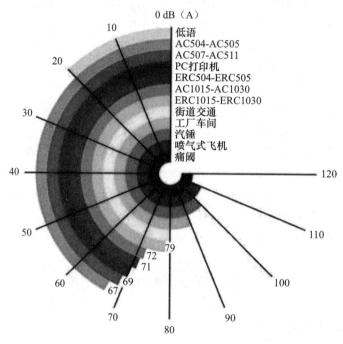

图 2-20　噪声等级分类

一般说来，40dB（A）是正常的环境声音，这个值被认为是噪声的卫生标准，在此以上便是有害噪声。85dB（A）以下的噪声不至于危害人的听觉，而大于 85dB（A）则是有可能产生危险。目前，世界上大多数国家都规定了城市环境噪声标准，我国制定的标准如表2-1。

我国城市区域环境噪声标准

表 2-1

适用区域	等效声级	
	白天 dB（A）	夜间 dB（A）
医院、疗养院、宾馆等安静区	45	35
居民区	50	40
居民工商混合区	55	45
市中心（商业区）	60	50
工业区（大型工业集中区）	65	55
主要交通干线	70	55

噪声它无形、无色也无味，是一种感觉公害，它像恶魔一样吞噬着人们的健康，有人把它称为"无形杀手"。当代的噪声污染日益严重，"噪声病"的发病率与日俱增，甚至被视为一种新的致人死命的慢性毒药。因此，噪声已被世人公认仅次于大气污染和水污染的第三大公害，控制噪声污染已成为当务之急。但噪声又有被人类利用、造福人类的一面。

2.6.2 城市噪声污染

城市噪声来源主要是工业噪声、交通噪声、建筑施工噪声以及社会生活中产生的噪声等。其中，对城市生活影响最大的是交通噪声，主要包是火车、机动车辆、飞机等的噪声，这些噪声流动非常广，影响也比较大。城市内的机动车辆的噪声是影响城市生活的最主要的噪声。近年来，我国城市高架桥和高速公路建设的发展相当快，机动车辆的数量也在快速增长，车辆造成的噪声问题日益严重。尤其是目前随着民航事业的快速发展，飞机噪声也日益凸显。噪声有自然现象引起的，更多的则是人为原因造成的。

如图 2-21，按照噪声源发生类型可分为：

图 2-21　噪声来源

（1）社会生活噪声

社会生活中的噪声指的是城市生活中人们生活和活动中产生的噪声，社区生活噪声在城市噪声中约占 40% 以上，且有逐渐上升的趋势。社会生活噪声主要来自娱乐场所的嘈杂声、商家叫卖和促销、集会高音喇叭、家庭音响、房屋装修等。我们的日常生活都或多或少的受到这些噪声的影响，但无法摆脱它们的影响。

（2）交通噪声

交通噪声主要是指机动车辆在城市中行驶时所产生的噪声，交通噪声是城市噪声的主要来源之一。由于经济的发展和生活水平的提高使得机动车辆的数量急剧增加，机动车辆发动机、喇叭以及轮胎摩擦路面所产生的噪声严重影响了人们的日常工作和生活。此外，交通运输所产生的噪声污染也会随着城市道路的延伸而不断扩散。目前世界上环境噪声最主要的来源是交通噪声，包括汽车、飞机和火车产生的噪声，如果城市规划不好，将工业区规划接近生活区，工业噪声也是一种主要污染，此外像建筑施工机械，娱乐扩声设施，甚至一些办公设备，人们大声喧哗吵闹，都是噪声污染源。

（3）建筑施工噪声

20 世纪 80 年代以后全国各地掀起了建设高潮，持续的建设改善了城市的基础设施状况，美化了城市环境，但建筑施工过程中的噪声，例如搅拌机、凿岩机、打桩机等施工机械运转时发出的声音，对附近居民的日常生活产生了很大影响，尤其是夜间施工时发出的噪声严重影响周边居民的休息。

（4）工业生产噪声

工业生产噪声主要来自机器运转时发出的噪声，如柴油机、机床、冲床、打磨机、切割机等设备在运转时发出的声音往往波动幅度较大或者频率较高。治理好工业生产噪声可以改善工人的工作环境，有效提高工人的工作效率，为企业带来更多的经济效益。

其中工业噪声和施工噪声占我国城市噪声污染的 27% 左右，主要是施工过程中的机械产生的噪声和生产中产生的噪声。工业噪声中，一般电子工业和轻工业的噪声在 90dB（A）以下，纺织厂噪声为 90 ～ 106dB（A），机械工业噪声为 80 ～ 120dB（A），凿岩机、大型球磨机达 120dB（A），风铲、风镐、大型鼓风机在 130dB（A）以上。工业噪声是造成职业性的耳聋和脱发秃顶的一个重要因素。

市政建筑施工和城市面貌的改造在我国大多数城市延续了数年之久，对居民的影响是比较大的，特别是在夏季的夜间施工，打机的声功率级达 110 ～ 116dB（A），混凝土搅拌机的声功率级为 86 ～ 100dB（A），重型车辆往返不断的运输、装卸活动噪声达 80dB（A）以上。图 2-22 为噪声来源比例。

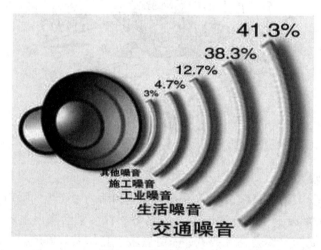

图 2-22　噪声来源比例

2.6.3　城市噪声污染危害

我国的噪声污染的情况已经十分严重了，成为继大气污染和水污染之后的第三大污染，它对人体造成很大的危害。噪声污染是物理污染，它在环境中只是造成空气物理性质的暂时变化，噪声源停止发声后，污染立刻消失，不留任何残余污染物质。环境噪声污染干扰人们的正常工作、生活和休息，严重时甚至影响人们的身体健康。噪声对人体的危害最直接的是听力损害，它可以使人暂时性或永久性失聪，即噪声性耳聋；噪声会影响人的睡眠质量，强烈的噪声甚至使人无法入睡，心烦意乱；许多证据表明，噪声会引起人体紧张的反应，使肾上腺素增加，因而导致心率和血压的升高，从而引起心脏病的发展和恶化；噪声还能引起消化系统和神经系统方面疾病，胃溃疡和神经衰弱是最明显的症状；噪声对心理的影响主要表现为烦躁、激动、易怒，甚至失去理智；噪声还会影响胎儿的生长发育和儿童的智力发展；总的来说，噪声危害听力、危害人的神经系统、危害人的心脑血管系统、还能引起消化系统的疾病造成肠胃功能的阻滞，使消化液的分泌紊乱，胃酸降低、影响人的休息和睡眠状况、还可影响胎儿的正常发育，同时也会对儿童的智力发展造成一定的影响、还可影响人们的学习和工作效率，导致一系列工伤事故的发生。

此外，噪声会使鸟类羽毛脱落，不产卵，甚至内出血或死亡；噪声可使办公效率降低、产品质量下降、房地产贬值；在特定条件下，噪声甚至成为社会不稳定因素之一。正是由于噪声的种种危害，目前噪声已经成为世界性四大环境公害之一。

因此可将噪声划分为以下危害方式：

（1）噪声对人体健康有较大的影响。一般来说，声强在30dB（A）左右时，人们的休息不会受到影响，当声强达到50dB（A）以上时，就会影响睡眠。长时间接触噪声，会使大脑皮层的兴奋和抑制的平衡状态失调，形成牢固的兴奋灶直接影响支配内脏的植物神经发生功能紊乱，进而引起头痛、头晕、失眠、记忆力减退，反应迟钝，精神压抑等一系列症状。当环境中的噪声持续在70～80dB（A）时，会引发冠心病、脑血管破裂等多种疾病。人体随噪声的大小、强度的变化，而导致血压的上升和下降，强烈的噪声可引起全身肌肉收缩、呼吸和心跳频率加快、心律不齐、血压升高等。我国有关调查表明，地区的噪声每上升1dB（A），该地区的高血压发病率就增加3%。如果噪声达到90～120dB（A）时，片刻就会使人暂时耳聋。有人做过这样的测试，站在喷气发动机5m内听到的声音会很快变成聋子，爆发脑溢血或心脏骤停。长期在90dB以上的高噪声环境下工作的人，有50%～80%患有噪声性耳聋。

噪声对婴幼儿的影响最大。它可以使孩子致聋。据报道，某些耳聋人是胎儿期或应幼儿期致聋的，其原因是居住地点接近强烈噪声污染源或是家庭噪声引起的。

（2）噪声影响孩子的学习，造成孩子学习困难，智力降低，学习时难以集中精力，作业效率低、错误多，考试成绩差。所以，如果发现孩子成绩不好时，要多方面查找原因，也许正是噪声在作怪。现在许多青少年喜欢终日挂着耳机听流行音乐和长时间沉湎于震耳欲聋的音乐中，认为自己听到的是最适宜的音量，却不知这样会造成噪声性耳聋，使听力明显下降。

（3）噪声影响人们的正常工作、生活。根据中国科学院的调查，在噪声的刺激下，人的神经系统，尤其是高级部位，容易引起机能紊乱，对睡眠、休息和工作效率都会产生直接的影响。北京市交通道的平均噪声达到75dB（A），道路两旁的科研机构、办公楼、学校、居住区常因噪声干扰而难以工作和休息，这种情况在我国其他大城市普遍存在。

噪声不仅影响了人，而且对动物也有很大的影响，降低动物听力，妨碍动物之间用声音进行交流，尤其是它们之间的定向和求偶，影响捕食者和被捕食动物之间的自然信息沟通，因此破坏了生态平衡。噪声还导致动物的栖息地范围缩小，使濒危动物加快灭绝。海军使用的声呐导致有的鲸类迷失方向，冲向海滩自杀。噪声还迫使动物之间交流需放大音量，科学家研究发现，当附近有潜艇发出声呐时，鲸发出的声音时间更长。如果有的种类动物发出的声音不可能更强，在人类发出的噪声遮盖下不容易被听到，这种声音也许是对同伴警惕捕食者的警告。如果有的种类可以更强的发出声音，迫使其他种类不得不也更强地发出声音，最终会导致生态失衡。生活在城市环境中的欧洲野兔，在白天噪声污染重的区域，夜晚会发出更强的叫声，白天噪声越重，夜晚它们发出的叫声越强，而和当地的光污染强度无关。斑胸草雀在交通噪声越强的环境下，对它们的配偶越不忠实，可能是为了增加基因的变异性，以便种群更好地适应环境。

2.6.4　城市噪声污染特点

通过对噪声概念的分析，我们可以发现，噪声污染是一种物理性污染，它与化学污染不同，其特点主要体现在以下几点：

（1）噪声污染具有即时性。这种污染采集不到污染物，当声源停止振动时，声音便立即消失，不会在环境中造成污染的积累并形成持久的伤害。

（2）噪声污染的危害是非致命的、间接的、缓慢的。但对人心理、生理上的影响不可忽视。

（3）噪声污染具有时空局部性和多发性。在环境中，噪声源分布广泛，集中处理有一定难度。

另外，一种声音是否为噪声，不仅取决于这种声音的响度，而且取决于它的频率、连续性、发出的时间和信息内容，同时还与发出声音的主观意志以及听到声音的人的心理状态和性情有关。

2.6.5　城市噪声控制与利用

1. 噪声的控制技术

在大城市中，噪声污染日趋严重，"噪声病"的发病率与日俱增，人们深受噪声之苦，控制噪声已成为当务之急。控制噪声的最根本办法就是从声源上控制它。但由于在技术或经济上的原因，直接从声源上治理噪声往往是不可能的。这就需要在噪声传播途径上采取吸声、消声、隔声、隔振、阻尼等几种常用的噪声控制技术：

1）吸声就是用吸声材料装饰在房间的内表面，或在室内悬挂空间吸声体，房间内的反射声会被吸掉，噪声级就降低了。

2）消声是消除空气动力性噪声的方法。把消声器安装在空气动力设备的气流通道上，就可以阻止或减弱噪声传播。

3）隔声是利用隔声罩、隔声屏等把发生物与周围环境隔绝。多用在居民稠密的公路、铁路两侧等。

另外还有隔震和阻尼等控制技术都是比较有效的方法。

2. 完善噪声法规制度

为了使人民群众在适宜的声环境中生活与工作，有效地消除人为噪声对环境的污染，还必须从法律上去保证。我国 1989 年颁布了国家的环境噪声污染防治条例，这些法律的制定对噪声的控制起了很大的作用。我们应从以下几方面去控制噪声污染：

（1）交通噪声的管理，如城市使用机动车辆必须符合国家"机动车辆允许噪声标准"等；

（2）工业噪声管理，工厂设备噪声不得超过设备噪声标准；

（3）建筑施工噪声的管理；

（4）社会生活噪声，如使用家庭电器和机械设备，其噪声影响不得超过所在区域的环境标准等；

（5）其他管理措施，如交通干线道路两侧住宅建筑，离开交通干线的防噪距离要大于30m。另外科学合理地进行城市建设规划对未来的城市噪声控制具有非常重要的意义。除此之外，立法中还应将环境噪声监测，监督执行及违法制裁等内容列入条款。

3. 噪声的科学利用

世界上的事物总是千变万化的，噪声和其他事物一样，既有有害的一面，又有可被人类利用、造福人类的一面。许多的科学家在噪声利用方面做了大量的研究工作，获得了新的突破，这些成果是21世纪推出的新技术，不久的将来，恼人的噪声将会变成优美的新曲，造福人类。

（1）1991年，奥地利某研究所研究出一种消声的水泥公路，这种混凝土的水泥公路有像泡沫材料一样的气孔和弹性，可把大量的振动能转变为材料内部的热能散发掉，从而使振动和噪声迅速衰减。

（2）日本科学家采用一种新型的"音响设备"，将家庭生活中的各种流水声如洗手、淘米等产生的噪声变成悦耳的协奏曲。美国也研制出一种吸收大城市噪声并将其转变为大自然的"乐声"合成器，英国科学家还研制出电吹风声响的"白噪声"并由此生产出"宝宝催眠器"能使婴幼儿自然酣睡。

（3）噪声是声波，所以它也是一种能量。英国剑桥大学的专家们开始利用噪声发电的尝试。他们设计了一种鼓膜式声波接收器，这种接收器与一个共鸣器连接在一起，放在噪声污染区，就能将声能转为电能。美国研究人员发现，高能量的噪声可以使尘粒相聚一体，产生较好的除尘效果。

（4）在科学研究领域更为有意义的是利用噪声透视海底的方法。科学家利用海洋里的噪声，如破碎的浪花、鱼类的游动、下雨、过往船只的扰动声等进行摄影，用声音作为摄影的"光源"。1991年，美国科学家用这种奇妙的摄影功能，首先在太平洋海域做了成功的实验。

另外，噪声应用于农作物同样获得令人惊讶的成果。科学家们发现，植物在受到声音的刺激后，能吸收更多的二氧化碳和氧分，从而提高增长速度和产量。通过实验发现，水稻、大豆、黄瓜等农作物在噪声的影响下都有不同程度的增产。

2.6.6 城市噪声污染解决方法

（1）控制声源的方法

对产生交通噪声的各种车辆的各部件在出厂前进行噪声控制，从声源发声机理来看，可将这些噪声分为机械噪声、气流噪声和电磁噪声。对于机械噪声控制应提高旋转部件平衡精度、运动部件加工精度，严格执行产品噪声质量出厂检测等方法；对于气流噪声控制应选择合适的设计参数，减小气流脉动等方法；对于电磁噪声控制应减小磁力线密度、选择低磁性硅钢材料、合理选择铁心结构等方法。

（2）控制噪声传播途径的方法

在无法进行声源噪声控制的情况下，从噪声传播途径上运用一些技术性的手段控制它的传播。通常采用吸声、隔声技术或安装消声器等方法对其传播途径进行控制。控制噪声的传播就是在噪声到耳膜之前采用隔声、阻尼、消声器、吸声以及一些个人防护和建筑布局等措施，尽量减少或减弱声源的振动，或者将传播中的声能吸收掉一部分，或者设置些障碍使声音反射出去，这样可以减少噪声对耳膜的危害，达到减弱噪声的作用。如图 2-23 所示，对于交通噪声而言，可以采用城市绿地的方法进行吸声降噪。城市绿化不仅美化环境，净化空气，同时在一定条件下对减少噪声污染也是一项不可忽视的措施。以下为各种植被与声波衰减量的关系：声波在厚草地上面或穿过灌木丛传播时，在 1000Hz 时衰减较大，可高达 23dB/100m；穿过树林传播的实验表明，对不同的树林，衰减量的差别很大，浓密的常绿树在 1000Hz 时有 23dB/100m 的衰减量，稀疏的树干只有 3dB/100m 的衰减量。树林对噪声声波的吸收程度不但与树林的厚度有关，还与噪声的频率及其传播距离有关。所以要靠一两排树木来降低噪声，其效果是不明显的，特别是在城市中，不可能有大片的树林，但如果能种上几排树木，开辟一些草地，增大道路与住宅之间的距离，则不但能增加噪声衰减量，而且能美化环境。根据噪声传播的特点，可以分别从声源、传输途径、接受点控制并减弱噪声。成为一个普遍受关注的问题，对人们生活的影响已经相当的严重了。随着科学技术的进步，控制噪声的技术也在快速的发展。城市化合宁静的居住环境都是我们所追求的美好生活境界。

图 2-23　在传播途径中控制噪声

（3）城市规划的方法

　　城市建设时要充分考虑到城市的功能分区，设计好居住用地、商业用地、工业用地以及城市道路的建设等，尽可能避免居民区、工业区和商业的混合。在城市总体规划中，工业区应远离居住区；居住区道路网规划设计中，应对道路的功能与性质进行明确的分类、分级，分清交通性干道和生活性道路；城市噪声随着人口密度的增加而增大，因此，应有计划地控制城市人口的增长速度等。同时在城市建设中，环境噪声预测和评价制度在进行项目研究时要充分、合理的对周围的环境进行调查，并做出相应的环境噪声预测和判断。对于工业和交通运输工程等造成的噪声污染，必须进行噪声污染的评价，判断建设工程中产生的噪声对周围居民造成的影响，并采取适当的措施尽量减少这种危害。在建设工程项目建成后，还要进行环境噪声污染是否达标的验收。一个合理的城市结构，应有安静美化的居住区，文教区也应远离机场和铁路和工业区，并且各区域要有绿化带隔离。

（4）噪声管理

城市噪声污染行政管理的依据是环境噪声污染防治法，人们期望生活在没有噪声干扰的安静环境中，但完全没有噪声是不可能的，也没有必要，人在没有任何声音的环境中生活，不但不习惯，还会引起心理恐惧，因此，我们要把较大的噪声降低到对人无害的程度，把一般环境噪声降低到对脑力活动或休息不致干扰的程度，这就需要有一个噪声控制标准。20 世纪 70 年代以来，我国已制定了一系列城市环境噪声标准。如前所述，城市道路交通噪声是城市噪声的主要来源，其控制问题是一个涉及城市规划建设、噪声控制技术、行政管理等多方面的综合性问题。合理布置城市交通系统，控制机动车辆增长速度，限制车速和鸣笛，设立禁鸣路段。建设隔声屏障，在交通干线加大绿化力度，采用乔灌结合，能够有效地阻止和吸收噪声。从世界各国的经验看，比较有效的措施是研究低噪声车辆，改进道路的设计，合理规划城市，实施必要的标准和法规。据一些国家统计，城市噪声中交通噪声约占 75%，其中机动车影响面最广，而汽车则是其中的主要因素，因此一些工业发达的欧洲国家早在 20 世纪 60 年代就对机动车噪声给予了足够的重视，制定出有关法规和标准进行控制，并每隔 3 ~ 5 年进行一次修订，30 年来使得欧洲汽车噪声平均减小了 10dB，有效地改善了人们的生活质量和环境。而作为汽车传动系统的变速箱噪声是整车辐射噪声的主要贡献者之一，因此，对于汽车变速箱噪声出厂质量的控制与诊断是控制城市交通噪声声源的关键技术之一。

思 考 题

1. 请结合自己的城市现状，简要解释一下城市气候形成的原因。
2. 简要叙述城市气候的特征。
3. 请结合自己专业所学知识简要叙述一下城市热岛的危害。
4. 怎样避免或是治理城市热岛现象。
5. 城市大气污染的危害有哪些？
6. 对于日益严重的雾霾现象，请结合自己所学知识介绍其成因及治理方式。
7. 怎么合理的设计能使城市具有合理的风环境。
8. 请结合自己身边现象谈一下噪声污染的危害。
9. 结合本章知识谈一下噪声污染的控制。
10. 请结合本章知识简要描述一下自己居住的建筑室外环境。

参 考 文 献

［1］赵志敏，徐华君，王虎贤. 城市化对"城市混浊岛效应"影响分析［J］. 沙漠与绿洲气象，2008，1（6）：7-9.

［2］杨建花. 大气污染的成因分析及治理措施［J］. 科技创新与应用，2013（31）：118-118.

［3］杨治国. 浅谈城市大气污染及防治措施［J］. 内江科技，2013，34（9）：62-63.

［4］高健. 我国大气灰霾污染特征及污染控制建议——2013 年 1 月大气灰霾污染过程为例［J］. 环境与可持续发展 2013 04-0014-03.

［5］张茜，陈静. 中国城市大气污染现状及防治措施［J］. 河南科技，2013（20）.

［6］魏蔚. 城市噪声污染现状及防治对策［J］. 科技经济市场，2012（1）：43-44.

［7］陈贵，李红梅，陈立权. 我国噪声污染现状及控制方法研究［J］. 科技风，2012（6）：56-56.

［8］田玉军，任正武. 国内城市环境噪声污染研究进展［J］. 重庆环境科学，2003，25（3）：37-39.

［9］邹飞. 我国城市噪声污染及其防控对策探讨［J］. 北方环境，2011（1）：150-150.

［10］葛翠玉，熊东旭. 城市住区气候适应性的热环境设计［J］. 四川建筑科学研究，2012，38（4）：288-291.

［11］董禹，董慰，王非. 基于被动设计理念的城市微气候设计策略［J］. 城市发展与规划大会论文集，2012.

［12］彭少麟，叶有华. 城市热岛效应对城市规划的影响［J］. 中山大学学报：自然科学版，2007，46（5）：59-63.

［13］李爱贞，牟际旺. 城市混浊岛和城市热岛［J］. 山东师大学报（自然科学版），1994，1.

［14］钟成索. "雨岛效应"和"混浊岛效应"［J］. 环境保护与循环经济，2009，29（7）：67-69.

［15］崔毅. 日照标准及其对城市空间形态的影响研究［D］. 华中科技大学，2010.

［16］刘艳峰，杨柳，王怡等. 冬季城市湿环境测试研究［J］. 西安建筑科技大学学报，自然科学版，2007，39（5）：701-705.

［17］张志新. 城市气候的特征及危害［J］. 农业与技术，2003，23（3）：136-137.

第3章 建筑室内环境质量

3.1 热 环 境

3.1.1 人与热环境

热环境是指影响人体冷热感觉的各种因素所构成的环境，是室内环境的重要组成部分。室内热环境对人体的舒适感最为重要。影响人体热舒适的因素包括室内温湿度、风力大小、热辐射情况、衣着和个人心理及身体素质等。

如图3-1所示，人体与环境之间不停地进行热量交换。人体热平衡是人感到热舒适的必备条件。热平衡即人体新陈代谢产生的热量与自身蒸发、导热、对流和辐射失热量的代数和相平衡。热舒适是在人没有排汗调节的情况下人体和环境的热交换达到热平衡状态。

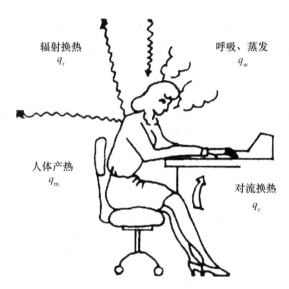

辐射换热
q_r

呼吸、蒸发
q_w

人体产热
q_m

对流换热
q_c

图 3-1 人体与环境之间的热交换

3.1.2 室内热环境的组成要素

室内热环境是指由室内空气温度、空气湿度、室内风速及环境平均辐射温度（室内各壁面温度的当量温度）等因素综合组成的一种室内热环境。

1. 室内气温

室内最适宜的温度是 20 ～ 24℃。在人工空调环境下，冬季控制在 16 ～ 22℃，夏季控制在 24 ～ 28℃，能耗比较经济，同时又比较舒适。人在不同的活动状况下，所要求的舒适温度是不同的。新陈代谢的产热量取决于活动的程度，在周围没有辐射或导热不平衡的状况下，新陈代谢产热量有不同的平衡温度，例如睡觉时产热量为 70 ～ 80W，空气平衡温度是 28℃；人坐着时产热量为 100 ～ 150W，空气平衡温度是 20 ～ 25℃；马拉松运动员产热量会达到 1000W，此时，无论环境温度如何，他的热感觉都为极不舒适。

2. 室内相对湿度

空气湿度是指空气中含有水蒸气的量。在舒适性方面，湿度直接影响人的呼吸器官和皮肤出汗，影响人体的蒸发散热。一般认为最适宜的相对湿度为 50% ～ 60%。

3. 气流速度

改变风速是改善热舒适的有效方法。舒适的风速随温度变化而变化。在一般情况下，令人体舒适的气流速度应小于 0.3m/s。

4. 壁面的热辐射

周围环境中的各种物体与人体之间都存在辐射热交换，可以用平均辐射温度来评价。人通过辐射从周围环境得热或失热。当人体皮肤温度低时，可以从高温物体辐射得热，而低温物体将对人体产生"冷辐射"。

3.1.3 室内热环境的评价

热舒适主要研究的是热感觉和人的理想热平衡状态。然而"病态建筑综合症"的出现，说明对热环境的研究必须进一步与室内空气质量等要求内容相结合，在提供热舒适的同时，将空气污染降低至最低限度。其主要评价方法有：有效温度，热应力指标和预计热感觉指数。

1. 有效温度（Effective Temperature，ET）

有效温度是指通过受试者对不同空气温度、相对湿度、气流速度等的主观反映而得出的具有相同热感觉的综合指标，是由美国霍顿（Hougtan）等（美国供暖通风工程师协会）为研究空调建筑中湿度对人舒适性的影响而提出的。有效温度指标如图 3-2 所示。用上身赤裸与穿夏季衣服两种衣着标准作为实验对象，研究休息与轻工作两种活动量，并以人对环境的瞬时反应为基础。当人从一试验环境进入另一试验环境时，如果热感觉没有明显变化，则认为这两个环境具有相同的有效温度，其数值与热感觉相同的静止饱和空气环境的空气温度相等。然而此指标对舒适与感觉凉的环境的湿度作用估计偏高，对感觉温暖的环境的湿度作用估计偏低。因此为考虑环境中辐射对人体的影响，用黑球温度代替干球温度来修正原有效温度指标，称为修正有效温度（CET）。

以恒星的有效温度为例，指的是发射出与某恒星数量相同的总辐射流，而又具有与该恒星半径相同的绝对黑体所具有的温度；也就是把恒星当作一个球形的绝对黑体，按照绝对黑体总辐射流和温度的关系由恒星总辐射流所确定的温度 T_e 就称为该恒星的有效温度。

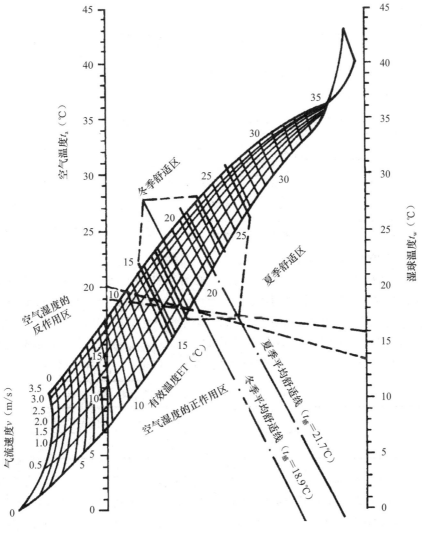

图 3-2　有效温度指标图

2. 热应力指标（Heat Stress Index，HSI）

热应力指标是指为保持人体热平衡所需要的蒸发散热量与环境容许的皮肤表面最大蒸发散热量之比。是衡量热环境对人体处于不同活动量时的热作用的指标。热应力指标 HSI 用需要的蒸发散热量与容许最大蒸发散热量的比值乘以 100% 表示。其理论计算是假定人体受到热应力时：（1）皮肤保持恒定温度 35℃；（2）所需要的蒸发散热量等于人体新陈代谢产热加上或减去辐射换热和对流换热；（3）8h 期间人的最大排汗能力接近于 1L/h。当 HIS＝0 时人体无热应变，HIS＞100 时体温开始上升。此指标对新陈代谢率的影响估计偏低而对风的散热作用估计偏高。主要用于夏季室内热环境评价，适用 20 ～ 50℃ 范围，表 3-1 为热应力指标与肌体的反应关系。

$$q_{w.req} = q_m \pm q_c \pm q_r$$

$$\mathrm{HSI} = \frac{q_{w.req}}{q_{w.max}} \times 100$$

热应力指数与肌体的反应关系 表 3-1

热应力指数	肌体反应及影响
−20	微冷
−10	（自高温环境移至休息地点时，可能出现这种情况）
0	没有热应力
10～30	微热。对脑力劳动者有一定影响，对一般体力劳动者没有影响
40～60	高热。对脑力劳动者有影响，对体力劳动者有一些影响。身体不好的人不能忍受，没有习惯于这种气象条件的人需要有工间休息
70～90	很高热。能影响工人身体健康，并可使劳动效率降低，只有少数人能适应这种热环境条件
100	最大可能耐受 8h 的热应力

资料来源：钮式如、田桂钰编，工厂降温原理及方法，北京：人民卫生出版社 1965 年第一版。

3. 预计热感觉指数（PMV-PPD 指标）

PMV 英文全称为 Predicted Mean Vote，即预测平均投票数。PMV 是丹麦的范格尔（P.O.Fanger）教授提出的表征人体热反应（冷热感）的评价指标，代表了同一环境中大多数人的冷热感觉的平均。PMV 指数是根据人体热平衡的基本方程式以及心理生理学主观感觉的等级为出发点，考虑了人体热舒适感的诸多有关因素的全面评价指标。PMV 指数表明群体对于（+3～−3）7 个等级热感觉投票的平均指数，具体如表 3-2 所示。

PMV 指数由−3 到+3 逐级递增 表 3-2

PMV	−3	−2	−1	0	+1	+2	+3
热感觉	寒冷	冷	稍冷	舒适	稍热	热	酷热

PMV 指标代表了同一环境下绝大多数人的冷热感觉，但人与人之间存在生理差别，PMV 指标并不一定能够代表所有人的感觉。因此 Fanger 又提出了预测不满意百分比 PPD 指标来表示人群对热环境不满意的百分数，并用概率分析方法，给出了 PMV 与 PPD 之间的定量关系。Fanger 教授根据 PMV 指标统计了大量的数据并制成了表格，由这些数据推演出 PPD 指标，两者合称 PMV-PPD 评价指标。

由于 PMV 的最初实验对象是西方国家的 1396 名受试者，Fanger 教授在最近的文献中指出，针对不同国家和气候，应分别乘以 0.5～1.0 的修正系数，对于中国，这一系数应为 0.7。由于中国人与欧美人的体格不同、经济文化背景与生活习俗不同，所以对环境热舒适的要求不同，对热环境的接受程度会存在差异。有研究认为中国人对环境的接受度比欧美人相对较高。我国现有《供暖通风与空气调节设计规范》（以下简称"规范"）规定：供暖与空气调节室内的热舒适性应按照《中等热环境 PMV 和 PPD 指数的测定及热舒适条件的规定》GB/T 18049—2000，采用预计的平均热感觉指数（PMV）和预计不满意者的百分率（PPD）评价，其值宜为：−1 ≤ PMV ≤ +1，PPD ≤ 27%。

3.1.4　改善室内热环境的建筑途径

建筑热环境的设计目标是舒适、健康、高效，以最少的能源消耗提供舒适、健康的工作和居住环境，提高生活质量。优质节能的建筑热环境的创造要依靠城市规划、建筑、建筑环境及设备工程乃至园林等学科学者的共同努力与协作，是一个长期摸索与探究的过程。通过一定的技术手段和人为的自适应，可以在改善室内热环境、提高人体热舒适性的同时，达到经济合理的消耗建筑能耗的目的。

1. 合理设计建筑围护结构的热工性能，包括合理进行保温设计、隔热设计、防寒设计、防热设计、防潮设计和通风设计等。研究建筑材料和构造的热工特性，特别是选用蓄热系数和热惰性指标合理的建筑材料。如合理的选用建筑物的墙体、门窗、屋顶、楼地面、阳光间和中庭空间的材料及合理的设置它们的位置及结构。在寒冷地区比较适宜选用保温外墙体，尽量减少背阴处门窗的面积并合理的应用向阳处的太阳能。

2. 合理设计建筑物的朝向和布局，避免出现风的"隧道"效应，并积极合理利用太阳辐射能。建筑物的朝向应尽可能避开冬季主导风向并朝向夏季主导风向。寒冷地区应以冬季防风为主，炎热地区应以夏季通风为主。

3. 积极创造有利的气候微环境，建筑物周边的绿化环境和江河湖泊喷泉等环境有助于降低人们对热的敏感性，同时还可以使人产生心怡感，提高生活满意度。绿化墙体能够改善建筑外表的微气候，可以为建筑外墙遮阳，以减少外部的热反射和眩光，并可利用植物的蒸腾作用降温和调节湿度，减少城市热岛效应。

4. 设计空调系统时要慎重选择室内设计温度，进行合理的负荷计算和设备选型，并进行合理的气流组织。空调设计者应重视室内气流组织，积极利用自然通风，积极采用各种新技术，积极利用各种新型绿色能源。如：置换式空调、太阳能空调、地热能空调、蓄能空调、地面辐射供暖等等。

5. 积极采用热回收和废热利用技术。采用热回收和废热利用技术不仅可以达到节能的目的，还可以把热商品化，创造经济利益。

6. 个体可通过改变衣着，开关窗户，启停室内风扇或空调供暖设备等个人行为改变环境舒适度及个人热舒适感；个体还可从生理上和心理上适应某一热环境，指长期暴露在热环境中人体热应力的逐渐减小的一种生理反应；心理适应指根据过去的经历和期望适时改变现在的热环境期望值，对理论上未达到舒适标准的某一热环境，个体换一种心态去评价和感受也许会觉得舒适。

7. 适时调查各种类型建筑用户室内热环境和热舒适性情况，为今后空调及通风工程设计的改进和优化提供真实有效依据。

3.2 光 环 境

3.2.1 室内光环境简介

在室内空间中光通过材料形成光环境，例如光通过透光、半透光或不透光材料形成相应的光环境。此外，材料表面的颜色、质感、光泽等也会形成相应的光环境。

室内光环境主要受灯光的影响。光环境设计是现代建筑设计的一个有机组成部分，其目的是追求合理的设计标准和照明设备，节约能源，使科学与艺术融为一体。在建筑规模、房间功能、室内装修、陈设、家具材料的质感和颜色等基础上增加光环境设计因素是增加室内环境气氛的根本性影响因素。灯光因素包括照明方式、光源类型、灯具形式、艺术处理技法等内容，了解灯光形式的内容，合理运用各种灯光形式的变化，就可以创造出多种多样的室内环境气氛。其中最能影响室内环境气氛的却是饰面材料。饰面材料具有质感、肌理、颜色等性质，富于艺术表现力，会在较大程度上影响室内环境气氛。灯光具有反射、透射、折射以及投射方向等特性，当灯光的特性与饰面材料的性质相结合时，两者就相互作用和调节，共同创造出高雅、豪华、简洁、活泼等各式各样的室内环境气氛。

室内的一般照明通常总是控制着整个室内空间的环境气氛。这是因为它与室内形状、布灯方案、灯具配光、灯光艺术技法等有着非常密切的联系，对于灯光设计起着总揽全局、协调局部的作用。局部照明或分区一般照明可以满足局部场所的照明要求，而且可以对室内一般照明起着补偿或协调的作用，结果会使室内空间的亮度分布平衡，创造出明暗调和的环境气氛。

为了更好地满足照度适当、合理分布亮度、灯光的方向性好、色彩协调等要求，室内环境照明应满足以下几条原则：

（1）对灯具进行艺术处理时，必须综合考虑灯具的各种因素，如光分布特性装饰色彩、材料质感、构件、组合、造型等多种因素的相互影响。

（2）对于有针对性的灯光整个环境照明和重点对象照明最好有分工。

（3）把艺术照明形式与建筑使用要求有机地结合起来，要考虑白天和晚上的艺术效果以及要求不同的照明条件，特别是在一些展览性建筑中，将它们组合起来。

（4）传统的灯具艺术形式应与现代照明技术条件相适应。

3.2.2　光环境设计

常用的采光方式有自然采光和人造光源两种，其中利用自然采光，不仅可以节约能源，并且在视觉上更为习惯和舒适，在心理上能和自然接近、协调，可以看到室外景色，更能满足精神上的要求，日光完全有可能在全年提供足够的室内照明。

1. 自然采光

根据光的来源方向以及采光口所处的位置，分为侧面采光和顶部采光两种形式。侧面采光有单侧、双侧及多侧之分，而根据采光口高度位置不同，可分高、中、低侧光。侧面采光可选择良好的朝向和室外景观，光线具有明显的方向性，有利于形成阴影，但侧面采光只能保证有限进深的采光要求（一般不超过窗高两倍），更深处则需要人工照明来补充。一般采光口置于 1m 左右的高度，有的场合为了利用更多墙面（如展厅为了争取多展览面积）或为了提高房间深处的照度（如大型厂房等），将采光口提高到 2m 以上，称为高侧窗（图 3-3）。

除特殊原因外，（如房屋进深太大，空间太广外），一般多采用侧面采光的形式。顶部采光是自然采光利用的基本形式，光线自上而下，照度分布均匀，光色较自然，亮度高，效果好。但上部有障碍物时，照度会急剧下降，由于垂直光源是直射光，容易产生眩光，不具有侧向采光的优点，故常用于大型车间、厂房等（图 3-4）。

现代科技的发展，提供了很好的结构形式和材料，使得大面积玻璃幕墙的利用成为可能。充足的自然光线的利用，带来动人的光影效果。

图 3-3　高侧窗

图 3-4　顶部采光

2. 人工照明

人工照明也就是"灯光照明"或"室内照明"，它是夜间主要光源，同时又是白天室内光线不足时的重要补充。

人工照明环境具有功能和装饰两方面的作用，从功能上讲，建筑物内部的天然采光要受到时间和场合的限制，所以需要通过人工照明补充，在室内造成一个人为的光亮环境，满足人们视觉工作的需要；从装饰角度讲，除了满足照明功能之外，还要满足美观和艺术上的要求，这两方面是相辅相成的。根据建筑功能不同，两者的比重各不相同，如工厂、学校等工作场所需从功能来考虑，而在休息、娱乐场所，则强调艺术效果。

人工照明、自然采光在进行室内照明的组织设计时，必须考虑以下几方面的因素：

（1）光照环境质量因素。合理控制光照度，使工作面照度达到规定的要求，避免光线过强和照度不足两个极端。

（2）安全因素。在技术上给予充分考虑，避免发生触电和火灾事故，这一点特别是在公共娱乐性场所尤为重要。因此，必须考虑安全措施以及标志明显的疏散通道。

（3）室内心理因素。灯具的布置、颜色等与室内装修相互协调，室内空间布局，家具陈设与照明系统相互融合，同时考虑照明效果对视觉工作者造成的心理反应以及在构图、色彩、空间感、明暗、动静以及方向性等方面是否达到视觉上的满意、舒适和愉悦。

（4）经济管理因素。考虑照明系统的投资和运行费用，以及是否符合照明节能的要求和规定，考虑设备系统管理维护的便利性，以保证照明系统正常高效运行。

3.2.3 合理选择人工光源及布置工具

人工光源的选用影响着灯光艺术效果。在选用光源时，应该按照房间功能、照明方式、灯具形式以及要求的环境气氛全面进行考虑，从而选用最适当的光源，以便控制整个室内的光环境。在室内空间中利用光源的位置、方向和投射角度，在人和物上创造出光影效果，从而形成立体感。

（1）吊灯：吊灯是悬挂在室内屋顶上的照明工具，经常用作大面积范围的一般照明。大部分吊灯带有灯罩，灯罩常用金属、玻璃和塑料制成。用作普通照明时，多悬挂在距地面 2.1m 处，用作局部照明时，大多悬挂在距地面 1～1.8m 处（图 3-5）。

图 3-5　吊顶灯

（2）吸顶灯：直接安装在顶棚上的一种固定式灯具，作室内一般照明用。吸顶灯种类繁多，但可归纳为以白炽灯为光源的吸顶灯和以荧光灯为光源的吸顶灯（图 3-6）。

图 3-6　吸顶灯

（3）嵌入式灯：嵌在楼板隔层里的灯具，具有较好的下射配光，灯具有聚光型和散光型两种。聚光灯型一般用于局部照明要求的场所，如金银首饰店，商场货架等处；散光型灯一般多用作局部照明以外的辅助照明，例如宾馆走道，咖啡馆走道等（图 3-7）。

图 3-7　嵌入式灯

（4）壁灯：壁灯是一种安装在墙壁建筑支柱及其他立面上的灯具，一般用作补充室内一般照明，壁灯设在墙壁上和柱子上，它除了有实用价值外，也有很强的装饰性，使平淡的墙面变得光影丰富。壁灯的光线比较柔和，作为一种背景灯，可使室内气氛显得优雅，常用于大门口、门厅、卧室、公共场所的走道等，壁灯安装高度一般在 1.8～2m 之间，不宜太高，同一表面上的灯具高度应该统一（图 3-8）。

图 3-8 壁灯

（5）轨道射灯：轨道射灯由轨道和灯具组成的。灯具沿轨道移动，灯具本身也可改变投射的角度，是一种局部照明用的灯具。主要特点是可以通过集中投光以增强某些特别需要强调的物体。已被广泛应用在商店、展览厅、博物馆等室内照明，以增加商品、展品的吸引力。它也正在走向人们家庭，如壁画射灯、窗头射灯等（图 3-9）。

图 3-9 轨道射灯

（6）台灯：台灯主要用于局部照明。书桌上、床头柜上和茶几上都可用台灯。它不仅是照明器具，又是很好的装饰品，对室内环境起美化作用（图 3-10）。

图 3-10 台灯

（7）落地灯：落地灯是一种局部重点照明灯具。它常与坐具配合使用，作为局部照明和阅读照明使用（图 3-11 ）。

图 3-11　落地灯

还可以利用光源的光强、颜色和显色性，使室内空间出现色彩丰富的环境气氛，表现出灯光的艺术效果，或者利用光源和灯具形式的配合，使两者共同发挥各自的表现力，从而强化灯光的艺术效果。在室内设计中，灯具可使灯光分布合理，限制出现眩光，提高光源的利用率，既有提供照明的功能，也有美化环境的作用。由于灯具能够为室内空间增加欣赏价值，因此灯具成为室内设计的重要组成部分，正确布置灯具，对照明效果具有决定性意义。灯具的布置取决于合理的照明方式设计方案。布置方式多种多样，诸如集中式、分布式、重点式、衬托式、单一式、组合式、固定式、移动式等，而且有时要求适用于一般照明，有时又要求适用于重点照明，因此，在布置时，首先要满足照明功能，其次才是满足装饰效果，真正体现实用与装饰相结合。更要考虑照明功能要求的具体条件，不可强求一律。灯具应该最大限度地发挥灯光的功效，保证有效地利用光能，使光的分布合理，提高光源的利用率，同时防止或限制眩光，从而创造出舒适的光环境。灯具的形式是室内空间中引人注目的艺术形象，因此必须美观，能够显示出装饰效果。由于室内设计趋于现代化，根据设计要求，应该设计或选用新型灯具。特别要注意灯具的形式不宜过繁，品种和规格也不宜过多，以适应现代潮流。灯具的材料应该表现出质感、色彩和高精度的工艺水平。

3.3　声　环　境

声环境设计是专门研究如何为建筑使用者创造一个合适的声音环境。

3.3.1　声学原理

1. 声音的产生

一切正在发声的物体都在振动；振动停止，发声也停止。（振动产生声）

2. 声音的传播

（1）声音靠介质传播，气体、液体和固体都可以传播声音。但真空不能传声。

（2）声音在介质中以声波形式传播，声音在介质中的传播速度与介质有关，声音在固体中传播速度最快，在液体中第二，气体排第三。

（3）声速还与介质温度有关，声音在 15℃的空气中的传播速度为 340m/s 左右。

（4）声波在两种介质的交界面处发生反射，形成回声。人耳要想区分原声和回声，回声到达人耳要比原声晚 0.1s 以上。如果不到 0.1s，则回声和原声混在一起，只能使原声加强。

（5）利用回声可以测距离，如测海有多深（声呐），离障碍物有多远（雷达）。

（6）耳朵在感知声音的过程中，如果有一个环节出现了故障，都会引起耳聋。耳聋分为神经性耳聋和传导性耳聋。后者是声音通过头骨，颌骨也能传导到听觉神经，引起听觉，从而听到声音。

3. 声音的特性

（1）音调：声音的高低。音调的高低由物体振动的快慢决定，物理学中用频率来表示物体振动的快慢，频率的单位为赫兹，简称为赫，符号为 Hz。物体振动的频率越大，音调就越高，频率越小，音调就越低。

人耳能听到的声音频率是 20 ～ 20000Hz，高于 20000Hz 的声音叫超声波，如海豚的发声频率为 7000 ～ 120000Hz。低于 20Hz 的声音叫次声波，如大象可以用人类听不到的次声波来交流。人发出的声音频率大约是 80 ～ 1100Hz。

（2）响度：声音的强弱。响度与物体的振幅有关，振幅的单位是分贝，符号是 dB。振幅越大，响度越大；振幅越小，响度越小。响度还跟距发声体的远近有关。离得越近，响度越大；振幅越大，响度越大。物体在振动时偏离原来位置的最大距离叫振幅。声音一旦超过 100dB，就是人们常说的"噪声"。

（3）音色：不同发声体发出的声音，即使音调和响度相同我们还是能够分辨它们，这个反应声音特征的因素就是音色。音色反映声音的品质，音色也叫音品；不同的发声体所发出的音色各不相同。

4. 声波的特性

声波是声音的传播形式。声波是一种机械波，由物体（声源）振动产生，声波传播的空间就称为声场。在气体和液体介质中传播时是一种纵波，但在固体介质中传播时可能混有横波。声波可以理解为介质偏离平衡态的小扰动的传播。这个传播过程只是能量的传递过程，而不发生质量的传递。如果扰动量比较小，则声波的传递满足经典的波动方程，是线性波。如果扰动很大，则不满足线性的声波方程，会出现波的色散，和激波的产生。

5. 次声波

从 20 世纪 50 年代起，核武器的发展对次声学的建立起了很大的推动作用，使得对次声接收、抗干扰方法、定位技术、信号处理和传播等方面的研究都有了很大的发展，次声的应用也逐渐受到人们的注意。其实，次声的应用前景十分广阔，大致有以下几个方面：

（1）研究自然次声的特性和产生机制，预测自然灾害性事件。例如台风和海浪摩擦产生的次声波，由于它的传播速度远快于台风移动速度，因此，人们利用一种叫"水母耳"的仪器，监测风暴发出的次声波，即可在风暴到来之前发出警报。利用类似方法，也可预报火山爆发、雷暴等自然灾害。

（2）通过测定自然或人工产生的次声在大气中传播的特性，可探测某些大规模气象过程的性质和规律。如沙尘暴、龙卷风及大气中电磁波的扰动等。

（3）通过测定人和其他生物的某些器官发出的微弱次声的特性，可以了解人体或其他生物相应器官的活动情况。例如人们研制出的"次声波诊疗仪"可以检查人体器官工作是否正常。

（4）次声在军事上的应用。利用次声的强穿透性制造出能穿透坦克、装甲车的武器，次声武器一般只伤害人员，不会造成环境污染。

3.3.2　室内声环境

室内声环境主要研究的是音质设计，隔声隔振，材料的声学性能测试与研究，以及噪声的防止与治理等几项内容。

1. 音质设计

所谓音质设计主要是指音乐厅、剧院、礼堂、报告厅、多功能厅、电影院、体育馆等对音质有特殊要求的公共建筑。音质设计往往成为建筑设计的决定因素之一，室内音质设计是建筑声学设计的一项重要内容，其音质设计的成败往往是评价建筑设计优劣的决定性因素。室内音质设计应在建筑设计方案初期就同时进行，而且要贯穿在整个建筑施工图设计、室内装修设计和施工的全过程中，直至工程竣工前经过必要的测试鉴定和主观评价，进行适当的调整、修改、才有可能达到预期的效果。

近年来、在礼堂、剧场、会议室等厅堂中，电声系统的应用已经相当普及。电声系统不仅用于会议和讲演，也常用于音乐和戏剧的演出，而对于流行音乐，电声设备更是不可缺少。因此电声系统的规模和性能成为决定这些厅堂的音质效果的重要因素之一。当然，对于演出严肃音乐的音乐厅或歌剧院，也有只能用自然声不用电声的主张。需要指出的是，一个厅堂在用于演出时，不论是只用自然声还是要用电声扩声，都必须同时做好厅堂的建筑声学设计，只是在设计原则和方法上两者有很大不同。因此，必须在设计之前就确定厅堂中电声系统的应用范围，才能进行正确的音质设计。

好的音质场所设计应满足：具有需求响度、音质清晰、丰满、有色度感、有空间感，及无声学缺陷。

（1）响度：指人们听到的声音的大小。足够的响度是室内具有良好音质的基本条件。与响度相对应的物理指标是声压级。

（2）丰满度：指人们对声音发出后"余音"的感觉。在室外，声音感觉"干瘪"，不丰满。与丰满度相对应的物理指标是混响时间。

（3）色度感：主要是指对声源音色的保持和美化。良好的室内声学设计要保持音色不产生失真。另外，还应对声源具有一定美化作用，如"温暖""华丽""明亮"。色度感相对应的物理指标主要是混响时间的频率特性以及早起衰减的频率特性。

（4）空间感：指室内环境给人的空间感觉，包括方向感、距离感（亲切感）、围绕感等。空间感与反射声的强度、时间分布、空间分布有密切关系。

（5）清晰度：指语言用房间中，声音是否听得清楚。清晰度与混响时间有直接关系，还与声音的空间反射情况及衰减的频率特性等综合因素有关。

（6）无声学缺陷：如回声、颤动回声、声聚焦、声遮挡、声染色等影响听音效果及声音音质的缺陷。

2. 隔声隔振

主要是对有安静要求的房间，如录音室、演播室、旅馆客房、居民住宅卧室等需要着重考虑。尤其是对于录音室、演播室等声学建筑对隔声隔振要求非常高，需要专门的声学设计。而近几年对于旅馆、公用建筑、民用住宅，人们对隔声隔振的要求也越来越高。因此随大跨度框架结构的运用，越来越多地使用薄而轻的隔墙材料，对隔声隔振提出了更高的设计要求。

3. 材料的声学性能测试与研究

在建筑中常采用吸声材料和隔声材料来减少噪声对人们的危害，对于吸声材料及隔声材料需考虑材料的吸声隔声机理以及如何测定材料的吸声隔声系数和不同吸声隔声材料的应用及使用效果等。

4. 噪声的防止与治理

噪声的标准、规划阶段如何避免噪声、出现噪声如何解决。在下面噪声里有具体的阐述和讨论。

3.3.3 噪声及噪声评价

1. 噪声

噪声是指发生体做无规则运动时发出的声音，声音由物体振动引起，以波的形式在一定的介质（如固体、液体、气体）中进行传播。《中华人民共和国环境噪声污染防治法》中把超过国家规定的环境噪声排放标准，并干扰他人正常生活、工作和学习的现象称为环境噪声污染。

通常所说的噪声污染是指人为造成的，自产业革命以来，各种机械设备的创造和使用，给人类带来了繁荣和进步，但同时也产生了越来越多而且越来越强的噪声。

噪声污染与水污染、大气污染、固体废弃物污染被看成是世界范围内四个主要环境问题。

（1）交通噪声包括机动车辆、船舶、地铁、火车、飞机等的噪声。由于机动车辆数目的迅速增加，使得交通噪声成为城市的主要噪声源。

（2）工业噪声主要是指工厂的各种设备产生的噪声。工业噪声的声级一般较高，对工人及周围居民带来较大的影响。

（3）建筑噪声主要来源于建筑机械发出的噪声。建筑噪声的特点是强度较大，且多发生在人口密集地区，因此严重影响居民的休息与生活。

（4）社会噪声包括人们的社会活动和家用电器、音响设备发出的噪声。这些设备的噪声级虽然不高，但由于和人们的日常生活联系密切，使人们在休息时得不到安静，尤为让人烦恼，极易引起邻里纠纷。

2. 噪声评价

噪声的标准指能产生一定频率范围内的随机噪声信号，并能给出精确功率谱密度的设备。

当噪声级为 30 ～ 40dB 是比较安静的正常环境；超过 50dB 就会影响睡眠和休息。由于休息不足，疲劳不能消除，正常生理功能会受到一定的影响；70dB 以上干扰谈话，造成心烦意乱，精神不集中，影响工作效率，甚至发生事故；长期工作或生活在 90dB 以上的噪声环境，会严重影响听力和导致其他疾病的发生，会有急性或慢性听力损伤。

城市噪声的来源主要有几种，一种是建筑噪声，这种噪声是阶段性的。另一种是交通噪声，这种噪声的影响持续较长。第三种噪声是我们生活噪声，例如娱乐场所的噪声、打麻将声、音乐电视等。在这几种噪声中，最难对付的是汽车噪声，采取了措施应对汽车噪声问题，理论上就可以同时解决生活噪声问题，当然，低强度的建筑噪声也是可以解决的。

3.3.4 住宅噪声问题分析

按照国家标准规定，住宅区的噪声，白天不能超过 50dB，夜间应低于 45dB，若超过这个标准，便会对人体产生危害。《城市区域环境噪声测量方法》中第 5 条 4 款规定，在室内进行噪声测量时，室内噪声限值低于所在区域标准值 10dB。住宅中的噪声会影响我们的工作效率以及学习效率。研究发现，噪声超过 85dB，就会使人感到心烦意乱，无法专心工作学习，导致工作效率降低。还会损害我们的心血管。长期接触噪声会使肾上腺分泌增加，从而使血压上升。同时，噪声会加速心脏衰老，增加心肌梗塞发病率，同时还会使神经系统功能紊乱、精神障碍、内分泌紊乱甚至事故率升高。噪声还会使人出现头晕、头痛、失眠、多梦、记忆力减退以及恐惧、易怒、甚至精神错乱，干扰我们的正常休息和睡眠。噪声对儿童身心健康危害更大，因为儿童发育尚未成熟，各个组织器官十分脆弱，噪声会损伤他们的听觉器官等。对于视力也是有一定的损害。当噪声强度达到 90dB 的时候，人识别弱光的反应时间会延长；达到 95dB 的时候，40% 的人瞳孔放大，视觉模糊；而如果达到 115dB 的话，大多数人的眼球对于光亮度的适应都有不同程度的减弱。

3.3.5 常见的隔振降噪技术

知道了噪声的主要来源和分类，我们就可以逐个解决。

（1）对付噪声的最好办法就是窗户要严封，不管你是单层窗还是双层窗，密封是最主要的。木桶的承载量是由最短的木片决定的，而隔声效果是由最弱的一环决定的。从现在的技术水平来说，用塑钢窗来作为密封的手段是最有效的装修方案。对于已经采用铝合金的用户，应该确保铝合金边框的密封条完好。相对而言，铝合金窗的密封性要比塑钢窗差。

（2）窗户密封解决了，下一步就是要使其更密封，毕竟隔声不是说密封了就行的，还得看密封性能。在塑钢窗中采用中空玻璃就是一个很有效的办法。因为最噪人的往往是高音部分，而高音是直线传播的，用玻璃可以使其大部分反射，中空玻璃则可以使其没有反射的部分消耗殆尽。但是要注意奸商把没经过处理的双层玻璃当中空玻璃卖给你。

（3）通过使用厚质窗帘来可消耗部分声音的能量，也是一种较简单的办法，当然并不是一件非常有效的办法。

（4）对于振动摩擦这些中低音，我们可以采用地毯，织物甚至吸（隔）声棉等来减弱他们对室内的影响。在床脚加装胶垫也可以减轻一定的振动感。同时床垫采用棕榈垫也要比采用弹簧的席梦思好，当然，硬床板就更不用说了。

（5）现在有一些房子采用轻质砖（空心砖）做外墙，这些材料密封性较差，如果你所处公路边对你影响很大的话，还可以在靠马路的墙上做一道木方（轻钢）加纸面石膏板内充吸（隔）声棉的夹层，然后再用墙纸之类的装饰表面（当然也可以采用普通的墙漆处理表面）。

（6）当然，无论怎么做隔声，也不要忘了适当的通风，太封闭的环境对睡眠一样不健康。在面向噪声的一边要防噪，对于背对的一边也要适当地保持通风条件，当然适当地并不是要求你窗户全开，因为噪声都有一定的回响，它可能会影响你后面的楼宇又传回你所在的楼宇。

以上的做法，我们是针对马路边的噪声而处理的，其实对于其他的噪声，控制的措施包括：

（1）降低声源噪声，工业、交通运输业可以选用低噪声的生产设备和改进生产工艺，或者改变噪声源的运动方式（如用阻尼、隔振等措施降低固体发声体的振动）。

（2）在传音途径上降低噪声，控制噪声的传播，因为声在传播中的能量是随着距离的增加而衰减的，因此使噪声源远离需要安静的地方，改变声源已经发出的噪声传播途径，如采用吸声、隔声、声屏障、隔振等措施，以及合理规划城市和建筑布局等。

（3）受音者或受音器官的噪声防护，在声源和传播途径上无法采取措施，或采取的声学措施仍不能达到预期效果时，就需要对受音者或受音器官采取防护措施，如长期职业性噪声暴露的工人可以戴耳塞、耳罩或头盔等护耳器。

3.4 室内空气质量环境

3.4.1 室内空气品质简介

近年来，随着对室内环境保护意识的不断增强，人们迫切希望有一个安全、舒适、健康的生活空间。然而相当一部分居室和办公室经过无序的装修、装饰后或在建设过程中疏于环境卫生管理，处于严重的室内污染之中。研究表明，室内空气的污染程度要比室外空气严重 2～5 倍，在特殊情况下可达到 100 倍。因此，室内环境空气是否有污染、室内空气质量如何是个相当引人关注的话题。通常我们指的空气污染是指室外的空气受到污染。实际上，室内环境污染往往比室外污染的危害更加严重，特别是长期处于封闭室内环境的人尤其如此。20 世纪 90 年代末期，随着我国住宅改革和国民生活水平的提高，特别是建材业的高速发展，装修热的兴起，由装饰材料所造成的污染成了室内污染的主要来源。尤其是空调的普遍使用，要求建筑结构有良好的密闭性能，在这种情况下造成了室内空气质量的恶化。因此，室内空气污染可以定义为：由于室内引入能释放有害物质的污染源或室内环境通风不佳而导致室内空气中有害物质无论是从数量上还是种类上不断增加，并引起人的一系列不适症状，称为室内空气受到了污染。

近几年，我国相继制定了一系列有关室内环境的标准，从建筑装饰材料的使用到室内空气中污染物含量的限制，全方位对室内环境进行严格的监控，以确保人民的身体健康。因此，人们往往认为现代化的居住条件在不断地改善，室内环境污染已经得到控制。其实不然，人们对室内环境污染的危害还远远未达到足够的认识。应当看到，在我国经济迅速发展的同时，由于建筑、装饰装修、家具造成的室内环境污染，已成为影响人们健康的一大杀手。严重的室内环境污染不仅给人们健康造成损失，而且还造成了巨大的经济损失。

有关调查发现，居室装饰使用含有有害物质的材料会加剧室内的污染程度，这些污染对儿童和妇女的影响更大。北京、广州、深圳、哈尔滨等大城市近几年白血病患儿都有增加趋势，而住在过度装修过的房间里是其中重要原因之一。

据美国等发达国家统计，每年室内空气品质低劣造成的经济损失惊人。现代建筑室内空气品质恶化，引发了以下三种病症：病态建筑综合症（SBS），与建筑有关的疾病（BRI），多种化学污染物过敏症（MCS）。据美国环境保护署（EPA）统计，美国每年因室内空气品质低劣造成的经济损失高达400亿美元。实际上，我国的室内空气品质问题较发达国家更为严重。住宅产业在中国的发展速度十分惊人，自从1980年开始了住宅分配体制改革之后，个人也可以自由地在住宅市场上买卖私有住宅，这不但放开了二手房市场，由房地产开发商直接提供的新商品房也急速地增加着。目前国内大部分的住宅室内污染现状仍令人堪忧，由于科学技术的进步和人民生活水平的提高，越来越多的人开始注重居室的美观和舒适，室内装修热不断升温，豪华装修越来越普遍。各种新型建筑材料、装修材料和日用化学品进入了居民住宅，加之空调的普及，室内通风率比以前明显下降，这就造成了住宅室内污染物的积累，室内污染源排放的污染物在室内空气污染中占的比重越来越大。

应该说，目前我国室内空气品质问题已成为中国政府关注和普通百姓关心的问题。特别需要说明的是，现在一说到环境治理问题，人们往往只想到室外环境治理，实际上，室内环境问题不容忽视，某种意义上说，室内空气环境比室外环境对人们生活与工作的影响更直接，因为人们约有70%以上的时间在室内度过。

3.4.2　影响室内空气品质的污染源和污染途径

室内空气中存在500多种挥发性有机物，其中致癌物质就有20多种，致病病毒200多种。现将国家标准《民用建筑工程室内环境污染控制规范》GB 50325—2010（2013版）中控制的五种污染物及对人体健康的影响简介如下：

1. 甲醛

甲醛是一种无色易溶的强烈刺激性气体，人造板材、胶粘剂和墙纸是空气中甲醛的主要来源。甲醛具有强烈的致癌和促癌作用，可经呼吸道吸收，对人体的危害具有长期性、潜伏性、隐蔽性的特点。其浓度达到 $0.1mg/m^3$ 时，就有异味和不适感；甲醛含量为 $0.12mg/m^3$，儿童就会发生轻微气喘；达到 $0.5mg/m^3$ 时，可刺激眼睛引起流泪。长期吸入甲醛可引发鼻咽癌、喉头癌等严重疾病。

2. 苯

苯是一种无色具有特殊芳香气味的液体。苯具有易挥发、易燃、蒸气有爆炸性的特点。胶水、油漆、涂料和胶粘剂是空气中苯的主要来源。人们通常所说的"苯"实际上是一个系列物质，包括苯、甲苯、二甲苯。苯化合物已经被世界卫生组织确定为强烈致癌物质。

3. 氡

氡是一种放射性的惰性气体，无色无味。水泥、砖沙、大理石、瓷砖等建筑材料是氡的主要来源。氡及其子体随空气进入人体，形成体内辐射，诱发肺癌、白血病和呼吸道病变，是世界卫生组织确认的主要环境致癌物之一。

4. 氨

氨是一种无色而具有强烈刺激性臭味的气体，主要来源于混凝土防冻剂等外加剂、木制板材胶粘剂等。氨对眼、喉、上呼吸道有强烈的刺激作用，可通过皮肤及呼吸道引起中毒，导致呼吸困难、昏迷、休克等，高含量氨甚至可引起反射性呼吸停止。

5. TVOC

挥发性有机化合物（VOC）作为其中一类室内空气污染物，由于它们单独的浓度低，但种类多，一般不予逐个分别表示，以 TVOC 表示其总量。室内建筑和装饰材料是空气中 TVOC 的主要来源。VOC 对人体健康影响主要是刺激眼睛和呼吸道、皮肤过敏，使人产生头痛、咽痛与乏力。

室内空气污染和室外空气污染密切相关。近年来室内空气品质变差的部分原因就是因为室外大气污染日益严重，因此对室外空气污染有必要了解。室外主要空气污染物及其危害列于表3-3。

室内空气品质相关的室外大气污染物简介　　　　表 3-3

污染源	污染源	对人体健康的主要危害
工业污染物	NO_x、SO_x、TSP（总悬浮颗粒物）	呼吸病、心肺病和氟骨病
交通道路污染源	CO、HC（碳氢有机物）	脑血管
光化学反应	O_3	破坏深部呼吸道
植物	花粉、孢子和萜类化合物	哮喘、皮疹、皮炎和其他过敏反应
环境中微生物	细菌、真菌和病毒	各类皮肤病、传染病
灰尘	各种颗粒物及附着的菌	呼吸道疾病及某些传染病

室内装饰和装修材料的大量使用也是引起室内空气品质恶化的一个重要原因。据北京市化学物质毒物鉴定中心报道，北京市每年由建材引起的室内污染使中毒人数达万人，因此，对室内常见建材的污染物散发应该引起我们足够的重视。此外，暖通空调系统和室内空气品质也是密切相关的，合理的空调系统应用及其管理能够大大改善室内空气品质，反之也可能产生和加重室内空气污染。家具和办公用品也是室内污染的一个主要污染源。家具所使用的有机漆和一些人工木料（如大芯板），通常会释放一些有机挥发物如甲醛、苯等，另外，打印机、复印机散发的有害颗粒也会威胁人体健康，而目前电脑使用过程中，也会散发多种有害气体，降低人的工作效率。而厨房烹饪使用煤、天然气、液化石油气和煤气等燃料，会产生大量含有 CO、CO_2、NO_x、SO_2 等气体及未完全氧化的烃类、醇、苯并呋喃和颗粒物等。此外还有人体自身由于新陈代谢而产生的各种气味，这些新陈代谢的废弃物主要通过呼出气、大小便、皮肤代谢等带出体外。人体新陈代谢过程中所产生的很多化学物质，其中有 149 种从呼吸道排出，比如二氧化碳、氨、苯、甲苯、苯乙烯氯仿等污染物。有关研究表明，让一个人在门窗紧闭的 $10m^2$ 的房间中看书，3h 后，室内的二氧化碳浓度就增加 3 倍，氨浓度增加 2 倍，由于呼吸而造成的污染在一些密闭的公共场所（比如中小学的教室）比较严重。另外随着呼吸，一些病毒和细菌也会传播，有些直接通过呼吸传播，有些（例如流感病毒、结核杆菌、链球菌等）通过飞沫传播，有些直接通过呼吸传播。其他室内污染的途径是指上述途径之外的一些途径，包括日用化学品污染、人

为污染、饲养宠物带来的污染等，这里不再赘述。

3.4.3　室内空气品质评价

伴随着对室内空气品质研究而发展起来的是室内空气品质的评价。室内空气品质评价是人们认识室内环境的一种科学方法，它是随着人们对室内环境重要性认识不断加深而提出的新概念。由于室内空气品质涉及多学科的知识，它的评价应由建筑技术、建筑设备工程、医学、环境工程、卫生学、社会心理学等多学科的综合研究小组联合工作来完成。当前，室内空气品质评价一般采用量化监测和主观调查相结合的手段进行。其中量化监测是指直接测量室内污染物浓度来客观了解、评价室内空气品质，而主观评价是指利用人的感觉器官进行描述与评判工作。客观评价的依据是人们受到的影响跟各种污染物浓度、种类、作用时间之间的关系，同时还利用了空气龄（air age）、换气效率（air exchange emergency）、通风效能系数（ventilation effectiveness）等概念。由于室内往往是低浓度污染，这些污染物长期作用时对人体的危害还不太清楚，它们影响人体舒适与健康的限值和剂量也不清楚。大量的测试数据表明，室内这些长期低浓度的污染即使在 IAQ 状况恶化、室内人员抱怨频繁时也很少有超标的。另外，室内有成千上万种空气污染同时作用于人体，选择哪种污染物作为客观评价的标准还需进行大量的研究。所以，室内空气品质的客观评价有其局限性。另一方面，人们的反应与其个体特征密切相关，即使在相同的室内环境中，人们也会因所处的精神状态、工作压力、性别等因素不同而产生不同的反应。因此，对室内空气品质的评价必须将上述各种主观因素考虑在内。但人的感觉往往受环境、感情、利益等方面影响，这也会使主观评价出现倾向性。

所以，每种方法都有自身的优点和不足之处。主客观相结合的评价方法主要有三条路径，即客观评价、主观评价和个人背景资料。客观评价就是上面谈到的用各种单项评价指标来评价室内空气品质的方法。主观评价主要是通过对室内人员的问询得到的，即利用人体的感觉器官对环境进行描述和评价，主观评价引用国际通用的主观评价调查表格并结合个人背景资料。主观评价主要归纳为 4 个方面，人对环境的评价表现为居住者和来访者对室内空气不接受率，以及对不佳空气的感受程度，环境对人的影响表现为居住者出现的症状及其程度。最后综合主、客观评价做出结论。根据要求，提出仲裁、咨询或整改对策。相比较而言，室内空气品质的综合评价方法最为全面，能够全面的反映室内空气品质。但是，在实际应用时还应根据实际情况来选用，不同国家地区、不同的人种和不同的政治文化背景应选用不同的评价方法。

3.4.4　室内空气品质标准

室内空气品质问题已经引起一些国家、地区和组织的重视，已经有很多国家和地区制定了相关的标准，具体见表 3-4。

部分国家地区室内空气品质标准指导汇总　　　　　　　　　　　表 3-4

污染物	澳大利亚	加拿大	美国	日本	韩国	新加坡	瑞典
CO（ppm）	9	9	10	10	10		2
CO_2（ppm）	1000	1000	2000	1000	1000	1000	1000

续表

污染物	澳大利亚	加拿大	美国	日本	韩国	新加坡	瑞典
RSP（µg/m³）			150				
TSP（µg/m³）	90			150			
Radon（Bq/m³）	200		200				
甲醛（ppm）	0.1	0.1			0.01		2
NOₓ（ppm）							
O₃（ppm）	0.12				0.05		
TVOC（ppm）	500	5	5				
温度（℃）				17～18	24		
相对湿度（%）			65	40～70	70		
空气流速（m/s）		≤0.2		0.5	0.25		

我国第一部《室内空气质量标准》GB/T 18883—2002，由国家质量监督检验检疫总局、国家环保总局和卫生部共同制定，于2002年11月19日正式发布，2003年3月1日正式实施。《室内空气质量标准》GB/T 18883—2002中的控制项目包括室内空气中与人体健康相关的物理、化学、生物和放射性等污染物控制参数，具体有可吸入颗粒物、甲醛、CO、CO₂、氮氧化物、苯并（α）芘、苯、氨、氡、TVOC、O₃、细菌总数、甲苯等19项指标，具体见表3-5。

室内空气质量标准6种主要控制指标　　　　表3-5

参数	限量	备注	参数	限量	备注
温度（℃）	22～28	夏季空调	甲醛（mg/m³）	0.1	1h均值
	16～24	冬季供暖	苯（mg/m³）	0.11	1h均值
相对湿度（%）	40～80	夏季空调	甲苯（mg/m³）	0.20	1h均值
	30～60	冬季供暖	二甲苯（mg/m³）	0.20	1h均值
空气流速（m/s）	0.3	夏季空调	氡（Bq/m³）	400	年均值
	0.2	冬季供暖	可吸入颗粒（mg/m³）	0.15	日均值
新风量[m³/(h·人)]	30	1h均值	苯并（α）芘（n/m³）	1.0	日均值
二氧化氮（mg/m³）	0.24	1h均值	细菌总数（cfu/m³）	2500	依仪器
一氧化碳（mg/m³）	10	1h均值	臭氧（mg/m³）	0.16	1h均值
二氧化碳（%）	0.10	日均值	总挥发性有机物（mg/m³）	0.60	8h均值
氨（mg/m³）	0.20	1h均值			

2020年1月，住房和城乡建设部制定出台了《民用建筑工程室内环境污染控制标准》GB 50325—2020，自2020年8月1日开始实施。规范要求所有新建、扩建和改建的民用建筑工程及其室内装修工程竣工后均必须进行室内空气相关指标的验收监测，合格后方可使用。《室内装饰装修材料 胶粘剂中有害物质限量》于2008年9月18日颁布，2009年9月1日实施，总共包括10个国标，分别对聚氯乙烯卷材地板、地毯、木家具、胶粘剂、

内墙涂料、溶剂型木漆涂料 10 类室内装饰材料中的有害物质含量或者散发量进行了限制。这项法规便于从源头上控制污染物的散发，改善室内空气质量。

通过对各国现有室内空气质量标准的比较和中国主要标准的对比分析，我们得出以下一些结论：

（1）目前对室内空气品质标准研究由于问题的复杂性导致没有统一认可的标准，即便对某些单一污染物也是这样。从常规颗粒污染物到挥发性有机污染物，其室内浓度限值根据各国的标准都有所不同，其设定不仅考虑科学研究，同时跟各国经济政治等外部条件有关。

（2）某些污染物由于研究比较深入，尽管污染物的限值大多不同，各类标准限值范围仍然趋于一致。存在较大差异的污染物应该成为未来研究关注的重点。

（3）标准是强制型的，准则可以根据具体情况自我调整和约束，条件成熟时可以进一步深入和细化成标准。目前对室内空气品质，由于我们在前面谈到的一些问题的存在，在国家高度上处理都还比较谨慎，大多以准则或指导限值形式出现。

（4）对中国相关标准及研究有借鉴意义。我国目前已经有室内空气品质方面的标准出台，还有部分处于修订阶段，但从实际的角度分析，我国在该方面的研究不够，标准的基础并不牢固，对室内污染物的散发特性和规律研究不足，对实际室内空气污染的状况缺乏全国大范围权威性调查和了解。甲醛是国内外最受关注的室内污染物，许多国家均已制订出了室内甲醛的限量指导值。我国《居室空气中甲醛的卫生标准》GB/T 16127—1995 中规定甲醛的最高容许浓度为 $0.08mg/m^3$，《民用建筑工程室内环境污染控制标准》GB 50325—2020 对甲醛也采用了该值，显然高于其他发达国家的卫生水平，其原因及其是否符合我国现有居民住宅和各类民用建筑的实际情况，这些都值得进一步研究。

（5）国内标准的执行力度还不够，可能造成矛盾的监测结果，标准的制定还有待完善。

（6）标准应该能够分别对待，因地制宜，而不一概选取标准的形式，同样的标准并不能完全解决不同地区或特性的室内空气污染。

总体而言，在大部分范围内，整体上可以用准则的形式给予指导，以逐步提高公众对室内空气质量的意识。沿海地区、发达地区、城区、污染情况严重的，应该采取制定标准的形式加以约束，同时标准应该是建立在共性比较强，或者说外部因素趋于一致的地区内部，其制定工作应该科学严谨细致。

3.4.5　室内空气污染控制方法

污染源控制是指从源头着手，避免或减少污染物的产生，或利用屏障设施隔离污染物，不让其进入室内环境。室内空气污染源控制作为减轻室内空气污染的主要措施具有普遍意义，适宜的污染源控制方法因污染源和污染物性质的不同而异。

（1）避免或减少室内污染源

用无污染或低污染的材料取代高污染材料，以避免或减少室内空气污染物的产生，是最好的室内空气污染控制方法。例如，在铺地板、安装隔声板、加工室内家具时应使用甲醛释放量较少或不含甲醛的原木木材、软木胶合板和装饰板等，而不宜使用刨花板、硬木胶合板、中强度纤维板等含有甲醛的材料；对能产生甲醛的脲醛泡沫塑料以及会产生石棉粉尘的石棉板应停止使用;水基漆释放出的挥发性有机物比油基漆少;沙土透气性强,便于氡气的侵入,而不透气的泥土有利于防止氡污染,所以选择建筑物的地基以泥土为宜。燃料以天然气最清洁,煤的污染最严重;不管何种燃料,燃烧后都会产生污染,使用电炉可以避免燃料燃烧副产物的污染;化妆品、空气清新剂、地板蜡等室内化工用品含有对人体有害的化学成分,应尽量减少在室内使用这些化工用品;吸烟污染室内空气,公共场所应禁止吸烟,家庭住宅内吸烟应在厨房通风设备处。

（2）室内污染源的处理

对已经存在的室内空气污染源,应在搞清污染源特性及其对室内环境影响方式的基础上,采取撤出室内、封闭或隔离等措施,以阻止散发的污染物继续污染室内环境。例如,对于暴露于环境的碎石棉,可通过喷涂密封胶的方法将其严密封闭,其成本远低于彻底清除;对于新的刨花板和硬木胶合板之类会散发大量甲醛的木制品,可在其表面覆盖甲醛吸收剂,这些材料老化后,可涂盖虫胶漆,阻止水分进入树脂,从而抑制甲醛释放;在有霉类污染的建筑物中应清除霉变的建筑、装饰材料和家具陈设;建筑工地临时住房有使用煤炉或煤气炉的,应撤走煤炉、煤气炉。

（3）使用环保型建材

建筑材料和装饰材料是造成室内空气污染的主要原因之一,众多挥发性有机化合物普遍存在于各类建筑、装饰材料中。另一方面,由于空调设备的大量使用,导致室内外的空气交换量大大减少,建筑、装饰材料释放出的污染物因不能及时排至室外而大量积聚在室内,造成室内空气更严重的污染。因此,使用环保型建材不失为减少室内空气污染,提高室内空气质量的一种最根本的途径。环保型建材也称绿色建材。目前,国内外已先后研制、开发成功的绿色建材有保健型瓷砖、可调节室内湿度的壁砖、可保持室内最佳湿度的新型墙体材料、可净化空气的预制板、除臭涂料、抗菌自洁玻璃、能吸收氮氧化物的涂料、生态空心砖等。例如,日本一家公司研制的环保型瓷砖,能抑制杂菌的繁殖,防止霉变的发生;日本另一家公司研发的抗菌自洁玻璃,能够杀死大多数病菌和病毒,同时能把许多有害物质以及油污等有机污染物分解成氢和二氧化碳,并且它还可以消防室内的臭味、烟味和人体异味,从而实现了室内消毒和玻璃表面的自清洁;我国研制的一种新型石膏板装饰材料,能在沿海湿热带气候条件下,受潮不发生霉变,吸水后板面不变形。

（4）室内通风换气

通风就是借助自然作用力或机械作用力将室内的污浊空气排至室外,同时将室外的新鲜空气送入室内。前者称为排风,后者称为送风。按照工作动力的差异,通风方法可分为自然通风和机械通风。前者是利用室外风力造成的风压或室内外温差造成的热压进行通风换气,而后者则依靠机械动力进行通风换气。与机械通风相比,自然通风更经济、节能,因此对于室内空气温度、湿度、清洁度和气流速度均无严格要求的场所,在条件许可时,应优先考虑采用自然通风。按照通风换气所涉及的范围不同,通风方法又可分为局部通风和全面通风。局部通风只作用于室内局部位置,而全面通风则是对整个室内空间进行通风换气。具体采用哪种通风方法,要根据污染物发生源的大小、污染物的种类和数量的多少来决定。由于全面通风所需的风量与设备都远大于局部通风,因此只有当局部通风不能满足要求时,才采用全面通风的方法。加强通风换气,用室外新鲜空气来稀释室内空气污染物,使其浓度降低,是改善室内空气质量的一种方便、快捷的方法。

（5）室内空气净化

室内空气净化是指借助特定的净化设备收集室内空气污染物，将其净化后循环回到室内或排至室外。为了使空气不受污染，保护操作工人和周围居民的身心健康，空气净化被广泛应用于控制工业污染源产生的空气污染物。对于居室、办公室等民用建筑室内场所，在经济条件许可的情况下，也可使用空气净化器。在采用暖通空调系统的建筑物内，使用空气净化器也是最节约能源的空气净化方法之一，因为采取增加新风量的办法来改善室内空气质量，需要将室外进来的空气加热或冷却至室温从而耗费大量资源。空气净化器常用的技术包括过滤、净化、吸附、催化、等离子体、负离子、增湿等，目前使用的空气净化器都不是采用某个单一的技术手段，而是针对所需去除污染物的种类，采用对以上各种技术进行优化组合的复合式技术手段。

（6）经济有效、简便易行的控制措施

为了便于人们普通掌握室内空气污染的控制方法，使室内空气的质量能够得到切实改善，综上所述，可以归纳为下述几种经济有效、简便易行的污染控制措施。对于新建的建筑物，应采用简单的室内装饰，地面可铺设地砖，顶棚不做吊顶，和墙面一样只做粉刷并使用水性漆，装饰材料尽量选择正规品牌厂家的环保材料；新装修的楼房，应至少开窗通风 3 ~ 5 个月后方可入住；烹饪首选有营养、无油烟的制作方法，尽量少做油炸、爆炒或油煎的食物；房间内一年四季都要注意打开门窗通风换气；床上用品要勤换勤洗勤晒；少用地板蜡、空气清新剂、杀虫剂，尤其是使用杀虫剂的时候人要远离封闭的房间，杀虫结束后要开窗通风至没有异味方可进入室内；合理使用电器；不在室内吸烟；室内养花育草。

思 考 题

1. 室内热环境的组成要素有哪些？
2. 室内热环境的评价方法有哪些？
3. 人工照明、自然采光在进行室内照明的组织设计时必须考虑哪几方面的因素？
4. 灯具的布置有哪些要求？
5. 好的音质场所设计应满足哪些要求？
6. 城市噪声的来源有哪些？
7. 噪声会对人体造成怎样的影响？
8. 影响室内空气品质的污染途径有哪些？
9. 当前，一般采用什么手段来对室内空气品质进行评价？
10. 控制室内空气污染的方法有哪些？

参 考 文 献

[1] 陆耀庆. 实用供热空调设计手册 [S]. 北京：中国建筑工业出版社，2008

[2] 赵荣义等. 简明空调设计手册 [S]. 北京：中国建筑工业出版社，1998

[3] 柳孝图，林其标，沈天行. 人与物理环境 [M]. 北京：中国建筑工业出版社，1994

[4] 柳孝图. 建筑物理 [M]. 北京：中国建筑工业出版社，1991

［5］詹庆旋. 建筑光环境［M］. 北京：清华大学出版社，1988

［6］庞蕴凡. 视觉与照明［M］. 北京：中国铁道出版社，1985

［7］马大猷. 环境声学［M］. 北京：科学出版社，1983

［8］马大猷. 噪声控制学［M］. 北京：科学出版社，1987

［9］曹守仁. 室内空气污染与测定方法［M］. 北京：中国科学环境出版社，1998

［10］（英）D. A. 麦金太尔. 室内气候［M］. 龙惟定译. 上海：上海科学技术出版社，1998

［11］宋广生. 室内空气质量标准解读［M］. 北京：机械工业出版社，2003

［12］何天祺等. 供暖通风与空气调节［M］. 重庆：重庆大学出版社，2003

［13］吴忠标，赵伟荣. 室内空气污染及净化技术［M］. 北京：化学工业出版社，2005

［14］史德，苏广和. 室内空气质量对人体健康的影响［M］. 北京：中国环境科学出版社，2005

［15］王昭俊，赵加宁，刘京. 室内空气环境［M］. 北京：化学工业出版社，2006

［16］李先庭，石文星. 人工环境学［M］. 北京：中国建筑工业出版社，2006

［17］周中平，赵寿堂，朱立. 室内污染检测与控制［M］. 北京：化学工业出版社，2003.

［18］崔九思. 室内空气污染监测方法［M］. 北京：化学工业出版社，2002.

［19］徐东群. 居住环境空气污染与健康［M］. 北京：化学工业出版社，2005.

［20］方淑荣. 环境科学概论［M］. 北京：清华大学出版社，2011

［21］赵荣义. 太阳辐射对建筑物自然通风的影响［A］. 南方建筑降温论文集［C］. 北京：中国建筑工业出版社，1959. 23-25。

［22］赵荣义等. 空气调节［M］. 北京：中国建筑工业出版社，1994.

［23］凌均成，室内空气品质研究现状与发展［J］. 南华大学学报，2002，16（2）：26. 29

［24］马哲树，姚寿广，室内空气品质的CFD评价方法［J］. 华东船舶工业学院学报，2003，l7（2）：84. 87

［25］束永保，室内空气品质研究现状及进展［J］. 制冷与空调，2004（3）

［26］李景广，我国室内空气质量标准体系建设的思考［J］，建筑科学 2010（4）

［27］余晓琼，室内空气品质问题探讨及改善［J］，山西建筑 2009（2）

第4章　可持续城市的相关规划设计

4.1　可持续城市

4.1.1　可持续城市的定义及标准

（1）可持续城市的定义：是指经济增长、社会公平，具有更高的生活质量和更好的环境的城市，在这个城市里，社会、经济和物质都以可持续的方式发展，根据其发展需求有可持续的自然资源供给（仅在可持续产出的水平上使用资源），对于可能威胁到发展的环境危害有可持续的安全保障（仅考虑到可接受的风险）。

（2）可持续城市的标准。

1）减少对水和空气的污染，减少具有破坏性的气体产生和排放。

2）减少能源和水资源的消耗。

3）鼓励生物资源和其他自然资源的保护。

4）鼓励个人作为消费者承担生态责任。

5）鼓励工商业采用生态友好技术，开发销售生态友好产品。

6）鼓励减少不必要出行的城市交通，提供必要的公共设施。

4.1.2　可持续城市的目标及内涵

1. 可持续城市的目标

可持续城市要有生态的可承受性，经济的运转能力，社会结构的可使用性。可持续城市从资源角度必须合理利用本身资源，寻求友好的使用过程，注重使用效率，保持资源及其开发利用的平衡；从环境角度，公众不断努力提高社区及区域的自然人文环境；从经济角度，在可持续过程中，城市系统和结构功能相互协调，均衡分布工业、农业、交通等城市活动，促使城市新的结构和功能与原有功能结构及其内部和谐一致；从社会角度，追求一个人类相互交流信息，传播和文化极大发展的城市。

联合国《21世纪议程》关于城市可持续发展的总目标就是改善城市、社会、经济环境和所有人的生活质量和工作环境发展的重要领域。

《中国21世纪议程》指出我国可持续城市的目标是：建设规划布局合理、配套设施齐全、有利工作、方便生活、住区环境清洁优美、安静，居住条件舒适的城市。

2. 可持续城市的内涵

可持续城市的内涵是指改善城市生活质量，包括生态、文化、政治、机制、社会和经济等方面，而不给后代遗留负担的城市发展模式。

4.1.3 可持续城市的发展历程

可持续城市是随着可持续发展的概念提出而发展起来的。1991 年联合国人居署和联合国环境署在全球范围内提出并推行了"可持续城市发展计划"（sustainable cities program），1994 年欧盟发起了"欧洲可持续城镇计划"（European sustainable cities and towns campaign），此后，很多国际组织和国家政府开展了一系列内容相近的"可持续社区"（sustainable community）实施计划。1996 年在土耳其伊斯坦布尔召开的第二届联合国人类住区会议中首次出现可持续城市的官方提法，此后，国际上与可持续城市相关的会议、项目及举措层出不穷。近年来，一系列国际会议的举办，如 2000 年的 21 世纪城市论坛以及联合国千年高峰会，2002 年世界可持续发展峰会及世界城市论坛系列的启动，2005 年世界峰会等，将城市可持续发展运动推向了顶峰。

4.1.4 目前我国城市发展的情况

城市是人类活动的主要场所，积聚了一定地域范围内的物质、资金、技术，逐渐演变为经济活动中心。城市发展是一个比较复杂的过程，包含了自然、经济、社会等各方面要素彼此消长的过程，中国城市化发展迅速，城市规模增大，无序扩张带来一系列问题，环境恶化、交通拥挤、污染严重、土地资源浪费、水资源匮乏、能源需求、城市内涝等等。发展不仅限于增长，持续更不是停顿。持续有赖于发展，发展才能持续。为可持续发展要采取新的途径，在发展经济的同时实现环境保护，达到经济效益、环境效益和社会效益的统一。只有城市走上可持续发展之路，国家和全球才有可能持续发展。

传统的城市规划：预测人口和经济发展趋势和规模，确定城市性质，然后根据国家规定的人均用地指标，确定城市的各类土地利用和基础设施规模，进行城市的空间布局。忽略了对城市社会、经济、环境的协调发展的综合考虑。注重短期效益，轻视长期效益，导致环境基础设施建设滞后；重新建，轻维护，导致投入产出效率降低；缺乏统一规划，导致基础设施布局失衡，综合协调能力差。

城市的发展不能单纯以追求 GDP 经济增长，以破坏资源和环境，提高生活成本为代价，要实现经济、资源、环境、人的和谐发展。城市的可持续发展体现在自然资源和生态环境的可持续发展，经济的可持续发展，社会的可持续发展。生态持续是基础，经济持续是条件，社会持续是目的。在合理利用资源环境的基础上，实现经济的持续增长，保证社会、人的发展。

城市的可持续发展是一个城市不断追求其内在的自然潜力得以实现的过程，其目的是建立一个以生存容量为基础的绿色花园城市。城市要想可持续发展，必须合理地利用其本身的资源，寻求一个友好的使用过程，并注重其中的使用效率，不仅为当代人着想，同时也为后代人着想。

4.1.5 可持续城市面临的挑战

1. 资源约束对可持续城市化的挑战

土地资源约束。我国是土地资源相对贫乏国家，且地貌复杂，山地、高原多，平原少。在土地资源总量中，农用地指数不及 55%，垦殖指数只有 10%，均低于世界平均水平；沙漠、石山等面积较大，道路、居民点等就占据了国土面积的 20%；草地数量虽然较多，但可利用面积不到 75%。

水资源约束。我国人均占有水量为世界的 1/4，是联合国列出的 13 个严重贫水国家之一。目前，全国有 2/3 的城市缺水。我国的水资源约束突出表现为缺水、污水、洪水的问题，统计显示，在全国七大流域的 197 条河流 407 个河流断面中，一到三类水质占49.9%，四、五类占 26.5%，劣五类占 23.6%。全国七大水系的水质，除珠江、长江总体水质良好外，松花江为轻度污染，黄河、淮河为中度污染，辽河、海河为重度污染。9 大湖泊中的 7 个，水质均已为五类和劣五类。

2. 城市空气污染对可持续城市化的挑战

加拿大科学家根据美国国家航空航天局（NASA）的卫星数据，绘制了一幅2001 ～ 2006 年全球空气颗粒物污染情况图，结论：北非和中国的华北、华东、华中处于红色程度最深的区域，表明这里的颗粒物浓度是最高的。

3. 城市发展规划缺失对可持续城市化的挑战

2006 年，全球规划师联盟旗下的 13 个国家级规划组织签署《温哥华宣言》，呼吁世界各地的规划界专业人士携手应对快速城市化、城市贫困化、气候变化和自然灾害带来的挑战。《温哥华宣言》做出预测，"2002 年，全世界有 30% 的城市人口生活在贫困之中，从目前的趋势来看，到 2020 年这个数字将变为 45% ～ 50%"从城市发展规划的理论和实践来看，拥有独特风格、辉煌建筑艺术的城市，都源自它们对城市发展整体规划的重视。规划首先是理念的规划，科学的理念（对城市本质、特色、演变规律和未来的展望、理想追求）是洞察城市历史，规划城市现在与未来，激发城市活力，展示城市魅力的基础。

我国现代城市发展中规划缺失的表现有三：一是重城市物质形态规划（即重城市工业、商业、楼宇等的布局和建设），轻城市经济、政治、文化、社会规划研究，以至我国城市建设中的"标志性"建筑、百城一面、欧陆风情、"政绩工程"等短期行为一直难以避免。二是重项目建设规划，轻发展战略规划。城市的发展规划（如文化发展规划）处于圈定在哪里建剧场、艺术中心，哪里建城市地标性建筑的状态，而缺少对该城市 30 年、50 年以至 100 年以后发展战略的运筹。结果，建成没几年的新建筑物就因妨碍更新的规划而拆除。三是重地面建筑设施规划布局，轻地下基础设施规划，以至一下大暴雨，就会发生道路、街巷被水淹现象，这与世界上规划先进城市的地下设施建设水平差距很大。

4. 城市公共空间缺失对可持续城市化的挑战

城市公共空间是都市人共同生活、互相交往和活动的共享空间，是与市民公共生活息息相关的场所。近年来，在我国城市快速发展中，公共空间的缺失表现为三个方面：一是城市化进程中农民的失地、失业、失居现象；二是城市扩展过程中，伴随着社会阶层的分化而出现的区域化、间隔化呈相对固化的走势；三是贫富差距矛盾突出。

5. 城市交通拥堵对可持续城市化的挑战

越来越严重的拥堵，是中国快速走向城市化所面临的空间冲突、资源短缺和环境污染等一系列问题的缩影。在拥有近 500 万辆汽车的北京，交通拥堵已司空见惯。不只是北京，上海、广州、武汉、西安、长沙等城市也深陷"堵城"困局。客观原因：北京市中心区轨道交通线网总长度和密度远远低于伦敦、巴黎、纽约、东京等国际大都市。更重要的是，北京人均道路面积相当低——2008 年北京市人均道路面积只有 $6.2m^2$，而几个国际大

城市都达到了 $10.7m^2$ 甚至 $28m^2$。主观原因：城市规划的预见性不足，城市产业布局失衡，埋下交通拥堵的"隐患"，而当实际的拥堵问题出现后，再去对已有规划进行改良，结果只能是"事倍功半"。交通问题不仅是交通规划问题，更是城市总体规划布局以及城市公共资源到底为谁服务的问题。城市规划被喻为城市第一资源，规划的失误将带来建设的失误，而建设的失误往往难以弥补。城市交通状况日益恶化的局面也给政府提出新的命题，在城市重要资源布局之初，必须经过严格的交通环境评价，以确保其设置的科学性。

6. 城市人口增长对可持续城市化的挑战

中国的城市人口随着城市化的深入快速增长。北京市的常住人口原估计要到 2015 年左右才达到 1800 万人，但 2009 年就已达到 1850 万人左右；上海市的常住人口 2008 年达到 1858 万人，2010 年达到 2000 万人；广州市的城镇人口从 2005 年的 601 万人增加到 1040 万人，2010 年达到 1290 万人；深圳市 2005 年提出到 2010 年人口 750 万人，上限 1000 万人，但是，到 2009 年常住人口已达到 1300 万人。城市人口增长过快，除了带来城市交通堵塞、居住条件差、就业困难、贫富分化之外，还有可能带来农村耕地面积缩小、粮食短缺等矛盾；同时，城市人口过度增长，会因呼吸、燃烧、工业发展等使排入大气的 CO_2（二氧化碳）、NO_X（氮氧化物）、SO_2（二氧化硫）增加，引起酸雨和光化学烟雾、温室效应等发生，中国的可持续城市化面临越来越严峻的人口压力和挑战。

7. 城市的"资本化"驱动对可持续城市化的挑战

2000 年以后，以"土地资本化"为主要驱动力的中国的城市化，日益演变成为各级政府的"土地财政"。一些地方政府不仅越来越依赖出让土地使用权的收入来维持地方财政支出，而且还能获取包括建筑业、房地产业等营业税为主的财政预算收入，这些收入全部归地方支配，使各级政府日益驾轻就熟地按照"征地—卖地—收税收费—抵押—再征地"的模式，拓展城市空间，推动城市化。这一以"土地财政"为核心的城市"资本化"驱动，凸显了四大悖论。

（1）导致可持续城市化的"目的悖论"。城市化、可持续城市化的目的是"城市，让生活更美好"，是为了让全体市民享受城市发展、城市繁荣带来的生活水平提高和生活质量改善。但是，试图通过"土地财政"来解决城市化、城镇化资金不足，进而实现城市繁荣、城市发展目的的城市化，实际效果是：在持续升温的"卖地"为民、"卖地"为城市发展、"以地生财"的目标追求中，手段成为目的。近 10 年来，各地土地出让金收入在地方财政收入中比重不断提升。中国指数研究院的监测显示，2010 年，120 个城市土地出让金同比增加 50%，达到 18814.4 亿元，创历史新高。这种透支后代人土地资源的"寅吃卯粮"的促进城市化的方式，居民不仅难以享受到城市繁荣、城市发展带来的实惠，反而因买房压力越来越大而感到生活压力越来越大，幸福感也随之下降。显然，手段（卖地——获取城市化资金）与目的（获取城市化资金——公共服务最大化，居民生活水平提高）的关系被颠倒、被扭曲了。

（2）导致可持续城市化的"经济悖论"。第一，土地资本扩张加剧土地稀缺，设置了自身扩张的空间障碍。马克思说过，劳动力是资本的轻步兵，资本按自己的需要把他们时而调到这里，时而调到那里。但城市空间功能的分割使劳动者居住地和工作地趋向远端化，居住和通勤成本的增加加大了劳动者的流动障碍，也挤压了劳动者知识和技术结构优化的空间和时间。这样，资本扩张的要素需求，不仅可能面对数量的减少，也将遭受质量的下降。第二，"土地财政"（土地资本）增加了资本的成本。不仅由于城市土地租金价格日益昂贵，自然资源稀缺，以及由交通运输问题带来额外成本，而且，土地的稀缺性和既有分布，使得"寻租"行为广泛存在，成为腐败高发的重要诱因，从而直接或间接地增加资本的成本。第三，"土地财政"（土地资本）影响了产业结构调整，加剧了产能过剩。政府掌握的大量资金投向哪里，对产业结构的变化有重要的引导作用。多年来，地方政府的土地出让收入主要投向城市建设，刺激了建筑业、房地产业的繁荣，带动了建材、民用电器、民用五金、民用化工等产业的发展，使这些低端产业生产能力严重过剩。这条产业链的过度发展占用了大量社会资源，与中央加快转变经济发展方式的方针背道而驰。

（3）导致可持续城市化的"社会悖论"。"社会悖论"集中表现在三个方面：一是在"土地财政"模式下，难免产生高价地进而产生高价房，有悖于国有土地为全民所有这一基本属性；二是在高价地、高价房的推动下，会导致住房不断向富人、富裕家庭集中，大多数市民获得住房的能力减弱、机会减少，有损社会公平；三是城市过度扩张过程中出现的区域化、间隔化，使弱势群体难以享受教育、医疗、环境等优质公共资源。也就是说，与城市社会阶层的分化相对应，城市的空间资源也被等级化。

（4）导致可持续城市化的"生态悖论"。过度的"土地财政"引发了资本无限制的扩张欲望，城市空间、人口规模跟随着资本扩张而激增，自然资源尤其是不可再生能源日趋紧缺。与此同时，越来越多的自然资源被土地财政、土地资本"机器"吞噬，变成废气、废水和垃圾，危害生态环境，恶化生存环境。破解"土地财政"（土地资本）驱动城市化的重要路径选择是：组建"土地资本国资委"，改革集土地管理与土地经营于一身的行政体制，分离政府经营土地的职能，有效评估与监控"土地资本化"的规范运作；同时允许农民的"集体土地""私有土地"进入城市土地市场，通过市场机制运作，相关的收入可用于保障已变为市民的农民的长远生计，保障农民能真正得益；同时也有助于从源头上抑制土地财政的片面增长，化解社会矛盾，促进可持续城市化。

8. 城乡二元结构对可持续城市化的挑战

中国现有农村人口是城市人口的 2.25 倍左右，城乡二元结构矛盾依然突出，新的"双重二元结构"又在生成。在城市化、现代化成为世界普遍追求的情况下，已纳入全球化进程的中国的城市化，要不要降低城市化的速度？如何通过"可持续城市化""城市可持续现代化"，破解城乡二元结构，实现全面小康？"十二五"时期，中国要破解城乡二元结构，必须以解决进城务工人员的市民化为突破，统筹大中小城市发展。

第一，从"十二五"时期开始起步，用 20 年时间解决中国"半城市化"（土地城市化明显快于人口城市化）的问题。也就是说，今后 20 年，中国需要重点解决 3 亿～4 亿进城务工人员的市民化问题。"十二五"时期面临重要机遇，已经具备"让进城务工人员成为历史"的基本条件，进城务工人员市民化应该在短期内有实质性进展。但是，"让进城务工人员成为历史"有几个关键性问题。一是进城务工人员市民化需要身份和待遇的市民化。进城务工人员市民化不仅仅需要身份的市民化，更重要的是生活和待遇的市民化。与户籍身份改变相比，获得市民待遇更为重要、更有实质意义。现在全国已经有 14 个省市宣布没有农业和非农业户口之分了，但是进城的农民待遇没有变。结果，在城市里又构筑起一个新的城乡"双重二元结构"。因此改变教育、社会保障等一系列待遇更为重要，使户籍制度本身像计划经济时期的粮票一样自然消亡。二是不能以土地换社保，不能以土地换进城务工人员的市民化。农地换社保虽是一条路径，但存在一定的法律问题。因为农民的土地权利是一种财产权利，受法律保护，是可以继承的；而社保本身不是财产权利，它是政府对公民提供的福利，同时也不能继承；社保和土地两者之间不是一个同等、同质的东西，不能互换。三是进城务工人员市民化的实质是城乡制度统一。实现就业制度、基本养老制度、公共教育制度、住房保障制度、公共医疗制度等方面的统一，使进城务工人员享有与城市居民同等的权利和待遇。

第二，低成本发展小城镇。我国城镇化存在的问题和发展的目标决定了我们要走中国特色的城镇化道路。什么是中国特色？如何避免"空城"的出现？参照国际经验，城镇发展的目的是解决人口转移，在此过程中必须经历一个低成本的发展期，纽约、旧金山等大城市，在过去的发展中都经历了外来人口以较低成本进城的阶段。重点发展中小城市和小城镇应是我国城镇化的主要方向，可以重点在大城市郊区选择一部分进城务工人员集中居住的小城镇，改善基础设施，把市政工程设施和公共服务网点向进城务工人员居住密度较高的小城镇和村庄延伸，从而降低进城务工人员的生活居住成本。上海宝山区罗店镇的开发或许为中小城镇开发建立了模板。在短时间里，罗店镇从遍布猪棚、牛圈和农田的 $6.8km^2$ 的郊区小镇蜕变为沪上独具风情的宜居新镇。在新镇规划建设上，罗店镇突出"营造城市"的理念，将民居、现代服务业和生态景观"三位一体"有机结合，围绕占地 280 亩的美兰湖，重新布局公共服务体系和产业格局，打造休闲旅游、会务会展、商业等现代服务产业。罗店镇集约式的整体开发模式走出了一条低成本发展小城镇、破解城乡二元结构的新路。

4.1.6 可持续城市规划设计遵循的主要原则

1. 尊重自然的原则

城市的自然环境是城市赖以生存的基础，又往往是城市发展的制约因素。城市的地形地貌、城市的水源容量、城市的地质分布状态、城市的植被条件以及城市的气候特征等因素，都是影响城市规划非常重要的限制性条件。可持续发展的城市规划，在综合考虑城市功能的前提下，必须慎重考虑这些自然条件。宜山则山，宜水则水，宜建则筑，宜林则植。

设计结合自然应该是城市规划设计的最高境界，也是彰显城市的特色的主要设计手段之一。对于这点，规划师与城市管理者必须有清醒的认识。山地城市、湖畔城市、海滨城市、沿江城市、水乡城市、平原城市、高原城市等等都是自然环境与城市建设有机结合的结果。设计结合自然也是城市建设最经济方法，更是对自然生态环境影响最小的方法，是可持续发展的城市规划首要的原则。

2. 以人为本的原则

认识城市的主体，营造城市的目的在于有利于人的工作、方便的生活。因此，城市规划一定是以人的需求为最终目标。在人与城市的关系问题上，是努力营造适宜人类生活的城市，还是改造人的意志去适应机器般的城市，这是我们城市规划设计师考虑城市问题的原点。可持续发展的城市规划一定是以人为本思想基础之上的城市规划。

城市规划中以人为本的思想应该客观的反映在规划设计的各个层面上。在区域规划中，应该统筹安排好各类自然、环境、物质、财富、社会资源和空间领域，为城市发展创造尽可能好的外部环境和互动系统。在城市总体规划中，在安排各种功能区域、城市基础设施布局以及城市公共设施的布局方面，要以方便人的活动为前提。在控制性详细规划中，各种颜色的控制线、容积率、建筑密度、绿化率以及各种技术指标，也一定是以最大限度的创造适宜人的工作与生活环境为目标的。在修建性详细规划中，组织好各种流线，安排好各类场地，解决各类功能问题，充分体现环境对人的关怀。在城市设计中，更应该以人的尺度为基础，对城市形体环境进行艺术创造。

3. 适度高效的原则

"适度"的概念是针对"过度"概念而提出来的，凡事都应该有个度，超过了一定的限度，事物就发生了变化。城市规划由于前瞻性的要求，对很多问题的考虑都应该有一定的超前性。为适应机动车不断发展的需求，马路适当宽一些或为未来发展留有余地是应该的，但无原则的"大马路"却是不应该的；为满足市民活动安排一定的广场与休闲活动场地是应该的，但为彰显政绩空旷的"大广场"则是不应该的；为改善城市生态环境、结合自然安排适当的水体与绿色是应该的，但不顾地形地貌及气候状况搞"大水面""大草坪"那是不应该的。这种"度"的把握，充分反映规划师的专业素质。

"高效"是一个经济的概念。城市各部门的经济活动和代谢过程是城市生存与发展的活力与命脉，也是搞好城市可持续发展规划的物质基础。因此，城市的各种物质空间的布局应充分考虑好他们之间的联系与互动，使城市各种活动高效运作。高效的城市交通系统，高效的能源供应系统，高效的城市废弃物的处理系统，高效的城市公共服务系统，高效的城市生活保障系统等，这一系列高效率系统形成高效率的城市。

4. 社会和谐的原则

社会和谐原则又称社会生态原则。这一原则存在的理论前提在于城市是人类集聚的产物，是人性的产物，人的社会行为及观念是城市进化与发展的原动力。一个城市和谐美好，城市才有可能不断发展。城市规划应在创造社会和谐城市中发挥它应有的作用。具体体现在如下两个方面：其一，城市面前人人平等。城市是全体人的城市，生活在城市里的居民无论贫富贵贱，不论正常人还是残疾人，在人格上是平等的。我们的城市建设中"高尚社区""贵族家园""经济适用房""拆迁安置区"等这类人为的按经济条件划分城市阶级的做法值得商榷。对无障碍设施设计管理以及社会弱势群体服务设施建设的冷漠也应该反思。

5. 复合共生的原则

由于城市乃至某个区域是一个非常复杂而又庞大的系统，系统的优化是系统良性运转的基础。城市系统包括城市的生态系统、城市的经济系统、城市的文化系统、城市的物质循环系统等等。创造一个有利于各种系统良性运转、互相促进，是城市稳定、健康、快速发展的必要条件。按系统论的原理，任何一个子系统出现问题都会导致整个系统的失灵。因此，城市规划有必要综合考虑和研究各种系统的特点与他们之间的互动关系，努力在城市物质形态空间的布局方面为城市各系统复合共生创造条件，营造一个和谐、美好、可持续发展的城市。

4.1.7　可持续城市规划的基本思想

可持续城市规划的基本思想就是在城市发展的过程中以可持续理念为出发点，满足经济、社会和环境保护的共同协调发展，形成一种相互平衡和健康的局面。可持续城市规划无意去全盘否定传统的城市规划理论，而是对其进行继承并注入新的全局和协调的观点，改变其局限性。

　　尽管可持续城市是一个复杂的概念，但其基本法则有：减少资源和能源的输入，这是出发点；减少污染和废物；尽量的循环使用；尽量使用当地资源；尽量使用已经具备的城市设施，减少资源的消耗；保护自然环境，创造宜人的城市空间。这一系列问题，通过规划技术手段采用以及技术的进步，至少可以得到有效的缓解。

4.1.8　可持续城市基础设施规划设计目标

　　符合可持续城市的基础设施规划建设的主要目的是满足城市物流、人流、能流、信息流的高效率运转，同时减少对自然资源尤其是不可再生资源的消耗，避免对生态环境的破坏，而这与城市空间结构、土地利用以及各项城市基础设施系统合理规划和建设相关。这里的城市基础设施系统主要是指道路交通系统、给水排水系统、能源系统、固体废弃物处理系统等。

1. 合理的城市形态

（1）稳固的空间结构

　　城市的规模，依照城市经济学的边际理论，理论上的最优城市规模是建立在边际成本等于边际效益的基础上的，边际成本指的是新增加一个城市居民所带来的成本，包括交通拥挤、环境恶化、城市基础设施压力、住房紧张、资源压力等负面影响。边际效益指的是新增加一个城市居民所带来的城市效益，这个效益主要通过城市的聚集效益来体现。但是很难计算清楚。城市空间结构与城市基础设施不协调的城市，其发展降低了城市基础设施的利用率，城市蛙跳式的发展增加了城市居民的交通成本和地方政府的基础设施建设的负担，减少了单位道路长度的人口承载量，减少道路的利用率。目前，大多数城市在短视的经济效益的影响下，以房地产开发为导向的城市无序扩张使城市空间结构对城市基础设施需求影响很大，一方面降低了基础设施的使用效率，另一方面增加了政府在城市基础设施上的投资。房地产开发商是以利益为驱动的，他们基本上不考虑房地产项目对城市基础设施和城市交通的任何影响，然而开发项目直接决定了城市人口和就业的布局，影响了城市空间结构。

（2）适当的高密度

　　城市的密度决定了基础设施的可维持性，紧凑和高度集中的城市减少了交通成本，交易成本，减少了交通系统建设的成本。例如大卫·洛克认为，住宅区的三个级别，750～1000户：能够维持小学，但不能维持工作、公共交通和其他的便利设施，对小汽车的依赖程度非常高；3000～5000户，能够维持中学，一些工作及便利设施，但没有大到足以为其他人口提供各种服务或者认为自给自足的程度；10000户，人口25000～30000人的住宅区，被视为可持续住宅区的开端，能够提供非常大量的工作、服务和便利设施，并支持良好的公共交通服务，因此减少了出行的需要，降低了对汽车的依赖。另外，一般可以认为，多数人日常3h的单向交通时间和城市的基本尺度具有相关性，按每天平均日照时间8h计算，在极端不利的情况下，极大值的单程各3h即来回总计6h以内的交通时间大体可以保证2h的办一件事的时间，否则城市的聚集效益就根本无法体现。因此过于分散的城市居住区无法维持可以提供良好服务的基础设施。

2. 混合利用的土地利用模式

　　城市基础设施系统是城市正常生产和生活的保证，是物流、人流、能流和信息流的主要载体，通过它城市才得以运转。城市正是通过城市基础设施而联系起来成为一个相互协调、有机联系的整体，特别是道路交通系统与土地利用方式是紧密联系的，互为条件的。土地利用方式决定道路交通模式，而道路交通模式又反过来影响土地利用方式。而恰恰，城市基础设施（包括交通）的发展与土地利用规划和发展的脱节是过去20年中国城市的快速发展最显著的特点，造成城市交通拥挤和带来严重的环境问题。土地的混合使用，是减少交通成本的有效途径。理论上讲，用最短的交通距离使每一个就业机会都接近每一个城市就业人口，使每一个城市就业人口都接近城市所有的就业机会，是城市可持续发展的前提之一。未来城市发展的方向应该是多功能的混合型城市，西欧的一些大城市的调查表明，城市功能分区的现象已经被打破，目前城市的发展趋势是居住和工作的混合。在今天工业噪声和污染大大减少和严格控制的情况下，居住和工作可以重新被安排在一起，以避免不必要的交通需求。例如，以绿色企业为基础的可持续制造业可以分布在社区，包括生活污水的处理，太阳能或集中供热分布商、再循环公司、维修公司等，而且这些工厂是当地人创造就业的重要途径，推动与公共交通系统相一致的城市土地利用空间模式是最有效地实现城市土地可持续利用的方法，具体做法就是将紧缩的土地利用模式与高容量的公共交通匹配。公共交通导向的土地发展是一种城市各种土地利用类型混合使用的模式，它以交通站点为区域焦点，创造一个步行的社区环境，并减少对小汽车的依赖。因此，我们必须纠正现在规划和建设城市的方法，即那种依据人口规模和土地需求来推算规模和扩张的城市，然后再通过强固城市防御体系来对抗自然灾难的方法。而应该完全反过来，即：根据自然的过程和留给人类的安全空间来适应性地选择我们的栖息地，来确定我们的城市形态和格局（俞孔坚，2005）。可持续的城市必须具备合适的城市结构，科学、谨慎地利用土地资源。

3. 高效率、节能、低污染的道路交通体系

在城市规划中，可持续发展的理念首先体现在交通体系上。交通所需能源的多少直接影响到城市的生态环境和可持续发展，据统计，欧洲城市能源的消耗25%用于交通，空气中二氧化碳的排放量23%来源于交通。目前，中国城市交通问题非常突出，主要表现在交通拥挤、污染严重、效率低下、各种交通方式之间难以形成良好的协作关系等，这些问题制约了城市可持续发展。现在的城市交通组织管理仍然延续传统的发展模式，即城市道路建设与交通组织管理以尽量满足机动车，特别是小汽车的需要为主要的目标，而对其他的交通方式的关注较少，尽管城市道路面积和通行能力在不断的增加，但仍然跟不上汽车数量增长的需求，城市交通系统的压力巨大，难以为继。其次，城市交通系统是一项占地较多的线性构筑物，一味地增加道路面积以满足汽车的增长将占用有限的土地资源，并对自然生态系统造成破坏。另外，汽车交通导致的不可再生的能源消耗量急剧增加，同时矿物燃料燃烧导致的污染越来越严重，汽车数量的增加抵消了城市在环境保护方面所做的努力，使城市环境质量难以有明显的改善。汽车噪声也对城市居民的身体和心理造成不良的影响，降低了城市居民的生活质量。因此，我们必须对传统的交通发展模式进行深刻的反思，要认识到小汽车的使用过度是造成一系列城市问题的根源，要采取新的交通规划方式，这种方式的目标应该是：让各种交通方式享有平等的地位、给所有人提供充分移动的机会、降低交通事故并减少环境污染、制止对城市土地消耗式利用，尽可能的恢复已被占用城市生活所需要的开敞空间。城市交通系统有四种主要的方式组成，即公共交通、小汽车、自行车和步行交通。公共交通是现代城市不可缺少的交通方式，是以非特定人群为服务对象，按照一定路线和时刻表行驶，并定点停靠为基本特征。公共交通是解决城市交通拥堵、环境污染等问题，提高交通效率的有效途径。城市公共交通主要有两种形式：一是轨道系统（地铁、城市铁路等），二是路面交通（公共汽车、出租车等）。轨道交通具有运量大，高速、准时、安全，环境效益好等特点，但同时建设成本高、周期长。相对于有轨交通，公共汽车具有投资小、线路灵活、线路密度高，站点服务半径小的特点。即使是具备完善的城市轨道交通体系的城市，公共汽车也作为公共交通系统中的末端运输手段而不可缺少。但是公共汽车由于利用一般城市道路行使，其运行通畅与否完全取决于道路交通的状况，此外，公共汽车的乘坐环境、舒适性、安全性都不及轨道交通。因此，发展公共交通首先是要寻求各种交通方式之间的平衡协调发展，最大限度地保证城市交通的高效率运转。其次必须要考虑公共交通与土地利用、城市形态之间的重要关系，使公共交通能够更有效地服务于城市。小汽车交通是城市交通问题的主要制造者，据 GLC 在大伦敦规划调查（1971 年）中表明，只有 10% 的通往伦敦市中心的交通依赖于私家车，但是正是这 10% 却带来 70% 的高峰期交通阻塞。然而要解决这个问题应该是抑制汽车而不是摒弃汽车，完全排除汽车是不可能，甚至也是社会的倒退，效率和活力的减少。应该通过积极的引导，完善交通设施，辅以一定的经济和宣传手段，是小汽车拥有者适当的使用小汽车，同时完善城市公交系统以及其他的交通系统。步行是人类最自然的移动方式，步行交通方式可以保护环境、增加健康，让人们体验生活，增进交往，从而创造出和谐的城市氛围。可持续的步行交通规划的重点是如何创造适合于步行的城市。自行车被誉为"绿色交通工具"，具有节能、无污染和健身的优点，同时容易受到地形条件和天气因素的限制，而且行驶速度较慢，但是不可否认，自行车交通作为一种可持续发展的交通方式，是城市中短距离个人交通方式的有效补充，并且越来越受到人们的重视和政策上的鼓励。因此，可持续的交通组织方式应该是充分的利用现有的交通基础设施，积极的发展城市公共交通，增加和改善自行车与步行道路，提倡各种交通方式的相互理解和合作，创造一个高效而灵活的城市交通组织管理。

4. 完善给水排水系统，大力发展雨、污水资源化利用

水是人们日常生活和一切生产活动中不可缺少的物质，现代城市中的水是以大量的输入和输出为特征。在这个线性的过程中，造成了水资源的浪费、环境污染、同时水的运输和净化过程又消耗大量的能量，因此合理用水，雨水资源的蓄积利用，生活污水的循环使用，污水的自然处理成为可持续给排水系统规划的主要措施。

（1）合理规划完善的供水系统

供水系统的合理建设将在保护水源、节约用水、节约能源等方面起到重要的作用。例如：

1）在水源的选取和取水时，要注重生态环境的保护，特别是地下水源的开采，必须遵循开采量小于动储量的原则，否则地下水源将受到破坏，并引起地下水位下降，甚至引起地质沉陷。

2）输、配水管线的选取应该尽量缩短线路长度，减少对土地的占用，减少对输送水产生的能源消耗，并且应该把最大用户置于管网的始端。

3）根据地形需要，建立分压给水系统，节约能源。

（2）大力发展雨水资源的蓄积利用

在淡水资源日趋紧张的今天，雨水收集是一种可持续的实践行动，是一项曾经非常普遍的技术，这项技术的运用能够减轻当地蓄水层和城市供水系统的压力，并且可以减少水运输需要的能量。虽然从全球范围来看，水能够通过水循环得当不断的补充，但是雨水并不是总出现在我们想要的时间和地点，因此有必要截流和存储。

　　雨水在目前传统的排水规划中是通过下水管道与生活污水混合排放或者分流排放，而这种排放在生态和水力利用方面越来越显露出不足与缺陷。应运而生的是中水循环系统的产生，连接供水和排水两系统，体现了节水、节能、节约基础管线铺设成本的优势，逐渐在居住区给排水领域得到重视和使用。雨水的管理，要改变以往的方式，使雨水管理的首要任务是避免流失。收集屋顶雨水到蓄水池，通过中水系统，用于冲洗厕所，浇灌草坪，护理花园，清洗汽车等。通过透水性良好的铺地，补充地下水，或者通过引导排放到自然景观水体。

　　（3）大力发展污水的处理和循环使用

　　城市污水是由生活污水和生产废水组成，家庭污水是生活污水的主要来源，它不含有过多的有机物质和细菌，因此可以回收利用，是节约水资源的有效办法，特别是水资源缺乏和过度开采地区。淋浴水、洗衣水、洗刷水是轻度污水，含有尿液和粪便的水被称作重度污水，没有经过处理不能使用。中水可以用来灌溉植物、冲洗厕所、洗衣的头次用水等。生活污水经过处理以后，可以和雨水一起通过中水循环系统就近重新使用，分布在旅店、商务中心、住宅、学校等的中水系统可以连接成为大的中水系统统一处理，当然这牵涉到城市排水管网的建设是否经济。生产污水一般通过城市污水处理厂集中处理，但是相对而言，其对能源和资源的消耗要大于就近处理的中水系统，因此生产污水的处理，最关键的应该是降低污染物的排放量，争取就近处理，就近循环。

5. 高效率的能源系统，积极发展可再生能源

　　对于能源的讨论主要集中在两个方面，一是在最近的几十年中能源的消耗在飞速的增长，并且大多数的预测，到 2050 年比现在要增加 2 ～ 3 倍，二是矿物能源的消耗，对地球气候破坏越来越严重。因此，可持续发展的能源系统应该是在满足能源增长的需求同时，减少二氧化碳的排量呢，即一个可持续发展的能源体系应该由两个核心：（1）更有效的使用能源；（2）不断增加可再生能源的开发利用。

6. 安全、可靠的固体废弃物处理系统，积极发展回收循环利用

　　可持续城市对于固体废弃物的管理首先是尽可能地减少废物的产生，其次是回收再生，最后才是不可回收、回用的废物进行无害化处理。对于城市基础设施来说，重点在回收再生和处理阶段。

　　（1）规划回收再生系统

　　回收再生是收集和分配废物并对其进行后续加工，生产有用产品的过程。在循环利用的过程中，一种物质可以重复的多次利用，可以保护原始资源，尤其是不可再生资源。改造原有资源比提取原始资源更加节省能源，因而节省矿物燃料的使用，并且减少了工业生产总污染物的排放。

　　（2）垃圾的无害化和高效率处理

　　垃圾的处理，除了可以直接回收循环使用以外，不可直接回收使用就必须通过一定的自然和技术转化设施来进行处理，如填埋和焚烧。垃圾的填埋占用大量的土地，并且有毒的产物容易渗出，对自然环境和人类健康造成影响，例如产生全球变暖的沼气。而直接焚烧供家庭取暖和发电，虽然形成了能源的转化，但是这是释放能源的一种非常低效的方式，同时由于二氧化碳的排放，也会带来环境问题。因此固体废弃物的处理，最有效的是尽可能的就近循环利用，以便减少贮存、运输所造成的污染、能源消耗和浪费。

4.2 可持续城市的能源系统

我国城市发展迅速，能源消耗也飞速增加，特别是矿物能源的大量消耗，城市能源结构比较落后单一，以燃煤为主的一次能源，非清洁能源仍占很大比重，造成对城市气候的破坏越来越严重。城市现有的能源系统以使用电能为主，主要以火力发电为主，但是电力的长距离的输送造成损耗降低了能源的利用效率，城市的密度和土地利用方式也直接影响能源使用效率。

近年，清洁能源发展比较迅速，核电、水电在一次能源中的比例、天然气在民用燃料比例迅速提高，综合利用能源的设施和项目也迅速发展，太阳能、风能新能源项目进入推广阶段。在这种形势下，城市能源供应系统规划在传统的电力燃气、供热的基础上，增加能源结构调整、高效能源利用系统、可再生新能源利用等内容。

城市能源系统的可持续发展应该是在满足能源增长需求的同时，减少二氧化碳的排量。建立一个高效率的能源系统。一方面是要更有效的使用现有的能源，建立智能电网，高效的输配电工程，另一方面就是不断增加可再生能源的开发利用。

4.2.1 积极发展可再生能源的开发利用

随着不可再生能源资源的日渐枯竭，以及其在使用过程中排放的二氧化碳对地球气候的威胁，在不久的将来，人类将别无选择的转向对可再生能源的开发和利用。目前主要开发的可再生能源有以下几种：

（1）水能：水力发电虽然是可再生的清洁能源，但是从生态的角度来说，对环境的效益是负面的，不适合作为未来主要的能源来源。

（2）太阳能：太阳能可以转变为热能和电能，适合于所有地区，有着不可预测的潜力。太阳能加热是最经济和最清洁的方式，太阳能发电可以建立太阳能电站，甚至太空电站；并且可以利用太阳能制造光电池，给建筑物和交通工具提供能源。

（3）生物能：对于乡村地区来说是值得推广的，既能够获得能源，提高生物的利用率，又减少农作物废弃物对环境的污染。

（4）风能：已经进行商业性的开发，但是受到气候和地域的影响。

（5）土地的制冷和取暖：节省能源，通过利用地面以下2m的土壤环境的制冷和加热潜能。可以使用来制冷和加热的能量节省30%～100%。地表以下的能源潜能是一种没有限制的可再生资源，这种资源由太阳持续的照射，周围的土壤，流动的地下水来提供。

4.2.2 更有效的使用电能

电能由于具有最容易获得、最方便使用，最为清洁等一系列优点，而被人们作为照明、动力和信息传输的主要能源。水力发电受到地理条件的限制，核能发电技术要求高，因此，目前的发电以大型火力电站为主，煤炭仍然将占据发电能源的主要部分，因此加强煤炭清洁化技术十分必要。同时为了靠近煤炭等能源供给，发电站甚至远离城市，长距离的运输造成了损耗降低了能源的利用效率，废弃的热量被冷却塔浪费。

另外，城市的密度和土地利用方式直接的影响能源使用的效率，高密度的城市地区降低了热力和电力网延伸的距离，从而使热力损耗和基础设施的成本都得以降低。城市功能的混合还有助于调剂供电网络的需求平衡。

1. 煤炭清洁化技术

（1）煤炭加工过程的洁净技术：预脱灰处理、洗煤精选、微生物脱硫技术、水煤浆、型煤。

（2）高效的洁净燃煤技术，如增压流化床燃烧技术、循环流化床燃烧技术、整体煤气联合循环等。

（3）煤炭的转化技术，如煤的汽化和地下直接汽化、液化、燃料电池等。

（4）污染物排放控制技术，如粉煤灰利用、煤层气开发利用、矿井水综合利用、烟气汽化、煤矸石综合利用等。

2. 微生物脱硫技术

煤的微生物脱硫主要取决于微生物对其生长环境中硫或含硫化合物的代谢能力。已经发现对煤中硫具有脱除作用的微生物约有十几种。根据他们最适生长温度分为三大类：中温菌、中等嗜热菌和嗜高温菌。用于脱除煤中无机硫的微生物主要有氧化亚铁硫杆菌、氧化硫硫杆菌、氧化亚铁微螺菌等 3 种，它们均属于中温菌，其中氧化亚铁硫杆菌和氧化硫硫杆菌同为硫杆菌属，对硫化矿、还原态无机硫和有机硫都有效，在煤炭脱硫中具有重要地位。脱除煤中的有机硫，主要有机化能异养微生物，如假单胞菌、红球菌、棒杆菌和短杆菌等，另有一些嗜热的兼性自养微生物，如嗜热硫化裂片菌属、嗜酸硫杆菌属、嗜热硫杆菌属等。也有报道美国曾筛选出能特异性降解煤中有机硫的玫瑰色红球菌等。

（1）浸出法

浸出法简称生物浸矿，是利用某些好氧嗜酸的化能自养型硫杆菌属及硫化叶菌属的微生物加速矿物微粒浸出的过程，其实质是一个生物氧化过程。微生物作为一种催化剂将不溶性含硫物转化为可溶形式，从中获得生长繁殖及代谢所需的能量。其作用方式可分为两种：直接由微生物酶解氧化的微生物直接氧化作用以及利用微生物代谢产生的化学物间接氧化溶解作用。浸出脱硫法生成的硫酸在煤堆的底部收集，从而达到从煤中去除硫的目的。这种方法在技术上较成熟，脱硫效率也令人满意。为了提高浸出率，已开发了空气搅拌式、管道式和水平转筒式反应器等，以缩短处理时间。

（2）表面氧化法

这种方法是将微生物技术与选煤技术结合而开发出的一种微生物浮选脱硫技术。一般是将煤粉碎成微粒后与水混合，在其悬浮液下通入微隙气泡，在空气和浮力的作用下，煤和黄铁矿会一起浮到水面，而将微生物加入到悬浮液中，由于微生物可使黄铁矿表面的疏水性发生改变，则只使煤粒上浮，而黄铁矿下沉，从而达到分离的目的。表面氧化法可选择对黄铁矿具有高度专一性的微生物，使处理时间缩短为几秒钟，脱硫效率高，但是煤炭的回收率较低。

（3）微生物絮凝法

这种方法是利用疏水的分歧杆菌的选择性吸附作用，有选择地吸附在煤的表面，增强煤表面的疏水性，从而结合成絮团，而硫铁矿和其他杂质吸附细菌，仍然分散在矿浆中，最终达到脱硫的目的。但目前该方法应用比较少。

3. 整体煤气化联合循环（Integrated Coal Gasification Combined Cycle，简称 IGCC）

（1）IGCC 主要原理 IGCC 是空气分离技术、煤的气化技术、煤气的净化技术、高性能的燃气－蒸汽联合循环技术以及系统的整体化技术等多种高新技术的集成体。它由两大部分组成，即煤的气化与净化部分和燃气－蒸汽联合循环发电部分。

第 1 部分的主要设备有气化炉、空分装置以及煤气净化设备；第 2 部分的主要设备有燃气轮机发电系统、余热锅炉以及蒸汽轮机发电系统。具体流程见图。

IGCC 首先将煤气化，之后将产生的可燃气体经过脱硫、净化处理，把煤中的灰、含硫化合物等污染杂质除掉，成为清洁的且具有一定压力的煤气，供给燃气轮机做功，最后结合蒸汽轮机，形成联合循环发电系统。IGCC 可以通过对燃气轮机的改进而受益，并且使得对 CO_2 排放量的控制更为简单。图 4-1 为煤气化联合循环发电原理示意图。

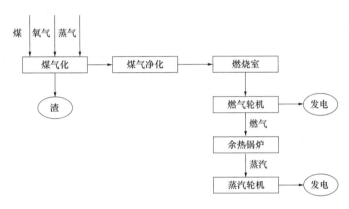

图 4-1 煤气化联合循环发电原理示意图

（2）IGCC 优势分析。

1）效率高，提升空间大。IGCC 的高效率体现在两个方面：一方面表现在 IGCC 发电净效率远超出传统发电技术，经检验可达 43% ～ 45%，今后可望达到更高。如美国 IGCC 电站的发电率在 2012 年达到 60% 左右，而中国华能天津 IGCC 电站，发电效率就可达到 48%；另一方面表现在煤气化过程中污染物质的脱除效率极高。普通电站由于污染气体处理量大、相对压力较低以及技术水平不高等原因，所以 SO_2 和 NO_x 的脱除效率较低，前者最高只有 95%，而后者只有 70% 甚至更低；而 IGCC 电站的脱硫率可达到 98% 左右，且不受任何煤质的限制，脱氮率更是可达到 90%，具有相当大的优势。而且脱除之后生成的固体材料还可经过转化进行循环利用，在这种条件下 IGCC 产生的固体废弃物量很小，最重要的是 IGCC 可在燃料燃烧前把 CO_2 分离并采集起来便于处理和再利用，而传统燃煤电站排出的 CO_2 浓度过低，不利于回收利用。CO_2 的分离和采集效率高对于煤的清洁利用至关重要，因为在 IGCC 中应用 CCS 是实现碳的微排放或零排放的必然发展方向，在这一点上 IGCC 有着其他发电技术无法超越的优势。

2）耗水量小。传统的电站以水蒸气作为工质，几乎在发电的每个环节中都要用到大量水资源，而我国北方的主要煤炭产区，例如内蒙古水资源稀缺，过度利用水资源会造成一系列地质和环境问题，如水土流失、地表塌陷以及滑坡泥石流等人为性质的地质灾害，也会打破当地已经很脆弱的生态循环，进而威胁到生态物种的生存。而 IGCC 电站的耗水量相比之下要少 30% ~ 50%，极大缓解了我国缺水矿区的人地矛盾。

3）便于完善。由于 IGCC 是一个集成了多种技术的发电系统，所以各部分技术的改进和发展可为其整体的完善提供强有力的支持和保障。

4）适用煤种广泛。能够高效利用各种质量的煤炭资源，与其他化工产业联合生产的可用性强，潜力巨大。

（3）IGCC 本身缺陷。

1）较高的成本。IGCC 作为一项煤炭净化新技术，在当前发展阶段的成本要远超过传统电站。IGCC 电站的总投资费用还较高，一般都高于 1500 美元 /kW。另外，由于每座 IGCC 电站的构成不同，发电系统和设备也存在很多差异，同一性和适应度较低，这也是造成 IGCC 电站成本高的原因之一。在这样的情况下，如果没有政府补贴，一般企业不会主动应用该项技术，这是制约 IGCC 技术大规模商业化的最根本原因。

2）较低的可用性和可靠性。由于停机时间长，目前世界示范 IGCC 电厂的可用率在 70% ~ 85%。尽管近年来 IGCC 电站的可用率提高了很多，但仍大大落后于传统发电站。此外，由于 IGCC 的气化装置只能在一定的负荷范围内运行，并且在启动时会影响到燃气轮机的效率，其可靠性和灵活应用性还有待提高。

4.2.3　智能电网技术

智能电网，就是将先进的传感测量技术、信息技术、通信技术、计算机技术、自动控制技术和原有的输、配电基础设施高度集成而形成的新型电网，它具有提高能源效率、减小对环境的影响、提高供电的安全性和可靠性、减少电网的电能损耗、实现与用户间的互动和为用户提供增值服务等多个优点。其重点就在智能化上。

智能化主要体现在以下几方面：可观测：采用先进的量测、传感技术；可控制：对观测状态进行有效控制；嵌入式自主的处理技术；实时分析：数据到信息的提升；自适应和自愈等。

1. 智能电网的特征

（1）自愈：稳定可靠。自愈是实现电网安全可靠运行的主要功能，指无需或仅需少量人为干预，实现电力网络中存在问题元器件的隔离或使其恢复正常运行，最小化或避免用户的供电中断。通过进行连续的评估自测，智能电网可以检测、分析、响应甚至恢复电力元件或局部网络的异常运行。

（2）安全：抵御攻击。无论是物理系统还是计算机遭到外部攻击，智能电网均能有效抵御由此造成的对电力系统本身的攻击伤害以及对其他领域形成的伤害，一旦发生中断，也能很快恢复运行。

（3）兼容：发电资源。传统电力网络主要是面向远端集中式发电的，通过在电源互联领域引入类似于计算机中的"即插即用"技术（尤其是分布式发电资源），电网可以容纳包含集中式发电在内的多种不同类型电源甚至是储能装置。

（4）交互：电力用户。电网在运行中与用户设备和行为进行交互，将其视为电力系统的完整组成部分之一，可以促使电力用户发挥积极作用，实现电力运行和环境保护等多方面的收益。

（5）协调：电力市场。与批发电力市场甚至是零售电力市场实现无缝衔接，有效的市场设计可以提高电力系统的规划、运行和可靠性管理水平，电力系统管理能力的提升促进电力市场竞争效率的提高。

（6）高效：资产优化。引入最先进的信息和监控技术优化设备和资源的使用效益，可以提高单个资产的利用效率，从整体上实现网络运行和扩容的优化，降低它的运行维护成本和投资。

（7）优质：电能质量。在数字化、高科技占主导的经济模式下，电力用户的电能质量能够得到有效保障，实现电能质量的差别定价。

（8）集成：信息系统。实现包括监视、控制、维护、能量管理（EMS）、配电管理（DMS）、市场运营（MOS）、企业资源规划（ERP）等和其他各类信息系统之间的综合集成，并实现在此基础上的业务集成。

2. 智能电网技术发展方向

（1）先进的相量测量（Phasor Measurement Unit，PMU）和广域测量技术（Wide Area Measurement System，WAMS）；

（2）先进的三维、动态、可视化电网调度自动化技术；

（3）可再生能源的接入和并网技术；

（4）先进的表计基础设施和自动抄表系统（Automatic Meter Reading，AMR）；

（5）需求响应和需求侧管理（Demand Side Management，DSM）；

（6）使配电系统"自愈（self healing）"成为可能的先进的配电自动化、高级配电运行（Advanced Distribution Operation，ADO）功能；

（7）分布式发电（Distributed Generation 或 Distributed Energy Resources，DG 或 DER）、微电网技术及电力储能技术等。

（8）高级量测体系（AMI）高级配电运行（ADO）、高级输电运行（ATO）、高级资产管理（AAM）。

图 4-2 为智能电网的主要技术组成。

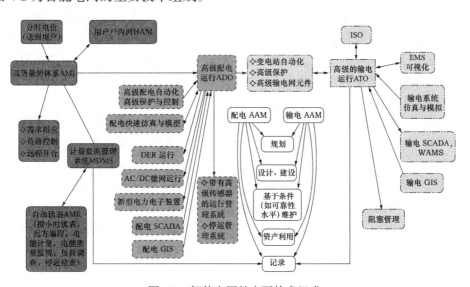

图 4-2 智能电网的主要技术组成

4.3   可持续城市的交通系统

4.3.1   我国城市交通的现状

机动车以灵活、舒适和快速为城市人们喜爱，然而随其数量的剧增，它所带来的问题日趋严重，以致在很多方面严重困扰城市社会的发展和人类的生存。

1. 道路容量严重不足

长期以来，我国城市人均道路一直处于低水平状态，只有近几年才有较快发展，人均面积由 2.8m^2 上升到 6.6m^2。尽管增长幅度比较快，仍赶不上城市交通量年均 20% 的增长速度。

2. 汽车增长速度快，机动车与非机动车混行加剧交通拥挤

由于历史遗留和规划设计存在的问题，造成城市交通路网结构不合理，出现主干道、次干道和支路的比例不符合国际通行 1-2-4 路网结构比例。主干道大量车辆聚集，功能难以实现。由于受到建筑物固化影响，路网的连续性、连通性较低，瓶颈路、断头路经常出现，造成路网通过能力差。

机动车与非机动车在道路上混合驾驶导致城市交通中道路交叉口通行能力低、车辆速度较低、交通秩序混乱、路网布局不断恶化、行人交通安全无法保障，严重影响了车辆和道路功能的实现。

3. 交通污染严重

我国城市机动车交通造成的大气污染约占整个城市大气污染的一半以上，汽车尾气排放大量二氧化碳，同时尾气中的颗粒也是形成雾霾的主要成因之一。噪声污染主要来自交通和工业生产，而以交通噪声污染为主，各车辆造成的噪声一般在 80dB 以上。

4. 交通管理技术水平低下

我国大城市中交通控制管理和交通安全管理的现代化设施很少。交通信息化、智能化管理系统的研发和推广使用发展缓慢，在管理的技术层面上达不到对道路、车辆、驾驶员的综合考虑，交通信息不畅，缺乏对交通需求的预测和引导，道路利用率低，管理疏漏不少，交通事故率居高不下。大城市特别是中心区严重短缺停车设施，车辆停在道路和人行道上，加剧了拥挤、堵塞和事故发生。

5. 公共交通滞后

从我国目前各大城市的交通结构上来看，普遍存在常规公共交通系统发展滞后、缺乏公交专用车道、快速轨道交通系统发展滞后、自行车交通分担率过高、小汽车发展势头强劲的不协调现象。城市交通的发展滞后于人民群众日益增加的出行需求，出现了公共交通运输中车辆少、车况差、车间隔长的状况，给人们的生活带来不便。

6. 城市布局与交通发展不适应，缺乏整体发展战略

近些年来，我国各城市加大了对交通运输道路的建设，但城市规划布局对城市交通需求分析不够透彻，没有形成良性循环。一般来说，商业中心、大型公共建筑等集中的城市中心区道路规划比较早，街道两侧建筑相对稠密。我国各城市在进行交通布局时，没有及时进行有效的交通配套设施建设，交通规划和交通组织管理措施也没能合理地满足城市现代化进程的需要，造成日趋严重的道路交通。

4.3.2 可持续交通

1. 可持续交通的含义

可持续交通是可持续城市的重要组成部分，这一点充分表现在当前城市交通在城市发展中的地位和城市交通的发展对城市构成威胁方面。可持续交通应当既能满足当前城市规模的交通需求，保证经济有效、环境友好和社会公平，又不损害环境及后人的需求。它所追求的目标既不是西方国家的小汽车模式，也不是在城市中完全排除小汽车，而是建立在适当的环境标准下，使小汽车在合理的使用范围内，并与其他交通方式共存的现代化交通体系。

2. 城市交通可持续发展的意义

城市交通体系是城市最主要的基础设施之一，是城市发展规划和城市增长的基本要素，是城市人流、物流、信息流的载体，是城市活动的命脉。城市交通体系的良性循环对促进城市经济和社会的发展发挥着重要作用。我国正处于城市化加速时期，在城市化进程中，城市交通问题已成为影响城市正常运转的重要制约因素，建设经济效益好、生态效率高、人民大众优先的城市交通体系，已成为各级政府的迫切任务。城市交通的发展促进了社会生产力的进步，满足了人们日益增长的交通消费需求，促进了城市的繁荣，给人类社会带来了巨大的财富。但同时也造成了道路拥挤、交通事故频繁、大气和噪声污染以及能源紧张等许多负面影响，严重影响了人们的生活质量，造成了巨额国民经济损失，阻碍了城市社会、经济与环境的健康发展。

3. 可持续发展的城市交通原则

（1）环境承载力原则。环境承载力是指环境系统吸收污染的自身净化能力。可持续发展的城市交通必须遵守其污染物的排放不得超过环境的吸收能力的原则，追求环境与生态的可持续性，即不能以牺牲环境、以资源的透支来换取区域经济的增长，否则经济与社会的可持续发展将是泡影。

（2）资源消耗速率原则。对于可再生自然资源，其消耗速率应控制在再生速率限度之内；对于不可再生自然资源，其消耗速率不应超过寻求代替品的可再生自然资源的消耗速率。可持续发展的城市交通要求交通部门必须采用先进技术，提高资源利用效率，避免能源危机。

（3）公平性原则。交通使用者通过交通活动受益，而非使用者却要承受环境质量下降引起的损害，这是不公平的。从代际关系来看，当代人消耗大量的能源来促进区域经济发展，而将严重污染的社会环境留给后人承担，这也是不公平的。可持续发展的城市交通要求既要满足当前人们出行的需要，又要满足子孙后代的发展需要，要把社会进步确定为第一目标。

（4）高效性原则。交通畅通的城市才可能是生产效率高的城市，城市商业和旅游业的发展在很大程度上依靠城市交通的畅通和高效率。可持续发展的城市交通要求交通资源的利用具有高效性。

（5）价值性原则。资源价值的无价或低价都会导致不加抑制的过度使用。可持续发展的城市交通要求体现出真正的价值观，将环境成本内部化，分摊到使用者身上，引导交通企业挖潜革新，追求经济与财务的可持续性。

4. 可持续城市交通模式的选择

（1）大力发展公共交通，有效引导小汽车的合理使用

公共交通优先是解决大城市交通问题的根本出路，这是被世界大城市交通成功经验和失败教训同时证明了的真理。交通问题显然和机动车数量及机动车使用频率直接相关，因此，减少私人汽车使用，提倡合乘和使用高承载率车辆是缓解城市交通问题的有效措施。在高载客率的车辆中，效能最高的首推地铁、轻轨等轨道交通，其次是常规公共交通。当前土地开发密度大、出行强度高的城市中普遍倡导公交优先的发展战略，目的之一就是在有效控制道路交通量的基础上减少交通拥堵，并减少交通对环境的污染。此外，优先发展公共交通客运，虽然在客观上对小汽车的使用已经受到一定的限制作用，但这还不够，还应采取一些其他的需求管理（TDM）手段，限制小汽车在特定地段、特定时间的使用。例如，在德国的慕尼黑，政府制定了管理措施优先发展公共交通，还制定补充措施将公共交通导向社区，为了将小汽车使用者转向公共交通，大力宣传居民和上班出行者采用绿色交通，尤其是非机动化交通出行。在北京，将在停车泊位建设和管理方面采取必要措施，抑制私人汽车过多地用于日常通勤和驶入中心繁华地区。众所周知，优先发展公共交通和适当抑制私人交通是同一种策略的两个相辅相成的方面，并行不悖。

（2）创造良好的步行交通环境，建立城市步行交通系统

步行交通是一种绿色的交通方式，无污染、不消耗能源。步行是城市出行方式构成中不可缺少的一种短距离出行方式，包括巴黎、伦敦及东京等现代大都市在内，当今许多大城市中步行方式仍然占总出行量的 20%～30%。步行交通系统的规划与建设已经受到日益广泛的关注。从城市交通发展角度看，在城市核心区建立步行街区，有利于消减过度开发带来的交通拥挤和污染排放。同时配套设施的交通需求管理措施，有助于限制附近地区机动车的进出，对于缓解交通压力、调整城市基础设施资源分配具有重要意义。

（3）自行车交通方式的发展策略

自行车交通方式仍然是城市交通运输系统不可忽视的组成部分。截至 2000 年，全国大部分城市的自行车保有量仍然呈上升趋势。自行车作为一种短距离交通方式，它需要与之相适应的独立交通空间。过去的交通规划中，虽然注意到了自行车交通的现状，但是都没有真正地把握自行车交通的特征。一个明显的表现是：不论道路系统的功能如何，都千篇一律地加入了自行车行驶车道。这样做的结果，不仅在客观上不适当地扩大了自行车交通的使用范围，不利于城市交通运输结构的改善，而且也损害了道路系统的通行效率和安全性。因此，应该在有条件的情况下，在城市支路网和街坊道路上建立起相对独立的自行车行驶网络。

（4）交通方式合理分工，有序衔接

城市居民出行需求多样化、多层次，各种交通方式都有其相对优势，应使它们合理分工、有序衔接，发挥城市综合交通体系的整体功能来满足城市居民的不同需求。以地面路网和交通设施为基础，建设与高架路系统、高速公路系统和快速轨道交通合理衔接的立体交通网络，有序联络各种交通方式，实现便捷换乘及人车分流，形成以公共交通为干线交通，小汽车、自行车等私人交通工具为集散交通的分工合理、有序衔接的综合交通系统。

（5）高效化、节能化、环保化的绿色交通系统

城市交通工具排放的尾气、废液和噪声成为最大的污染源，造成城市环境污染日益严重，城市水、大气、声环境质量急剧下降。在受到环境、资源、资金及人口等制约条件下，在发展城市交通是必须推行以减少交通堵塞、降低污染、节省能源、促进社会公平为标志的"绿色"战略，以建立高效化、节能化和环保化绿色交通系统为目标。尽快淘汰现有高污染、高油耗交通工具和交通设施，加快研制高效化、节能化和环保化交通工具，并积极退管使用清洁能源以及低能耗、低排放的交通方式。

4.3.3　可持续交通的技术基础——新能源汽车技术

依靠科技进步，积极发展节能、高效、低污染的交通工具，包括：积极发展清洁能源技术，减少污染物的排放，减轻环境污染，采用新能源和可再生能源开发技术，建立可持续发展的能源体系，发展高效能技术，提高能源效率，节约能源，实现能源供需协调发展。以汽车为例，开发经济、绿色、环保汽车是现代汽车工业的发展趋势。

1. 纯电动汽车

纯电动汽车（BEV）是指以车载电源蓄电池为动力，用电机驱动车轮行驶。其主要优点是：为蓄电池充电的电能是二次能源，可以来源于任何一种其他能源，所以，电动汽车能源的来源极其丰富；电动汽车在行驶中无废气排出，振动和噪声也比燃油汽车少得多；与内燃机相比，电机的结构简单，故障少，维修比较简单，而且能源的利用效率高于内燃机。传统的纯电动汽车技术含量较低，采用的能量源为铅酸电池组，简单的电池管理和电机控制，传统的辅助系统等。现代的纯电动汽车技术含量大幅提升，采用了高能量的动力电池组，高技术含量的电池管理系统和电机控制器，对单体电池和电池组均进行控制和管理，变速箱采用一体化多挡机械自动变速电驱动系统，全面的整车控制器、智能信息化系统和专用仪表系统。

2. 混合动力电动汽车

混合动力汽车（HEV）是采用传统的内燃机和电动机作为动力源，通过混合使用热能和电力两套系统驱动汽车，达到节省燃料和降低排气污染的目的。使用的内燃机为柴油机或汽油机，共同的特点是排量小、质量轻、排放较低。混合动力汽车的关键是混合动力系统和控制系统，直接关系到混合动力汽车的整车性能。混合动力系统总成已从原来发动机与电机离散结构向发动机、电机和变速器一体化结构发展，即集成化混合动力总成系统。

（1）串联式混合动力电动汽车

串联方式由发动机、发电机和电动机三部分的动力总成组成动力单元。发动机驱动发电机发电，电能通过控制器输送到电池或电动机，由电动机通过变速机构驱动汽车。当车辆处于启动、加速、爬坡工况时，发动机、发电机组和电池组共同向电动机提供电能；当车辆处于低速、滑行、急速的工况时，则由电池组驱动电动机，当电池组的SOC下降到较低值时则由发动机、发电机组向电池组充电。串联式适用于城市内频繁起步和低速工况，可以使发动机在最经济区工况点附近稳定运转，通过调整电动机的输出来达到满足车速需求的目的。发动机避免了低效率区域的运转，从而大幅提高了发动机的效率，减少了废气排放。缺点是能量几经转换，转换效率有一定的损失。目前主要用于城市公交客车。

串联式混合动力汽车的优点：

1）在特定区域可实现"零排放"行驶；

2）作为辅助动力的发动机运行范围窄，可控为高效、低排放；

3）发动机的驱动形式十分灵活，满足较为广泛的运用；

4）控制系统相对简单，便于向纯电动汽车过渡；

5）可采用小排量和尚速发动机。

6）串联式混合动力技术是增程式外接充电式混合动力汽车的理想方式。

串联式混合动力汽车的缺点：

1）需要配置一台较大功率的电动机和发电机组，制造成本较高；

2）能量转换环节多，动力系统综合效率较低。

图 4-3、图 4-4 为串联式混合动力汽车动力流程、系统结构示意图。

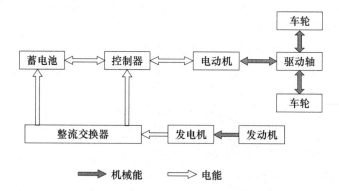

图 4-3　串联式混合动力汽车动力流程图

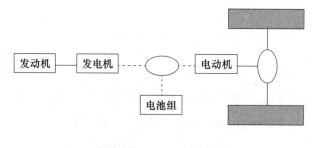

图 4-4　串联式混合动力汽车系统结构示意图

（2）并联式混合动力电动汽车

和串联混合动力系统布置不同的是，并联式布置保留了发动机及其后续传动系统的机械连接。并联式装置的发动机与电动机分属两套系统，可以独立地向汽车传动系提供扭矩，在不同的路面上既可以共同驱动又可以单独驱动。当汽车加速爬坡时，电动机和发动机能够同时向传动机构提供动力，一旦汽车车速达到巡航速度，汽车将仅仅依靠发动机维持该速度。电动机既可以作电动机又可以作发电机使用，以平衡发动机所受的载荷，使其能在高效率区域工作。由于发动机和驱动轮采用机械连接，在城市工况时，发动机并不能总是运行在最佳工况点，车辆的燃油经济性比串联时要差。由于没有单独的发电机，发动机可以直接通过传动机构驱动车轮，这种装置更接近传统的汽车驱动系统，机械效率损耗与普通汽车差不多，因此，得到比较广泛的应用。当汽车加速爬坡时，电动机和发动机能够同时向传动机构提供动力，一旦汽车车速达到巡航速度，汽车将仅仅依靠发动机维持该速度。电动机既可以作电动机又可以作发电机使用，以平衡发动机所受的载荷，使其能在高效率区域工作。和串联混合动力系统布置不同的是，并联式布置保留了发动机及其后续传动系统的机械连接。并联式装置的发动机与电动机分属两套系统，可以独立地向汽车传动系提供扭矩，在不同的路面上既可以共同驱动又可以单独驱动。

并联式混合动力优点：

1）由于发动机保持了与机械驱动系统的机械连接，与串联驱动系统相比，并联驱动系统的发动机通过机械传动机构直接驱动汽车，其能量的利用率相对较高；

2）发动机与电动机两大动力总成的功率可以互相叠加起来满足汽车行驶的最大动力性要求，因而，系统可采用较小功率的发动机与电动机，使得整车动力总成尺寸小，质量也较轻。

并联式混合动力缺点：

1）发动机与驱动系统之间的机械连接，使得发动机的运行工况受到汽车行驶工况的影响，当汽车行驶工况复杂时，发动机较多地在低效率工况下运行，因此，并联驱动时发动机的经济性和排放不如串联驱动方式。

2）发动机和电动机两套动力总成的机械复合连接使得机械装置较复杂，增加了整车布置的难度。

图 4-5、图 4-6 分别是并联式混合动力汽车流程、系统结构示意图。

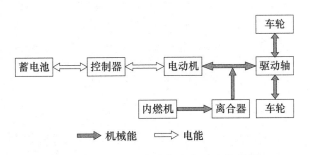

图 4-5　并联式混合动力汽车动力流程图

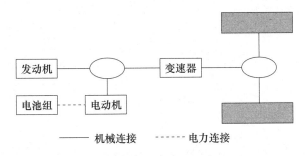

图 4-6　并联式混合动力汽车系统结构示意图

（3）混联式混合动力电动汽车

混联式装置包含了串联式和并联式的特点。动力系统包括发动机、发电机和电动机，根据助力装置不同，它又分为发动机为主和电机为主两种。混联方式是串联和并联的结合体，结合了串联式可使发动机不受汽车行驶工况的影响，发动机始终在最佳工作区域稳定运行，并可选用排量较小发动机的特点；结合了并联式可由发动机和电动机共同驱动或各自单独驱动汽车的特点，能够使发动机、电机等部件进行更多的优化匹配，从而在结构上保证了在更复杂的工况下使系统在最优状态工作，更容易实现排放和油耗的控制目标。混联式混合动力汽车适用于乘用车和商用车。

混联式混合动力优点：

1）混联式混合动力系统适合各种行驶条件，具有良好的燃油经济性和排放性能，不需外接充电，续驶里程与内燃机汽车相当，是最理想的混合电动方案。

2）混联式混合动力系统可采用小功率的电动机和发电机，减少了电池的数量。

混联式混合动力缺点：

1）由于发动机、发电机和电动机以机械方式连接，机械装置较复杂，整车布置有较高的难度。

2）控制系统技术含量高，控制元器件价格高，整车价格高。

图 4-7、图 4-8 为混联式混合动力汽车动力流程、系统结构示意图。

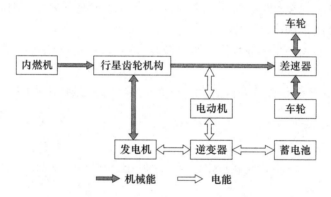

图 4-7　混联式混合动力汽车动力流程图

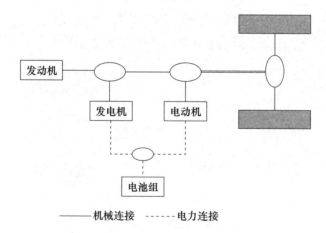

图 4-8　混联式混合动力汽车系统结构示意图

（4）外接充电式混合动力汽车（Plug-inHEV）

Plug-inHEV 是一种可外接充电的混合动力汽车，兼有上述三种方式混合动力汽车（不可外接充电）的基本功能特征，主要特征是发动机排量较小、动力电池装载量大、驱动电机功率大，具有纯电动行驶功能，属于重度混合方式，具有以下特点：

1）具有纯电动状态下行驶较长距离的功能，主要特点是将混合动力驱动系统和纯电动驱动系统相结合，里程短时采用纯电动模式，里程长时采用以内燃机为主的混合动力模式。

2）可利用外部公用电网对车载动力电池进行充电，主要利用晚间的低谷电力。

3）Plug-inHEV 的电池容量一般达 5～10kWh，约是纯电动汽车电池容量的 30%～50% 是一般混合动力汽车电池容量的 3～5 倍，是介于混合动力汽车与纯电动汽车之间的一种过渡性产品。与传统的内燃机汽车和一般混合动力汽车（HEV）对比，Plug-inHEV 由于更多地采用动力电池驱动汽车，因此它的燃油经济性进一步提高，二氧化碳和氮氧化物排放更少。

外接充电式混合动力汽车存在的问题

1）性能。要保证 Plug-in HEV 有必要的动力性和纯电动行驶里程，Plug-in HEV 用动力电池必须具有足够高的能量密度和功率密度，目前尚不具备条件。

2）寿命。Plug-in HEV 的动力电池存在人功率输出（大电流放电）和输入（大电流充电）的现象，对动力电池寿命有较明显的影响。

3）成本。更换电池的成本必须低于所节省的燃油费用。

4）大规模使用 Plug-in HEV 汽车的充电网络问题尚需解决。

3. 燃料电池电动汽车

（1）燃料电池汽车分类及其特点

燃料电池是一种将储存在燃料和氧化剂中的化学能，通过电极反应直接转化为电能的发电装置。燃料电池汽车（FCEV）以氢为燃料，可以通过燃料电池和动力蓄电池的电-电混合，实现对车辆的驱动。

燃料电池汽车的能源方式主要分为车载储氢罐和车载改质气（氢）发生系统两种方式。车载储氢罐方式简单，使用方式类似天然气汽车，可在储氧罐中的氧气燃料使用完后更换储氢罐；车载改质气（氢）发生系统较复杂，车辆配有燃料箱，可加注汽油、甲醇、乙醇等燃料，通过改质器将燃料转化为氢气，作为燃料电池堆的能源。

（2）燃料电池电动汽车的优点：

燃料电池汽车技术与传统汽车、纯电动汽车技术相比，具有以下优点。

1）效率高。燃料电池的工作过程是化学能转化为电能的过程，不受卡诺循环的限制，能量转换效率较高，可以达到 30% 以上，而汽油机和柴油机汽车整车效率分别为 16%～18% 和 22%～24%。

2）续驶里程长。采用醇类、油类等富氧有机化合物的燃料电池系统作为能量源（除压缩氧），克服了纯电动汽车续驶里程短的缺点，其长途行驶能力及动力性可等同于传统汽车。

3）绿色环保。燃料电池没有燃烧过程，以纯氢作燃料，生成物只有水，属于零排放。采用其他富氯有机化合物用车载重整器制氢作为燃料电池的燃料，产生物除水之外还可能有少量的 CO_2，接近零排放。

4）过载能力强。燃料电池除了在较宽的工作范围内具有较高的工作效率外，其短时过载能力可达额定功率的 200% 或更大。

5）低噪声。燃料电池属于静态能量转换装置，除了空气压缩机和冷却系统以外无其他运动部件，因此，与内燃机汽车相比，运行过程中噪声和振动都较小。

6）设计方便灵活。燃料电池汽车可以按照 X-By-Wire 的思路进行汽车设计，改变了传统的汽车设计概念，可以在空间和重量等问题上进行灵活的配置。

4.4　可持续性的城市给水排水系统

4.4.1　国内城市给水排水系统的弊端

1. 给水系统单一

目前城市供水系统是一个系统，地表水或地下水在城市自来水厂被处理达到生活饮用水标准，而后被送入用户住宅，但每人每日的生活饮用水和炊事用水很少，大部分水的消耗被用于洗衣、洗澡、冲厕以及其他生活杂用水，甚至被用来洗车和绿地浇灌。同时，工业用水也大量使用生活饮用水。

2. 雨水资源未得到合理利用

传统城市管理理念是希望雨水快来快走，城市建设着重考虑的是多大的降雨量用多长时间能将其排走，对雨水的利用价值认识不足。在我国，城市雨水利用还处于刚刚起步阶段。城市建设中，由于偏重基础设施的建设，忽视对城市自然调节功能的保留和培育，导致整个城市被钢筋水泥覆盖，市区地面大面积硬化，雨水难以下渗，大量雨水通过排水系统白白流走，造成资源的巨大浪费。据测算，北京市城区每年可利用的雨水量有 2 亿～3 亿 m^3。而目前全市年收集水量仅为 150 万 m^3。因此，在水资源危机和雨洪危害日益严重的情况下，加强雨水的收集利用，成为我国城市建设中的重要新兴课题。

3. 对水系功能多样性考虑不够

城市水系除了具有供水、航运、蓄洪和城市排水外，还具有其他一些功能，例如增补地下水资源、提高水蒸发量、缓解热岛效应等方面的功能，是多种生物空间运动和栖息的通道和载体，是人类赖以生存和发展的支撑系统。而传统城市排水系统只注重排水功能，通过设置排水泵站，修建城市排水管网系统，将雨水排出城外或下游水系，主要通过工程措施解决防洪排涝等问题，但是这种排水方式导致了下游水系洪峰流量增加，发生洪水频率增加，给整个城市排水系统的规模和造价造成了很大的负担。

4. 城市水系功能退化

城市水系是社会-经济-自然复合的生态系统，改造城市水系必须尊重自然、尊重当地历史文化、尊重普通百姓的长远利益。然而，国内不少城市在对城市水系进行改造时，采取了错误的方式：

（1）大量填埋城市的河、海、湖来造地、修路和盖房，成为一个普遍现象。这种错误的水系改造方式，致使许多城市优美的明河变成了暗渠，原来流动互通的水系变成了支离破碎的污水沟或者污水池，昔日流连忘返的独特环境变得十分平庸。现在，全国城市中90% 的河道受到了不同程度的污染，50% 以上的河道存在严重的污染。

（2）纷纷为河道、湖泊做硬质驳岸和砌底。这样一种二面光或三面光的水工程建造模式，使得原有的自然河堤或土坝变成了钢筋混凝土或浆砌块石护岸，河道断面形式单一生硬，造成了水岸景观的千篇一律，水生态和历史文化景观的严重破坏。这些机械的错误的河道治理模式，不仅破坏了原来河道的综合功能，而且还会因难以清除淤积造成引洪不畅，导致一场暴雨就到处积水的弊端。

（3）将城市污水处理系统过度集中。在我国一些城市，污水被集中起来通过污水干管送到十几公里以外的污水处理厂集中处理，处理后的中水再通过管网被运送回来，使得城市的污水处理系统非常不经济。

（4）滥采地下水，改变了城郊湿地的生态功能，影响了湿地的生态效用。一块湿地的价值比相同面积的海洋高58倍，而湿地的功能被改变，将带来灭顶之灾，造成水生态和物种的衰退。无节制地抽取城市地下水，使昔日的湿地迅速变成干涸的荒漠，也造成了大面积的地层沉陷。目前，全国已经出现区域性漏斗56个，地层沉陷的城市多达50多个。

（5）污水收集系统建设比较滞后。目前污水收集系统还有不少空白点，沿河污染源错综复杂、面广量大，特别是城乡接合部地区污水直排现象仍比较严重，仍有不少企业、作坊在直排或偷排超标废水入河。上海的污水收集率和处理率尽管处于国内领先，但相比发达国家还有差距，2008年上海城镇污水处理率达到75%，而美国和德国的污水处理率在2004年以前已达到了90%～100%，韩国达到90%，日本也达到了78%。

4.4.2 分质供水系统

我国传统的供水系统为采用统一给水方式，各种用途的水都按照生活饮用水标准供给，但随着工业和城市化发展、人口激增和现有水质的恶化，资源型缺水和水质型缺水并存，水资源供需矛盾日益突出。各种供水均以饮用水标准供给不仅是对优质水资源的浪费，更是对财力、物力与能量的浪费，优水优用、分质供水已成为可持续社会发展的必然趋势。

1. 分质供水的含义

分质供水是指有两套或两套以上的管网系统，分别输送不同水质等级的水，供给不同用途用户的一种供水方式。

2. 分质供水方式

水质等级可以分为三等，从低到高依次是杂用水、自来水和纯净水。杂用水为未经处理或仅经简单处理的原水、中水系统的回用水等低品质水，可用于园林绿化、清洗车辆、喷洒道路、冲洗厕所等，也可用于工厂中部分对水质要求较低的工艺过程；自来水即传统的市政给水系统，可作为饮用水，但随着人们对生活饮用水水质要求的提高，已逐渐成为用于洗涤衣物、盥洗、洗浴等非饮用水系统；纯净水也叫优质饮用水、直饮水，是对自来水的进一步深度处理、加工净化。

从供水尺度来看，可以分为两种：一种是针对不同用水部门对水资源水质水量的不同需求，最大限度的给予满足而进行的一种水资源的合理分配，也叫分类供水，将其称为宏观尺度分质供水。另一种是管道分质供水，即采用双管道供水，其形式主要有饮用水与用于清洗、冲厕等非直接饮用水的双管道供水和传统的自来水管道与杂用水管道双管道供

109

水两种。在我国，对于区域或流域的多水源、多用户、多目标水资源配置，多采用前者；而后者因经济和公共卫生问题，多用于部分城市小范围的小区供水，而不适合整个城市供水。

4.4.3　可持续性的城市排水系统

可持续性城市排水系统的技术方法是以自然性的排水程序为目标。采取一种或数种措施，对地表水（雨水）的水流量进行控制管理。这些措施需要与现场良好的管理手段结合起来，以防止污染的产生。

1. 过滤式沉淀槽和洼沟

过滤式沉淀槽和洼沟是通过对不可渗透型地面的植被性处理，将雨水转移出不可渗透型地面地区。过滤式洼沟为狭长式的渠道，而过滤式沉淀槽一般设置在坡地地区。这两种方式具有植被的特点，平滑的表面和相对的坡度。植被应当在植物适合生长的季节种植。过滤式沉淀槽和洼沟内地表土不要太结实。

这两种措施模仿自然的排水方式，通过植被减缓和过滤滂沱大雨的冲击。洼沟在设计时可以考虑与转运、过滤、滞留和雨水处理等功能结合起来。作为传输水流的功能，可以在洼沟安置控制水闸，一旦需要，可以进一步减少水流量。过滤式沉淀槽在控制和减少水流量的功能上不是很好。但它们可以减少不可渗透型地面地区的积水。过滤式沉淀槽和洼沟，通过过滤和沉淀，能够有效地清除有污染的固体杂质。沉淀槽和洼沟内的植物在过滤水流过程中，将有机物和矿物微粒留在土中，并为植物补充养分。

过滤式沉淀槽和洼沟经常与周边的土地利用结合在一起，例如公共空间和道路两旁的绿化。它适合于较小型居住区，停车场和道路的排水。为了提高效率，应尽量让地面水的水流成片形冲向过滤式洼沟和沉淀槽，然后进行汇集。这种成片形的水流设计可以减少腐蚀和最大程度的过滤水流。水流的深度不应高出沉淀槽和洼沟内植被的草或植物的高度，以保证过滤的质量。建议不要考虑采取管道式的引水办法将水流引入过滤式沉淀槽和洼沟。当地的野生花草种类可用于植被，这即有利于景观效果，又有利于为野生植物提供生长空间。过滤式沉淀槽和洼沟管理上比较简单，除了割草，定期清除过剩的淤泥，基本不需其他的维护。

2. 过滤式排水沟和渗透型地面

过滤式排水沟和渗透型地面方案是用于那些具备渗透型地面、地下可储存地表水地区的排水措施。水流通过渗透型地面进入地下储存。渗透型地面包括：草丛；砾石铺面；固体铺面，但设有大型垂直孔穴，以沙土或砾石为填充物；固体铺面，但每个单位之间有一定的缝隙；多漏孔铺面，每个单位之间有空隙；延续的铺面，但所使用的材料具备内在的透隙性和空隙系统。过滤式排水沟为线型设施，将雨水以扩散式方法从不渗透型地面排除。渗透型地面直接将雨水排入地下，对水源进行控制。该措施可用于停车场、步行道、过道。但一般不适用于道路。雨水或水流通过渗透型地面直接渗透到地下。为了储存、传输和过滤水流，地表层和次地表层的铺设材料必须具有渗水性能。传统的沥青不是渗透型的材料。可容纳的水流量取决于渗透型地面和次表面的空隙比例和厚度。地表水可以经过过滤处理进入地下沟道，排入地下水系或泵出。过剩的水流可以通过高位的排水沟排往其他地区，或在地面进行控制。水流在地底层的储存不宜过久，应尽快进入地下水源区，以避免破坏周边土壤的强度。渗透型地面和次表层过滤和沉淀了杂质，净化了水流。最近的研究发现这种地面能够处理一些污染物质，包括油类。

3. 渗透装置

渗透装置直接将水流排入地下。需要在水源头使用管道或沉淀槽将水流引到渗入装置地点，例如渗透井和渗透排水沟，渗透盆地，以及洼沟、水塘等。渗透装置可以与景况设计结合在一起，或成为一个景观。

渗透井和渗透排水沟比较复杂。水从地面上是看不见的。渗透盆地和洼沟是地面的渗透性储水装置。一般状况下，渗透盆地和洼沟是干燥的，可以用于其他的功能，当出现大雨时，他们才发挥排水作用。渗透性设施的工作原理是强化地下储存和排水的能力。雨水下落到渗透型地面（例如沙地），将雨水渗透到地底下。渗透装置利用这个自然过程将地面水处置到地下。若沙土的渗透性不强，渗透的水将有限，地下水层面将降低，因此影响该地区的地下水质量。渗透系统与周边环境接结合为一体。若与娱乐场、公共空间结合不失为一种理想的方案。可以在渗透系统周边种植树木、灌木或其他植物，改善视觉景观，并为野生动物提供栖息地。这个系统增加了土壤的水分，有助于增加地下水的水位；同时能够解决低水位的河流流量问题。渗透系统的设计应考虑设施的水储存和处理能力。储存的容量应考虑沙土的"渗透潜力"。设计时应考虑在大暴雨期间能够不出现积水。渗透设施应当在建筑或道路 5m 以下设置。

4. 水洼盆地与池塘

水洼盆地在雨期，或大暴雨时蓄水，而平常非雨期是干枯的。它们可以是：泄洪平原；滞留盆地；延时滞留盆地。池塘为非雨期时蓄水，而在雨期时能够增加蓄水容量，包括：平衡性和减缓性池塘；蓄洪水库；泻湖；滞留池塘；湿地。

它们既可以是单独、唯一性的功能，也可以是综合性的功能。例如，既可是永久性湿地，为野生动植物提供栖息地，或收集雨水；也可是平常的干地，洪水期间的排洪缓冲地。水洼盆地和池塘是地表水管理链中的末节设施。启用这两项措施一般是在其他的设施已达到饱和、无法满足解决排水的需要；另外有必要为野生动植物提供栖息地；当然还有景观因素的考虑等。水洼盆地和池塘为地表蓄水措施，有的为永久性的池塘，也有临时泄洪水洼盆地和池塘。设计时应当同时考虑对水流量和水质量的管理要求。要考虑平常季节、雨水和洪水季节不同的要求，例如平衡性池塘和水洼盆地，洪水期间用于蓄水，平常可能是无水的，或少水的泽地。水洼盆地和池塘的处理水流量能力还应考虑地质条件，考虑它们将水渗透到地下的能力。

5. 雨洪入渗的设计

在土壤具有良好的通透性并且径流水质不会造成地下水污染的情况下，将雨水直接入渗地下也是雨水生态设计的一个重要策略。相对无污染的雨水径流入渗可以减少径流的量和速率，并能补充地下水从而维持河流基流，提供供水水源，对维持地区水系平衡发挥着重要作用。虽然依靠入渗系统无法阻止大的洪涝灾害的发生，但是却可以有效降低雨水管道系统的水力负荷，这有助于缓解洪水问题并在减少合流制管道溢流方面使城市受益。

各种雨水入渗设施在具体的工程实施中，有两个方面需要注意：（1）可能受到室外固体废弃物的收集管理的欠缺、街道清扫不彻底和缺少维护等因素的制约和影响；（2）潜在的对地下水的污染威胁，地下水回补的效益与长期地下水水质风险的潜在分析后应认真考虑。此外在工程具体实施中，各种入渗设施应远离化粪池和建筑物基础、地下室停车库等。

6. 合理的屋顶绿化设计

近年来，我国一些大中型城市污染严重，绿化用地又极其有限。由于没有土地成本，屋顶绿化无疑成为城市中心区最廉价的改善城市综合环境的方式之一。

屋顶绿化的主要好处有以下几点：

（1）削减城市雨水经流总量：屋顶绿化后由于植物对雨水的截流、蒸发作用以及人工植土对雨水的吸纳作用，屋面汇流的雨水量可大大降低。资料表明，由于屋面采用了绿化设计，径流系数可由原来的 0.9 降低到 0.3 左右，即在相同降雨量下排水管渠收集到的雨水会相应减少，一些小雨甚至不会形成径流。此外，屋面的绿色植物和土壤还可以起到对雨水进行预处理的作用，因此可以省去地面初期雨水的控制措施。

（2）消减城市非点源污染负荷，减少大气中的灰尘和吸收二氧化碳；有效除去径流雨水的污染负荷。

（3）提高城市绿化率和改善城市景观，为提高城市绿化面积提供了一条新的途径；此外，它还可以通过绿色植物的蒸腾和潮湿土壤的蒸发可明显调节城市气温与绝对湿度。

（4）有效改善建筑屋顶的性能和温度，合理设计的屋顶绿化可延缓屋顶各种防水材料的老化，也能增加屋面的使用寿命。

屋顶绿化适用在新建生活小区、公园或类似的环境条件较好的城市园区，通过科学合理的工程设计可将区内屋面、绿地和路面的雨水径流收集利用，从而达到显著削减城市暴雨经流量和非点源污染物排放量、优化小区水系统、减少城市水涝灾害和改善环境等效果。无论是从节约土地资本，节约能源，还是绿化城市环境的角度来看，屋顶绿化恢复了土壤、恢复了水循环，提供了生物嬉戏的空间和人们休闲娱乐的空间，其应用前景是非常广阔的。

7. 草皮沟的设计

草皮沟，国内也有学者称为或译为"浅草沟""植被浅沟"或"植草沟"。草皮沟是具有双重径流控制作用的种植植物明渠，它除了通过存储削减降雨洪峰流量外，渠道的底部和两侧的透水能力可以促进入渗。植物产生的渠道粗糙度可降低径流速度，还有降低径流污染物的浓度的作用。在土壤渗透能力差的地区，草皮沟可以与多孔管系统结合，低草草皮沟设在多孔管和颗粒材料渠道的连接处。草皮沟在气候温和的发达国家，被广泛地用作流量和水质控制设施。目前，草皮沟在世界各地都得到了很好的应用。尤其是在低开发密度、土壤渗透性能好、地下水位低的地区，如草皮沟与渗渠结合通过增加入渗能力可使草皮沟的效率大大的提高。除了径流控制，草皮沟对悬浮物等大颗粒以及附着在固体上的污染物（如磷）也有很好的去除效果。草皮沟的污染物去除机理主要是沉淀和颗粒吸附，另外还有颗粒过滤和植物，吸收溶解物质。但是草皮沟污染物的去除效率变化是很大的，应该在今后的实践中做进一步的研究。

8. 人工湿地

湿地技术属于环境生物技术范畴，其特点是利用生物本身及其产物的作用功能来去除可溶性和固体有机物、TSS、氮、磷、金属、烃类和一些优先考虑去除的污染物，以及病原菌和病毒，以达到治理污染和保护环境的目的。由于具有径流控制和改善水质方面的双重作用，人工湿地正在广泛用于城市雨水管理。人工湿地还具有美化环境、提高舒适度、提高城市环境美观度和为动植物提供生存环境的作用。

湿地有多种类型，包括地表流湿地、潜流湿地和垂直流湿地等。由于雨水具有轻污染、高流速的特点（相对于生活污水），城市雨水系统人工湿地通常设计成水平地表流湿地。人工湿地种植植物，通过植物的过滤、入渗和生物吸收等过程提高污染物去除能力，它还能有效去除颗粒物、溶解性污染物、营养物质和重金属等有毒物质，从而来达到净化雨水的目的。水力、物理和生物因素的综合作用决定了人工湿地的处理效果。最重要的设计因素是天然雨水径流的短间歇性。由于这种易变性，湿地特征的重要设计标准应根据当地特点制定。停留时间通常用于评估这类设施作为污染物控制系统的运行效果。

可能一般公众会认为湿地会聚集蚊蝇，使湿地成为蚊蝇传播疾病、流行病的地区的潜在威胁。虽然这方面不应该被忽视，但是问题并不像他们想的那么严重。在湿地设计中可采取有效的措施来阻止蚊蝇传播，使蚊蝇的居住时间只有几天，其虫卵来不及长大。另外，还可以使用生物控制的方法来控制害虫的传播，因为生物控制的成本更廉价，且对人体危害更少，所以它比化学方法更适用。

4.5 城市雨水利用技术

4.5.1 雨水利用技术概述

广义的雨水利用是指经过一定的人为措施，对自然界中的雨水径流进行干预，使其就地入渗或汇集蓄存并加以利用，包括雨水集流的家庭利用、农业灌溉和养殖利用、水源涵养、城市集雨利用和生态环境改善等水资源利用的各个方面，甚至人工增雨等。这种雨水利用的概念其外延几乎囊括了水的所有利用方式，内涵极为广泛。

狭义的雨水利用一般是指对雨水的原始形式和最初转化为径流或地下水、土壤水阶段的利用，概括起来包括两方面：

（1）雨水径流汇集利用，包括：1）集流补灌的农业雨水利用；2）用于洗车、消防、冲厕、景观、城市保洁、城市绿地灌溉等的城市雨水利用；3）解决人畜饮水的农村生活利用等。

（2）雨水入渗作为储备水资源利用。

4.5.2 城市雨水利用的必要性

（1）节水的需要。我国城市缺水问题越来越严重，全国 600 多个城市，有近 400 多个城市缺水，严重缺水的有 100 多个城市，且均呈递增趋势，以致国家花费巨资搞城市调水工程。

（2）修复城市生态环境的需要。城市化造成的地面硬化使土壤含水量减少，热岛效应加剧，水分蒸发量下降，空气干燥，这造成了城市生态环境的恶化。

（3）抑制城市洪涝的需要。城市化使原有的植被和土壤为不透水地面替换，加速了雨水向城市各条河道的汇集，使洪峰流量迅速形成呈现出城市越大，给水排水设施设备越完备，水涝灾害越严重的怪现象，图 4-9 为城市雨水利用循环图。

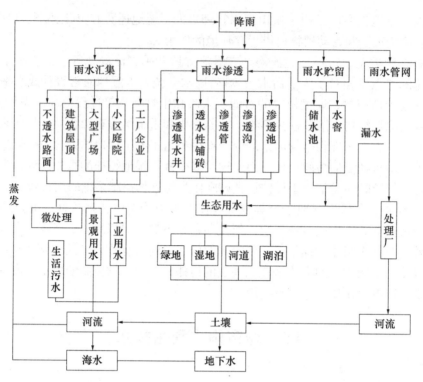

图 4-9　城市雨水利用循环图

4.5.3　雨水利用技术

（1）城市屋顶雨水收集技术。屋顶雨水蓄集系统可大致分成集雨、传输、储存、分配等 4 个基本过程和过滤 / 弃流、处理、过滤 / 消毒等 3 个处理过程。集流面是不透水屋面，传输系统是集雨槽和落雨管，储存系统是水箱，分配系统是与水箱连接的水龙头。处理包括初雨弃流和流入前的过滤系统。在水箱内部也有大量的处理过程，如沉降、浮选、病原体消除等。若收集的雨水应用于家庭用水还应该对收集的雨水进行消毒处理，主要方法有用氯处理、暴晒消毒或使用烛形管式过滤器。屋顶收集下来的雨水主要用于家庭、公共场所和企业的非饮用水。用雨水代替饮用水进行冲厕、洗衣、浇灌绿地、洗车等能减少水费的支出，削减城市地表径流。此外，这项措施还可以有效改善地表水质，提高城市空气质量。

（2）屋顶绿化技术。现代屋顶绿化开始于 20 世纪 70 年代，一般由植被层、种植基质层、过滤层、排（蓄）水层、隔根层和防水层组成。欧洲根据植被固着层的厚度把绿化屋顶划分成集约型绿化屋顶和粗放型绿化屋顶两种类型。绿化屋顶最直观的优点是能够美化环境，此外，它还具有显著的截流、降温节能、环保等生态作用。

（3）雨水拦截与渗透技术。雨水拦截通过滞蓄池来完成，滞蓄池分两种：一种是在线滞蓄池，其内有下水道流过；另一种是离线滞蓄池，下水道在其外面，超量的水流需通过溢流设施才能流到滞蓄池内。滞蓄池的形式有多种，可以是矩形的，也可以是圆形的，也可以用大直径的地下管道做储水空间。滞蓄池内一般有冲洗沉积物的设备。增加雨水入渗的途径有：通过自然地面入渗，把收集的雨水引到天然的、渗透和拦蓄性能好的平整开阔的平地或绿地，使其自然下渗；在人行道、停车场等铺装透水地面，透水地面有多孔沥青及混凝土地面、透水砖地面和草皮砖地面以及利用渗坑、渗井、渗沟等使雨水下渗；利用地表或地下渗透池来增加入渗。

（4）生态小区雨水综合利用技术。在新建小区建设雨水综合利用系统，与小区中水回用系统统一规划、同步建设。将雨水利用和景观设计结合起来，采用屋顶收集、道路收集、直接渗透、屋顶花园、人工湿地等雨水收集利用措施，解决区内景观、绿化、市政用水和生活非饮用水用水，同时，有效削减雨洪流量，美化环境，净化空气，降低城市的热岛效应。柏林波茨坦广场和柏林市居民小区是的生态小区雨水利用的典型代表。

（5）雨污分流设计。传统的城市排水系统大都为合流制，雨水和污水混流，一是浪费了大量雨水资源；二是由于雨水的混入和冲刷，加重了对纳污水体的污染；三是排水系统负荷过重，雨水排放不畅，经常出现马路行洪。合流制已成为城市防洪排涝的一个瓶颈，要从根本上解决这些问题，应采用雨污分流制。将雨水系统纳入城市基础设施规划，在城市新建区规划建设独立的雨水系统，对旧排水管网系统进行改造，分流后的雨水进行统一贮存、处理和利用。我国目前有很多城市没有污水处理厂，大量污水直接排放，造成严重的环境污染，实施雨污分流任务艰巨。

（6）建造城市雨水贮留设施。雨水贮留设施可分为地面蓄水和地下蓄水两种：城市路面、屋面、庭院、停车场及大型建筑等使城市的非渗透水地面密集最高达90%，可将这些地方作集水面，通过导流渠道将雨水收集输送到贮水设施，贮水设施可以是蓄水池、水库，也可以是塘坝。

4.6 城市中水利用技术

4.6.1 中水的定义

中水，主要是指将收集来的生活污水、工业废水、雨水等城市污水，经污水处理厂处理后，达到去除有机物、重金属离子等目的，使污水水质达到一定的水质标准，然后将水送到深度处理厂，经过混凝、沉淀、过滤、消毒传统工艺过程或利用膜技术深度处理，达到可在一定范围内使用的非饮用水，我们称这样的水为中水。

4.6.2 中水的用途

在城市居民的生产生活中，仅有40%的用水是与人们平时生活密切接触的，这部分水对水质要求比较严格，而高达60%的主要用在城市绿化、环卫清洁、农业灌溉、工业冷却、冲洗厕所等方面，如果我们能够将这60%的水用中水来代替，其在水质的标准上是完全能够达到要求的，这样不但满足的各类对用水的需求，同时也节约了大量的新鲜水源，其现有的中水主要回用于以下方面：

（1）城市绿化用水。为了满足城市绿化的要求，城市的绿化面积要达到一定的比例，大面积的园林需要用大量的水，而一般园林绿化部门提供的绿化实际用水量达不到规定的标准，在用水高峰时高于这个值，在其他时间将会小于这个值，这部分水质标准较低，但水量较大，可使用中水用于绿化，不但经济、合理，而且可行。

（2）冲厕用水。在给水上实现双路供水，可以节约大量的清洁水源。

（3）道路冲洗和景观补水。为保持生活环境的湿润和清新，每天都需要对一些道路进行定期喷洒，一些景观的非直接接触的用水，都可以用中水来代替，不但能节约大量的新鲜自来水，而且用水还不受集结地影响。

（4）中水洗车。随着城市汽车拥有量的增加，洗车的耗水量也急剧增加，个别城市为控制过量用水通过提高水价、限值增加洗车站点等措施，而若使用中水不但不存在无水可用，而且在水质、水量上都能满足要求，在价格上也很具优势。

（5）工业冷却、城市消防、建筑施工等用水都可用中水来代替。

4.6.3　中水的水源及处理技术

1. 中水水源

中水水源是指选作中水而未经处理的水，通常来自建筑内部的生活污水、生活废水、工业生产中排放的冷却水及其他各种工业废水，其数量成分和污染物质与居民的生活习惯、建筑物用途等因素有关。

（1）优质杂排水：包括洗手洗脸用水、冷却水、锅炉污水、雨水等，但不含厨、厕排水；

（2）杂排水：除优质杂排水，还含厨房排水；

（3）综合排水：杂排水和厕所排水的混合水。

其中优质杂排水是中水回用水源的首选，其具有水量大，污染程度低，处理工艺简单，投资运行成本低等特点，如果其水量不能满足回用水量的要求，也可以选用杂排水进行处理回用，最后才考虑选用综合排水。

表 4-1 为建筑内排水分类及特点。

建筑内排水分类及特点 表 4-1

序号	名称	来源	特点
1	冷却水	空调机房冷却循环水排放的废水	水温较高，污染较轻
2	洗浴排水	淋浴和浴盆排放的废水	有机物浓度低，但阴离子洗涤剂含量高
3	盥洗排水	洗脸盆、洗手盆和盆洗槽排放的废水	有机物浓度较低，悬浮物浓度较高
4	洗衣排水	洗衣房、洗衣机排水	洗涤剂含量高，有机物浓度较低，悬浮物浓度较高
5	厨房排水	厨房、食堂、餐厅等排放的废水	有机物浓度高，浊度高，油脂含量高
6	厕所排水	大便器、小便器排水	有机物浓度，悬浮物浓度和细菌含量高

2. 中水处理技术

（1）物理处理技术

物理处理技术是用机械方法去除废水中固体悬浮物杂质，一般包括：筛除、沉淀、气浮、过滤和膜分离等技术，主要单元或处理构筑物有格栅、沉淀池、气浮池、过滤池、膜处理设备等。

（2）化学处理技术

化学处理技术是利用化学反应来分离或回收废水中的污染物质，或者将污染物质转化为无害物质，有混凝法、中和法、氧化还原法等，其中，混凝法是应用最多的方法之一，但由于所需的混凝药剂用量大，沉渣需处理，存在二次污染等缺点，影响该技术的进一步推广。

（3）物化处理技术

物化处理技术是中水回用技术中研究最多、应用最广的一种技术，经常用于处理各类优质杂排水，主要包括吸附、萃取、离子交换、催化氧化、膜分离、电解等技术。以上几种处理技术相比较而言，吸附法具有出水水质好，占地面积小、吸附速度快、稳定性好等优点。在一般的情况下，可选用活性炭、吸附树脂、硅藻土及高岭土等材料作为吸附剂使用，其缺点是预处理过程相当繁琐，材料的一次性投资大，吸附剂再生困难等。因此，如何降低运行费用，开发廉价吸附剂及对现有吸附剂进行改性处理，提高对废水 COD、BOD 的去除率是吸附法今后发展的方向之一，而催化氧化法是在传统化学氧化法的基础上进行改进与强化，一般可分为多相催化氧化法和光催化氧化法，常用催化剂有 Forton 试剂等。与其他化学法相比，催化氧化法具有氧化彻底、设备简单、操作方便等优点。但是由于催化剂价格较高，导致废水处理成本增大，使其应用范围大大缩小。膜分离技术是指在分子水平上，不同粒径混合物在通过半渗透膜（分离膜）时，实现选择性分离的技术，其实质是物质被透过或被截留在膜上的过程，近似于筛分过程，依据滤膜孔径的大小而达到物质分离的目的。分离膜的特点是膜壁遍布微小孔洞，根据孔径大小可分为微滤膜、超滤膜、纳滤膜、反渗透膜等。除透析、电渗析之外，反渗透、纳滤、超滤、微滤都是在膜两侧静压差推动力下进行液体混合物分离的膜过程，用以分离含溶解的溶质或悬浮微粒的液体，其中溶剂或小分子溶质透过膜，溶质或大分子被膜截留，采用超滤（微滤）或反渗透膜处理，其优点是膜分离装置简单，操作容易且易控制，便于维修而且分离效率高，作为一种新型的水处理方法与常规水处理方法相比，具有占地面积小、处理效率高、可靠性高等优点。

（4）生物处理技术

生物处理技术是利用水中微生物的新陈代谢作用，对污水中呈溶解或胶体状有机污染物进行吸附、氧化分解的一种水处理方法。生物处理法可分为好氧生物处理法和厌氧生物处理法，其中好氧生物处理法广泛应用于生活污水及性质与其相近的工业废水的处理过程，根据微生物在水中所处的状态不同，生物法又可分为活性污泥法和生物膜法，经过近几十年的努力，活性污泥法和生物膜法的形式已发展为多种多样。

生物处理技术主要包括：

1）活性污泥法：主要包括传统活性污泥法、完全混合活性污泥法、阶段曝气活性污泥法、吸附—再生活性污泥法、延时曝气活性污泥法及高负荷活性污泥法、AB 法、氧化沟工艺、SBR 工艺等；

2）生物膜法：有普通生物滤池、高负荷生物滤池、塔式生物滤池、生物转盘、生物接触氧化等；

3）自然处理法：稳定塘法、土地处理法；

4）厌氧处理法：UASB 反应器、复合式厌氧反应器、厌氧生物膜法；

5）其他处理方法：脱氮除磷 A^2/O 法等。

生物处理法的特点是适用于较大处理规模的处理工程，但近年来随着水处理技术的发展，开发出了小型的生物处理设施，适用于较小水量的工程，可同样获得较好的经济效果；生物处理法的出水水质较为稳定，运行费用相对较小，尤其对于大型污水处理工程，生物处理法显得尤为突出。

（5）膜生物反应器（MBR）

膜生物反应器（membrane bio-reactor，MBR）是进行中水回用的一种新技术，是将生物降解作用与膜的高效分离技术结合而成的一种新型、高效的污水处理与回用工艺。它采用膜分离取代传统的重力沉降过程，实现了高效的固液分离效果，由于膜将绝大多数的微生物截留在生物反应器内，使反应器内的生物浓度提高，有利于世代时间较长的微生物，如硝化细菌的截留和生长。膜生物反应器具有去除效率高、出水中没有悬浮物、出水水质稳定、处置费用低、消化能力强、剩余污泥量少、占地面积小、不受场地限制、易于自动化控制和运行管理、可去除氨氮及难降解有机物等特点。膜处理的主要特点是处理水质稳定、可靠，然而，膜污染和目前高昂的投资费用是影响膜生物反应器进一步推广应用的主要因素，一般由于工程投资较大、处理成本较高。但是随着材料科学技术的发展，膜材料和组件的费用将会逐步降低，也将会扩大膜生物反应器的应用。

上述几种基本处理方法，在中水处理中经常被采用。由于原水水质、中水水质要求、处理场地、环境条件、投资条件及管理水平等因素的影响，各种处理设备装置或构筑物都要精心设计和选择，有时需通过试验来确定最佳方案。

图 4-10 为膜生物反应器工艺流程图。

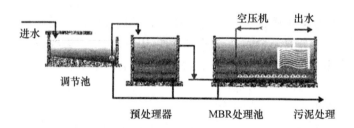

图 4-10　膜生物反应器工艺流程图

4.6.4　城市中水回用方式

1. 选择性回用

通过经济核算，在污水处理厂周围的一些居民区可通过铺设管道，实行分质污水回用。

2. 分区回用

根据城市的实际布局状况，分区实行污水回用，以区域为单位进行污水的收集和集中处理回用，该回用方式可在污水处理厂附近的地域和需改建、改造的区域进行。

3. 全城回用

就是将城市中的所有小区产生的污水都进行集中收集，通过排水管网将其输送到污水处理厂进行集中处理，然后再通过中水回用管网输送到各小区的杂用水系统中。该回用方式需要具备完善的城市管网系统和一定规模的污水处理厂。主要适用于新建的城市和有污水处理能力的小城镇。

4.7　城市垃圾处理技术

建立安全可靠的垃圾处理系统，积极发展回收循环利用。实施垃圾分类，减少废物的产生，对废弃物回收再生，对不可回收废物进行无害化处理。

4.7.1　可持续城市对城市垃圾处理的要求

1. 可持续发展首先要求尽量减少城市生活垃圾的产量

可持续发展鼓励经济增长，认为必须通过经济增长提高当代人福利水平，增强国家实力和社会财富。但是，随着经济的增长和人们生活水平的提高，城市垃圾的产量也必然会增加，今后面临的垃圾问题只会越来越严重。因此，我们必须从源头上控制城市生活垃圾产生量的增长，实现垃圾的减量化。

（1）逐步改变燃料结构

我国城市垃圾中，大约40%～50%是煤灰，如果在城市中大力推广清洁能源（比如天然气）的使用，就可大幅度降低垃圾中的煤灰含量，减少生活垃圾的总量。

（2）减少一次性商品的使用

随着经济的发展和人民生活水平的提高，城市垃圾中一次性商品日益增多，既增加了垃圾的产量，又造成资源的浪费。国家和地方政府应该制定法律法规限制一次性商品的使用，比如可增加一次性商品的税收以提高它的价格。

（3）避免商品的过度包装

在市场经济中，生产厂家为了提高其产品的吸引力，都非常重视产品的包装。但是，过度的包装则大大增加了垃圾的产量。为了减少包装废物的产生量，促进其回收利用，世界上许多国家颁布了包装法规或者条例，强调包装废物的产生者有义务回收包装废物。

（4）净菜进城，减少垃圾产生量

目前，我国城市生活垃圾中厨余垃圾占了很大比重，而厨余垃圾中不能食用的蔬菜又占了很大比例，如果在蔬菜的产地或者一级批发市场对蔬菜进行简单处理，即可大大减少垃圾的产量。

（5）大力推行垃圾分类收集

城市垃圾收集方式分为混合收集和分类收集两大类。混合收集通常指对不同产生源的垃圾不作任何处理或管理的简单收集方式。无论从生态环境和资源利用的角度看，混合收集都是不可取的。按垃圾的组分进行垃圾分类收集，不仅有利于废品回收利用，还可大幅度减少垃圾的处理量。

（6）在垃圾处理过程中减少垃圾量

随着经济的发展和人口的增加，土地资源越来越紧张，这就要求我们在垃圾处理过程中减少垃圾量，从而减少垃圾对土地的占用。在几种常用的垃圾处理方法中焚烧是减量最大的一种，经过焚烧，垃圾可减重80%，减容90%。发达国家往往土地资源十分宝贵，且垃圾中可燃物含量较高，因此垃圾焚烧处理运用较多。

2. 可持续发展要求对城市生活垃圾进行无害化处理

可持续发展要求经济和社会发展不能超越资源和环境的承载能力，要求保持良好的生态环境。而城市生活垃圾如果处理、处置不当,其污染成分就会通过水、空气、土壤、食物链等途径污染环境,危害人体健康。因此,对城市生活垃圾进行无害化处理就显得非常迫切和重要。我国对城市生活垃圾的无害化处理起步较晚,目前的无害化处理率还不到10%。在我国应大力推广以卫生填埋、高温堆肥、焚烧为主的垃圾无害化处理方法。

应当指出:国内现有的城镇生活垃圾消纳场所多数为集中倾倒、自然堆放,离卫生填埋要求相去甚远。许多地方已经产生不良后果。长此以往,必将污染失控,危害一方,迫切需要治理。

3. 可持续发展要求将城市垃圾资源化

可持续发展发展的物质基础是资源的持续培育与利用。缺乏或失去资源,人类将难以生存,更不可能持续发展。随着工业化、城市化的进程的加快以及人口的不断增长,人类对自然资源的巨大消耗和大规模的开采,已导致资源基础的削弱、退化、枯竭。因此,从城市垃圾中回收资源,从而减少对自然资源的开采已变得非常重要。

城市垃圾虽然对环境造成了破坏,但其中也蕴藏着丰富的资源,对其加以回收利用不仅能获得巨大的经济利益,也能获得巨大的环境利益:其一是可以减少对自然资源的开采,为子孙后代留下更多的资源;其二是,通过回收资源,减少要处理的垃圾量,极大地减轻环境压力。

城市生活垃圾资源化途径主要包括以下几种:

(1)物质回收

从城市生活垃圾中可回收纸张、玻璃、金属、塑料等多种有用物质。在垃圾中进行物质回收的最有效途径是进行垃圾的分类收集,比如在一些西方国家就将垃圾分为可回收、可燃、不可燃等几类加以收集,这样就大大提高了有用物质的回收率。

(2)物质转换

物质转换就是利用废弃物制取新形态的物质。比如,利用垃圾焚烧的炉渣可生产水泥和其他建筑材料,利用有机垃圾可生产堆肥。其中,堆肥成败的一个关键因素是有机物含量的高低,提高有机物的含量,进行垃圾的分类收集非常重要。

(3)能量转换

能量转换也就是城市生活垃圾的处理过程中回收能量。随着经济的发展我国城市垃圾的可燃物增多,热值提高,进行垃圾焚烧处理的条件日益成熟,垃圾焚烧会产生大量热量,对其加以利用,可供热、发电及热电联供。条件成熟的地方,甚至可以热、电、冷联供。在垃圾填埋场,可收集垃圾发酵产生的沼气进行供热、发电,这不仅回收了资源,也减少了垃圾场沼气爆炸的危险。

4.7.2 城市垃圾的处理技术

1. 卫生填埋

所谓卫生填埋,就是对垃圾处理场按照环境卫生工程技术进行施工,最大限度地减少掩埋的垃圾对地下水、地表水、土地、空气及周围环境造成污染。卫生填埋以其处理成本低,技术简便,适应性强,而且是其他方法不可替代与不可缺少的最终处理手段,所以不仅现在是,而且在相当长的一段时期仍将是我国城市生活垃圾的主要处理方式之一。但卫生填埋也存在着很多缺点:第一,占地量大,这对于人多地少的我国大中城市是一个很大的问题；第二，渗滤液的处理难，生活垃圾经雨水浸泡渗出的黑液为高浓度有害液体，BOD_5 高达 30000～50000ppm，其污染度是粪便的 3～5 倍，如果处理不好将对土壤及地下水资源造成极其严重的污染；第三，填埋垃圾产生的沼气治理困难，很多垃圾填埋场经常发生沼气爆炸的事故，图 4-11 为生活垃圾卫生填埋处理工艺流程，图 4-12～图 4-15 为卫生填埋场。

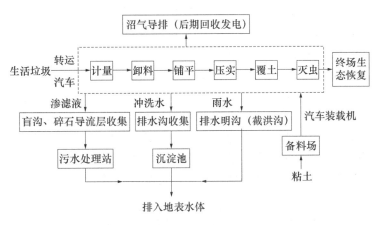

图 4-11　生活垃圾卫生填埋处理工艺流程

图 4-12　卫生填埋场（一）

图 4-13　卫生填埋场（二）

图 4-14　卫生填埋场（三）

图 4-15　卫生填埋场（四）

（1）高维填埋处理技术

垃圾填埋场工程包括两个部分，一部分是基础性工程，如土方开挖、基础防渗及渗滤液处理等，属于凝固建筑物；另一部分是工艺性工程，如垃圾的压实与覆盖、不同填埋阶段填埋场道路的修建、不同阶段的渗滤液导排工程、填埋气体导排设施的铺设、填埋场的阶段性封场等，这部分是在填埋场营运过程中逐日、逐月、逐年建设的，具有较大的流动性。因此，填埋场是一个流动性建筑。既然填埋场是流动建筑，它既可以在场地横向流动，也可以向三维空间流动。高维填埋技术的优势首先体现在填埋场的空间利用效率。衡量填埋场的空间利用效率的量是空间效率系数，即每平方米土地可提供的垃圾填埋空间。我国填埋场的空间效率系数一般为 $20 \sim 30\text{m}^3/\text{m}^2$，而高维填埋处理技术的空间效率系数可达 $50 \sim 70\text{m}^3/\text{m}^2$。

高维填埋采用极为严格的填埋技术使垃圾填埋质量提高，同时也相应将成本控制在住房城乡建设部、国家发展改革委《生活垃圾卫生填埋处理工程项目建设标准》范围之内，其原因：一是高维填埋技术增大了库容，可降低单位垃圾处理成本；二是节约了土地资源，可减少土地使用费用；三是高效利用填埋气体，可实现能源回收利用；四是其封场技术可降低生态损失。

综上所述，高维填埋处理技术是我国城市生活垃圾处理技术发展的必然趋势，高维填埋不仅可以改变我国填埋场建设运营过程中重基础性工程、轻工艺性工程的现状，还可以塑造一个具有节约土地资源、高效填埋气体收集利用、再建生态安全景观等可持续发展内涵的卫生填埋形象。

（2）填埋场库容回用技术

填埋场库容回用技术是指对填埋场内的稳定垃圾进行开挖、分选以利用其中的有用物质，从利用填埋场的再填埋能力，实现填埋场地可持续利用的一种垃圾卫生填埋技术。填埋场库容回用技术应用采矿和选矿作业原理，首先对填埋场内的已稳定垃圾进行开挖，再用筛分设备进行分选，以从中分离出砖石块、大块可燃物、金属、塑料、细粒部分等分别加以回收或重新进行高密度压实填埋，对腾空的填埋场地重新填埋垃圾。

2. 堆肥

堆肥是固体废物中的有机物经过生物化学的降解作用，使之成为腐殖质状，用作土壤改良剂或肥料，一般分为好氧堆肥与厌氧堆肥两种。

（1）厌氧堆肥是处理废弃物的一种传统方法，多采用人工堆制。其优点是：处理工艺简单，成品中能较多地保存氮。缺点是：堆肥周期太长，占地多，臭味大，有些物质不易腐烂，某些病菌不易杀死。

（2）好氧堆肥又称高温堆肥，可以利用现代技术和机械处理垃圾。物料分解较彻底，臭味小，病菌可全部杀死，堆肥周期也短。目前国外城市垃圾堆肥几乎都采用此种方法。高温堆肥在一些发展中国家有较好的发展，但高温堆肥技术也存在很大的限制。它有两个基本适用条件：一是垃圾中有机物含量的相对较高，才能产生出符合农用标准的堆肥产品；二是就近应有市场需求，如果产品长期积压，生产就难以维持。图 4-16、图 4-17 为厌氧、好氧堆肥流程图。

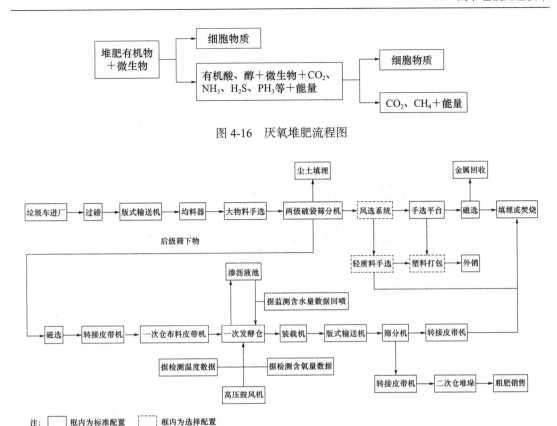

图 4-16　厌氧堆肥流程图

注：▭ 框内为标准配置　▯ 框内为选择配置

图 4-17　好氧堆肥流程图

3. 焚烧

焚烧处理法是将生活垃圾进行高温处理，焚烧炉膛温度控制在 $800 \sim 1000\,℃$，垃圾中的可燃成分与空气中氧进行剧烈的化学反应，转化为高温的燃烧气和少量且性质稳定的固体残渣。燃烧气可作为热能回收，残渣直接填埋。经过高温焚烧的垃圾中的细菌、病毒彻底消灭。焚烧垃圾的作业过程，一般而言，可归结为 3 个阶段进行分步操作实施：一是垃圾收集、筛选、包装、储存；二是进料、焚烧与热电转换；三是烟气净化与灰渣处理。

垃圾焚烧处理与垃圾焚烧制能在工业发达国家的城市垃圾采用焚烧技术处理呈上升趋势。垃圾焚烧制能所以发展如此迅速，主要是垃圾中的可燃物，尤其是纸和塑料大量增加，垃圾发热量明显提高。城市垃圾焚烧的发展促进了焚烧技术提高。焚烧炉是焚烧过程的关键和核心，它为垃圾燃烧提供了场所和空间，其结构和形式将直接影响固体废弃物的燃烧状况和效果。焚烧炉可以从不同角度进行分类，按焚烧室的多少可以分为单室焚烧炉和多室焚烧炉；按炉型可分为固定炉排炉、机械炉排炉、流化床炉、回转窑炉和热解汽化炉等。所以通常所指垃圾焚烧炉，主要是指机械炉排炉。机械炉排炉按结构形式可分为移动式（又称链条式）、往复式、摇摆式、翻转式、回推式和辊式等。其中移动式和往复式使用较为广泛。垃圾焚烧炉选型至关重要，直接关系到设备投资额，运行费用以及现有垃圾适应性。新型垃圾焚烧炉具有焚烧稳定、物料燃烧彻底和良好的热回收性能。

图 4-18　垃圾焚烧发电厂

（1）焚烧处理的优缺点

1）焚烧处理的优点是：①设施占地面积小，可选址在城市近郊区；②处理时间短，减量化效果显著（减重一般达 70%，减容一般达 90%），无害化较彻底；③焚烧余热可以发电，获得一定的收益。垃圾焚烧和其他处理方法一样，并非十全十美，也有它的缺点。

2）焚烧处理的缺点是：①建设投资较高，运营成本较高；②技术含量较高，对运营操作者要求较高；③技术应用受垃圾热值的影响较大，通常要求垃圾低位热值大于 3767kJ/kg，水分≤54%；④处理规模大，焚烧发电一般要求规模在 300t/ 日以上；⑤烟气难处理（烟气处理部分的投资约占工程总投资的近 1/3），虽然有烟气净化装置对其处理，但在焚烧过程中仍可能产生二恶英（强致癌物），给周围居民的健康带来威胁。

（2）垃圾焚烧的改进措施。

1）提高垃圾焚烧的热值

目前，发展垃圾焚烧处理技术的首要问题是如何提高垃圾焚烧的热值。我国大部分城市的原生混合生活垃圾含水率高达 50%～70%，有机质比例大约 60%，而热值低。直接焚烧原生垃圾是有难度的，带来的后果是处理和资源化利用效率低，设备投资高，烟气处理技术复杂、难度大。为了改善燃烧状况，许多焚烧厂需添加一定量的煤或油，导致焚烧成本上升。

目前，运行较好的焚烧厂，除了添加煤、油之外，通常将生活垃圾在贮料池里堆放，之后再送进焚烧炉就可以燃烧得较好。经研究分析后发现，生活垃圾中的可生物降解有机物含量高、水分大，有利于微生物的生长繁殖。在贮料池堆放期间，生活垃圾已发生了一系列复杂的生化作用，破坏了含水物质的结构，使其中的一部分游离水和结合水渗出来，在一定程度上降低了含水率，提高了热值。事实上，这是生物预处理的作用。

因此，在我国发展焚烧处理技术时，首先应在焚烧厂设置专门的生物预处理工段，利用城市生活垃圾的生物预处理技术来提高垃圾焚烧的热值。通过生物预处理，可以实现水分和有机物的减量，改善生活垃圾特性，对后续处理方法具有积极影响。

2）减少垃圾焚烧的烟气污染

众所周知，燃煤发电没有突出的二恶英问题，焚烧厂垃圾焚烧产生的二恶英问题比较严重，其原因主要是与城市生活垃圾的成分有关。如果把废塑料等氯源物质分选出来，则有利于从源头防止二恶英的产生，降低烟气污染治理的技术难度和成本。因此，在发展垃圾焚烧技术的同时，必须考虑在焚烧厂设置机械分选设备的必要性和可行性。

3）延长焚烧炉的使用寿命

由于我国的城市生活垃圾分类收集率低，许多焚烧采取原生混合垃圾直接焚烧，焚烧过程中生活垃圾中的玻璃、金属等在高温条件下会熔融和烧结，易导致焚烧炉发生故障。因此，我国生活垃圾焚烧炉的维修率普遍高于发达国家。如果在焚烧厂设置机械分选工段，把不能产生热值、只会带来问题的玻璃和金属分选出来，将更有利于城市生活垃圾的焚烧，延长焚烧炉的使用寿命，从而减少维护量和维护费用。

4）减少垃圾焚烧的飞灰

根据我国的环保要求，垃圾焚烧的飞灰属于危险废物，需进行安全处置，而处理每吨飞灰的要价超过千元。如果在焚烧厂设置机械分选设备，将有机或无机的颗粒性物质筛分出来，不但降低焚烧炉的规模和投资，也会减少飞灰的产生量。表4-2为生活垃圾处理技术比较。

生活垃圾处理技术比较　　　　　　　　　　　　　　　　表4-2

内容	卫生填埋	焚烧	堆肥
技术可靠性	可靠	较可靠，国外属成熟技术	较可靠，我国有实践经验
工程规模	工程规模主要取决于作业场地、填埋库容、设备配置和使用年限，一般均较大	单台焚烧炉规格常用100～500t/d，垃圾焚烧厂一般安装2～4台焚烧炉	静态或动态间歇式堆肥常用100～200t/d，动态连续式堆肥可达200～400t/d
选址难度	较困难	有一定难度	有一定难度
占地面积	大，200～300m²/t	较小，50～80m²/t	中等，100～200m²/t
建设工期	9～12月	30～36月	12～18月
适用条件	无严格要求，进场垃圾的含水率小于60%	进炉垃圾的低位热值高于3767kJ/kg、含水率≤54%	垃圾中可生物降解有机物含量大于40%，含水率不应小于40%
操作安全性	较好，仅填埋气体易燃易爆	较好，严格按照规范操作	较好
管理水平	一般	很高	较高
产品市场	有沼气回收的卫生填埋场，沼气可发电等	热能或电能可为社会使用，需有政策支持	落实堆肥产品市场有一定困难，需采用多种措施
能源化	填埋气体可收集用以发电	垃圾焚烧余热可发电或综合利用	采用厌氧消化工艺，沼气收集后可发电或综合利用
资源利用	填埋场封地并稳定后，可恢复土地利用或再生土地资源，陈垃圾可开采利用	垃圾分选可回收部分物质，焚烧炉渣可综合利用	垃圾堆肥产品可用于农业种植和园林绿化等，并可回收部分物资
稳定化时间	7～10年	2h左右	20～30天
最终处置	填埋本身是一种最终处置方式	焚烧炉渣需作处置，约占进炉垃圾量的10%～15%	不可堆肥物需处置，约占进厂垃圾量的30%～40%
地表水污染	应有完善的渗沥水处理设施，但不易达标	炉渣填埋时与垃圾填埋方法相仿，但水量小	可能性较小，污水应经处理后排入城市管网

续表

地下水污染	场底需有防渗措施，但仍可能渗漏。	可能性小	可能性较小
大气污染	有轻微污染，可用导气、覆盖、隔离带等措施控制	应加强对酸性气体、重金属和二恶英的控制和治理	有轻微气味，应设除臭装置和隔离带
土壤污染		灰渣不能随意堆放	需控制堆肥中重金属含量和pH 值
主要环保措施	场底防渗、每天覆盖、沼气导排、渗沥水处理等	烟气治理、噪声控制、灰渣处理、恶臭防治等	恶臭防治、飞尘控制、污水处理、残渣处置等
投资（不计征地费）	18～27 万元 /t（单层合成衬底，压实机引进）	35～70 万元 /t（余热发电上网，国产化率 50%）	25～36 万元 /t（制有机复合肥，国产化率 60%）
处理运行成本（不计折旧及投资回报）	26～35 元 /t	70～100 元 /t	35～50 元 /t
总处理成本（计折旧）	35～55 元 /t	100～180 元 /t	50～80 元 /t
技术特点	操作简单，适应性好，工程投资和运行成本均较低	占地面积小，运行稳定可靠，减量化效果好	技术成熟，减量化和资源化效果好
主要风险	沼气聚集引起爆炸，场底渗漏或渗沥水处理不达标	垃圾燃烧不稳定，烟气治理不达标	生产成本过高或堆肥质量不佳影响堆肥产品销售

思 考 题

1. 可持续城市的定义及标准是什么？
2. 可持续城市设计遵循哪几个原则？
3. 微生物脱硫技术有哪三种方法？
4. 整理煤气化联合循环的优缺点。
5. 可持续城市交通模式的选择要求。
6. 新能源汽车的种类。
7. 可持续城市排水系统的技术方法。
8. 雨水利用的技术方法
9. 中水处理技术
10. 中水回用的几种方式？
11. 可持续城市垃圾的处理要求。
12. 城市垃圾的处理技术方法。

参 考 文 献

［1］罗鋆. 可持续城市基础设施规划建设研究［D］. 重庆大学，2007：15-21.
［2］杨东峰等. 从可持续发展理念到可持续城市建设 - 矛盾困境与范式转型［J］. 国际城市规划，2012，27（6）：31.
［3］陆建. 城市交通系统可持续发展规划理论与方法［D］. 东南大学，2003：126-127.

［4］冯庆东．国内外智能电网发展分析与展望［J］．智能电网，2013，1（1）：18-19.

［5］刘鹤．煤炭清洁利用国际技术问题研究—以IGCC和CCS为例［J］．安徽农业科学，2012，40（6）：3521-3522.

［6］徐鹤等．我国分质供水的发展［J］．水利水电技术，2012，43（9）：74-75.

［7］余贻鑫．智能电网述评［J］．中国电机工程学报，2009，29（34）：2-3.

［8］张华等．可持续城市排水系统的应用与发展［J］．低温建筑技术，2009，（8）：114-115.

［9］于立．西欧国家可持续性城市排水系统应用［J］．国外城市规划，2004，19（3）：52-55.

［10］蒲舸．城市生活垃圾处理的可持续性发展［J］．重庆建筑大学学报，2003，25（6）：96-98.

［11］厉晶晶．雨水收集利用系统关键技术及工程示范研究［D］．江苏大学，2010：2-6.

［12］吕玲等．城市雨水利用研究进展与发展趋势［J］．中国水土保持科学，2009，7（1）：121.

［13］黄新民等．公共交通建设与城市可持续发展［J］．城市问题，2007，（8）：38.

［14］王娜．可持续交通模式的选择［J］．山西建筑，2007，33（17）：25.

［15］吴丽．我国城市生活垃圾清运量预测及垃圾处理技术发展趋势研究［D］．华中科技大学，2006：46-51.

［16］李林．福建省十一五城市生活垃圾处理技术路线研究［D］．华中科技大学，2006：11-13.

［17］马保军．城市中水回用的技术与问题［D］．长安大学，2010：9-30.

［18］魏连雨等．城市交通可持续发展［J］．河北省科学院学报，2000，17（3）：189.

［19］阮辉平．中国电动汽车产业发展研究［D］．昆明理工大学，2012：11-22.

［20］郑铁峰．我国能源替代及其可持续性问题的研究［D］．锦州：渤海大学，2012：23.

［21］胡学浩．智能电网—未来电网的发展态势［J］．电网技术，2009，33（14）：1-4.

［22］张文亮等．智能电网的研究进展及发展趋势［J］．电网技术，2009，33（13）：1-10.

［23］赵景柱等．中国可持续城市建设的理论思考［J］．环境科学，2009，30（4）：1244.

［24］鲍宗豪．中国可持续城市化面临八大挑战［J］．红旗文稿，2011，26-29.

［25］高莉洁等．关于可持续城市研究的认识［J］．地理科学进展，2010，29（10）：1209.

［26］武秀琴等．煤炭微生物脱硫技术的研究及进展［J］．选煤技术，2009，（1）：65-66.

第5章　可持续建筑设计方法

5.1　可持续建筑设计的原则

可持续建筑除了要考虑场地外，还要在初期考虑可持续建筑设计。可持续建筑是指建筑设计、建造、使用中充分考虑环境保护的要求，把建筑物与种植业、养殖业、能源、环保、美学、高新技术等紧密地结合起来，在有效满足各种实用功能的同时，能够有益于使用者的健康，并创造符合环境保护要求的工作和生活空间结构。可持续建筑是一种理念，它运用于建筑的设计、施工、运行管理、改造等各个环节，使建筑获得最大的经济效益和环境效益。

在进行可持续建筑的建筑设计时，首先要确定建筑在环境保护方面所要达到的目标，并对目标有一个明确的理解。然后可以通过图表等形式将目标的实施进程表示出来。传统建筑项目的过程包括设计、投标、建造和使用。传统建筑往往忽视建筑的位置、设计元素、能源和资源的制约、建筑体系以及建筑功能等因素之间的相互关系。而一个关注环境的设计程序则增加了综合建筑设计、设计和施工队伍的合作以及环境设计准则的制定等要素。可持续建筑将通过一个集成设计方法，充分考虑上述因素彼此之间的相互作用、气候与建筑方位、昼光的利用等设计因素、建筑外表面与体系的选择以及经济准则和居住者的活动等诸多因素，综合考虑。集成建筑设计是开发可持续建筑的基础，这种建筑是由相互协作且环境友好的产品、体系及设计元素构成的高效联合系统。简单的叠加或重复系统不会产生最佳的运行效果或费用的节约。相反，建筑设计者可以通过设计多种多样的建筑体系和元件作为结构中相互依存的部分，从而获得最有效的结果。

在设计中要考虑的基本原则是：

（1）资源经济和较低费用原则；

（2）生命期设计原则；

（3）宜人性设计原则；

（4）灵活性设计原则；

（5）传统性特色与现代技术相统一原则；

（6）建筑理论与环境科学相融合原则。

上述原则应始终贯穿于整个设计过程，指导设计活动。从目前的建筑设计看，在对这些原则的运用方面存在以下较为典型的问题。

1. 能源利用效率和可再生能源

（1）充分利用太阳能、阴影和自然光线的建筑朝向；

（2）建筑微气候的效果；

（3）建筑外表面和开窗的热效率；

（4）规模恰当有效的供热、通风和空调系统（HVAC）；

（5）可选择的照明；

（6）照明、器具和设备；

（7）电器负荷的最小化；

（8）抵消成本的有效刺激。

2. 直接的和间接的环境影响

（1）建造中场地和植被的一体化；

（2）采用综合虫害管理；

（3）再造园时应用当地的植被；

（4）尽可能减少对水域的干扰和额外的污染源；

（5）材料的选择对能源消耗和对空气、水污染的影响；

（6）使用当地的建筑材料；

（7）用于制造建筑材料的能量总量。

3. 能源的节约和循环

（1）使用可循环或带有可循环材料成分的产品；

（2）建筑组件、设备和家具的再利用；

（3）通过再利用和循环利用来尽可能减少建筑垃圾和毁坏的碎片；

（4）为建筑业主使用可循环设施提供方便途径；

（5）通过中水的再利用和节水装置来使生活废水达到最小化；

（6）使用雨水进行灌溉；

（7）在建筑运行中节约用水；

（8）使用可选择的污水处理方法。

4. 室内环境质量

（1）建筑材料的易挥发有机成分；

（2）尽量减少微生物生长的机会；

（3）提供足够的新鲜空气；

（4）维修和清洁材料的化学成分及其挥发性；

（5）尽量减少设备和内部人员的污染源；

（6）恰当的声音控制；

（7）易于接近日光和公共适宜环境。

5. 社区问题

（1）通过大运量的交通工具、步行或自行车来实现出行；

（2）注重社区的文化和历史；

（3）影响建筑及材料设计的气候特征；

（4）有助于绿色设计的地方奖励制、政策和规则；

（5）实现建筑垃圾再循环的社区基础设施；

（6）环境产品和专门的地区可获得性。

5.2　环境响应性场地设计

5.2.1　概述

可持续场地设计的目的是通过调整场地和建筑使设计和施工策略形成有机整体，从而使人类获得更加舒适的生活环境和更大的使用效率。合理的场地规划具有指导性和战略性意义。它用图解的方式表示出某个场地利用的适当模式，同时结合可以最大限度地降低场地破坏、建设成本和建设资源的建造方法。

场地规划通过评估特定地形，以确定其最合适的用途，然后为此表明最合适的使用区域。一个理想的场地规划，在布置道路、安排建筑及相关用途时，都应该利用从大的宏观环境中获得的场地数据和信息来发展，宏观环境包括该社区的已有的历史和文化模式。

对建筑场地的选择，应从计算资源利用程度和已有自然系统的破坏程度的过程开始。这些都是支持建筑开发所必需的。最环保、健康的开发对场地的破坏应当尽可能小。因此，适合商业建筑的理想用地，应该位于已有商业环境中或与其相邻。建筑项目也应与物质运输、交通基础设施、市政设施和电信网络相关。合理的场地规划和建筑设计应该考虑在公用走廊中布置公共设施，或者选址时利用现有的公共设施网络。这种联合可以最大限度地降低场地破坏并便于建筑维修及检查。

建筑的使用、规模和结构系统影响其特定的场地要求和相关的环境，建筑特性、朝向及选址应联系场地进行考虑，这样，就可以确定合理的排水系统、循环模式、景观设计和其他场地开发特征。

5.2.2　自然环境状况分析与评价

实现可持续场地设计面临的最大挑战是意识到大自然有很多可利用的资源，同时大自然也有很多值得我们学习的地方。如果将设计融入大自然中，则空间将更加舒适、有吸引力、有效。理解自然系统和他们相互联系的方式，以便在工作中减少对环境的影响，这是非常重要的。像自然界一样，设计不应是精致的，而应一直进化并适应其与环境更加密切的相互作用。

1.　风

风的主要作用是冷却。例如，热带环境的季风通常从东南方向吹来，吹向西北方向。建筑的朝向和具有聚风作用的室外布置充分利用这种冷却风，便可以视这为天然的空调。

2.　太阳

阳光充足的地方，有必要在活动区域为人体的舒适和安全提供遮阴措施（比如小径、院子）。最经济实用的方法是利用天然的植被，斜坡或引入的遮阴结构，利用室内空间的自然采光和太阳能是节约能源和响应环保的方案考虑的重要因素。

3.　降雨

即使在雨水似乎充沛的热带雨林里，适于饮用的净水也会经常短缺。很多地方必须引入水资源，这极大地增加了能源消耗和运行成本，并使得水的补偿变得很重要。雨水应当收集起来用于多种用途（如饮用、洗澡），并加以再利用（如冲厕所、洗衣服）。废水或已开发区域的过剩雨水应该排入渠道并加以合适的方式流出，使地下水得到补充。降低对土壤和植被的破坏，确保土地开发远离地表径流，以保护环境和自然结构。

4. 地貌

在许多地区，平坦的土地是很宝贵的，应该留作农业使用，这样只留出坡地来用于建筑。如果采用创新的设计方案和合理的建造技术，斜坡并不是不可克服的场地不利因素。地貌可能造成建筑的竖向分层，并为独立建筑提供更多的私密性。地貌也可以通过改变亲密性或熟悉性来增强或改变参观者对场地的印象（如从一个峡谷走到山坡）。另外，保护当地的土壤和植被是需要认真对待的重要问题，增加人行道和休息点是解决这一问题的适当方案。

5. 水生生态系统

水生地区附近的开发必须以对敏感资源和方法的广泛了解为基础。大多数情况下，开发应着重于水生区域的保护，以降低间接地环境破坏。特别敏感的地点，如海滩应予以保护，使其不受任何干扰。任何水生资源的收获都应通过可持续性的评估，且随后进行监测和调节。

6. 植被

外来植物种类，尽管可能是美丽的、吸引人的，但不见得适应并能维持健康的本土生态系统。脆弱的本土植物种类要加以确定和保护。原生植被应鼓励保持多样性，并保护天然植被生物的营养。开发中种植的本土植被与被破坏的原生植被的比例应为 2:1。植被可以提高隐蔽性，可以用来制造"自然房间"，是遮阴的主要来源。植物也有助于保证景观的视觉完整性，并能自然的融入新开发地区自然环境中。某些情况下，植物可以在可持续的基础上提供促进粮食生产和其他有用产品的机会。

7. 视觉特征

自然景观应尽可能应用于设计中，应当避免创造视觉干扰（如道路阶段，公用设施等），小心控制外来干扰，利用本地建筑材料，将建筑物隐藏在植被中，根据地貌施工可以保持自然景观。在最初的时候减少建筑占地面积远比在完工后整治地块以减少视觉破坏要容易得多。

5.2.3 场地整体布局设计

1. 建筑和场地朝向

（1）规划场地的空地和植被，充分利用太阳能和地形条件；

（2）规划建筑的正确朝向，以在主动式和被动式太阳能系统中充分利用太阳能；

（3）根据不同的气候条件，最大限度减少或利用太阳阴影。

2. 景观和自然资源的利用

（1）利用太阳能，空气流动特点，自然水源以及地形的隔热性能，进行建筑的温度控制。在寒冷的气候条件下，现有水源和地形可作为冬季的热汇资源，在炎热的气候条件下利用温差以产生凉爽的气流。现有的溪流和其他水资源可有助于场地的辐射冷却，表面的颜色和朝向可用来更好的反射太阳能；

（2）利用现有的植被来调节天气条件，为本土的野生动植物提供保护。植被在夏季时可以供阴凉和蒸腾作用，在冬季可以防风。另外，植被可以为野生动植物提供天然的联系；

（3）设计道路、景观以及配套设施以使风朝向主要建筑，并为其降温；或使主要建筑避开风，以减少热量损失。

5.2.4　场地建筑布局设计

进行场地分析以确定影响建筑设计的场地特征。以下场地特征都是影响建筑设计的要素，包括：形式、形状、体积、材料、体形系数、道路和公共设施、朝向、地坪标高、地理纬度（太阳高度）和微气候因素；地形和相邻土地形式；地下水和地表水径流特征；太阳辐射；每年和每日的气流分布；周边开发和计划的未来开发。图 5-1 分析了区域生物气候、场地用途及场地设计因素在不同气候条件下的做法。

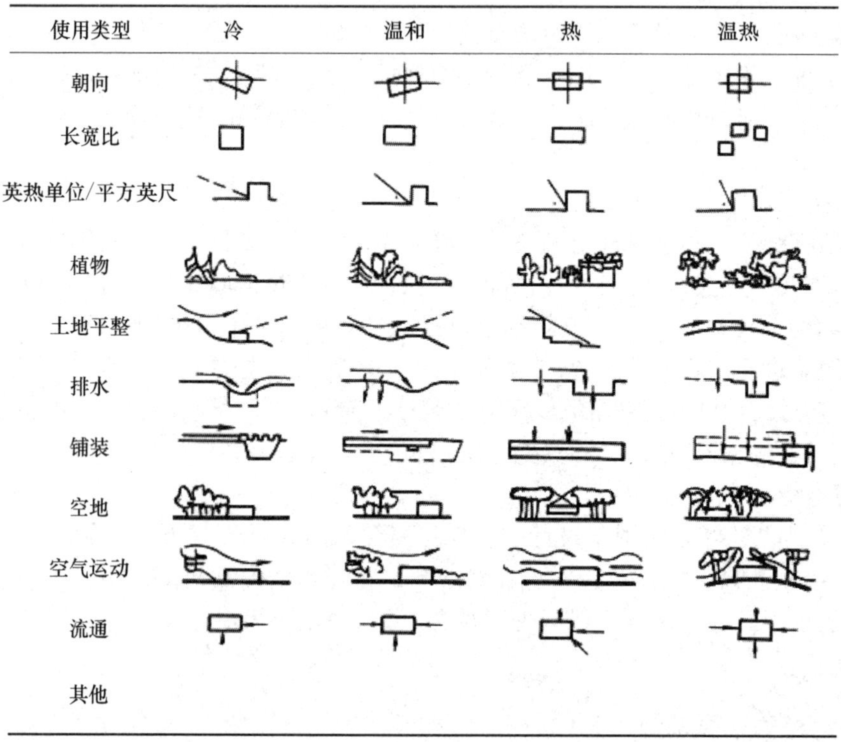

使用类型	冷	温和	热	温热
朝向				
长宽比				
英热单位/平方英尺				
植物				
土地平整				
排水				
铺装				
空地				
空气运动				
流通				
其他				

图 5-1　区域生物气候、场地用途及场地设计因素矩阵

（1）选址：综合考虑自身建筑与周边自然环境（如植被、坡地、水面等）及已建成建筑之间的关系，利用有利条件，改善不利环境，在优化建筑周边小气候的同时，建立气候防护体系，形成适宜的地区微气候，以达到节能目的（图 5-2）。

（2）形态：在建筑总平面设计中一方面要求体形系数尽量小，主要是指采用减少建筑外墙面积、控制层高、减少体型凹凸变化，尽量采用规则平面等设计手段；另一方面要求形体在冬季可接受更多的辐射热。

（3）间距：阳光不仅是热源、光源，还对人的健康、精神心理都有影响。所以，必须保证室内一定的日照量，从而确定建筑的最小间距。

（4）朝向：应根据所处地理位置的不同选取可减少能耗的建筑朝向。如在热带，为减少太阳入射面积，建筑宜是长轴南北向布置；如在寒带，为争取太阳辐射，建筑宜东西向布置。

（5）通风：在建筑总平面设计中，空气流动是一个重要的气象因素，各地区的气象资料均可提供当地不同季节的主导风向和风速，是设计的依据。在任何地段上风的流动都会影响建筑内部的冷暖和内外气候环境。由于通风可增加建筑的散热，夏天的穿堂风可使居室凉爽舒适，但冬季则需要避风措施，因此，控制气流是总平面设计中的关键点（图5-3）。控制气流的基本方法是降低流速和分解流向，建筑在地段上的落位要充分利用自然地形条件，创造利用当地风效应的特点取得环境气候效益（图5-4）。在冬季建筑体的尖角指向风力的方向，使其速度分解。利用风障也可减弱风力，包括利用其他建筑或植被作风障。

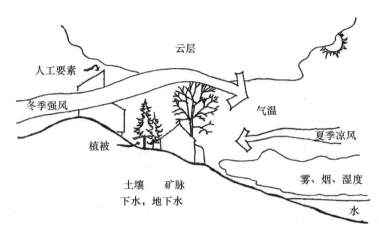

图5-2 利用建筑选址，并结合建筑形态、通风和朝向等因素形成适宜的地区微气候

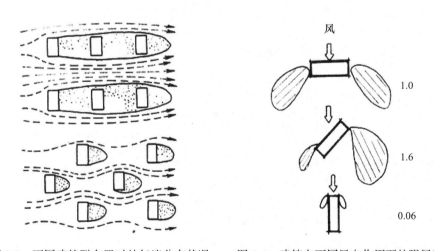

图5-3 不同建筑群布置时的气流分布状况　　图5-4 建筑在不同风向作用下的强风区

5.2.5 场地交通布局设计

（1）利用现有的汽车交通网络，减少新基础设施的需求；

（2）集中公用设施，人行道和汽车道路。为了降低路面成本、提高效率、集中径流，道路、人行道、停车场应当紧凑。这不仅是减少建造成本的方法，也有助于减少不透水表面与场地总面积的比率。

5.2.6   基础设施相应设计

（1）调整微气候以最大限度的满足人体舒适，充分利用室外公用设施如广场、休憩区及休息区；

（2）考虑公用设施采用可持续场地材料。可能的话，材料应当能循环利用，而且具有较低的寿命周期费用。选择材料时也要考虑反射率。

5.3   气候适应性被动式建筑设计

5.3.1   概述

被动式设计的目的是尽量减少或者不使用制冷、供热及采光设备，并创造高质量的室内环境和室外环境。这一概念的设计策略强调的是：根据当地的气候特征进行设计；遵循建筑环境控制技术的基本原则；考虑建筑功能和形式的要求等。被动式设计将降低建筑能耗。

被动式建筑的合理设计和指导为建筑所有者和居民提供了诸多益处，包括：

（1）运行能耗：全面较低的能耗费用；

（2）投资：以生命周期为成本基础的额外投资将带来高经济回报。如果考虑未来能源价格的上涨这种回报将更大。这些将导致更高的使用率和满意度，随之而来的是较高的建筑价值和较低的风险；

（3）舒适性：更好的热舒适性，减少对产生噪声的机械设备系统的依赖，阳光充沛的室内空间，以及开放的空间布置；

（4）工作效率：更多的自然采光可减少眩光，可以提高工人的生产效率，提高人员出勤率；

（5）环保：降低能源消耗量和对化学燃料的依赖。

成功的融入被动式设计策略要求有一套系统的方法。它必须开始于前期设计阶段，贯穿于整个设计过程。在某些工程阶段，建筑户主和设计小组同意加入被动式设计是非常关键的，在建筑设计过程中应包括以下被动式设计策略：

（1）场地选择：评估建筑场地的选择或位置，及其采光效果和景观因素；

（2）制定计划：建立能源利用模式，确定能源策略的优先性（如自然采光和高效照明）；确定基础条件，进行全寿命周期的成本分析；建立能源预算；

（3）概念设计：考虑方位，建筑形式以及景观等，最大限度的挖掘场地的潜力；对典型的建筑空间进行初步分析，涉及隔热性能，墙体蓄热能力，窗户类型和位置；确定可用的自然采光；确定被动式供热或制冷负荷、采光及空调系统的需求；确定各选择方案的初期投资效益，并与预算作对比；

（4）设计发展：结束对所有建筑区域的分析，包括对设计元素选择和生命周期成本分析；

（5）施工文件：模拟整个建筑方案，建立满足能源效率设计目的计划书；

（6）投标：与利用生命周期成本分析来评估各种可能的方案；

（7）建设：与承包商沟通，使其知道遵守设计的重要性并保证其能够遵守；

（8）入住：使居住者了解能源设计的意图，并为维修人员提供业务手册；

（9）入住后：有目的的评估性能和居住者行为，与设计目标作比较。

被动式建筑设计开始于对选址、自然采光以及建筑围护结构的考虑。几乎被动设计的所有元素都有不止一个目的。自然景观审美的同时也可以提供关键的遮阳或直接的气流。窗户阴影既是遮阳装置也是室内设计的一部分。砖石地板不仅能蓄热，还可以提供耐久的步行表面。在房间内反射的阳光使房间明亮并提供工作照明。关键的设计领域包括以下方面：

（1）保温隔热：提供适当的保温隔热，最大限度减小漏风；

（2）窗户：传热，采光，内部空间和外部环境之间的空气交换；

（3）采光：降低照明和制冷方面的能源利用；创造更好的工作环境，从而提高舒适性和生产效率；

（4）蓄热：储存冬季的过剩热量，在夏季，夜间冷却而日渐吸收热量，这有助于转移供热和冷却的高峰负荷至非高峰时间；

（5）被动式太阳能供暖：利用适当数量和类型的南向玻璃窗和合理设计的遮阳装置，使热量在冬季进入建筑，夏季将其反射，这在气候凉爽的地区最适用；

（6）自然通风被动冷却：通过自然或机械手段对气流进行控制，这将有助于提高建筑大部分区域的能源效率。

5.3.2 气候分区与建筑特征

1. 气候因子

形成气候的基本因子。主要有三个方面：辐射因子、环流因子、地理因子。气候因子（climatic factor）指形成生物环境的各气候因子。由温度因子（绝对值、变化类型和幅度）、水分因子（降水量、降雨型、湿度）、光因子（照度、日照时间）、大气因子（氧气及 CO_2 的浓度、风）等所组成。

2. 气候带划分

（1）建筑气候区划（表 5-1）

建筑气候区划

表 5-1

分区代号		分区名称	气候主要指标	建筑基本要求
I	I A I B I C I D	严寒地区	1月平均气温≤-10℃； 7月平均气温≤25℃； 7月平均相对湿度≥50%	建筑物必须满足冬季保温、防寒、防冻等要求
II	II A II B	寒冷地区	1月平均气温-10～0℃； 7月平均气温18～28℃	建筑物应满足冬季保温、防寒、防冻等要求，夏季部分地区应兼顾防热
III	III A III B III C	夏热冬冷地区	1月平均气温0～10℃； 7月平均气温25～30℃	（1）建筑物必须满足夏季防热、遮阳、通风降温要求，冬季应兼顾防寒 （2）建筑物应防雨、防潮、防洪、防雷电
IV	IV A IV B	夏热冬暖地区	1月平均气温＞10℃； 7月平均气温25～29℃	（1）建筑物必须满足夏季防热、遮阳、通风、防雨要求 （2）建筑物应防暴雨、防潮、防洪、防雷电
V	V A V B	温和地区	1月平均气温0～13℃； 7月平均气温18～25℃	建筑物应满足防雨和通风要求

续表

分区代号		分区名称	气候主要指标	建筑基本要求
VI	VI A VI B	严寒地区	1 月平均气温 0 ~ −22℃； 7 月平均气温 < 18℃	建筑热工设计应符合严寒和寒冷地区相关要求
	VI A	寒冷地区		
VII	VII A VII B VII C	严寒地区	1 月平均气温 −5 ~ −20℃； 7 月平均气温 ≥ 18℃； 7 月平均相对湿度 < 50%	建筑热工设计应符合严寒和寒冷地区相关要求
	VII A	寒冷地区		

（2）中国建筑热工设计气候分区

为使建筑热工设计与地区气候相适应，按规定将全国划分成五个建筑热工设计区，分别是：严寒地区、寒冷地区、夏热冬冷地区、夏热冬暖地区和温和地区。

建筑热工设计分区及设计要求如表 5-2 所示。

建筑热工设计分区及设计要求　　　　　　　　　　　　　　表 5-2

分区名称	分区指标		设计要求
	主要指标	辅助指标	
严寒地区	最冷月平均温度 ≤ −10℃	日平均温度 ≤ 5℃的天数 ≥ 145d	必须充分满足冬季保温要求，一般可不考虑夏季防热
寒冷地区	最冷月平均温度 0 ~ −10℃	日平均温度 ≤ 5℃的天数 90 ~ 145d	应满足冬季保温要求，部分地区兼顾夏季防热
夏热冬冷地区	最冷月平均温度 0 ~ 10℃，最热月平均温度 25 ~ 30℃	日平均温度 ≤ 5℃的天数 0 ~ 90d，日平均温度 ≥ 25℃的天数 40 ~ 110d	必须满足夏季防热要求，适当兼顾冬季保温
夏热冬暖地区	最冷月平均温度 > 10℃，最热月平均温度 25 ~ 29℃	日平均温度 ≥ 25℃的天数 100 ~ 200d	必须充分满足夏季防热要求，一般可不考虑冬季保温
温和地区	最冷月平均温度 0 ~ 13℃，最热月平均温度 18 ~ 25℃	日平均温度 ≤ 5℃的天数 0 ~ 90d	部分地区应考虑冬季保温，一般可不考虑夏季防热

建筑热工设计分区划分了 5 个区，最初主要是为了明确哪些地区应该设置供暖：为暖通工程师的热工计算提供依据；建筑气候区划分了七个区，最初主要是为了制定不用区域的日照标准：为建筑师的日照计算提供分类标准。其实，建筑热工分区和建筑气候分区的作用类似，都是为不同地区的热工、日照、节能等提供划分依据，便于根据不同的气候特点，因地制宜地进行相关设计。随着节能设计的大力提倡和推广，建筑热工设计分区的划分也越来越细。公共建筑中严寒地区划分为 A、B 两个区；居住建筑中严寒地区划分为 A、B、C 三个区，寒冷地区划分为 A、B 两个区，夏热冬暖划分为北区和南区，温和地区划分为 A、B 两个区。

（3）建筑节能气候分区

重庆大学付祥钊等根据气候与建筑能耗的关系，确定了影响建筑能耗的气候要素，提出以 HDD18、CDD26 为 1 级指标，冬季太阳辐射量、夏季相对湿度、最冷月平均温度等为 2 级指标；划分了中国建筑节能气候分区（图 5-5）。

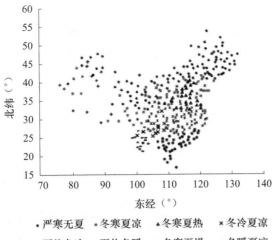

图 5-5 中国建筑节能气候区划图

1）严寒无夏地区

气候特征为冬季异常寒冷，夏季短促。该区主要分布在东北三省、内蒙古、新疆及青藏高原。冬季最冷月平均气温基本小于−10℃，日平均气温小于5℃的天数在136～283d之间；夏季最热月平均温度小于26℃。大部分地区太阳辐射量大，如青海一些地区冬季太阳辐射量大于1000MJ/m²。

2）冬寒夏凉地区

气候特征为冬季很寒冷，夏季很凉爽。该区气候特征与严寒无夏地区相似，但寒冷程度与时间相对小些，最冷月平均温度大于−10℃，日平均气温小于5℃的天数在56～142d之间（不包括以辅助指标划入该区的城市）；另外，将冬季太阳辐射量≥1000MJ/m²，最冷月平均温度小于−10℃，以红原、玉树等为代表HDD18≥3800℃·d的地区也纳入该区。

3）冬寒夏热地区

气候特征为冬季很寒冷，夏季炎热。该区气候条件较为恶劣，冬季寒冷且长，最冷月平均气温在−5.5～1.3℃之间，全年日平均温度低5℃的时间达67～115d，冬季太阳辐射量在415～836MJ/m²之间；夏季炎热，最热月平均温度大于26℃，气温高于26℃的时间在32～80d之间，且昼夜温差较大。

4）冬冷夏凉地区

气候特征为冬季冷，夏季凉爽。冬季太阳辐射量在383～841MJ/m²之间，最冷月平均温度在3.7～8.5℃之间；夏季凉爽、湿度大，最热月平均温度低于26℃，夏季相对湿度在72%～86%之间。

5）夏热冬冷地区

气候特征为冬季阴冷，夏季湿热。该区主要位于长江流域，夏季闷热高湿，最热月平均温度为26.5～30.5℃，夏季相对湿度在80%左右，夏季太阳辐射量大1000MJ/m²；冬季阴冷，冬季太阳辐射量小于750MJ/m²，个别地区不足400MJ/m²，最冷月平均气温为0～8.6℃，是世界上同纬度下气候条件最差的地区。

6）夏热冬暖地区

气候特征为冬季温暖，夏季炎热。该区冬季暖和，最冷月平均温度大于 9℃，冬季太阳辐射量在 600 ～ 1500MJ/m² 之间；夏季长而炎热，最热月平均温度大于 27℃，全年日平均温度大于 26℃的时间达 82 ～ 265d，相对湿度大约为 80%。夏季太阳辐射强烈，太阳辐射量大 1200MJ/m²，个别地区大于 2000MJ/m²，降雨丰沛，是典型的亚热带气候。

7）冬寒夏燥地区

气候特征为冬季很寒冷，夏季炎热，相对湿度小。该区冬季非常寒冷，且供暖期较长，最冷月平均温度为 −17.2 ～ −2.2℃，全年日平均气温低于 5℃的时间在 96 ～ 125d 之间；夏季燥热，相对湿度小于 50%，太阳辐射量 1200 ～ 2300MJ/m² 之间，夏季昼夜温差大。

8）冬暖夏凉地区

气候特征为冬季温暖，日照丰富，夏季凉爽。该区气候条件舒适，冬季温暖，最冷月平均温度大于 9℃，冬季太阳辐射量在 1000MJ/m² 左右；夏季凉爽，最热月平均温度为 18 ～ 25.7℃，夏季 3 个月太阳辐射量大于 1200MJ/m²。

3. 不同气候带的建筑特征

（1）华北地区的建筑特征

北京气候为典型的暖温带半湿润大陆性季风气候，夏季高温多雨，冬季寒冷干燥，春、秋短促。四合院是北京地区乃至华北地区的传统住宅。其基本特点是按南北轴线对称布置房屋和院落，坐北朝南，大门一般开在东南角，门内建有影壁，外人看不到院内的活动。正房位于中轴线上，侧面为耳房及左右厢房。正房是长辈的起居室，厢房则供晚辈起居用，这种庄重的布局，亦体现了华北人民正统、严谨的传统性格。北京地区属暖温带、半湿润大陆性季风气候，冬寒少雪，春旱多风沙，因此，住宅设计注重保温防寒避风沙，外围砌砖墙，整个院落被房屋与墙垣包围，硬山式屋顶，墙壁和屋顶都比较厚实。

蒙古包是内蒙古地区典型的帐幕式住宅，以毡包最多见。内蒙古温带草原的牧民，由于游牧生活的需要，以易于拆卸迁徙的毡包为住所。传统上蒙古族牧民逐水草而居，每年大的迁徙有 4 次，有"春洼、夏岗、秋平、冬阳"之说，因此，蒙古包是草原地区流动放牧的产物。

（2）华东地区的建筑特征

江苏属于温带向亚热带的过渡性气候。最冷月为 1 月份，平均气温 −1.0 ～ 3.3℃，其等温线与纬度平行，由南向北递减，7 月份为最热月，沿海部分地区和里下河腹地最热月在 8 月份，平均气温 26 ～ 28.8℃，其等温线与海岸线平行，温度由沿海向内陆增加。江苏民居以苏州为代表。素有"东方威尼斯"之称的苏州水网密布，地势平坦，房屋多依水而建，门、台阶、过道道均设在水旁，民居融于水、路、桥之中，以楼房，砖瓦结构为主。青砖蓝瓦、玲珑剔透的建筑风格，形成了江南地区纤巧、细腻、温情的水乡民居文化。由于气候湿热，为便于通风隔热潮防雨，院落中多设天井，墙壁和屋顶较薄，有的有较宽的门廊或宽敞的厅阁。

位于长江口的上海，地理位置优越，是近代民族工业的发祥地之一。经济发达，住宅质量较好，多为砖瓦结构楼房，式样新颖美观大方，建筑风格充分显示出人文因素的影响，颇有"海派"文化的影子。

闽西南地区的客家人土楼是一种特殊农村住宅。土楼外形有方、圆之别，酷似庞大碉堡，其外墙用土、石灰、沙、糯米等夯实，厚1m，可达5层高;由外向内，屋顶层层下跌，共三环，主体建筑居中;房间总数可达300余间，十几家甚至几十家人共居一楼。福建是东南沿海的"山国"，境内山地丘陵占80%以上，地形复杂，历史上匪盗现象较为严重，中原汉族迁居此地后，为御匪盗防械斗，同族数百人筑土楼而居所，故形同要塞的土楼，防御功能突出。此外，福建地处东南沿海地震带，气候暖热多雨，坚固的土楼既能防震防潮又可保暖隔热，可谓一举数得。

（3）西南地区的建筑特征

干栏式竹楼是滇南傣、佤、苗、景颇、哈尼、布朗等少数民族的主要住宅形式。滇南气候炎热潮湿多雨，竹楼下部架空，以利通风隔潮，多用作碾米场、贮藏室及杂屋;上层前部有宽廊和晒台，后部为堂和卧室;屋顶为歇山式，坡度陡，出檐深远，可遮阳挡雨。

（4）西北地区的建筑特征

宁夏地处西北远离海洋，降水少、温差大，气候严寒，大陆性气候特征明显，冬春干旱多风沙，盛行偏北风，故住宅一般不开北窗。为保温防寒，采取厢房围院形式，且房屋紧凑，屋顶形式为一面坡和两面坡并存。

窑洞式住宅是陕北甚至整个黄土高原地区较为普遍的民居形式。分为靠崖窑、地防窑和砖石窑等。靠崖窑是在黄土垂直面上开凿的小窑，常数洞相连或上下数层;地坑窑是在土层中挖掘深坑，造成人工崖面再在其上开挖窑洞;砖石窑是在地面上用砖、石或土坯建造一层或两层的拱券式房屋。黄土高原区气候较干旱，且黄土质地均一，具有胶结和直立性好的特性，土质疏松易于挖掘，故当地人民因地制宜创造性地挖洞而居，不仅节省建筑材料，而且具有冬暖夏凉的优越性。由于地坑式窑洞难于防御洪水的侵袭，且随着经济条件的改善，近年来，一些地方已经放弃了地坑式窑洞的修造，并陆续在地面上营建砖木结构房屋而居。

5.3.3 气候适应性被动式设计方法

1. 被动式设计原理

"被动式设计"由英文Passive design转译过来。Passive英文原意为偶到、被动、顺从，有顺其自然之意。被动式设计就是应用自然界的阳光、风力、气温、湿度的自然原理，尽量不依赖常规能源的消耗，以规划、设计、环境配置的建筑手法来改善和创造舒适的居住环境。

被动式设计的目的是尽量减少或者不使用制冷、供热及采光设备，并创造高质量的室内环境和室外环境。这一概念的设计策略强调的是：依据当地的气候特征进行设计；遵循建筑环境控制技术的基本原则；考虑建筑功能和形式的要求等。

根据美国能源部的统计，采用被动式技术的建筑能耗比常规新建筑能耗降低47%，比常规旧建筑降低60%。被动式建筑可以广泛的适用于大多数大型建筑和所有的小型建筑，尤其是住宅建筑。被动式技术的设计最适宜于新建工程和重大的改造工程。这是因为被动式设计的大部分环节都融入在建筑设计中，并且被动式设计策略可以很好的成为建筑整体的一部分，并且带来良好的视觉效果。

2. 室内外空间联系

根据时间及气候的变化来控制建筑空间，可最大限度地利用气候资源的风能、光能等，节省用于空调或采光的建筑能耗。例如，我国南方炎热地区传统民居的天井空间，在夏季保持开敞加强通风，在冬季用透光材料加以覆盖，防止冷空气侵入，这些措施对改善室内热环境达到了较好的效果，是利用建筑空间可控性营造舒适环境的实例。

3. 被动式太阳能系统

（1）自然采光

自然采光就是将光线引入室内，并以某种分布方式提供比人工光源更理想、更优质的照明活动。这样就减少了人工照明的需求，从而减少电力使用以及相关的费用和污染。研究证明，自然采光能够比人工照明系统创造更加健康和更加奋发向上的工作环境，并能增加高达 15% 的生产效率。自然采光还可以改变光照强度，色彩和视野，帮助提高人员的生产效率。

自然采光要求建筑的围护结构正确设置门窗，实现透光的同时提供足够的光线的分布及扩散、一个设计良好的系统能够避免阳光直射造成的视力损害，造成不舒适感的过量得热和过度亮度。为了控制过度的亮度或对比度，窗户往往配置了额外的元素，如遮阳装置，百叶窗和光架。大多数情况下，当有足够的天然光线来维持理想的照明水平时，采光系统也应包括调暗或关闭灯光的控制器。把自然采光系统和人工照明系统有机结合来维持所需的光照，同时尽量节约照明能源，这也是可取的。

（2）被动式太阳能供暖、制冷和蓄热

在建筑中有机结合被动式太阳能供暖、制冷和蓄热的功能以及采光，产生相当大的能源效益和增加居住者的舒适性。把这些策略列入建筑设计中，可大大减少建筑供暖空调系统负荷从而节省能耗。

被动式太阳能供暖在多种类型的建筑中都有成功应用，特别是住宅建筑和小型商业、工业和办公建筑物。它们受益于被动式太阳能设计是因为它们是"围护结构为主宰"，也就是说，它们的空调负荷主要取决于气候条件和建筑围护结构的特点，而不是取决于内部得热。被动式太阳能供暖在寒冷季节有许多晴日的气候条件下发挥性能最佳，但在其他气候下也非常有利。

被动式太阳能冷却策略包括减少冷负荷、遮阳、自然通风、辐射冷却、蒸发冷却、除湿及地耦冷却。通过正确的窗玻璃选择，窗口位置，遮阳技术以及良好的景观设计，被动式设计策略可以降低冷负荷。不过，不正确的采光策略会产生过量的得热。制冷负荷的降低应通过正确的太阳能建筑设计和常规的建筑设计加以仔细处理。

墙体蓄热设计是被动式太阳能设计的主要特点。它们能够为过剩热量的处理提供一种机制，从而减少空调负荷，需要的时候，储存的热量也可以缓慢的释放回建筑内。夜间通过建筑的通风，也可以冷却蓄热体，减少上午的制冷需求。

4. 被动式风能系统

应用自然通风技术的意义在于两方面：一是由于被动式冷却已经生效，那么不需要能源消耗，自然通风就可以降低室内温度，清除潮湿和污浊的空气，改善室内热环境。二是它可以提供新鲜的清洁的天然空气，这对人体的生理和心理健康都有好处。即使是在热带地区，在一年的特定时间内也可以利用自然通风获得室内热舒适。

特别是在湿度较重的条件下，自然通风是获得热舒适的非常有效的方法。通过引入自然风到室内并提高室内风速，自然通风能够增加人体皮肤表面的汗液蒸发，减少由皮肤潮湿引起的不舒适感觉，并加强人体与环境空气之间的对流，降低温度。在夜间开窗通风能够消除白天在室内建筑构件及家具上积聚的辐射热量。

5.4　自然环境共生型设计

5.4.1　概述

人、建筑、环境是建筑发展的永恒主题，随着全球环境的恶化，生态问题日趋严重，人们越来越关注人类自身的生存方式。特别是 1992 年 178 个联合国成员国通过了《里约宣言》，为促进地球生态系统的恢复，实现地球的可持续发展起到了导向作用。生态技术在这一背景下，发挥出越来越重要的作用，成为各国实现可持续发展的绿色快车和实现保证。生态技术是利用生态学的原理，从整体出发考虑问题，注意整个系统的优化，综合利用资源和能源，减少浪费和无谓损耗，以较小的消耗获得丰厚的目标，从而获得资源和能源的合理利用，促进生态环境的可持续发展。

在建筑领域内，从德国托马斯《太阳能在建筑与城市规划中的应用》一书出版到近年来美国建筑界的绿色建筑运动，从北京大兴义和庄的"新能源村"建设到国外在生态高技术下建造的各种形式的生态建筑，可以说，生态建筑的发展在理论上、技术上以及建筑设计的实践上都取得可喜的成就。生态建筑有时又被称为"节能建筑""绿色建筑"，严格地讲都是不全面的。现代意义上的生态建筑，是指根据当地自然生态环境，运用生态学、建筑技术科学的原理，采用现代科学手段，合理地安排并组织建筑与其他领域相关因素之间的关系，使其与环境之间成为一个有机组合体的构筑物。图 5-6、图 5-7 为日本低层独户型、多高层环境共生型住宅构思图。

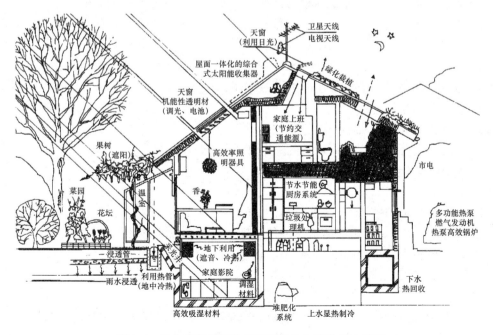

图 5-6　日本市郊低层独户型环境共生型住宅构思图

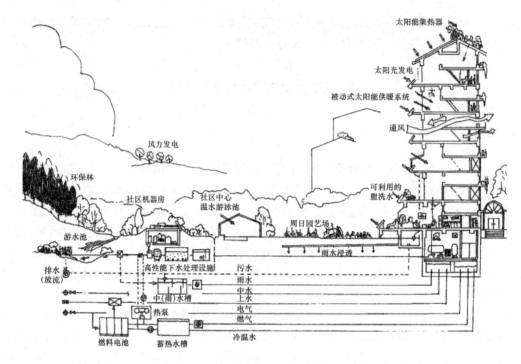

图 5-7　日本多高层环境共生型住宅构思图

5.4.2　保护自然设计方法

1. 生态系统（地下水资源、生物环境生态平衡、绿化、大气排放、废弃物处理处置）

（1）空间设计中要力图使空调效果优良，送风、回风管道短捷；

（2）资金性建筑物的总体布局和设计平、剖面时要考虑通风和采光的舒适性；

（3）在研讨外部立面构图时要考虑通风、采光、遮阳这些对建筑节能有效的设计措施；

（4）重视阳光的摄取，在可能的条件下设计蓄热的构造体，以节约能源；

（5）使用节约资源、节约能源型的设备机器；

（6）引进热点连座系统；

（7）引进和使用热回收器；

（8）规划设计中要落实热源设备的集中和共同利用；

（9）利用太阳能加温热水系统；

（10）充分利用风力；

（11）充分利用地热及地下的地热水；

（12）充分利用垃圾焚烧时所排放的热量和变电所排放的热量；

（13）充分利用排水、污水处理排出的热量；

（14）充分利用江、河与海水中的热量；

（15）采用可重复利用的剪裁及易于拆卸的结构；

（16）采用耐久性高、维修方便的建材和构造方法，以提高建筑物的使用期限；

（17）尽量设置重复循环可能回收物质的装置并备有贮存空间；

（18）要设置节水型的便器及用水设备；

（19）设置居住组群或地区单位（小区）的污水处理设施；

（20）设置居住组群或地区单位（小区）的中水道系统；

（21）利用雨水，设置收蓄雨水的设施；使其作为消防用水和绿化栽植用水；

（22）尽量选择节省资源、节约能源的设备和机器；

（23）积极的减少现场加工量，以削减"残羹剩饭"；

（24）积极的减少使用包装复杂的商品，大力促进使用长期耐久型的可重复利用的商品；

（25）大力推广家庭中产生的原始垃圾、小区内的残枝枯叶的堆肥化方式；

（26）屋面、凉台、外墙都应给予绿化；

（27）开敞空间同样都应给予绿化；

（28）利用雨水蓄水调节池，设置可供人们观赏游戏的亲水空间；

（29）要选择二氧化碳固定效果高的树种进行区域绿化；

（30）规划设计中要采用渗透性的地面覆面、排水侧沟、管道等材料，以补给地下水，而不至于把大气降水全部排走；

（31）利用自然地形图、制备、林木以及原有的水系和水体，造就良好的环境；

（32）大力设置区域内的绿化圈、家庭菜园以及园艺场；

（33）促进并积极创造条件，设置供观赏用的昆虫、鸟禽、动物的室外饲养设施；

2. 气候条件

基于气候适应策略建筑设计方法及过程是一个比较复杂的程序转换，逻辑化的设计方法并非类似于数学公式的推导过程，并最终得出唯一的解。建筑气候设计过程建立在科学分析，科学决策基础上，尽可能提供解决问题的方向及思路，使其成为一种可供选择的模式语言。设计中，模式的选择根据外界条件的变化调整设计策略及重点。现代建筑设计理念中最基本的问题是能源与环境问题，然而在许多情况下，这并没有成为建筑设计中首要考虑的因素，其结果必然以消耗大量的自然资源为代价。适应气候的建筑设计过程首先应确定建筑所在区位的气候资料，涵盖温度、湿度、降雨量、日照及风速条件。气候要素的确定帮助设计师根据一年内的气候状况制定比较详细的表格或图形，根据图形或表格确定每年不同时期人的舒适性指标，并成为设计的依据。这要靠一定的气候分析方法和工具来实现，并根据建筑节能及资源有效利用原则有针对性地确定建筑设计策略。本章的论述将以此为切入点集中在三个阶段进行讨论：阶段一，气候资料的收集、编制与分析；阶段二，根据气候资料的分析确定不同的设计策略；阶段三，选择适当的模式语言。

阶段一：气候资料的收集、编制与分析。主要包括全年最大、最小风速及风向；最大、最小及平均温湿度、降雨量，并把收集资料绘制在气候分析图表上。

气候分析图表的编制有多种方法，包括 Olgyay 的生物气候图、Givoni 生物气候舒适区图表法、生态图表法及马奥尼（Mahoney）图表法。资料的分析确定人的舒适性标准，并以此为依据判断一年或一天内哪些时间段内室外气候是超出人的舒适性范围的，对于超出的区域，应采取相应的气候适应性策略以增大人的舒适性范围，减小能源消耗。

阶段二：气候适应性策略的制定。

由于各个气候区域的差异非常大，因此必须因地制宜地制定合适的气候策略。设计适应气候的建筑主要的目的有两点：（1）节约资源，设计可持续的建筑；（2）提高室内的舒适度。为了达到第一点目标，一般采用被动式技术策略，主要的方法有：被动式太阳能利用、自然通风、夜间通风、提高围护结构的保温或者隔热能力、主动或被动蒸发降温。利用其中一项或者数项技术策略，可以有效的节约能源，同时可以增加室内舒适度。当然，人的舒适度不仅与温度有关，还取决于环境的湿度及风度大小，气候因子的综合作用直接影响到人的冷热敏感性，决定建筑设计策略的制定。

阶段三：模式语言的制定。

设计策略的制定是从气候因子到建筑设计因子的转译过程，包括场地、建筑室内外布局、界面、空间及体形特征五大部分 19 个设计标准的转化，并最终表现在模式语言上。具体到每个设计标准，根据建设项目所在城市的宏观气候状况结合建筑所在区域的微气候特征，确定建筑设计因子的可能模式，模式的选择与气候及地域条件具有一定的对应关系，并可根据设计要素的改变而表现出一定的选择灵活性。

模式语言的罗列提供设计者一种思考问题的方法，而并非作为设计思维过程的唯一解答，最后，当每一项设计原则所指定的设计策略选定之后，统一对各项实施策略进行反馈，修正各种策略之间存在的冲突与矛盾。在此，策略是方向及原则，语言是图形及表现；策略是抽象的，语言是具体的。

这三个方面作为设计的决策过程相互递进、互为依存。从气候资料的分析到建筑策略转化，最终落实到评价体系与评价方法上，整个过程体现了非常庞大的整体系统性设计思维。

3. 国土资源

（1）住宅建筑规划与设计的节地措施

1）控制住宅面积标准

资料表明，我国人均城市建设用地仅 100m^2 左右，其中人均居住区用地指标为 17～26m^2，居住区占建设总用地的 25%。如果保持目前的比例，在一定的容积率条件下，每套住宅的面积扩大，势必增加人均居住区用地指标，这就与合理利用土地的国策相违背。因此，适度控制每套住宅的面积标准，抑制过度消费，将使有限的土地资源得到有效的利用。

2）积极开发利用地下空间

在居住区和住宅单体的设计中，积极开发中心绿地、宅间空地或住宅单体的地下，布置车库、辅助用房等，是提高土地使用率的有效办法。被开发利用的地下空间，可以不计入总容积率，鼓励提高开发地下空间的积极性。当然，也要做好规划，处理好工程技术问题。

3）合理开发利用山坡地和废弃用地

随着住宅建设不断迅速发展，可用的完整、平坦的建设用地愈来愈少，需要对山坡地或废弃土地等，进行改良后使用。如山区、丘陵地带的荒坡，湖边的漫滩地，沿海城市还可有计划地采用填海增地的办法。

4）禁止使用黏土砖

我国的土地资源非常贫乏，人均可耕地面积只有 0.08hm^2，为世界平均值的 1/3，已接近联合国确定的人均可耕地 0.053hm^2 的最低界限。住房城乡建设部已三令五申，必须严格禁止黏土砖的生产和使用。需要积极研制混凝土空心砌体、黏土空心砖、工业废料砌体等产品，尽快替代传统实心黏土砖。还要大力推广混凝土结构、钢结构等结构类型，并切实解决好设计、构造、施工等有关技术问题。

（2）居住区规划设计中的节地措施

1）围合的居住空间

在居住区规划设计中，因地制宜地将行列式的布局改进为院落式围合，使住宅的外部环境成为院落内居民的共享空间。行列布置的东西缺口的适当围合，有效提高土地利用率。并可以密切邻里交往，增强居住安全。

2）集中布置配套公建集中布置可方便管理和使用，又节约用地

① 分散、沿街的商业设施，集中布置成独立的商场建筑。

② 机动车库与自行车库，集中设于半地下室或架空层；必需的地面停车场，推广植草砖铺砌地面，增加绿化面积。

③ 燃气调压站、水泵房、变电室等公用设施，在负荷距离允许的情况下，尽可能集中设置。

④ 集中设置居住区垃圾中转站；为居住区服务的公共卫生间，附设于会所或商场内等措施。

3）综合使用功能，提高土地利用率

在城市中心地段的居住区，集多种使用功能于一体，建造综合楼是提高土地利用率的好办法。①集住宅、商场于一楼；②集住宅、商场、办公于一楼；③集住宅、商场、办公、文娱活动、车库于一楼等。综合楼可以提高土地使用率，但是，设计难度大，结构和设备管道系统复杂。

4）合理利用各种基地地形

在北高南低的向阳坡地形上，应顺着坡向平行布置住宅，既能获得充分日照和良好的通风，且正面视野宽广，可减少住宅之间的日照间距。在南高北低的坡地上，要调整前后排住宅的层数，避免过多拉大日照间距。还要尽量利用高差所形成的、住宅底部的半封闭空间，作为停车、储藏等辅助空间。在东、西向的坡地上，应垂直坡地的方向布置住宅，并跟随坡地的高差改变住宅层数和高度，可以做南向退台的跃层住宅。保持合理的日照间距，节省用地。在平坦的地形上，应布置成正南、北向（可适当偏角），既能顺应风向，又可获得较好日照，是减少间距、节约用地的最好办法。在边角地区，根据基地形状，布置塔式、单元式高层住宅；在基地的北侧，布置高层住宅，也是节地的好措施。

（3）住宅单体设计的节地措施

1）适当缩小面宽加大进深

单体住宅的建设用地面积＝（住宅进深＋日照间距）× 住宅面宽。因此，住宅面宽对土地用量的增大或缩小非常敏感。通常采用加大进深、缩小面宽，达到节约用地的效果。加大住宅的进深，必须有效地减小面宽，否则，反而会更增加用地。加大住宅进深，还会明显地提高住宅室内的热惰性，有利于节约能源。但是，应解决好对中间部位功能空间的采光与通风。

2）适当降低住宅层高

《住宅建筑规范》GB 50368—2005 规定的室内净高：居室不低于 2.4m，厨卫不低于 2.2m。只要确保《住宅建筑规范》GB 50368—2005 规定的净高，适当降低每层的层高和住宅单体的总高度，就可以直接缩小日照间距。降低住宅总高的节地效果，在高纬度地区

尤为明显。住宅层高的确定，当然还应综合考虑室内空间效果、居住习惯、日照和通风质量、心理感受等条件。降低层高后的室内净空，也要由室内装修、结构厚度、通风方式等技术措施的协调配合。

3）处理好屋顶空间

屋顶是住宅第五立面，对建筑造型起着重要作用。住宅做斜坡顶屋面，可借助屋面坡度与日照斜率相接近的特点，可再降低住宅顶层的层高。在维持平屋面住宅日照间距的条件下，既取得了改变建筑轮廓、有效地解决了屋面防水和扩大屋顶部位使用空间的效果；也减少了住宅之间的日照间距，节约了建设用地。平屋顶可采用北向的退台，既获得露天活动空间，也可缩小日照间距。

4）适当提高住宅的层数

提高住宅层数与提高居住区的容积率，成正比关系。但是，节地的曲线，并非始终呈直线上升。当住宅达到一定数量的层数，容积率增加就显得缓慢，因为住宅用地由住宅基底用地和住宅日照间距用地两部分组成，住宅层数增加只能重复利用住宅基底用地，随着层数的增加，日照间距仍要扩大。所以，一般由低层升至多层，节地效果最为明显，至中高层，效果尚可，至高层，节地效果并不明显，节地曲线呈平缓状。不同层数住宅，优缺点的比较：在城市边缘地段、山坡地、风景区宜建低层住宅；中小城市宜建多层住宅，少量中高层住宅；中大城市宜建中高层住宅，少量多层住宅；特大城市宜建高层和中高层住宅。

5）多户单元的组合

多户单元的组合，能有效地利用土地资源。塔式高层住宅，过去做到一个标准层布置 8 ～ 10 户，显然使每户功能质量下降；当布置 6 户，既能达到多户单元组合的目的，又有较好的光照和通风，户内组织合理，不会出现死角和暗房，节地率较高；当布置 3 ～ 4 户，功能改善，但节地效果明显下降。板楼高层住宅，常规布置成 2 户，布置 3 ～ 4 户时，可明显节地，但中间户通风较差。

6）做好东西朝向和尽端户型住宅单元的设计

东西向住宅在特定条件下可以提高用地效率，但必须解决好东西朝向房间的日晒与通风问题。住宅单元的尽端户，由于三面无遮挡，可较自由布置并加大住宅进深，不影响前后楼的日照间距，有效达到节地的效果。

5.4.3　防御自然设计方法

1. 隔热设计

常规隔热设计方法和措施主要有外围护结构隔热和遮阳两类。其中外围护结构隔热又可分为外墙隔热、门窗隔热和屋面隔热三个方面。外墙隔热原理和构造做法与外墙保温的原理和构造基本相似。

（1）门窗隔热

作为门窗节能整体设计的一部分，门窗隔热与门窗保温在具体的实施措施上，还是存在一定的区别。

1）玻璃的选择。在选择建筑门窗时，要保证整体建筑的节能，根据各地区不同的节能目标，合理的选择玻璃。夏热冬冷地区，夏季日照强烈，空调制冷是主要能耗，因此应降低玻璃的遮阳系数，玻璃的遮阳系数越低，透过玻璃传递的太阳光能量越少，越有利于建筑物制冷节能。但玻璃的遮阳系数也不能太低，否则会影响玻璃的天然采光。

降低玻璃遮阳系数方法很多，如采用着色玻璃、阳光控制镀膜玻璃和 Low-E 玻璃等。Low-E 中空玻璃，特别是双层 Low-E 中空玻璃，不但导热系数低，保温性能优良，而且遮阳系数也可降至 0.30 ~ 0.60，隔热性能非常好，可满足《公共建筑节能设计标准》GB 50189—2015 在任何地区对玻璃导热系数和遮阳系数的要求，表 5-3 为玻璃遮阳系统。

玻璃遮阳系数

表 5-3

玻璃种类	单片 K 值 $[W/(m^2·K)]$	中空组合	组合 K 值 $[W/(m^2·K)]$	遮阳系数 S_C（%）
透明玻璃	5.8	6 白玻＋12A＋6 白玻	2.7	72
吸热玻璃	5.8	6 蓝玻＋12A＋6 白玻	2.7	43
热反射玻璃	5.4	6 反射＋12A＋6 白玻	2.6	34
Low-E 玻璃	3.8	6Low-E＋12A＋6 白玻	1.9	42

2）玻璃镀膜。玻璃镀低辐射膜可以大幅度降低玻璃之间的辐射传热。在夏热冬冷和炎热地区，由于其能耗主要集中在夏季，因此，其节能设计的重点主要是隔热。如果在中空玻璃的外层玻璃镀热反辐射膜，内层玻璃镀低辐射膜，可以将照射在玻璃上的太阳辐射热的 85% ~ 90% 反射回去，而且中空玻璃的传热能力明显降低，对降低夏季建筑物内的空调负荷有重要作用。

（2）屋面隔热

建筑物的屋面是房屋外围所受室外综合温度最高的地方，面积也比较大，因此，在夏热冬冷和炎热地区，屋面的隔热对改善顶层房间的室内小气候极为重要。

依据建筑热工原理，结合建筑构造的实际情况，隔热屋面一般有以下 4 种形式。

1）架空层屋面

架空层宜在通风较好的建筑上采用，不宜在寒冷地区采用，高层建筑林立的城市地区，空气流动较差，严重影响架空屋面的隔热效果。

架空通风隔热间层设于屋面防水层上，其隔热原理是：一方面利用架空的面层遮挡直射阳光，另一方面利用间层通风散发一部分层内的热量，将层内的热量不间断的排除，不仅夏季有利于达到降低室内温度的目的，而且增加空气层对屋面的保温效果也起到一定的作用。

2）蓄水屋面

蓄水屋面是在刚性防水屋面上设置蓄水层，是一种较好的隔热措施。其优点是可以利用水蒸发时带走水层中的热量，消耗晒到屋面的太阳辐射热，从而有效减少了屋面的传热量、降低屋面温度，是一种较好的隔热措施。但蓄水屋面不易在寒冷地区、地震地区和振动较大的建筑物上采用（图 5-8）。

3）反射屋面

利用表面材料的颜色和光滑度对热辐射的反射作用，对平屋顶的隔热降温也有一定的效果。例如屋面采用淡色砾石屋面或用石灰水刷白对反射降温都有一定的效果，适用于炎热地区。如果在通风屋面中的基层加一层铝箔，则可以利用其第二次反射作用，对屋顶的隔热效果将有进一步的改善（图 5-9）。

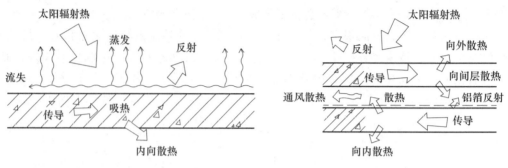

图 5-8 蓄水屋面散热原理　　　　　图 5-9 铝箔屋顶反射降温示意

4）种植屋面

种植屋面是利用屋面上种植的植物来阻隔太阳光照射，能够防止房间过热，隔热主要通过以下三个方面来控制热量：一是植物的茎叶的遮阳作用，可以有效地降低屋面的室外综合温度，减少屋面的温差传热量；二是植物的光合作用消耗太阳能用于自身的蒸腾；三是植被基层的土壤或水体的蒸发消耗太阳能。因此，种植屋面是一种十分有效的隔热节能屋面。

此外，种植屋面还可以调节当地微气候，吸收灰尘和噪声，吸收周围有害气体，杀灭空气中的各种细菌，使得空气清洁，增进人体健康。考虑到屋面荷载，屋面需种植耐热、抗旱、耐贫瘠、抗风类植被，以浅根系的多年生草本匍匐类、矮生灌木植物为宜。

2. 防寒设计

（1）外围护实体墙面节能措施

在围护结构节能手段中通过加强外围护实体墙面的保温来节能是最行之有效的方法之一。目前，我国在外围护实体墙面的节能措施已经比较成熟和多样化。外围护实体墙面的节能又可分为复合墙体节能与单一墙体节能。

复合墙体节能是指在墙体主体结构基础上增加一层或几层复合的绝热保温材料来改善整个墙体的热工性能。根据复合材料与主体结构位置的不同，又分为内保温技术、外保温技术及夹心保温技术。单一墙体节能指通过改善主体结构材料本身的热工性能来达到墙体节能效果，目前常用的墙体材料中，如加气混凝土、空洞率高的多孔砖或空心砌块等为单一节能墙体。

（2）窗户节能措施

窗户是建筑外围护结构中不利于节能的部分，因此，将窗户的节能措施加强，可以大幅度提高建筑的节能效率（图 5-10）。

窗户节能措施主要从减少渗透量、减少传热量、减少太阳辐射能三个方面进行。减少渗透量可通过采用密封材料增加窗户的气密性，从而减少室内外冷热气流的直接交换，起到降低设备负荷作用；减少传热量是防止室内外温差的存在而引起的热量传递，建筑物的窗户由镶嵌材料（玻璃）、窗框等部件组成，通过采用节能玻璃（如中空玻璃、热反射玻璃等）、节能型窗框（如塑性窗框、隔热铝型框等）来增大窗户的整体传热系数以减少传热量；在南方地区太阳辐射非常强烈，通过窗户传递的辐射热占主要地位，因此，可通过遮阳设施（外遮阳、内遮阳等）及高遮蔽系数的镶嵌材料（如 low-E 玻璃）来减少太阳辐射量。

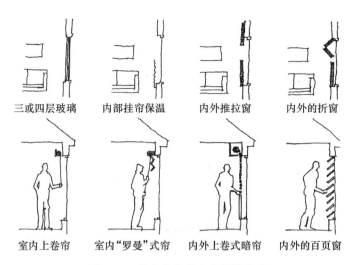

图 5-10 几种常见的窗的保温形式

（3）屋面节能措施

屋面节能的原理与外围护实体墙面的节能一样，通过改善屋面层的热工性能阻止热量的传递。主要措施有保温屋面（外保温、内保温、夹心保温，图 5-11）、架空通风屋面、坡屋面、绿化屋面等。

图 5-11 屋面内保温、外保温及夹心保温的构造做法

3. 遮阳设计

太阳辐射热量通过玻璃进入室内，比一般墙体高 30 倍，因此有些地区在利用自然光进行采光的同时，需要采用遮阳手段，减少太阳辐射热。表 5-4 是常见的各种遮阳形式。

各种遮阳形式表　　　　　　　　　　　　　　　　　表 5-4

类别	形式	构成	效果	组成	范围	备注表
水平	整体形式	钢筋混凝土薄板，轻质板材	遮光效果好，但影响采光，会影响冬季日照	与建筑整体相连	南立面	
	固定百叶	钢筋混凝土薄板，轻质板材	遮阳同时可导风或排走室内热量，较少影响采光	与建筑整体相连	南立面	
	拉蓬	高强复合布料、竹片、羽片	这样效果好，对通风不利，适用范围广，要维修	建筑附加构件	南立面，东西立面	
	可调节遮阳板	钢筋混凝土薄板，轻质板材，PVC 塑料，竹片，吸热玻璃	这样好，不影响采光，导风佳，适用广，是一种宜推广的遮阳形式	与建筑整体相连，建筑附加构件	任何立面	机械性能解决，可手控、机械控、电脑控
垂直	整体板式	钢筋混凝土薄板	遮阳效果不佳，利于导风	与建筑整体相连	西立面	
	可调节遮阳板	钢筋混凝土薄板，轻质材料，吸热玻璃	遮阳好，利于导风，不影响视觉与采光，是宜推广方式	建筑附加构建（整体相连）	东西立面	
格子	整体固定	钢筋混凝土薄板	遮阳效果好，影响视线	与建筑相连	任何立面	作为综合遮阳手段
	局部可调节	竖向固定	遮阳极好造价高	与建筑相连	热带、亚热带的低纬度地区	
		横向固定	遮阳较好，利于导风	与建筑相连	较少采用	
面板	整体固定	钢筋混凝土薄板	遮阳较好，对采光不利，影响通风效果	与建筑相连	西立面	扩大建筑空间
自然	绿化	水平绿化、垂直绿化			东、南、西立面	生态平衡

对于遮阳手段目前可大致分为低技术的遮阳设施和高技术遮阳设施两类。低技术的遮阳设施：既采用传统的遮阳材料和手段，例如在建筑玻璃外设置固定的遮阳板。高技术遮阳设施：利用智能技术，根据季节、太阳光的强弱自动调节遮阳设施，起到减少建筑的能耗和提高视觉舒适度的作用。现在结合可呼吸式玻璃幕墙出现了一种在双层玻璃幕墙中间的部分设置活动遮阳的方式，可根据太阳光入射的角度、强度进行调节（图 5-12）。

无论哪种遮阳手段，其原则是：通常外遮阳比内遮阳有效；一般南向以水平遮阳为宜，东西向以垂直结合水平遮阳为宜（图 5-13）；活动遮阳比固定遮阳更有效；浅色遮阳板比深色遮阳板有效。

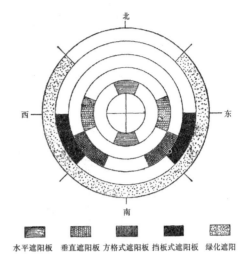

图 5-12　阿拉伯世界研究所（法国）自动调节遮阳窗　　　　图 5-13　各种遮阳设施的适宜朝向

4. 通风设计

自然通风对可持续发展的设计而言是有价值的，因为它能依靠自然的空气流动，并通过减少机械通风和空调的需求，节省那些重要的、不可再生能源的使用。它解决了对建筑的两个基本的要求：排除室内污浊的空气和湿气，增强人体舒适感。图 5-14 表示了自然通风与建筑的关系，位于气流路线中的墙体使建筑物底部、边脊与屋面周围产生气流"翻腾与湍流"，从而形成正压区与负压区。因此，开窗的位置及大小直接决定了建筑室内得到最佳的换气次数与风速。规范中规定，在高层写字楼的设计中外窗可开启面积应不小于30%，玻璃幕墙应具有可开启部分或设有通风换气装置。

自然通风手段在建筑内主要分为水平通风和竖向通风两种方式（由图 5-15 可见通常情况下，建筑开口与室内水平气流的关系）。

水平通风俗称穿堂风，在主导风向的通风面和背风面都有开口，使气流水平通过建筑，这种通风方式可在过渡季节获得最佳自然通风效果。建筑平面形状上应最大限度地面向所需要的（夏季）风向展开，并设计成进深相对较浅的平面（如外墙到外墙14m 以内的进深），使流动的空气易于穿过建筑。气流位置最好在工作面，即1.2m 左右高度。水平通风可以通过在建筑表面形成风压差而获得。其基本原则是：由于外墙的挡风作用，需要在建筑的迎风和背风两面形成风压差。在立面突出的悬挑楼层或墙体处，风力差能获得1.4 倍的动压。当墙体开洞占整个墙面的 15% 到 20% 时，穿过墙洞的平均风速可比当地风速高 18%。但水平通风在冬季要注意降低气流的流速或采取分解流向的手段，以减少建筑热量的过多流失。

竖向通风也就是常说的烟囱效应，指在贯通的竖向空间内由于热空气上升，产生竖向空气流动压力，形成通风渠道。竖向通风要注意在夏季避免过多热量聚集在竖向空间而形成温室效应（图 5-16）。

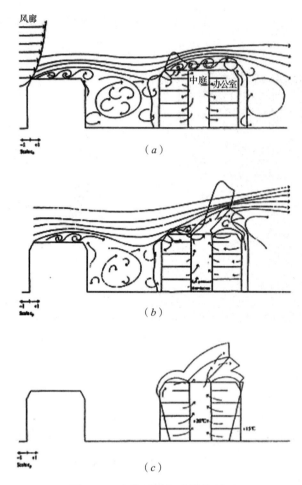

（a）

（b）

（c）

图 5-14　自然通风与建筑的关系

（a）风对建筑各部位形成的压力；
（b）利用开窗通风形成不同的室内风压力，加强自然通风；
（c）室内热空气升压力分布情况

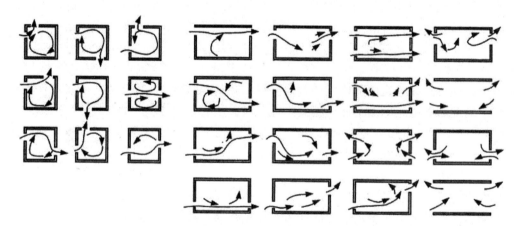

图 5-15　建筑开口位置与室内水平气流的关系

图 5-16　德国新议会大厦中央竖向通风口

　　自然通风手段在高层写字楼内应用（例如图 5-17 的挡板导风系统）的前提条件是有效地控制进入室内的空气量，使其既能满足人们对新鲜空气的最小需求，同时又不会使室内产生过多的热损耗。因此现代许多建筑内采用了高科技手段来利用和限定自然通风，产生了很好的效果。

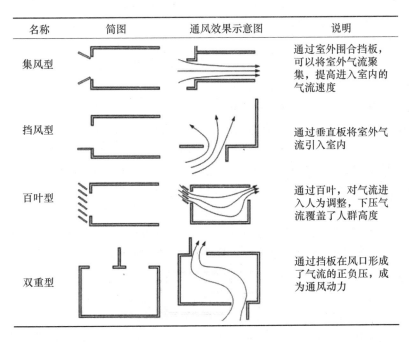

名称	简图	通风效果示意图	说明
集风型			通过室外围合挡板，可以将室外气流聚集，提高进入室内的气流速度
挡风型			通过垂直板将室外气流引入室内
百叶型			通过百叶，对气流进入人为调整，下压气流覆盖了人群高度
双重型			通过挡板在风口形成了气流的正负压，成为通风动力

图 5-17　挡板导风系统

5. 防灾规划

　　城市防灾，是一个城市应对突发危机事件的迫切课题。

　　它首先要求我们要正视城市愈发严重的环境灾害。对于城市灾害的分类，建设部早在 1997 年公布的《城市建筑技术政策纲要》的防灾篇中就提出："地震、火灾、风灾、洪水、地质破坏"五类为城市主要灾害源；2001 年美国"9·11"事件后，全球安全格局有了新变化，研究城市灾情，再不能仅从自然灾害、人为事件上着眼，而必须纳入包括恐怖事件在内的诸项新灾害源。历史地看，中华人民共和国成立前的一些大城市的主要灾类可归纳为"旱、涝、蝗、震、疫"。20 世纪 90 年代以来，减灾科技专家又将它拓展为"气候、污染、交通、火灾、地震、生物"七大类。明显看出，我们在认知城市灾情时已将生物灾害、环境公害视为致灾源。问题是，长期以来，仅将注意力集中在常见病症及突发工伤事件的救助上，而从总体上忽略了威胁市民安全的传染病及流行病。

（1）现代城市灾害研究不能不包括传染病及其他"新病灾"；中国在灾情上再不应留漏洞和"死角"。

（2）应该真正严格按照《中华人民共和国传染病防治法》去布置各种预案。

（3）建议国家应立项编制《中国灾害年鉴》，由国家发展改革委及国家统计局牵头专门汇总自然灾害、人为事故、恐怖事件、病灾及各类不安全事件的数据资料，重在归纳城市灾害损失数据，并组织专家及时予以事故状态分析，以供决策参考。

那么如何重新认识城市规划中设计潜伏的致灾隐患呢？建筑物的安全一直是规划设计界关注的，规划师、建筑师、工程师一直实践着按国家规范及设计标准完成项目设计，常规条件下项目设计是安全的。而对于人们尚无准备的、尚不知晓的灾害来临时，过去已有的规范可能是欠全面、欠完善的。进一步讲，由于城市化的进程，大城市已愈发显得脆弱，过去安全的系统可能会失稳，过去完善的设施可能成为不安全的，因此，就要求城市科技工作者去研究并发现新问题。

1）注重建筑防灾与卫生设计

建筑卫生学是从医学和卫生学的观点出发，将有关医学、卫生学研究成果运用于建筑设计的各个阶段，从而使最终完成的建筑环境能符合相应的医学、卫生学要求，以保障人们拥有健康卫生的生产、生活、工作环境，避免造成"病态建筑"或引发人们的"建筑病"。公共建筑的卫生学问题，以防止细菌、病毒流行、交叉感染为重。住宅是人一生 2/3 时间停留的场所，室内外环境安静、整洁，生活舒适方便，也应有相应的建筑卫生学要求。"以人为本"，建造"健康""绿色"的人居建筑物，成为当今国际科技界的一个研究热点。健康建筑是建设发展的自然结果，它是在满足建筑基本要素的基础上，提升健康要素，以可持续发展的理念，保障居住者生理、心理和社会等多层次的健康需求，营造出舒适、安全、卫生、健康的居住环境。室内是人类生活的主要场所，室内环境的好坏和人类对其适应的程度决定了人体健康状况的水平。世界卫生组织（WHO）警告，随着发展中国家经济的发展，摩天高楼的建造与空调设备的普遍应用，增加了某些疾病的传播机会，必须引起足够的关注。根据调查，由于建筑物及其内部设备造成的对人体健康的危害或疾病达几十种。根据其对人体的危害，疾病的性质，致病的病源等，大致可分为三大类：即急性传染病，过敏性疾病（包括过敏性肺炎、加湿器热病等）以及"病态建筑物综合症"，SARS 疫情即属于急性呼吸道传染病。空调系统对于室内空气品质是一把"双刃剑"，积极的方面在于可以排除或稀释各种空气污染物；消极作用在于它可以产生、诱导和加重空气污染物的形成和发展，造成不良的室内空气品质。从卫生学角度来讲，空调系统不仅要保证舒适，更重要的是保证人体健康，以牺牲健康为代价的舒适是不足取的。之所以同时强调建筑防灾学，不仅仅因为传染病也属灾害之列，更在于只有防灾手段才是根本的控制良策。

2）规划设计应更具人文关怀

反思居住环境规划，首先要切实选好场地，周围环境不能存在污染源，切不可因贪图廉价的土地而把住区建设在垃圾堆场上或有废气排放的地方。其次要保护好场地的自然生态环境，诸如绿林、清水、青山等，使人与自然密切亲和，还应保证有效的日照与通风。从 SARS 蔓延教训看出，阳光普照、空气流通是阻断传染源的最佳手段。但不少城市为了"有效"利用土地，竟然降低了日照标准。住区内提供足够的绿地与健身设施也是保障健康措施之一，需注意树种的选择和水系的流动，否则花絮飞扬或污水滞留确能造成病菌的传播或繁殖。追求过高的容积率和建筑密度与安全健康的人居环境是不相容的，因为这会形成人口密集、空间堵塞、环境恶化。还应关注住区各种废弃物的处置，要合理布置垃圾收集站、污水处理场等。居住模式、住宅设计功能要合理分区，公私、动静分区是保证居民心理健康的有效措施，而洁污分区是生理健康的保证条件，但设计实践中有时却被忽略。

应该充分说明的是，城市建筑的安康设计也属正在研究探索的新事物，它既是现有技术规范层面上的设计工作，又要纳入新的设计理念，这要纳入城市防灾规划及安全设计方法论中。城市灾害学原理强调：城市灾害学主要完成的工作有：科学界定灾害分类，特别强化城市中人为与自然的混合类灾害。关注原生—次生—衍生的灾害扩大化趋势；研究灾害等级与危险度，主要指城市各类灾害对城市防灾能力的作用及城市应对反应；研究城市灾度与城市国民生产总值的关系；研究并承担城市综合减灾人才的培养及教育体系；研究城市综合减灾管理、科技、立法、文化等诸方面内容。

3）城市灾害学应遵循的原理

城市灾害学由于属于城市学与安全科学技术两大学科的交叉科学，所以，其学科建设应遵循如下原理：

应急决策原理。城市减灾对策有技术性措施和社会性措施两大类，而城市灾害应急决策属社会性措施，其原理旨在强调城市要建成完整的防减灾网络及预警预案，在灾害事故到来时能有效地指挥管理，使市政府及公众有充裕时间按预案要求有计划地避难、救灾，最大限度地减少伤亡及控制灾情，应急决策即按应急法令办事。规划师、建筑师尤其要按防灾要求制定应急规划，如现代化城市应急救灾必须具有便捷畅通的道路系统并充分开发利用城市地下空间等，这些在目前还很欠缺，不少新区规划也缺少此内容。

综合防护原理。城市本身是一个复杂的系统，任何严重城市灾害的发生和造成的后果都不可能是独立或单一现象。因此，应从系统学的角度对其加以分析和评价，使之具有总体和综合的特性，并在此基础上制定城市防灾对策和措施，这就是城市综合防灾。它是城市的基本功能之一。城市防护与减灾的综合性原理，本质上是要求建立统一的城市综合防灾体制。对此，不论是对战争的抗御，还是对平时灾害的防护，都要走上整体化和综合化的道路。鉴于两种灾害有着多方面的共同性，防护与防灾又同样关系到城市总体抗灾抗毁能力的提高，应进一步将城市的防护与防灾功能统一起来，形成一个统一领导下的城市综合防灾体制，这将使城市在任何情况都处于强有力的防灾体制保护之下，在安全的环境中得到保存和发展。城市防护与防灾功能的统一，完全可能出现"1＋1＞2"的结果。

可控性原理。有效的城市防灾减灾系统属于大系统范畴，必须实行分层控制，并加强系统反馈机制。其系统控制功能有：把握城市危险源的事故信息；把握灾害事故危险分析技术，加强城市安全的本质化建设等。具体讲，城市防灾减灾的可控性要开展如下工作：事故与灾害的计量，重在对城市规划设计中的缺陷提出安全改进措施；安全风险评价，通过评价可以发现城市系统中潜在的事故危险；城市防灾减灾强调可控制性，指危险本身的一种固有特性，它反映了控制投入与系统总价值的比例关系；安全控制是最终实现城市安全生存与发展的根本措施，安全控制要从本质上去认知事故，从而使安全控制更具有工程意义，城市设计的安全性、城市建设的安全性都将成为城市安全的基础保障条件。

　　4）现代城市防灾规划

　　现代城市防灾规划，主要包括城市消防规划、城市防洪（防潮汛）规划和城市抗震规划、城市防空袭击及恐怖规划等。由于城市综合减灾的思路除涉及防御灾害的工程措施外，还包括灾害的监测、预报、防护、抗御、救援及灾后恢复重建、工程保险补偿等方面，所以必须要有城市规划基础之上的综合防灾规划。不仅要有各灾种独立的防抗系统，还要具备协调指挥各灾种系统的能力，强化综合利用，这是城市综合防灾规划的必需。具体任务包括：确定城市消防、防洪、防地质灾害、防地震灾害、交通安全、公共安全、城市生命线系统等各项设防及备灾标准，合理确定各项防灾设施的等级规模，科学布局各项防灾。

　　应急预案。人类防范事故的策略经历过漫长的历史，以城市为例，从事后型的"亡羊补牢"到预防型的本质安全；从单因素的就事论事到系统科学的方法论；从事故致因改为城市灾害学都体现了当代城市在应对城市突发事件、危机局面上的能力。城市减灾应急预案即指面对城市突发事件如自然巨灾、重特大事故、环境公害及人为破坏的应急管理、指挥、救援计划等。它一般应建立在城市综合防灾规划之上。它的几大重要子系统为：要有完善的应急组织管理指挥系统；要建立强有力的应急工程救援保障体系；要建立综合协调、应对自如的相互支持系统；要建立充分备灾的保障供应体系；要建立体现综合救援的应急队伍等。建立城市防灾应急预案计划的基本思想有两点：其一，必须建立城市的最大风险评价体系，这就要求把握城市所有灾害状态及其隐患程度，从而模拟出城市最大危险图景下人员伤亡及其损失度；其二，城市应急预案必须是多方案，必须是对同灾种的特性预案，必须是操作性强且预案本身分层、分级别管理实施的，否则将无从动作。面对 SARS，之所以说城市规划设计上尚有缺陷，还在于我们对于城市各类最大危险状态缺乏分析，使综合医院布局过多地集中在城市中心，无疑从各方面给城市安全造成障碍。要营造建筑的安全小气候，不仅在于建筑本身的安康设计，更在于对周边环境到位的安全的城市设计。从城市备灾角度看，现在的中国城市基本上应考虑防灾公园，这绝非要再建什么新设施，只是要在做城市广场、城市公园时充分考虑一下防灾功能。近来查了国内十余个城市公园管理条例，基本上都没有这一点，所以，SARS 应对中国城市规划界有所震动，它要求我们冷静反思并学习国外优秀的城市防灾做法，并从中得到有益的启示。万不可认为 SARS 仅仅是医务界的事，仅仅靠社会医学救援即可完成，还要主动去思考。

5.4.4　利用自然设计方法

1. 利用能源

　　太阳能是一种清洁、高效和永不衰竭的新能源，在现阶段可利用的新能源中，太阳能已经越来越被重视。太阳能储量十分丰富，太阳每年平均输入地球的能量相当于约 190 万亿 t 标准煤，而且太阳能是近年来在研究上有巨大突破的再生能源。欧美国家已经在许多写字楼项目中建设推广使用，并初见成效（图 5-18）。对太阳能的利用手段通常有以下方式：

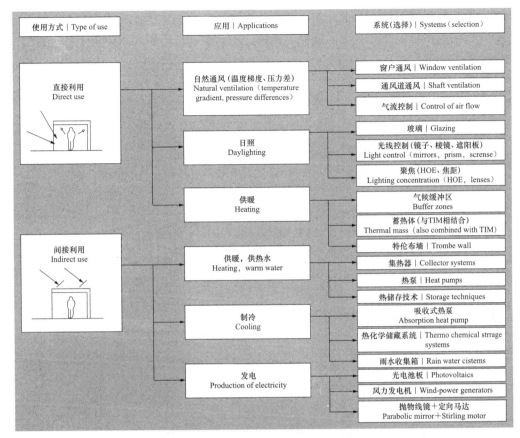

图 5-18　与建筑有关的太阳能利用

（引自《托马斯·赫尔佐格 建筑＋技术》）

（1）光热转换：利用太阳能热水是光热转换中最传统和有代表性的一种方式。最常见的是架在屋顶的平板热水器，常常是供洗澡用的。其实，在工业生产中以及供暖、干燥、养殖、游泳等许多方面也需要热水，都可利用太阳能。太阳热水器按结构分类有闷晒式、管板式、聚光式、真空管式、热管式等几种；按加热系统分类有自动调温系统、再循环系统、回水系统、分组串式系统等（图 5-19）。

（2）光电转换：太阳热发电、光伏发电为大规模发电体系，随着科技水平的发展，如今在欧洲，太阳能发电能力已达 56 万 kW，实际装机容量近 400 万 kW，太阳能发电具有安全可靠、无噪声、无污染、制约少、故障率低、维护简便等优点。

（3）太阳能利用与建筑的结合：如今，很多太阳能利用手段已经与建筑构件结合在一起，不但能够为自身建筑提供部分电力，还可将多余电力回送城市电网，同时对建筑的外立面产生巨大影响。以下为一些太阳能建筑构件的介绍：

太阳能光电屋顶：由太阳能瓦板、空气间隔层、屋顶保温层、结构层构成的复合层顶（图 5-20 ～图 5-22）。太阳能光电瓦板是太阳能光电池与屋顶瓦板相结合形成一体化的产品，它由安全玻璃或不锈钢薄板做基层，并且有机聚合物将太阳能电池包起来。这种瓦板既能防水，又能抵御撞击，且有多种规格尺寸，颜色多为黄色或土褐色。在建筑向阳的屋面上装上太阳能光电瓦板，既可得到电能，同时也可得到热能，但为了防止屋顶过热，在光电板下留有空气间隔层，并设热回收装置，以产生热水和供暖。美国和日本的许多示范型太阳能住宅的屋顶上都装有太阳能光电瓦板，所产生的电力不仅可以满足住宅自身的需要，而且将多余的电力送入电网。

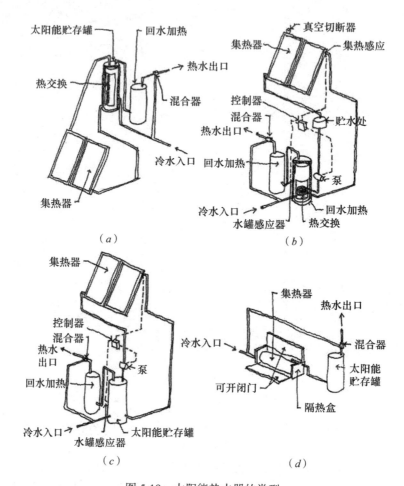

图 5-19　太阳能热水器的类型

（a）自动调温系统；（b）回水系统；（c）再循环系统；（d）分组串式系统

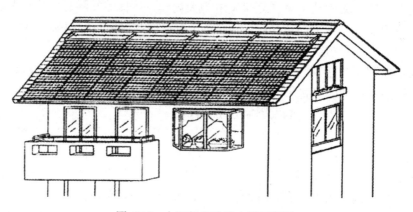

图 5-20　太阳能光伏发电屋面简图

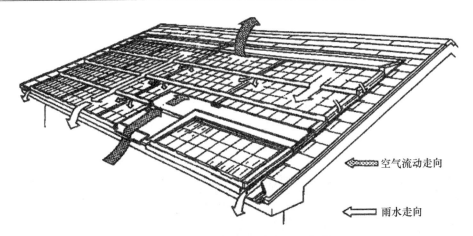

图 5-21　光伏屋面雨水与通风状况

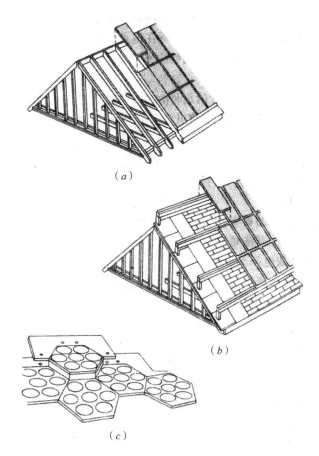

图 5-22　屋顶太阳能电池铺设方式
（a）整体的；（b）有支架的；（c）盖板式的

　　太阳能电力墙：太阳能电力墙是将太阳能光电池与建筑材料相结合，构成一种可用来发电的外墙贴面，既具有装饰作用，又可为建筑物提供电力能源，其成本与花岗石一类的贴面材料相当（图 5-23）。这种高新技术在建筑中已经开始应用，如在瑞士斯特克波思有一座 42m 高的钟塔，表面覆盖着光电池组件构成的电力墙，墙面发出的部分电力用来运转钟塔巨大的时针，其余电力被送入电网。

太阳能光电玻璃：当今最先进的太阳能技术就是创造透明的太阳能光电池，用以取代窗户和天窗上的玻璃。世界各国的试验室中正在加紧研制和开发这类产品，并取得可喜的进展（图 5-24）。日本的一些商用建筑中，已试验采用半透明的太阳能电池将窗户变成微型发电站，将保温—隔热技术融入太阳能光电玻璃，预计 10 年后将取代普通玻璃成为未来生态建筑的主流。

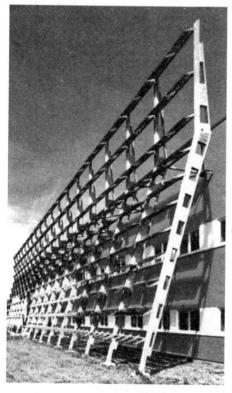

图 5-23　德国爱尔福特东南商业区 1 号大厅的太阳能电池立面板

图 5-24　外立面装有集成光电电池的时代广场 4 号（孔迪·纳斯特大厦）

随着现代科技不断进步，太阳能利用将在技术上取得突破，太阳能利用拥有无限广阔的前景，将成为未来生态建筑不可或缺的一部分。

（4）在可利用的地球能源中，地壳浅层地能是一种无污染、稳定、可再生的能源形式，其原理是在地表下一定深度土壤或水的温度全年保持在一个相对稳定的温度上，受外界气候影响很小；而在此之下的温度受地心热力影响，每向下 33m，土壤温度上升 1℃ 左右。

地源热泵就是利用地壳浅层地能的这个特点，将水（或其他介质）与地能（地下水、土壤或地表水）进行冷热交换来作为冷热源，冬季把地能中的热量"取"出来，供给室内供暖，此时地能为"热源"；夏季把室内热量取出来，释放到地下水、土壤或地表水中，此时地能为"冷源"。

地源热泵手段按照室外换热方式不同可分为土壤埋管系统、地下水系统、地表水系统三类（图 5-25）。

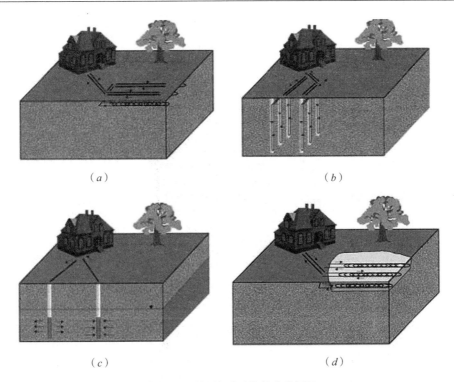

图 5-25　地源热泵系统的分类图解

（a）土壤埋管系统（水平）；（b）土壤埋管系统（垂直）；
（c）地下水热泵系统；（d）地表水热泵系统

1）地埋管系统

该方法只需在建筑物的周边空地、道路或停车场打一些地埋管孔，向其内部注满水（或其他介质）后形成一个封闭的水循环，利用水的循环和地下土壤换热，将能量在空调室内和地下土壤之间进行转换。故该方案不需要直接抽取地下水，不会对本地区地下水的平衡和地下水的品质造成任何影响，不会受到国家地下水资源政策的限制。

2）地下水系统

如果有可利用的地下水，水温、水质、水量符合使用要求，则可采用开式地下水（直接抽取）换热方式，即直接抽取地下水，将其通过板式换热器与室内水循环进行隔离换热，可以避免对地下水的污染。此种换热方式可以节省打井的施工费用，室外工程造价较低。

3）地表水系统

如果有可利用的地表水，水温、水质、水量符合使用要求，则可采用抛放地埋管换热方式，即将盘管放入河水（或湖水）中，盘管与室内循环水换热系统形成闭式系统。该方案不会影响热泵机组的正常使用；另一方面也保证了河水（湖水）的水质不受到任何影响，而且可以大大降低室外换热系统的施工费用。

地源热泵是一种在高层写字楼建造中值得推广的新能源利用技术（图 5-26）。在三种方法中，地埋管系统由于不需要直接抽取地下水和地表水，不会对本地区地下水的平衡和地下水的品质及地表水造成任何影响，更具环保特点而更具推广价值。

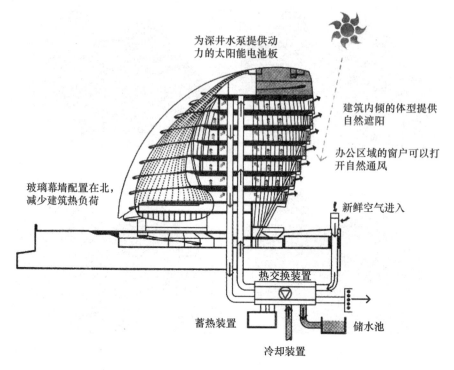

为深井水泵提供动力的太阳能电池板

建筑内倾的体型提供自然遮阳

办公区域的窗户可以打开自然通风

玻璃幕墙配置在北，减少建筑热负荷

新鲜空气进入

热交换装置

蓄热装置

储水池

冷却装置

图 5-26　新伦敦市政厅的地源热泵制冷技术

2. 利用资源

建筑应尽量采用可自然再生、可循环利用的材料（图 5-27）。目前，我国大部分高层写字楼采用的是现浇钢筋混凝土材料，这种建筑材料废弃后回收利用率很低，而且在生产过程中产生的污染较大（图 5-28），因此在建筑材料的选择上应尽量采用自然的、可再生的、可循环利用的物质。

图 5-27　采用可回收利用的纸管构造的 2000 年世博会日本馆内景

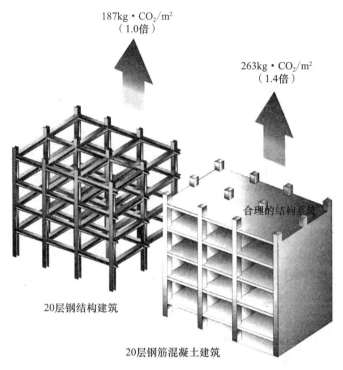

187kg・CO_2/m^2
（1.0倍）

263kg・CO_2/m^2
（1.4倍）

合理的结构系统

20层钢结构建筑

20层钢筋混凝土建筑

图 5-28　钢筋混凝土建筑 CO_2 排放量是钢构建筑的 1.4 倍

一般来讲，钢、铝及玻璃的回收利用率高于水泥、混凝土，因此在建筑的结构设计中采用钢结构体系从这一点来说是有积极意义的。建筑的使用寿命结束后，结构钢材一般能像其初始那样进行再循环和再利用，但混凝土只能在低一级的形式中二次利用（例如混凝土只能作为碎石，用其砌块填塞基础，而不能作为结构再循环使用）。

再循环使用的意义不仅节约物质材料本身的损耗，而且可以降低能耗。例如循环使用铝材比从头制造它要少消耗 90% 的能源，同时减少 95% 的空气污染。使用循环利用的玻璃与重新生产玻璃相比可减少 32% 的能耗、20% 的空气污染和 50% 的水污染。

目前，在建筑设计中采用轻钢结构具有很好的生态效果。轻钢（Light-gage Steel）结构与普通木结构比较，在整个房屋生命周期中的能效要高 36%。这种材料比其他材料轻，是木结构重的 25% ～ 33%，可以再循环而且更耐久，特别是对于有地震、飓风、火险等灾害的地区尤为有用，而且轻钢结构还具备施工速度快的优点。但在选用轻钢结构中要注意噪声传播、冷桥、防火等问题。

3. 活用绿化

建筑表面绿化手段的优点是多方面的，包括美学、生态学和能源保护等方面，可概括如下：

（1）建筑表面绿化能对室内空间和建筑外墙起遮阳作用，同时减少外部的热反射和眩光进入室内。

（2）植物的蒸发作用使其成为建筑外表面有效的冷却装置，并改善建筑外表的微气候（图 5-29）。在温带气候地区的夏季，立面绿化能使建筑的外表面比街道处的环境温度降低 5℃之多，而冬季的热量损失能减少 30%。

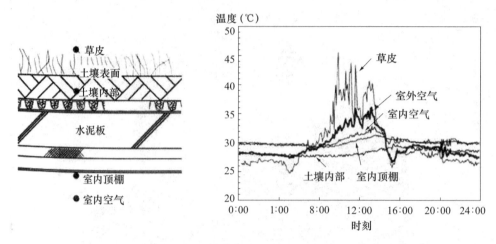

图 5-29　建筑屋顶草坪的隔热效应

（3）植物还能吸收室内产生的二氧化碳、释放氧气，同时能清除甲醛、苯和空气中的细菌等有害物质，形成健康的室内环境。

建筑表面绿化手段按照绿化的部位可分为屋顶绿化、墙体绿化、空间（阳台或缓冲空间）绿化三个内容（图 5-30）。

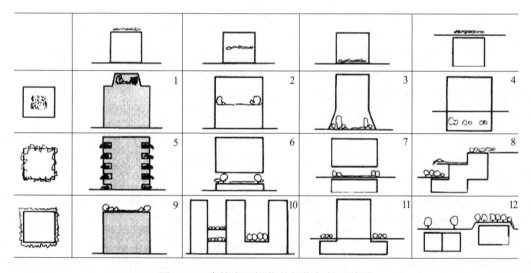

图 5-30　建筑表面绿化的部位与相互关系

屋顶绿化：由保温隔热层、防水层、排水层、过滤层、栽培基质层和植物层组成。保温隔热层采用的是倒置式保温屋面，同时考虑到防止植物根系的侵蚀作用，保温层由特殊材质的泡沫板或泡沫玻璃铺设而成。防水层采用防水涂料或防水卷材，一般在两道防水层以上。排水层设置在混凝土保护层和过滤层之间，其作用是排除上层积水和过滤水，但同时又可以储存部分水分供植物生长之用。排水层与屋顶雨水管道相结合，将多余水分排出，以减轻防水层的负担。种植层一般多采用无土基质，以蛭石、珍珠岩、泥炭、草炭土等轻质材料配制而成。为防止种植层中小颗粒及养料随水流失，且堵塞排水管道，在种植层下应铺设无纱布的过滤层（图 5-31）。

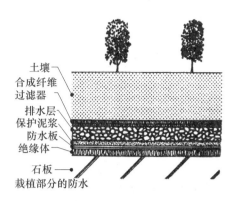

图 5-31 建筑屋顶绿化土层断面

墙体绿化：利用爬墙植物进行立体绿化，这种方法经济、易行且效果显著，特别是在隔热方面（图 5-32、图 5-33）。另外，绿色植物的光合作用还能为办公空间提供新鲜氧气。若条件允许，可结合构造在建筑围护结构的南向、西向设置构架，一是更利于爬墙植物攀爬，更重要的是可避免爬墙植物贴近墙面造成的空气滞留阻碍热空气的散发，同时也可减少植物对建筑材料的侵蚀。高层建筑的表面积可达到地面面积的 4 ~ 5 倍或更多，如果部分覆盖植物，其起到的降温作用将是巨大的，同时对减少城市热岛效应有着重要意义。

图 5-32 建筑表面的植物外衣　　　　图 5-33 建筑外面的植物攀爬构架

空间绿化：在阳台、高大中厅、外围缓冲空间等部位种植大量绿化植物，可形成天然氧吧，同时形成建筑与外环境之间的缓冲层。

总之，建筑表面绿化手段可以很好地改善高层写字楼室内气温，形成生态小气候，起到净化空气、降低噪声、有效保护屋顶、延长建筑物寿命、减缓风速和调节风向等多方面作用。在改善建筑微环境的同时，还可营造出舒适的视觉效果，使办公于内的人能身心舒畅（图 5-34，图 5-35）。

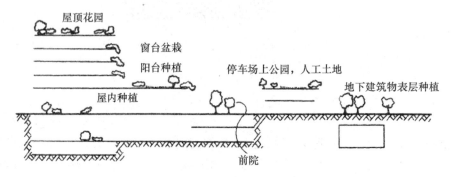

图 5-34　建筑表面立体绿化示意图

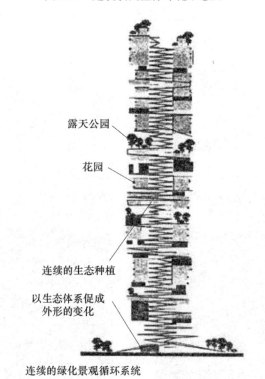

图 5-35　伦敦"主教之门"大厦连续的立体绿化设计

5.4.5　生命周期设计方法

1. 建造

建筑全生命周期设计是一个统筹过程。在设计中要综合考虑各种因素，例如在小区规划设计中要认真分析研究环境的有利与不利因素，考虑到由于单体设计和群体布局对微气候的影响，避免产生冬季冷风渗透或热岛现象。要做到这些，需要有一种整合设计的思想，即要在设计的最初方案阶段就有各种专业人员加入到设计中来，协助建筑师综合考虑规划、建筑、结构、能源、暖通空调等各方面因素，做出综合衡量，提出一种初步的可持续发展的生态建筑方案。这种整合方案一般应考虑以下几个方面：

（1）充分利用场地及周边自然条件，保留并合理利用原有地形、植被和水系。

（2）在建筑物规划与设计阶段，应从布局、朝向、外形等方面，考虑建筑选址的科学性和可能产生的小气候变化对生态环境的影响。例如，建筑不易选址在山谷、凹地处，因为冬季冷空气在凹地沉降，增加保持室内温度所消耗的热量。

（3）建筑形式和规模与周围环境保持一致，体现历史文脉与地域性。

（4）在建筑全生命周期角度考虑降低建筑材料生产、建筑施工、建筑日常运转及拆除时对环境的负面影响（如减少有害气体和废弃物的排放，选用可循环利用材料以及对建筑垃圾的现场再利用）。

（5）宜采用高性能、低能耗、耐久性强的新型建筑构造方式及建筑结构体系。

2. 拆除

计算机参与"建筑全生命期设计"的一种可能就是产生了"建筑能耗模拟技术"。是指对不同建筑造型、不同建筑材料、不同建筑设备系统组成的多个方案在考虑影响建筑能耗的多个因素的基础上，在建筑物生命周期的各环节（包括材料生产、设计、施工、运行、维护、管理、拆除再利用），对建筑能耗的产生与消耗进行逐时、逐区动态模拟。使人们能够在初期投资与运行维护费用之间得出一个平衡点，也可以对多个方案的比较有定性标准。建筑能耗模拟软件在经历了40余年的发展之后，已经由适合专业人士使用的类型发展到适合建筑师使用的类型。比较著名的有美国的DOE-2（Department Of Energy，Version2）和由清华大学开发的面向设计人员的DeST（Designer.s Simulation Toolkit）。而由英国Square One公司开发的生态设计软件Ecotect是当前一种适合建筑师在设计阶段对全生命周期能耗把握的软件。该类软件应满足以下几种功能：（1）建筑设计或建筑改造时的能耗分析。（2）通过进行冷/热负荷计算，对暖通空调设备进行选择。（3）通过对建筑能耗管理和控制模式分析，挖掘更大的建筑节能潜力。（4）能够适时更新建筑规范，帮助建筑师改正不符合节能标准之处。（5）能够进行经济费用分析，使建筑师找出能耗与经济的平衡点。

5.5　地域人文环境设计

5.5.1　继承历史

1. 城市历史的传承

城市的形态就是各种要素相互作用构成一定的形体结构在特定的时空序列中表现出来的整体形象。它包括三个部分：城市内在的"核"——内在的形体结构，即奇点；城市发展的"轴"——时空序列，包括横向与纵向的发散；城市外显的"群"——整体形象。城市的历史也就是城市的"核"与"轴"所构成的网络中的一点，在不同时间与空间中的不断发展和变化。这时，时间与空间不是被割裂的两个独立系统，事实上是两者结合成一体所形成的新的时间-空间的结构。每个城市均占据一定的空间，有自己的运动轨迹和内部结构，有其从诞生到消亡的转化历程，其空间尺度与时间尺度是相对应的。

（1）"核"

城市的"核"是一种形体结构，是各种要素的综合构成。它包括有形的（即物质形态的遗址、遗迹、现存的建筑物等）与无形的（即非物质形态的历史文化遗传等）两大类。

以中国古建筑之意象为例说明。外国人评价中国古代建筑，谓"古来相沿之室宇制度，无论其为士民和僧侣者，为公家为私人者，其制度形式无不相似，欲强为分类，亦无法可分。"中国宫室多为一层平房，欲加其数则必须纵横皆增，使勿达于均齐对称之势。凡正殿之高旷，东西厢之排列，回廊之体势，院落之广狭，台榭之布置，以及一切装饰物之风格，虽万有不同，而要以不皆均齐对称之势为归。这些评价尽管有些偏颇，但它们从另外一方面突显了中国建筑的一个显著特征：成龙配套，以群取胜。尽管构成要素多样化，由于立足于一定的形体结构，中国建筑的意象极为鲜明：由简单的小单体组成大规模的群体，建筑的发展沿着水平方向发展，而不是垂直方向的攀登（数的积累而非量的叠加，渐变而非突变），重视结构与装饰的合一。在此基础上，多种建筑群通过一定的组织关系形成街坊、村落等，进而产生优美的环境景观。中国古代的城市设计在各个时期也是基于一定的"核"继承和发展的，尽管外在形态的多样化，但"万变不离其宗"，如"营国制度"（即所谓的"核"）对北京、西安、开封等城市发展的影响。

城市的"核"不随个别单体因素的变迁而变化，反而随着时间发展得到加强与深化，进一步延续和继承了旧的形体结构，在新的形体结构中注入了历史的遗存（物质的与非物质的），它使现在的形体结构更趋有序，也进一步显现出其非物质形态的文化内涵。

由此可见，分析一个城市形态时，重要的是认清其内在的"核"。因为在一定的"核"的基础上，形态表征是多样的。如城市形态（包括聚落概念和城市形态、城市结构、城市形态沿革和城市位置地点）和城市原型理论（包括神秘主义——宇宙城市原型、理性主义——机械城市原型和自然主义——有机城市原型）的分类；三个标准理论的质疑（城市是一个仪典型的中心的宇宙理论、城市是适用的机器的模式理论和城市是有机聚落的模式）到价值观与物质观相整合的城市新模式（性能的指标：活力、感受、适宜、可及性、管理、效率和公平）等。

（2）"轴"

城市的"轴"是城市的时空结构，城市在城市生成场内一次或多次生成发展—兴盛—衰亡的过程，在时间—空间的系统中，城市总是不断变化着，永远不可能回到以前的时空区间。"在宇宙中，没有独立于物质、能量、信息及各种事物之外的所谓时间与空间，时间和空间是物质、能量、信息及各种事物的基本属性。没有不含时间因素的空间，同样也没有脱离空间的时间，时间与空间是一体的。"布鲁诺·塞维在其《建筑空间论》里就很好地说明了这一点，"历代的空间形式有古希腊的空间和尺度、古罗马的静态空间、基督教的空间中为人而设计的方向性、拜占庭时期节奏急促并向外扩展的空间、蛮族入侵时期空间与节奏的间断处理、罗曼内斯克式的空间和格律、哥特式向度的对比与空间的连续性、早期文艺复兴空间的规律性和度量方法、16世纪造型和体积的主题、巴洛克式空间的动感和渗透感、19世纪的城市空间和我们时代的有机空间"。

　　城市就是基于一定的时空序列生成—发展—衰亡的。城市所依赖的内外时空资源是有限的，不可再生的，我们在进行城市设计时，尽量顺应、利用、协调好城市的时空环境，避免进行破坏性的建设。城市历史地段的建设便是一个典型的例子。历史地段往往具有鲜明的城市不同时空阶段的建筑的特征和信息，在这里城市环境建设和发展中不同时代的物质痕迹总是相互并存的。首要的就是让城市有限的时空资源中的历史文化遗存保存得更好，在力求保护历史地段的"核"的前提下，嵌插传承或更新的建筑，避免用新的、现代的东西去取代历史的、古代的东西。

　　（3）"群"

　　"群"即整体的风格和外部形象。如果"核"是定性的基准，"群"则是定量的概念。"核"决定了"群"的形象，"群"是"核"的外在体现。同是江南城市，苏州以河路相间、前河后街的街巷为特征；而扬州的居住地段道路格局是以方格网为骨架，鱼骨式街巷为主脉，在鱼刺两侧为尽端式的巷子。这些街巷的格局是与封建经济的社会、封建家庭的统治以及厅堂式民居布局密切相关的，同时也是不同的生活方式形成的历史风貌的重要体现，即格局（"核"）产生了风貌（"群"）。

　　"群"的最大特色便是直观地从整体上去阐述城市的形态，同时，在城市设计的实践中，它也直观地指导着城市设计工作者们，即创造环境的整体性。没有"群"的概念，城市在人们的脑海中也就没有一定的印象，充其量它只是一个大杂烩。在实践操作与探讨整体发展思路的过程中，C•亚历山大与I•金提出的城市设计新理论格外引人注意，他们提出一条总法则："每个建设项目都必须从如何健全城市的方面考虑。"他们还定义了七条过渡法则："渐进发展；较大整体的发展；构想；正向城市空间的基本法则；大型建筑物的布局；施工；中心的形成"。

2. 地域街区的有机结合

　　在老城更新改建过程中经常提及"历史街区"一词，但似乎是一个没有明确定义的概念。人们在使用这一概念时，大小范围似乎都不一样，本书对于"历史街区"的含义可以理解为：历史流传下来的因社会、文化因素集结在一起的有一定空间界限的城市（镇）地域，它以整体的环境风貌体现着它的历史文化价值，展示着某个历史时期城市的典型特色，反映了城市历史发展的脉络。从这个意义上说安徽屯溪的老街，北京成片的四合院，曲阜城内的孔庙以及周围的街区都是历史街区。

　　研究城市的地域性，特别是在老城更新过程中挖掘地域性的潜力，"历史街区"的再创作可以说是一个突破点。因为历史街区有以下鲜明的特征：

　　（1）历史街区蕴含有传统思想、文化、制度留下的痕迹，主要表现在已经建立起来的各种生活圈，即因信仰、民族、血缘关系连接于历史街区中的生活方式。

　　（2）历史街区具有很强的传统城市建筑特征。建筑、城市因地区、国家、信仰不同而有自己的风格，流传下来的风格称之为传统形式。历史街区的形态和景观均保留了这种形式，具有一种特色性，这种特色体现在以下三个方面：

　　1）具有大量的历史建筑。界区内的这些历史建筑是历史遗存的、记录这里信息的、真实的物质实体，同时她们在整个历史街区建筑中应占有较大的比例，是城市历史存在的基础。

　　2）具有独特的有代表性的区域结构。由于长期相对稳定的社会演化，街区内城市肌理、区域结构特色鲜明，具有浓郁的历史文化内涵，其意义远大于单栋建筑。对于历史街区在城市及国家中的定位，以及在未来保护改造中方向的确定具有决定性意义。

3）具有较完整的环境氛围。历史街区都是经历过从古至今的历史，长期演变的复杂性是的区域建筑、景观混杂但体系统一，长期演变的稳定性使生活形态相对单调但具有地方风情，其生活化的融合形成了寻找城市记忆的整体氛围。

（3）历史街区具有很强的生命力。它区别于历史上曾经存在过的、但现已成为遗迹或已经没落了的历史地段，继续承担社会生活的功能，具有一种"现实"的灵活性。

5.5.2 融合城市

1. 城市肌理的融合

从城市宏观角度上看，不同地段的单体建筑就像一个个细胞一样，以一定的组织形成街区和城市区域。而不同的文化背景的建筑具有不同的组织结构；相应形成的街区也具有不同的肌理。解读区域物质环境的空间结构和建筑肌理，是继承城市性和地域性特点的基础。分析其存在基础的合理性，以及与现代生活需要的差异性，通过规划手段的梳理和置换是发展城市新结构、区域肌理变异的科学途径。比如，传统民居需要街巷体系为其提供存在的外部环境，只有在相应尺度的小街和胡同里，传统民居的宜人和街道上丰富和气的地方生活才能相应体现出来。而对于中国传统城市来说，景观广场、高楼大厦无疑是舶来品。在传统的街巷体系中，如何插入这些新的元素，就需要对两种不同建筑群进行深入了解以及对具体街区环境加以分析。

（1）研究方法：物质-形体分析法

通过物质-形体分析法可以直接理解区域结构与肌理，提高城市空间的设计质量，"图形-背景分析""关联耦合"分析是两种有效手段，可以综合运用，相辅相成。

1）图形-背景分析

如果把建筑物作为实体覆盖到开敞的城市空间中加以研究，可以发现任何城市的形体环境都具有类似格式塔心理学中"图形-背景"的关系，建筑物是图形，空间则是背景。由此入手可以对城市空间结构进行分析，简称"图底分析"（图 5-36）。

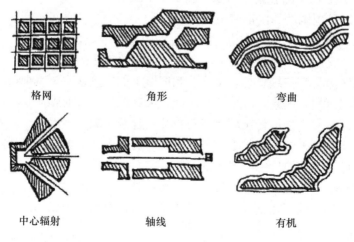

格网　　　　　　　角形　　　　　　　弯曲

中心辐射　　　　　轴线　　　　　　　有机

图 5-36 图底分析

　　从城市设计角度看，这种方法实际上是想通过增加、减少或变更格局的形体几何学来驾驭空间的种种联系。其目标旨在建立一种不同尺寸大小的、单独封闭而又彼此有序相关的空间等级层次，并在城市或某一地段范围内澄清城市空间结构。"图底分析"是一种简化城市空间结构和秩序的二维平面抽象，通过它还能鲜明地反映出特定城市空间格局在时间跨度中所形成的"肌理"和结构组织交叠特征。这里列举柯布西耶所做的巴黎伏瓦生规划图-底平面，不难看出其城市更新理想对原有地区肌理的彻底颠覆。今天再谈城市更新的"地域性"表达，更多的是以继承保护的角度延续历史街区独特的图底关系，或者说抓住其图底关系的核心特点进行有机的扬弃。

　　2）关联耦合分析

　　关联耦合分析的客体是城市诸要素之间联系的"线"，这一分析途径旨在组织一种关联系统或一种网络，从而为有序的空间建立一个结构。但重点是循环流线的图式，而不是空间格局，这对于城市更新过程中结构方向的发展具有开拓思维的积极意义。

　　在城市空间设计中，耦合分析途径主要是通过基地的主导力线，为设计提供一种空间基准，把建筑物与空间联系在一起，这种空间基准可以是一块条形基地，一条运动的方向流，一条有组织的轴线，甚至是一幢建筑物的边缘。一旦其所在空间环境需要发生变化和做出增减时，这些基准就会综合发生作用，表现出一个恒常的关联耦合系统。城市空间的耦合关系可以分析概括为 3 种类型，即构图形态、巨硕形态和群组形态（图 5-37）。

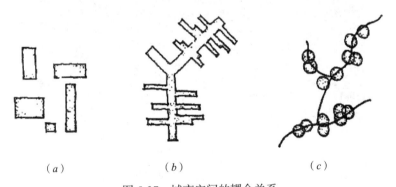

（a）　　　　　　　（b）　　　　　　　（c）

图 5-37　城市空间的耦合关系

（a）构图形态；（b）巨硕形态；（c）群组形态

　　图 5-37（a），构图形态包含了那些以抽象格局组合在二维平面上的独立建筑物，其关联耦合性是隐含的、互相之间的张力是各个独立的建筑物群组形状及其相对位置的产物。对这一形态的理解，有助于我们把握传统历史街区均质空间中历史遗留的异质建筑的改扩建更新。

　　图 5-37（b），在巨硕形态中，个别的要素均被积聚组合到一个等级化的、开敞的并且互相关联的系统网络中，耦合性是通过物质手段强加上去的。例如在历史地段强化商业街轴线或者组织景观步行网络是城市更新系统化的有效手段。

　　图 5-37（c），群组形态则是诸空间要素沿一个线形枢纽渐近发展的结果，这里的关联既不是隐含的、也不是强加的，而是作为有机物的一个组成部分自然演化而生成的。这一形态可在有多处古迹特色的历史文化名城保护中建立"点线结合"的统一更新体系。

　　（2）物质-形体分析法的实例运用

　　意大利建筑师马西莫·卡而马西（Massilno·Carmassi）在建筑修复和建筑保护领域做出了杰出的贡献。其建筑作品运用现代技术和材料，而规模、材质及体量与意大利历史名城十分协调。他在城市更新改造中所创造的活生生的历史感不仅得益于他对材料的把握，更在于对物质-形体的恰当把握。在历史名城费尔莫市中心城市改造项目中可见一斑。

　　设计由 4 部分组成：公共汽车站、行人链接带、广场及广场上的 3 个塔状建筑（图5-38）。从总平面图中可以运用图形-背景分析看到新建部分与道路地形的契合关系。建筑及其广场的边界都顺应原有城市肌理保持道路的曲折非平行状态，新建 3 个塔状建筑与基地背景单体建筑的纵向方形布局相呼应，且非平行的群组并置在细节中隐含了山镇建筑的地域特点。其整体尺度大于老城区建筑繁多略显凌乱的布局，反映了满足现代生活更新的需要。

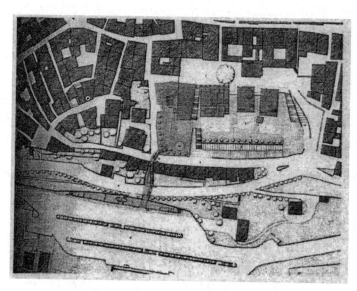

图 5-38　费尔莫市中心城市改造项目

　　从城市的群组关联耦合分析来看具有典型的构图形态，建筑布局看似随意但充满张力。以人行步道连接的带形公共汽车站和广场两侧布置，拓展了纵横两个城市发展方向。3 个点状塔楼的带形布局既分割又围合了两个标高不同、大小各异的城市广场，作为整个区域的点睛之笔，强调了改造区的中心地位。广场的分块叠合形状自由，满足功能（市场、购物、停车）多样的要求，活泼的组织方式与山城建筑依势而建的内在规律相耦合。可以说这一项目是保持物质-形体完整性的典型，而这类改造项目往往被商业利益和较低的品位所损害。

2. 城市发展的开拓

　　（1）探寻地域的空间规律，注重城市肌理和建筑形态的形式生成。

　　城市有大量优秀的建筑却不能弥补城市空间的缺失，因为城市的整体形象和面貌不仅仅取决于一幢幢单独的建筑，建筑物之间良好的相互关系，细腻而独特的外部环境，以及丰富的空间场所才是城市最为重要的特征。在这一点上，很多优秀的传统城市给我们提供了丰富的范例，地域特色正是表现在人们日常生活和创造自身文化的整体场所中。

　　为了延续地域特色，使城市改造中新旧建设和谐一致，我们在物质建设上需要探索和融汇旧城的空间组织规律和建筑形态特色。传统的城市充满着丰富的空间，既是我们建设的基础，也是我们创作的源泉。在旧城改造中，首先要充分理解和体会城市本身的特色和规律，才能做进一步的保护和发展。菊儿胡同对四合院的再生、新天地对里弄空间的保留都是在这方面实践的成功作品。

旧城改造的任务是在传统的历史街区中构造适应现代生活的空间，尽管具体的空间设计千变万化，并要随着时代的需要不断发展，经典的空间艺术手法和原则却仍然是可以通过细致的研究加以贯彻和体现的。这点笔者在地域主义的认知分析和方法研究中有比较具体的论述，可以作为指导实践的参阅框架。城市肌理和旧城的特征并不是只可意会的神秘境界，我们需要根据城市设计的理论工具和艺术原则来分析和量度城市自身的特色，探求艺术的表现方法，以此作为发展和建设的依据。

（2）挖掘地域的文化特色，注重城市更新中的情感延续。

城市蕴涵着丰富多样的人类文化，地方特色正是体现在人类文化的丰富性和多样性上。挖掘地域的文化特色是旧城改造中不可忽视的重要方面，也是成功改造的捷径。文化特色与空间形态密切相关，同时文化特色的体现又是在艺术手法的基础上进一步延伸到场所、感受、文脉等文化性的要求，因而有着更为深入和丰富的内涵。

在旧城改造中，即使是一砖一瓦都描摹传统的样式，缺乏文化上的体验同样会与旧城的环境格格不入。何况，现代化城市的发展不可能完全照搬旧有的城市建设模式和肌理，在这种情况下，对旧城文化内涵的体现则是城市发展中至关重要的内容。这里面尤其要求体现城市内在神韵，而这种深层次情感的延续也正是城市更新的难点。

在这方面的研究重点是怎样把生活内容场所化。比如，菊儿胡同渲染老北京的大杂院气氛，现在成为外国友人体验异域文化争相居住的场所；而坐在新天地的老房子里就餐，似乎还能听到周旋时代的优美歌声；东便门明城墙遗址公园则把旅游、展览、交通等不同行为内容组织到整个遗址城墙的大背景中去，可以有多重场所体验。对城市生活中各种场所的特征加以总结和提升，反过来再作为规律性的东西应用于城市建设和发展，是城市更新中延续地域情感的有效方法。

（3）激发老城地区活力，孕育历史街区的新生命。

要维持城市持续健康发展，仅有优秀的物质环境还远远不够。社会环境的自由和公正，以及经济的持续繁荣都是至关重要的保障。我国的老城中，一些最有地区特色的地方，往往也是建筑陈旧破败、居民生活质量落后的地方。因此地域性随着"城市／美化"运动而一片片的消失。国内外大量的旧城改造和环境更新项目很大程度上担负着促进经济繁荣的任务，甚至把地段的复兴作为项目的目标。从长远来看，脱离社会目标和经济支持的城市更新活动最终也很难真正成功，因而当今的历史街区改造必须考虑对城市社会和经济的促进。

激发老城的活力应当首先把握好城市的需求，根据对需求的分析才能从行为、心理、社会文化等方面对老城的社会、经济发挥影响。如上海新天地位于高级办公商业区，改建前就引进了一大批著名的餐饮、娱乐机构参与开发，所以项目过程中就考虑了每一单元的商业要求。建成后，其中西合璧、传统现代的特点又吸引了时装表演、艺术画展、模特大赛等一系列文化大戏的亮相。一个破败杂乱的老居住区再生为上海最具城市活力的新亮点，并出其不意地成为中外旅游者的参观胜地。虽然被批评为造价昂贵的区域改造项目，

173

但现在、将来都在创造着巨大的经济价值。北京东便门明城墙遗址公园在规划上就考虑设立南城根文化区进行经营，为城墙和公园的维护提供有效的经济保障。

在老城中创造具有活力的区域空间，不仅需要经济文化的繁荣发展，更需要公众参与和社会决策的支持。可以说延续城市的地域特征，一方面就是保护、改善和创造城市和城市地区持久的形象，使之因独特性而能够清晰地识别；另一方面要使城市私人领域能够不断地适应社会经济条件下人们变化着的需求和愿望，促进地域特征的演化。

（4）尝试有机动态更新，坚持地域的可持续发展观

城市发展不是一蹴而就，而是循序渐进的，需要通过多代人的努力，将历史、现实和未来结合起来发展。地域特色也是长期积累的过程，具有阶段性的演化特点。特别是对于历史街区这种长期积淀而成的历史文化资源，如果没有清醒的历史保护意识和持续发展的观念，"急功近利"的建设行为势必造成不可挽回的破坏。吴良镛先生在其菊儿胡同的改造实验中就已提出："所谓有机更新，即采用适当规模、合适尺度、依据改造内容与要求，妥善处理目前与将来的关系"不断提高规划设计质量，使每一片的发展达到相对的完整性，这样集无数相对完整性之和，即能促进北京旧城的整体环境得到改善，达到有机更新的目的。这一理论有助于我们审慎地对待城市现实的环境，动态地延续地域结构，强调任何改建都不是最后的完成，是处于持续更新之中的。在这个思路下，老建筑的利用就更有其意义，新设计还要给未来留有可能。对历史街区来说，坚持可持续发展思想正是区域特点保护与更新的扩展与深化，其实践线索有两个主要方向：

1）最大限度在利用自然本原的基础上延续变革：这一原则在街区保护中演化为最大限度地利用现状（包括自然环境、人工环境、人文环境）原则，就是尊重原有历史的真实性并巧妙的发展更新。

2）不破坏后代进一步发展的能力：在一定的限制条件下对于传统建筑的修缮、改造或再生之中，要尽可能保持原有材料，保留原有建筑的结构框架，为后代人进一步的改造街区，完善其历史面貌留有余地，而不至于因彻底地改造导致根本性的消失。对于历史街区的空间关系和肌理结构更要慎之又慎，结合城市的发展方向做到理顺关系、渐进式有机发展，给未来留有余地。

总之，沿着可持续发展这个思路前行，地域主义的创作才不会是无源之水、无的之箭。

5.5.3　激活地域

1. 原有居民的生活方式分析

一个城市的居住与生活方式的延续是城市地域文化的重要组成部分，也是城市居民形成凝聚力和向心力的动力源泉之一。城市生活方式是一个城市最具有保护价值的精神财富，不应当成为人们遗忘的角落。

在旧城改造中应当争取做到"传承城市文脉""保护历史文化"及"延续生活方式"。可能在实际情况中，前两点提得较多，而"延续生活方式"相对谈得较少。笔者认为，当今时代在旧城改造中更应当大力弘扬和提倡"延续生活方式"的理念：在物质层面的景观策略上坚持旧城景观与历史文物建筑保护相结合；在方案实施阶段可以结合历史文物的保护和有益的环境视觉规划，较好地解决历史文物建筑与周围环境的视觉冲突问题，传承旧

城区内的空间特征，保留和完善旧城区的实体空间。但是任何一个空间，任何一个片区在缺乏市民的正常居住和使用的情况下都是没有生机和活力的，它只是一种形式而已，没有实实在在的内容。只有通过改造实现了对旧城的保护、旅游开发及旧城的民俗与宜居环境传承和改善，使原有居民在增加了新鲜生活元素的基础上，还保持着原有的生活方式，这样的旧城改造才是完整和到位的。而在我国有些城市的旧城改造中还存在着认识上的误区。

如在北京的传统四合院街区改造中就存在着这样的问题。北京四合院街区的改造是以迁走原住民为代价，换取了对四合院传统街区的保护，把一座座四合院变成了"空城"，这样虽然大多数的四合院街区的物质形态被保存了下来，但老房子和老街坊却丧失了原有的生机和活力，在这里虽然人们还能看到一个个老房子，但人们已经看不到孩子们放学后在街头巷尾打闹嬉戏的场景；也看不到老人们在房前屋后谈天说地的场景；人们再也听不到小贩沿街叫卖的吆喝声；更听不到熟悉的街坊邻居们见了面叫一声"吃了么，您呐？"等。这样一来，北京富有浓郁地方特色的市井生活场景就再也找不到了，我们只有翻开教科书和档案资料才能回味这段历史。这种改造忽视了居住文化和生活方式的保护和延续，保护了老房子，却隔断了市民之间的亲和力，这样的四合院是没有感情色彩的四合院，是与老百姓的普通生活格格不入的虚假空间。

因此，旧城改造必须把人的生活感受和生活方式放在优先考虑的位置，在保护物质层面的同时，更应当守护着我们的"精神家园"，更应当尊重普通老百姓的"心灵追求"。在经济发展、社会进步的当今时代，更应该强调这一点。因为这才是我们与其他城市、其他地区相互区别的地方，这才是我们城市"与众不同"的魅力所在。

再如英国的伦敦。提到伦敦的怀旧风情，人们想到的不仅仅是老建筑，还有独具特色的交通工具和市政设施。红色的电话亭、黑色老爷车样式的出租汽车，点缀在古老的街头巷尾之间是那样相得益彰。伦敦全城没有摩天大楼，房屋大多只有四五层，高的十来层，最高的楼仅有 20 ～ 30 层，且寥寥无几。除了古旧建筑，伦敦拥有 620 多个文化设施，上百家公园和四通八达的交通。

伦敦市中心街道狭窄、曲折，尽管交通拥堵一直是令政府头疼的事情，但将老建筑推倒以拓宽马路并不在政府计划之内。车辆进入伦敦中心地带被严格控制，收取高昂的进城费，发达的地铁设施在很大程度上也缓解了伦敦的交通压力。2006 年，伦敦市政府曾计划在市中心建造多座摩天大楼，但遭到民众的强烈反对，而他们反对的原因是担心这些摩天大楼会掩盖白金汉宫、大英博物馆的光芒。英国人并不羡慕生活在高楼大厦之中，享受久远历史带给自己生活的乐趣才是这个岛国民众的追求。伦敦也并非没有现代建筑，但这些摩登建筑的建造并没有以牺牲老建筑为前提，伦敦整个城市的风情并没有因为少数新建筑的加入而被破坏。这才是一个真实的伦敦，丝毫不逊色于世界其他任何一个城市，相反，却永远散发着自己独特的魅力。

2. 居民参与建筑设计与更新

（1）旧城更新建设引入公众参与的必要性

旧城更新中存在的矛盾。

第一，城市历史风貌保持和居民生活环境改善之间存在的矛盾。大多数城市旧区的主体是长期发展形成的旧居住区，它们代表着城市历史文化积淀的部分。但是这些居住区往往人口众多，建筑拥挤，公益设施缺乏，绿化、卫生、基础设施等方面的条件比较简陋。如何在保持城市历史风貌延续的前提下，尽可能改善居民的生活环境、提高其生活质量；第二，旧城社会经济网络和房地产开发商经济利益之间的矛盾。旧城老居住区通常是传统的邻里社区，长期共同生活，邻里关系密切，居民间形成了复杂的社会纽带，社区中居民的地域归属感强，社会交往网络不仅塑造了社区的情感认同，更起着经济安全网的作用，并承载着城市历史信息的传递，维系着传统市民精神的传承。然而利益驱动、效率优先的房地产开发则倾向以高密度、高容积率的现代型住宅小区来取代旧居住区，这种做法必然会影响乃至破坏多年传承下来的社会关系网络。

旧城更新中面临的社会公平诉求。

我国多数旧城居住区在经历了中华人民共和国成立初人口的膨胀、"文革"时期的破坏，1990 年代之后外来人口涌入城市的冲击和城市职工下岗转产的过程之后，拥挤与损毁程度日重。随着我国居住形态和社会经济的变化，现今仍然生活在旧区的居民多半是没有能力脱离这些地区或是依赖旧区社会经济生活的低收入者。政府实施组织的旧城更新本来应该可以满足他们改善生活环境的愿望，但是现实中的操作行为却往往事与愿违。

旧城更新通常有以下类型：一是功能置换型，改变原有的用地与建筑使用性质，以满足城市发展的需求，其改造方式以整体拆迁为主，也有少数对旧街区和建筑进行修理整治，此类案例通常费用较高，不具备普遍的推广意义。二是保持居住用地性质的提高密度型，采用拆迁方式，通过土地置换和加大开发强度获取利益。这种方式在我国较为普遍。三是保护修缮型，主要针对历史地段和保护区，以保护为主，进行保护性修复和改善设施。一些历史文化名城的保护地段采用这种方式，如平遥古城。四是渐进式更新型，采用延续城市发展脉络，维持地区相对稳定发展的小规模整治方式，这方面我国尚无成功实例可循。国外主要依靠居民、社区以及社会非营利组织，通过专业设计人员的技术支持，并且得到政府的认可和资助，对社区进行建筑和环境整治，甚至进一步复兴地区经济活力。

我国城市旧区通常占据市中心区边缘的有利区位，随着城市功能的提升及用地功能的调整与置换，市中心区"退二进三"政策的实施，越来越多的旧区地段被拆建为大型商业设施、办公楼、高档公寓和休闲娱乐场所。旧城结构性调整的结果，无论是采取第一或第二种更新方式，往往使原旧区的低收入居民或失去家园，或因为社会经济网络的断裂陷入生存窘境。社会关系网络的消失更直接导致了传统社区的毁灭，造成社会历史文化传承的断裂。

要解决旧城更新中存在的矛盾，消除隐患，保护城市的文脉并体现社会公平的原则，必须给予社区居民充分的机会，使他们能够参与到城市规划的过程中来，通过多元利益主体的协商寻找最适合本社区发展的道路。

（2）旧城更新中公众参与的不同形式

不同的城市更新操作方式中，居民参与的形式和程度也有所差异。

第一，整体拆迁的更新方式。居民可以在可行性研究、规划设计、拆迁安置和补偿等阶段通过听证会、评议会、规划展示咨询等方式参与规划和政策的制订，就安置和补偿争取利益。这种居民参与的特点表现为被动和轻度参与，政府或开发建设方是主导力量。

第二，对于实施风貌或历史保护的地段，居民为社会或国家承担了部分责任，政府则应提供相应的技术支持和资金补偿。居民可以就保护规划、权限、补偿政策以及保护区的经营管理等方面通过规划展示、评议会、协商与听政等方式参与。保护制度本身是国家强制性的，居民也是被动参与。

第三，小规模整治可以采取居民自建、社区自建的方式，居民根据有关法律法规参与规划设计、修建和管理的全过程。较之前两种参与方式，居民和社区自建具有主动、深层、全程参与的特点。

（3）立足于社区本位公众参与机制的建立。作为社会主义国家，我国的城市建设不完全建立在市场行为的基础上，城市建设为广大民众服务，具备建立参与体系的基础和可能性。最根本的一点是土地公有制，原则上说，在城市中，公众参与应该有良好的环境。与此同时，法规和政策的不健全往往使得居民的既有和应得利益在旧城改造过程中可能得不到保障。因此，建立健全合理、有效的公众参与机制，应该注意以下几个方面：

第一，多元利益主体协商体系的培育

一直以来，政府和开发商是我国旧城更新中的主导力量，起决定性作用，规划设计人员常常被政府或开发商的意志左右，或者完全出于技术考虑，漠视了居民需求和城市社会经济整体发展的特点，居民处于被动地位，没有形成有效的公众参与的渠道。要形成公众参与规划的大环境，需有意识地调整城市建设中几方面力量的地位和职能，尤其政府要首先做出努力，自上而下改变观念和做法。政府应只充当组织者的角色，或者委托有关专业部门加以组织，居民作为旧城更新的主体，能够对决策、规划设计和建设实施等具有影响力甚至起决定作用。而规划人员应与政府脱钩，以提供技术咨询和专业服务为职能，尽力为委托方争取权益。此外，要注重城市规划的普及教育，一方面在各类学校及高校非规划专业进行规划宣传教育；另一方面在普通市民中普及城市规划知识，促进公众参与城市规划理念的形成。只有多管齐下，才能建立切实有效的互动机制，保证多元利益的均衡。

第二，立法与监督

根据近期政府文件的精神，应注意培育和完善居民自治组织，建立社区志愿者队伍，使居民参与社区建设和管理的程度有明显提高，要以社区自治组织建设为重点，扩大基层民主，充分调动城市居民参与和监督城市管理的积极性，这说明目前政府部门对于城市社区规划、建设和管理中的公众参与已经表现出概念上的支持，但在现实中，公众参与仍缺乏相应的政策法规扶持。要改变这种情况，一方面需要出台政策、法规，使公众参与成为城市规划运行的必要条件，而且使操作有法可依；另一方面还要形成有效的意见反馈渠道和行政监督程序，以保证实施过程中的合法与社会公正。尤其是因为旧城区居民多属低收入阶层，他们占有的组织资源、经济资源和社会资源都比较匮乏。旧城更新涉及原居民、开发商和政府等多元利益主体，涉及多方面的、广泛的利益冲突，单凭市场机制不可能保护。

在资源占有上处于弱势的原居民的利益，须要依靠政府的公共干预。应该建立面向低收入居民的社会保障机制，以保护旧区居民的基本利益。一要有法可依，二要决策民主，使公众参与真正成为旧城更新规划和实施过程中的重要环节，做到社会公平和经济效益的良好结合。

非政府组织、社区团体作用的发挥。西方国家的实践经验表明，公众参与作用的发挥不是在个人层面，而是在非政府组织、社区团体活动的层次上，最能够显著地表现出来。利用非政府组织、社区团体，通过居民参与进行居住区的整治更新，已经成为一些西方国家城市建设管理的组成部分，政府也出台了相应的政策法规对此加以支持。近年来我国出现了许多住宅合作社，促进了居民对旧城居住区更新的参与，但是这类组织缺乏政策支持和资金来源，其维持和运作存在很多问题，甚至难以为继。政府能否在非政府组织与民间团体的法律定位上给予支持，在资金和政策方面予以扶助，以鼓励旧城居住区的自我更新，将在很大程度上决定社区公众参与的深度和影响力。

思 考 题

1. 可持续建筑设计的原则是什么？
2. 场地建筑布局设计要考虑哪些因素？
3. 目前我国有几种气候分区方式？每种方式的建筑特征是什么？
4. 气候适应性被动式设计方法主要有哪些？
5. 保护自然的设计方法有哪些？
6. 防御自然的设计方法有哪些？
7. 利用太阳能的设计方法有哪些？
8. 利用地壳浅层地能的设计方法有哪些？
9. 活用绿化有几种方式？并介绍各种方式的主要内容。
10. 生命周期设计方法主要是什么？
11. 地域人文环境设计主要有几个方面？各个方面的主要内容是什么？

参 考 文 献

［1］张国强，徐峰，周晋等编著．可持续建筑技术．北京：中国建筑工业出版社，2009
［2］（英）斯泰里奥斯·普莱尼奥斯 著．可持续建筑设计实践．纪雁译．北京：中国建筑工业出版社，2006
［3］（美）玛丽·古佐夫斯基 著．可持续建筑的自然光运用．汪芳等译．北京：中国建筑工业出版社，2004
［4］（美）PETE MELBY /TOM CATHCART 编著．可持续性景观设计技术．张颖等译．北京：机械工业出版社，2005
［5］（法）克洛德·阿莱格尔 著．城市生态 乡村生态．陆亚东译．北京：商务印书馆，2003

第6章 建筑设备系统

建筑设备系统就像人体的心脏和血管，主要包括暖通空调设备、建筑给水排水和建筑电气设备等。

6.1 暖通空调系统

暖通空调由供暖、空调和通风三部分组成。工业通风是利用技术手段，合理组织气流，控制或消除生产过程中产生的粉尘、有害气体、高温和余湿，创造适宜的生产环境，达到保护工人身心健康的目的。

6.1.1 供暖系统及其对可持续建筑技术的运用

供暖是通过采用一定技术手段向室内补充热量，主要针对室内热环境进行温度参考的合理调控，以满足人类各种需求的一种建筑环境控制技术。

1. 供暖系统组成

供暖系统主要由三大部分组成：热源、散热设备和输热管道。

热源可以是锅炉、热泵、热交换器，用能形式则包括耗电、燃煤、燃油、燃气或建筑废热与太阳能、地热能等自然能的利用等。

散热设备包括各种结构、材质的散热器、空调末端装置及各种取暖器具。按其制造材质，主要有铸铁、钢制散热器两大类。按其构造形式，主要分为柱型、翼型、管型、平板型等（图6-1、图6-2）。

图6-1　铸铁散热器

图6-2　彩绘散热器

输热管道材质多样，主要有镀锌铁管、铜管、不锈钢管、塑料复合管、不锈钢复合管、PVC管及PP管等。PP管无毒、卫生、耐高温且可回收利用，主要应用于建筑物室内

179

冷热水供应系统，也广泛适用于供暖系统（图 6-3、图 6-4）。

图 6-3　镀锌铁管

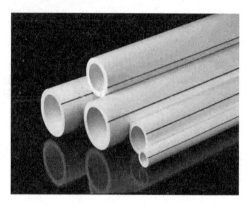

图 6-4　PP 热水管

2. 供暖系统分类

（1）根据供暖系统所使用的热媒，可分为热水供暖、蒸汽供暖和热风供暖系统。

1）以热水为热媒的供暖系统，称为热水供暖系统。热水供暖系统是目前广泛使用的一种供暖系统，居住和公共建筑常采用。室内热水供暖系统大多采用低温水作为热媒。以前设计供 / 回水温度多采用 95℃ /70℃（也有采用 85℃ /60℃）；而现在的供 / 回水温度降为 50℃ /40℃，甚至为 45℃ /35℃。高温水供暖系统一般宜在生产厂房中应用。设计供 / 回水温度大多采用 120～130℃ /70～80℃。根据系统循环动力不同，可将热水供暖系统分为重力（自然）循环系统和机械循环系统。靠水的密度差进行循环的系统，称为重力循环系统；靠机械（水泵）动力进行循环的系统，称为机械循环系统。机械循环热水供暖系统因其作用范围大，而成为应用最多的供暖系统。

对于单体建筑，根据其内部的管路走向，可以将建筑内的供暖系统分为有垂直式和水平式。

2）蒸汽供暖系统是利用蒸汽凝结时放出的汽化替热来供暖的，按其压力分为低压和高压蒸汽供暖系统。

低压蒸汽供暖系统的系统形式：一般在低压蒸汽供暖系统的分汽缸下部、蒸汽管道可能积水的低点、每组散热器的出口或每根立管的下部设置疏水器。蒸汽供暖系统启动时，依靠蒸汽压力将散热器中的空气赶入干式凝水管，进入凝结水箱，再通过凝结水箱上的空气管排入大气。散热器内蒸汽压力应接近大气压力并略高一些。有双管上供下回式系统和双管下供下回式系统。

高压蒸汽供暖系统的系统形式：由于高压蒸汽的压力及温度均较高，因此在热负荷相同的情况下，高压蒸汽供暖系统的管径和散热器片数都少于低压蒸汽供暖系统。这就显示了高压蒸汽供暖有较好的经济性。高压蒸汽供暖系统的缺点是卫生条件差，而且容易烫伤人。因此，这种系统一般只在工业厂房里面使用。有上供上回式系统、上供下回式系统和单管串联式系统。

3）热风供暖系统，采用蒸汽或热水为热媒，通过暖风机设备将室内空气加热，以达到供暖目的。其特点是以空气作为带热体，将室外、室内或者室外与室内空气的混合体加热后直接送入室内，维持室内空气温度达到供暖要求。因此，具有热惰性小、升温快、室内温度分布均匀、温度梯度较小的特点。

（2）根据散热设备向房间散发热量的方式，供暖系统分为对流供暖和辐射供暖。

对流供暖系统主要散热设备是散热器，在某些场所还使用暖风机等。

辐射供暖是利用受热面积释放的热射线，将热量直接投射到室内物体和人体表面，并使室内空气温度达到设计值。其主要设备有辐射散热器、辐射地板、燃气辐射供暖器等。利用建筑物内部顶棚、地板、墙壁或其他表面作为辐射散热面，也是常用的辐射供暖形式。

（3）电供暖

电供暖是利用电能直接加热室内空气或供暖热媒，使室内空气达到规定温度的供暖形式。电能是高品位的能源形式，将其直接转换为低品位的热能进行供暖，在能源的利用上并不十分合理，一般不宜采用。

3. 可持续建筑技术在供暖系统中的应用

冬季供暖是中国北方地区住宅必不可少的，主要采用集中供暖。热源供给主体是热力公司和小区锅炉房。我国目前市政集中供暖方式所占比例为46%，分户式取暖所占比例仅次于市政集中供暖。分户供暖方式的特点在于用户可以根据自己的喜好随意选择，同时用热也可以单独计量。随着清洁能源的使用及新技术、新产品的出现，使供暖方式的多元化选择成为可能，集中供暖方式的垄断地位受到挑战，供暖、热水一体化的独立分户供暖等方式纷纷出现。各地应根据当地气候、能源条件和建筑情况，发展采用适宜的节能供暖方式，如辐射供暖，主要依靠供热部件与结构内表面间的辐射换热为各房间供热（冷），热舒适增加，减少房间上部温度升高增加的无效热损失，因此，可节省供暖能耗。

太阳能供暖利用太阳能转化为热能，通过集热设备采集太阳光的热量，再通过热导循环系统将热量导入至换热中心，然后将热水导入地板供暖系统，通过电子控制仪器控制室内水温。在阴雨雪天气系统自动切换至燃气锅炉辅助加热，让冬天的太阳能供暖得以实现。春夏秋季可以利用太阳能集热装置生产大量的免费热水。太阳能供暖工程的寿命可达20年以上，一般5年内就可收回成本，长达15年以上的免费享用尽显它的经济节能本色。系统组成：太阳能集热器、换热水箱、燃气锅炉（或者其他加热设施）、循环控制中心、温度控制器、地板供暖系统、生活热水系统（图6-5）。

图 6-5　太阳能集热器

6.1.2　空调系统及其对可持续建筑技术的运用

空气调节是通过采用各种技术手段，主要针对室内热（湿）环境及空气品质，对温度、湿度、气流速度和空气洁净度、成分等参数进行不同程度的严格调控，以满足人类活动高品质环境需求的一种建筑环境控制技术。《供暖通风与空气调节术语标准》GB/T 50155—2015 将空气调节定义为：使房间或封闭空间空气温度、湿度、洁净度和空气速度等参数，达到给定要求的技术。

1. 空调系统组成

空调系统的基本组成包括空气处理设备、冷热介质传输系统（包括风机、水泵、风道、风口与水管等）和空调末端装置等。

空气热湿处理设备是对空气的温度和湿度进行处理的设备，其类型有直接接触式热湿处理装置和间接接触式热湿处理装置。常见的直接接触式热湿处理装置有：喷水室、冷却塔、各种水加湿器和蒸汽加湿器；常见的间接接触式热湿处理装置主要是表面式换热器。而对于空气调节过程，往往是由多个空气处理过程组成的，如组合式空气处理机组，它就可以实现对空气的多种处理。图 6-6 为组合式空气处理机组。

图 6-6　组合式空气处理机组

（1）水泵与风机是利用外加能量输送流体的机械。水泵的分类方法很多，按工作原理，分容积式泵、叶轮式泵和喷射式泵。容积式泵（图 6-7），依靠工作部件的运动造成工作容积周期性地增大和缩小而吸排液体，并靠工作部件的挤压而直接使液体的压力能增加；叶轮式泵，又称旋涡泵，依靠叶轮高速旋转，叶轮各叶片间的液体在高速旋转中受到离心惯性力，叶片外缘的液体压强高于叶片内缘的液体压强；喷射式泵是靠工作流体产生的高速射流引射流体，然后再通过动量交换而使被引射流体的能量增加。图 6-8 为离心式水泵。

（2）因通风机作用、原理、压力、制作材料及应用范围不同，通风机有许多分类方法。下面列举三种分类方法：

1）按其在管网中所起的作用来分，起吸风作用的称为引风机，起吹风作用的称为鼓风机；

2）按其工作原理来分，有离心式通风机（图 6-9）和轴流式通风机（图 6-10）两种。一般情况下，离心式通风机适用于所需风量较小、系统阻力较大的场合；轴流式通风机则常用于所需风量较大、系统阻力较小的场合。通风除尘系统阻力较大，故在烟气控制工程中主要以离心式通风机为主；

图 6-7　容积式泵

图 6-8　离心式水泵

图 6-9　离心式风机

图 6-10　轴流式风机

3）按风机压力大小来分，有低压通风机（$H < 1000Pa$）、中压通风机（$1000Pa < H < 3000Pa$）、高压通风机（$H > 3000Pa$）3 种。低压通风机一般用于送、排风系统或空调系统；中压通风机一般用于除尘系统或管路较长、阻力较大的通风系统；高压风机用于锻造炉、加热炉的鼓风，物料气力输送系统或阻力大的除尘系统。

风管按材质分，一般有：钢板风管（普通钢板）、镀锌薄钢板（白铁）风管、不锈钢通风管等；按管道形状分，一般有：圆形、矩形、螺旋形等（图 6-11、图 6-12）。

图 6-11　圆形风管

图 6-12　矩形风管图

（3）风口形式比较多，常用的有格栅、百叶、条缝、孔板、散流器、喷口等（图 6-13）。

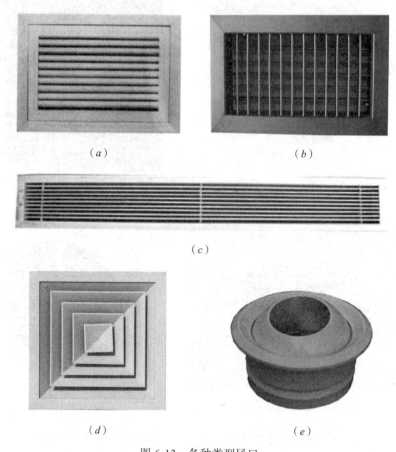

图 6-13　各种类型风口

（a）、（b）格栅双层活动百叶；（c）条缝；（d）方形散流器；（e）喷口

（4）空气过滤器（Air Filter）是指空气过滤装置，一般用于洁净车间、洁净厂房、实验室及洁净室，或者用于电子机械通信设备等的防尘。有粗效过滤器、中效过滤器、高效过滤器、亚高效及超高效等型号。

（5）空调末端，通俗地讲就是用冷水或冷媒的热量将进入室内空气变成冷风的装置，一般见于中央空调系统的末端设备，常位于室内，常见的如：风机盘管、多联机的室内机、新风处理机、空气处理器等（图 6-14 ～图 6-17）。

图 6-14　卡式风机盘管

图 6-15　立式风机盘管

图 6-16 挂壁式空调室内机 　　　　　图 6-17 立式空调室内机

2. 空调系统分类

空调系统分类方法多种多样，其主要分类有：

按系统紧凑程度，分为集中式、半集中式和分散式；

按介质类型，分全空气、空气-水、全水及冷剂方式；

按处理空气来源，分直流式、混合式和封闭循环式；

按其服务对象的不同，分为工艺性空调和舒适性空调。

3. 可持续建筑技术在空调系统的应用

（1）注意空调系统的选择

在既满足节约能源，又满足室内空气品质良好的前提下，风量可调的置换式新风送风系统、冰蓄冷低温送风系统、辐射冷吊顶系统以及去湿空调系统在国外绿色生态建筑中成为流行方案。

1）置换式新风送风系统，这种系统共有三种基本形式：个人空调与背景空调共同结合的下送风或桌面送风系统；置换式顶送顶回系统；用作全场空调的地板送风系统。其中下送风系统在绿色生态建筑中应用比较广泛。例如，德国的法兰克福商业银行办公室建筑采用的是地板送风系统。

2）冰蓄冷低温送风系统，由于低温送风能够降低室内空气的湿度，使人感到清新的空气，也可起到削峰调谷的作用。并且冰蓄冷系统具有较小的制冷设备装机容量，能够在满负荷效率下进行工作。这种系统在空调设计中得到了广泛的应用。除了冰蓄冷的应用外，同时也可以利用建筑结构本身进行蓄冷。

3）辐射冷吊顶系统，辐射冷吊顶的形式可以平衡掉建筑物中的设备和照明系统等产生的热量，并且辐射冷吊顶形式供冷能够使人的头部冷、脚部暖，更适合人体的舒适性，因此，辐射冷吊顶系统具有出色的环境品质特性，而且还具有良好的节能特性。

4）去湿空调系统，去湿空调系统能够保证绿色生态建筑所需的室内湿度和新风量的要求，并且该系统可采用太阳能等清洁能源或可再生能源进行再生固体去湿剂，对环境不会产生污染。

（2）注意因地制宜

目前，较多采用的是风机盘管加新风系统及定风量全空气系统，但以下几种系统形式有着较好的节能效果，建议因地制宜地选择使用。

1）尽量采用自然通风。采用自然通风可以减少制冷负荷，并带走室内有毒及有异味物质，其动力是室内外温度差引起的热压和风压压力差。这种被动式的通风空调技术不开风机，无需制冷，应加以充分考虑，设计在温和天气，如春冬过渡季节直接对流通风，实现基本零能耗；而在热而无风的日子尽量设计利用烟囱效应、风塔效应引风入室。

2）变制冷剂流量（VRV）系统。以制冷剂直接作为热传送介质，其每千克传送的热量是 205kJ/kg，几乎是水的 10 倍和空气的 20 倍，同时可根据室内负荷的变化，瞬间进行容量调整，使 VRV 系统能在高效率工况下运行，具有显著节能效益，经济效益显著。

3）水环热泵空调系统。用水环路将小型的水 / 空气热泵机组并联在一起，构成一个以回收建筑物内余热为主要特点的热泵供暖、供冷的空调系统。节能环保效益显著。

4）蓄能空调。利用晚上电价较低时段制冰蓄冷白天供冷，可起到削峰调谷的作用。

5）变风量空调（VAV）系统。送风状态保持不变，改变送风量来适应室外气象变化，从而降低了冷水机组的制冷量，也降低的风机的能耗。

6）热泵空调技术。将自然环境（太阳能、空气、水、土壤）中的低位能转化为高位能。以土壤源热泵为例，在一定深度的地层中，土壤温度达到了一个比较稳定的数值，冷热媒流经这些区域进行热交换后可直接用于空调系统。未来地下土壤的冷或热能的利用会成为非常重要的可再生能源之一，因为这种能源普遍存在，既没有污染物排放，也不生成污染物，另一方面运作费用极低，只需要进行初始投资回收的评估。

7）区域供冷技术。这样可以采用效率高的大容量机组，考虑负荷参差系数而使装机容量减少，与分散式供冷相比，机房面积和管理人员都大幅减少，能源利用更为合理有效。

比较以上几种空调技术，还是有一些不尽如人意的地方：采用自然通风时，如果建筑周围外环境质量较差，则容易引入外界的空气污染等不良因素，同时可能导致热 / 冷流失，降低隔热效果；VRV 系统的容量不能很大；应用水环热泵的建筑必须有内外分区；蓄能空调只有在昼夜电价有较大差异时才有意义；VAV 系统的自控很不好实现，国内罕有成功的实例；地源热泵地场温度分布的测定还不完善，以及布管技术与管材的选择问题，还有一年中从地下获取的和排放的热量应如何保持平衡等问题而水源热泵回灌成本太高，而且要求必须有环境水源才能实现。因此，总的来说，因地制宜、合理设计是利用这些空调技术达到节能降耗目的的前提。

（3）利用有组织的自然通风

自然通风是当今生态建筑中广泛采用的一项技术措施。它是一项久远的技术，我国传统建筑平面布局坐北朝南，讲究穿堂风，都是自然通风，节省能源的朴素运用。只不过当现代人们再次意识到它时，才感到更加珍贵，与现代技术相结合，从理论到实践都提高到一个新的高度。在建筑设计中自然通风涉及建筑形式、热压、风压、室外空气的热湿状态和污染情况等诸多因素。

（4）地源热泵空调系统

地源热泵空调系统是利用土壤、地下水或江河湖水作为冷热源的一种高效空调方式。土壤是一种很适宜的热源，其温度适宜、稳定，蓄热性能好且到处都有。原状土在地下约 10m 深处温度几乎没有季节性波动，一般比全年空气平均温度高 1 ～ 2℃。地源热泵全年运行工况稳定，不需要其他辅助热源及冷却设备即可实现冬季供热夏季供冷。地源热泵的 COP 值可达 4.0 以上。对于采用深井回灌方式的水源热泵，由于地下水抽出后经过换热器回灌至地下，属全封闭方式，因此不使用任何水资源，也不会污染地下水源。

（5）采用新能源技术

21世纪住宅应大力开发利用太阳能、风能、水能和生物能等绿色能源，实现一定程度上的能源自给自足，保护未来的生态和环境，为将来的发展提供优良的基础。太阳能是自然界中最充分、最便捷的可供利用的绿色能源，应优先选用被动式太阳能技术，而主动式太阳能技术的采用则作为补充。被动式太阳能利用在设计时可在地面、屋顶安装一些装置直接利用太阳能，如太阳能恒温房；也可在外围护结构的空气层中填以高效热反射材料，达到保温隔热的目的，而在阳光充足的寒冷地区，则可将外围护结构设计成蓄热材料；还可利用太阳能收集器或其他装置将太阳能进行收集、贮存和转换。在设计时要考虑当地的气候特点，充分利用本地气候资源，避免由于人工能源的大量使用而形成的居住者与自然的人为隔离，同时也可节约能源。主动式太阳能利用可通过窗户集热板系统、空气集热板系统、透明热阻材料组合墙等来实现。

（6）采用可再生技术

对于暖通空调系统的原料回收范围较广，因为暖通空调系统中的不同材料和相应的零部件都能够被回收和再利用，对材料的回收不同于对材料的回用，指的是对于材料和零部件进行系统分类地回收，而不是较为笼统的回收利用。经过对暖通空调系统中设备材料的原料回用和回收，回收的原料经过专门的处理后可以再生，进而从原料转变为产品最后再变为原料的闭环良性循环。对相应无法或者不易于回收的生产原料，在设计时就要尽量少用，最大限度地限制其使用量。

可持续性建筑强调建筑环境与自然环境的协调共存，有机结合，要从土地开发、建筑布局、建材选择、建筑使用及维护以及建筑拆除的整个生命周期中，体现出对自然资源的索取少，能源消耗小，对环境影响小，再生利用率高的新特征。

总体来说，应首选优化设计，结合具体建筑尽可能采用简单合适的技术，尽量适应环境的特点，依靠自然力来满足舒适性要求。尽管这种方法被认为是被动的技术，但其在节能及环境保护方面的作用却是不容忽视的。另一方面，要以辩证的观点、审慎的态度对待新技术。从整体性、协调性的观点来看，有一些所谓的可持续性技术只是某些环节的某些属性的改善，并不一定代表了整体水平的提高，相反有时大量高能耗的建筑设施及其施工反而会极大地抵消其积极的一面。为了实现可持续性建筑，应以建筑和暖通专业为基点，材料、自动化等专业为支持，提高建筑的综合效益，让建筑环境与自然环境协调发展。

6.1.3 通风系统及其对可持续建筑技术的运用

工业通风是控制车间粉尘、有害气体或蒸气和改善车间内微小气候的重要卫生技术措施之一。其主要作用在于排出作业地带污染的或潮湿、过热或过冷的空气，送入外界清洁空气，以改善作业场所空气环境。

1. 通风系统组成

工业通风系统主要包括进风口、排风口、送风管道、风机、过滤器、控制系统以及其他附属设备在内的一整套装置。

为了防止室外风对排风效果的影响，排风口往往要加避风风帽。

通风机是通风除尘系统的一个重要设备，它的作用是输送空气，为系统提供所需的风量，并克服空气在系统流动时所产生的阻力损失。

2. 通风系统分类

（1）按用途分类

1）工业与民用建筑通风

以治理工业生产过程和建筑中人员及其活动所产生的污染物为目标的通风系统。

2）建筑防烟和排烟

以控制建筑火灾烟气流动，创造无烟的人员疏散通道或安全区的通风系统。

3）事故通风

排除突发事件产生的大量有燃烧、爆炸危害或有毒害的气体、蒸气的通风系统。

（2）按通风的服务范围分类

1）全面通风

向某一房间送入清洁新鲜空气，稀释室内空气中污染物的浓度，同时把含污染物的空气排到室外，从而使室内空气中污染物的浓度达到卫生标准的要求。也称为稀释通风。

2）局部通风

控制室内局部地区的污染物的传播或控制局部地区的污染物浓度达卫生标准要求的通风。局部通风又分为局部排风和局部送风。

（3）按空气流动的动力分类

1）自然通风

依靠室外风力造成的风压或室内外温度差造成的热压使室外新鲜空气进入室内，室内空气排到室外。该通风方式较为经济，不耗能量，但受室外气象参数影响很大，可靠性差。实际上，热压和风压是同时起作用的。一般来说，热压作用的变化较小，风压作用的变化较大；为了保证自然通风的效果，在实际设计与评价时，除根据热压外，在厂房布置上还应考虑风压的影响。

局部自然通风系统的特点是直接使炉体产生的热气流和烟尘，从其发生地点排出而不致弥散于车间。这是较经济有效的一种办法。局部自然排风系统包括排气罩、排气管和避风风帽 3 部分。排气罩形式多样，可用薄钢板、砖等材料制成。排气管和风帽排气管的粗细视需排出的风量而定，而风量则取决于燃料的使用量及其所产生的热值。排气管宜直立，尽量减少转弯，转弯的弧度要大，不要呈直角。排气管出屋面后，其顶端应高出屋脊（或平屋顶），出口处应安装避风风帽，否则会引起风倒灌。

2）机械通风

依靠风机的动力来向室内送入空气或排出空气。该系统虽工作的可靠性高，但需要消耗一定能量。

机械通风依靠通风机造成的压力差，通过通风管网来输送空气。与自然通风比较，机械通风具有下列优点：①进入室内的空气，可预先进行处理（加热、冷却、干燥、加湿），使温湿度符合卫生要求。②排出车间的空气，可进行粉尘或有害气体的净化，回收贵重原料，且减少污染。③可将新鲜空气按工艺布置特点分送到各个特定地点，并可按需要分配空气量，还可将废气从工作地点直接排出室外。但机械通风所需设备和维修费用较大，因此，必须在尽量利用自然通风的基础上采用机械通风，而且首先应考虑采用局部机械通风。

机械通风系统包括通风机、通风管、排气罩（或送风口）和净化设备。

通风机是在通风系统中用来输送空气的动力设备。按不同作用、原理和结构形式，通风机可分为离心式和轴流式。

通风管是连接风机、空气处理设备和进（排）风口输送空气的管道。

局部送风高温车间采取了工艺改革、隔热、自然通风等措施后，如工作地点气温仍达不到卫生标准要求，应设置局部送风，以改善工作地点微小气候。全面送风只有当生产工艺（如纺纱、仪表、电子元件等）要求车间空气清洁，温、湿度恒定的情况下，才采用全面机械送风系统。

局部排风为了防止有害气体、蒸气和粉尘在车间内散布，主要采用局部排风系统从发生源处直接排出室外。局部排风系统由局部排风罩（吸尘罩）、通风管道，通风机、粉尘或有害气体净化设备和排风装置等组成。局部排风罩（吸尘罩）是局部排风系统中的关键部件。排风柜是常见的一种部分密闭的排风装置。当产生的有害气体、蒸气或粉尘的工件较大而不能在排风柜内进行加工时，可采用一面敞开，其余面密闭的侧方排风罩，或各方均不能密闭的侧方排风罩，或上部排风的伞形罩，有单侧排风（槽宽 ≤ 0.7m 时）、双侧排风（槽宽 > 0.7m 时）和吹吸式槽边排风（槽宽 ≥ 2.0m 时）各种形式。吸气口的排风量应大于送风射流流量。

全面排风一般是在外墙上安装一定数量的排风扇，依靠排风使室内形成负压，将室外的新鲜空气通过门窗进入室内，使整个车间得到通风换气并使有害气体浓度冲淡到符合卫生标准要求。

3. 可持续建筑技术在通风系统中的应用

随着世界工业水平的发展，对工业生产与工作环境的要求越来越高，环保通风除尘设备已经在工厂、公共场所等多个领域得到广泛应用，并日益受到重视。

工业节能环保型通风设备比传统空调更节电，使用范围更广泛，既能降温、驱尘，又能驱散异味、通风换气等诸多优点而被越来越多的企业所接受。对于那些有污染性气体、高温车间的场所，以及那些不允许使用室内循环空气的场合，如医院大厅、厨房、化工厂、塑料厂、电子厂、五金厂等场所，环保通风设备更是尽显风采。进一步加强国内外工业通风技术的交流与合作，加快新技术、新产品的推广和应用，已是当务之急。

目前，市场上已经出现超大型节能风扇，其直径高达 7.2m，采用航空铝材 10 片风翼，最大的优点是不同于市场上的普通 6 片叶子，普通 6 片叶子，风的延续性差，要求高转速，才能维持风量。10 片风翼，风扇最大转速为 45 转 /min，可以变频调速，就能产生大容量的气流。风速为 3m/s。风量为 12000m³/min。功率为，380W。覆盖面积为半径 18m，实际推荐覆盖面积 800m² 左右为佳。具有覆盖面积大，低转速，低能耗的特点，风扇产生的气流是根据人体最佳舒适度设计的，7.2m 的直径风扇可以在地面产生 2.7m 深度的水平气流，给人以全方位的高效自然微风的理念，完全颠覆了传统风扇带来的高转速，高能耗，覆盖面积小，强风致人身体感到压迫而烦躁的缺点。

节能低噪声轴流通风机，采用低转速高压力系数的设计方法，由于选用优质电机及专用电机配套，具有流量大、运转平稳、耗电省、效率高、风量大、噪声低、结构合理、使用方便的优点。通风机节能降耗，是实现风机节能的途径和方法：（1）合理确定风量和风压；（2）合理确定风机型号；（3）确定合适的风机调节方案；（4）初期投资及运行管理费用的综合经济技术比较。

6.2　建筑给水排水系统

给水排水工程是指用水供给、废水排放和水质改善的工程。给水排水工程发展至今，已经发展成为包含城镇给水排水、工业给水排水以及建筑给水排水三大部分的综合体系。建筑给水排水不仅是给水排水中不可缺少的组成部分，又是建筑物的有机组成，它和建筑学、建筑结构、建筑供暖与通风、建筑电气、建筑燃气等工程共同构成可供使用的建筑物整体。建筑给水排水主要包括建筑给水系统和建筑排水系统。可持续性建筑设计是一个相对新兴的设计范畴，就给排水专业而言，主要任务就是节水及水资源的利用。可持续性建筑设计的原则和理念是自给自足、争取污水零排放、充分利用天然雨水，并进行中水回收利用，以达到节约、充分利用水资源的效果。

1. 给水系统

建筑给水系统的主要功能是将室外给水管网中的水引进建筑物内，并输送到各用水点，满足建筑内部生活、生产和消防用水的要求。

（1）给水系统分类

建筑给水系统按供水用途，一般可以分为如图 6-18 所示的 3 种给水系统。

图 6-18　给水系统分类

1）生活给水系统

供给人们饮用、盥洗、沐浴、烹饪用水。国内通常将饮用水与杂用水系统合二为一，统称生活给水系统。除用水量应满足需求外，水质应符合《生活饮用水卫生标准》GB 5749—2006。

2）生产给水系统

供给生产原料和产品洗涤、设备冷却及产品制造过程用水。生产给水系统也可以再划分为：循环给水系统、复用水给水系统、软化水给水系统、纯水给水系统等。其特点是用水量均匀且用水规律性强。

3）消防给水系统

消防给水系统供民用建筑、公共建筑以及工业企业建筑中的各种消防设备的用水。一般高层住宅、大型公共建筑、车间都需要设消防供水系统。消防给水系统可以划分为：消火栓给水系统、自动喷水灭火系统、水喷雾灭火系统等。

（2）给水系统组成

建筑内部给水系统主要由引入管、水表节点、给水管道、给水附件、配水设施、升压和贮水设备组成，如图 6-19 所示。

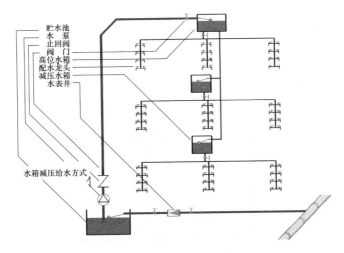

图 6-19 建筑内部给水系统

1）引入管

引入管也称入户管，是城市给水管道与用户给水管道间的连接管。一般建筑引入管可以只设一条，从建筑物中部进入。不允许间断供水的建筑，引入管不少于 2 条，应从室外环状管网不同管段引入。图 6-20 是引入管两种不同的连接方式。

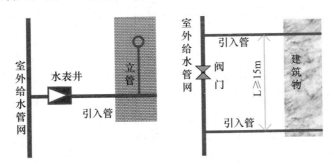

图 6-20 引入管两种不同的连接方式

2）水表节点

水表安装在入户管或分户的支管上，用来计量用户的用水量。水表节点是指引入管上装设的水表及其前后设置的闸门、泄水装置的总称。闸门是在检修和拆换水表时用来关闭管道；泄水装置主要是用来放空管网，检测水表精度及测定进户点压力值。水表节点分为有旁通管和无旁通管两种。对于不允许断水的用户一般采用有旁通管的水表节点。对于可以在短时间内停水的用户，可以采用无旁通管的水表节点，如图 6-21 所示。

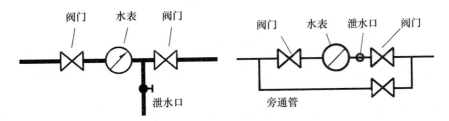

图 6-21 水表节点

3）给水管道

给水管道系统指建筑物中各种管道，其中包括干管、立管、支管等。干管：将引入管送来的水输送到各个立管中去的水平管道；立管：将干管送来的水输送到各个楼层的竖直管道；支管：将立管送来的水输送给各个配水装置，如图 6-22 所示。

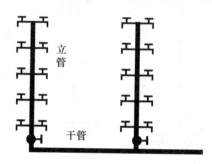

图 6-22　管网系统

4）给水附件

给水附件指给水管道上的调节水量、水压、控制水流方向以及断流后便于管道、仪器和设备检修用的各种阀门。具体包括各种阀门、水锤消除器、过滤器、减压孔板等。

5）配水设施

用水设施或配水点。生活、生产和消防给水系统管网的终端用水点上的设施即为配水设施。

6）升压和贮水设备

室外给水管网的水压或流量经常或间断不足，不能满足室内或建筑小区内给水要求时，应设加压和流量调节装置，如贮水箱、水泵装置、气压给水装置。

（3）给水方式

建筑给水系统的供水方式，应根据建筑物的性质、高度、卫生设备情况、室外管网所能提供的水压和工作情况、配水管网所需要的水压、配水点的布置以及消防的要求等因素来决定。给水方式可以分为以下两类。

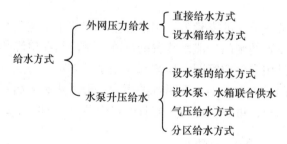

1）直接给水方式

这是一种简单的给水方式，即与外部管网直接相连，利用外网水压直接供水。这种系统简单，安装维护方便，充分利用室外管网压力，节约能源，如图 6-23 所示。

2）设水箱给水方式

与外部管网直接相连，利用夜间外网压力高时向水箱进水，供一天用水。这种方式充分利用外管网压力，节约能源，并减轻市政管网高峰负荷。引入管通过立管直接送入屋顶水箱，水箱进水管、出水管上无止回阀，图 6-24 是设水箱的给水方式。

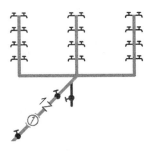

图 6-23 直接给水方式

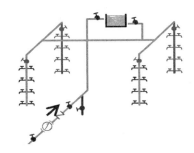

图 6-24 设水箱的给水方式

3）设水泵的给水方式

当室外给水压力满足不了建筑内部用水需要，同时建筑内部用水量较大又较均匀时，则可设置水泵增加压力。对于建筑物内用水量大且用水不均匀时，可采用变频调速供水方式，进行变负荷运行，使水泵供水曲线和用水曲线相接近，并保证水泵在较高的效率下工作，节省减少能量浪费，从而达到节能的目的，图 6-25 是水泵的两种给水方式。

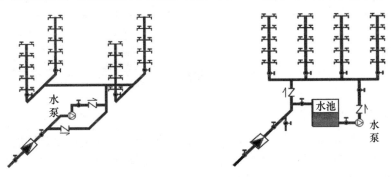

图 6-25 水泵的两种给水方式

4）设水泵、水箱联合供水

室外给水管网水压低于或经常不能满足建筑内部给水管网所需水压，且室内用水不均匀时采用，宜采用设置水泵和水箱的联合供水方式。这种方式的特点是水泵能及时向水箱供水，可缩小水箱的容积，并且供水可靠，但是投资较大，安装和维修都比较复杂。如图 6-26 是水泵、水箱联合供水方式。

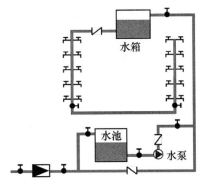

图 6-26 水泵、水箱联合供水方式

5）气压给水方式

这种给水方式适用于室外给水管网供水压力低于或经常不能满足建筑内给水管网所需水压，室内用水不均匀，不宜设高位水箱的建筑。如图 6-27 所示，平时用气压罐维持管网压力，并向系统供水，当压力下降至最小工作压力时，泵启动供水，并向气压罐内充水，至最大工作压力时停泵。

6）分区供水方式

在多层建筑中，室外的供水管网只能供到楼下几层，不能满足上几层用水要求时，为了充分利用室外管网的压力，常分为上下两个供水区，下区利用外网压力直接供水，上区采用水泵水箱联合供水方式，如图 6-28 所示。这种供水方式能充分利用室外给水管网的水压，节约能源，是可持续建筑中经常采用的一种供水方式。

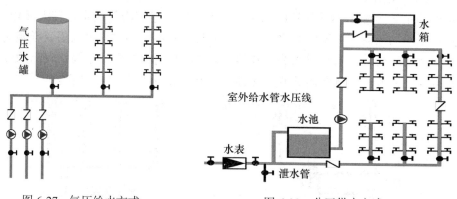

图 6-27　气压给水方式　　　　　　图 6-28　　分区供水方式

可持续建筑的给水应充分考虑合理利用市政管网余压，利用市政管网的压力，直接供水；合理进行竖向分区，平衡用水点的水压；采用并联给水泵分区，尽量减少减压阀的设置；推荐支管减压作为节能节水的措施，减小用水点的出水压力；合理设置生活水池的位置，尽量减小设置深度以减少水泵的提升高度；优先考虑水池－水泵－水箱的供水方式。

2.　建筑排水系统

建筑内部排水系统的功能是将人们在日常生活中和工业生产过程中使用过的废水和污水以及屋面的于水收集起来，及时排到室外。

（1）排水系统分类

建筑内部排水系统按照所排出的污水性质可以分为生活排水系统、工业排水系统和屋面排水系统，其中工业排水系统可以分为生产污水系统和生产废水系统，如图 6-29 所示。

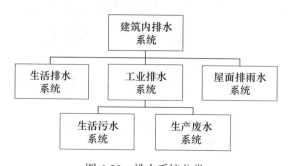

图 6-29　排水系统分类

按照水流状态可以分为重力流排水系统、压力流排水系统和真空排水系统。

1）重力流排水系统利用重力势能作为排水动力，管道系统排水按一定充满度设计。常见和传统的建筑内部排水系统均为重力流。

2）压力流排水系统利用重力势能或水泵等其他机械动力满管排水设计，管道系统内整体水压大于（局部可小于）大气压力的排水系统。

3）真空排水系统在建筑物地下室内设有真空泵站，真空泵站由真空泵、真空收集器和污水泵组成。

（2）排水系统组成

室内排水系统一般由卫生器具、排水管道、通气装置、清通设备及某些特殊设备等组成，如图6-30所示。

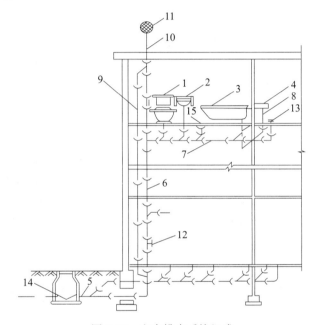

图6-30 室内排水系统组成

1—坐便器；2—洗脸盆；3—浴盆；4—厨房洗涤盆；5—排水出户管；
6—排水立管；7—排水横支管；8—器具排水管；9—专用通气管；10—伸顶通气管；
11—通气帽；12—检查口；13—清扫口；14—排水检查井；15—地漏

1）卫生器具

它是用来承受用水和将用后的废水、废物排泄到排水系统中的容器。建筑内的卫生器具应具有内表面光滑、不渗水、耐腐蚀、耐冷热、便于清洁卫生、经久耐用等性质。

2）排水管道

排水管道由器具排水管横支管、立管、埋设在地下的总干管和排出到室外的排出管等组成，其作用是将污（废）水能迅速、安全地排除到室外。

3）通气装置

通气装置包括排气管、透气管和透气球。它的作用是使室内外的管道与大气相通，将排水管道中的臭气和有害气体排到大气中，同时防止卫生器具水封破坏，使水流畅通。

4）清通设备

清通设备包括设置在横支管顶端的清扫口，设置在立管或较长横支管上的检查口和设置在室内较长的埋地横支管上的检查井。它的作用是疏通建筑内部排水管道，保障排水畅通。

5）提升设备

提升设备指通过水泵提升排水的高程或使排水加压输送。在地下建筑物的污废水不能自流排至室外检查井的时候设置提升设备。

可持续建筑的排水应尽量采用重力排水的方式，污废水管道的敷设应就近排放，并应避免压力提升。节水与水资源的利用、节能与清洁能源的利用不仅是可持续建筑的基本要求之一，更是我国的基本国策，需要在工程建设中大力发展开源节流、利用可再生能源，促进经济社会的可持续发展。

6.3　建筑电气系统

建筑电气是以电能、电气设备和电气技术为手段，利用电工、电子技术维持与改善室内空间的电、光、热、声环境的一门科学。随着近代物理学理论、电工电子技术和计算机技术的迅速发展，建筑电气所涉及的范围已由原来单一的供配电、照明、防雷和接地，发展成为建筑物的供配电系统、照明系统实现自动化，而且对建筑物的给水排水系统、空调制冷系统、自动消防系统、保安监视系统、通信网络及闭路电视系统、经营管理系统等实行自动控制和智能化管理。建筑电气已发展成为一门综合性的技术科学，建筑电气技术是从事建筑设计、电气工程施工和管理专业人员的必备技术。

建筑电气由配电线路、控制和保护设备、用电设备三大基本部分组成。

6.3.1　可持续建筑供配电系统

对电能进行供应和分配的系统，为工厂企业及人们生活提供所需要的电能。

1. 电力系统

（1）组成：由发电厂、电力网和电能用户组成的一个发电、输电、变电、配电和用电的整体。

1）发电厂的发电机生产电能，在发电机中机械能转化为电能；

2）变压器、电力线路输送、分配电能；

3）电动机、电灯、电炉等用电设备使用电能。

（2）电力网络或电网指电力系统中出发电机和用电设备之外的部分，即电力系统中各级电压的电力线路及其联系的变配电所。

（3）动力系统指电力系统加上发电厂的"动力部分"，包括水力发电厂的水库、水轮机，热力发电厂的锅炉、汽轮机、热力网和用电设备，以及核电厂的反应堆等。

2. 发电厂

发电厂是将自然界蕴藏的各种一次能源转换为电能（二次能源）的工厂，其包括水力发电、火力发电、核能发电、风力发电、地热发电、太阳能发电等。

3. 变配电所

（1）变电所的任务接受电能、变换电压和分配电能，即受电→变压→配电。

（2）配电所的任务接受电能和分配电能，但不改变电压，即受电→配电。

4. 电力线路

（1）作用

输送电能，并把发电厂、变配电所和电能用户连接起来。

（2）分类

1）按其传输电流的种类不同分为：交流线路和直流线路；

2）按其结构及敷设方式不同分为：架空线路、电缆线路及室内配电线路。

5. 电能用户

（1）定义

电能用户又称电力负荷。在电力系统中，一切消费电能的用电设备均称为电能用户。

（2）分类

1）按电流分：直流设备与交流设备；

2）按电压分：低压设备与高压设备；

3）按频率分：低频（50Hz 以下）、工频（50Hz）及中、高频（50Hz 以上）设备。

6. 设计高效节能的供配电系统

供配电系统设计时，应满足电能质量的要求，提高电能质量主要包括：减少供电电压的偏差、降低三相低压配电系统的不对称度、将供配电系统的谐波抑制在规定范围内。在实际设计中应注意以下几点：

（1）使用节能型变压器（尤其应选用空载损耗低的节能型变压器），正确选择变压器的变压比和电压分接头。

（2）降低系统阻抗。合理选用导线材质和截面，当供电距离较远时应计算至用电末端的电压降。

（3）合理采取无功补偿措施。10kV 及以下的无功补偿宜优先设置就地补偿，并在配电变压器的低压侧集中补偿，且功率因数不宜低于 0.9。高压侧的功率因数指标应符合当地供电部门的规定。

（4）尽量使三相负荷平衡。特别在低压侧，单相负荷宜均衡分配到三相上，降低三相配电系统的不对称度。

6.3.2　可持续建筑高质量照明系统设计

照明系统设计的目的：根据所需照度，在节约用电前提下，选择光源品种和灯具，确定照明方式和布置方案。

1. 灯具的散光方式

（1）直接散光照明

直接散光照明是 100% 或 90% 的光线直接照射物体。裸露的荧光灯、白炽灯，镀银镜面的灯罩将 100% 或 90% 的光线投射到工作面。

（2）半直接照明

半直接照明是指 60% 的光线直接照射物体或工作台面，40% 的光线通过半透明的灯罩射到顶棚或墙上，所以光线柔和，不刺眼，是理想的照明方式，多用于客房和卧室，也用于办公室。

（3）均匀漫射式照明

这种照明方式是指照明灯射到各个方向的光线大致相同，这种照明属于一般照明方式，对于没有特殊要求的空间可以采用这种方式。

（4）间接散光照明

这种照明的特点是将 100% 或 90% 的光线都投射到顶棚或墙上，经过反射再投射到物体或工作面上。其特点是光线柔和，不刺眼，没有较强的阴影，适合于卧室和娱乐场所。

（5）半间接散光照明

这种照明的散光形式与半直接照明相反，是把绝大部分光线射到顶棚或墙的上部分。这种灯具虽然亮度较小，但整个房间亮度均匀，阴影不明显。这类灯具多用在会议室、卧室及娱乐场所。

2. 室内照明的作用与艺术效果

（1）大堂、门厅、四季厅的照明设计气氛营造

1）总体照明要明亮，照度要均匀。

2）大堂、四季厅等高大空间内可设置，补充灯光（图 6-31）。

3）服务带灯光要相对明亮。

4）楼梯的照明要以暗藏式为主。

5）走廊的照明要明亮些，照度应在 75 ～ 150lx 之间，灯具排列要均匀。

6）休息区域的照明不要太突出。

图 6-31 大堂照明

（2）娱乐场所的照明设计

酒吧、咖啡厅、茶室等照明设计，宜采用低照度并可调光，但入口及收款台处的照度要高。室内艺术装饰品的照度选择可根据下述原则；当装饰材料的反射系数时照度低；反之高（图 6-32）。

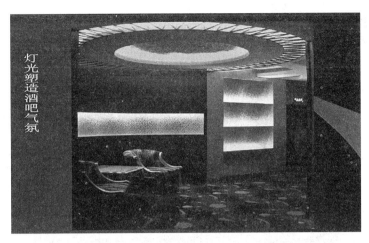

图 6-32　酒吧照明

（3）餐饮环境照明设计

在创造舒适的餐饮环境气氛中，白炽灯在运用上多于荧光灯。餐厅内的前景照明可在 100lx 左右，桌上照明要在 300 ～ 750lx 之间（图 6-33）。

图 6-33　多功能宴会厅，照度较高

（4）居室照明的设计

客厅：12m² 以上的房间应该有一个基本照明，理想状态应有 2 ～ 3 个局部照明，环境照度应该在不低于 30lx。

卧室：卧室要营造出光线柔和的空间，私密性好，可以采用一些间接和半间接照明形式，平均照度不超过 50lx。

卫生间：卫生间的照明应能显示环境的卫生和洁净。一般对照度要求不高。防潮吸顶灯，在洗脸架上要求局部照度 100lx。

厨房：基本照明与局部照明相结合，操作台的照明要充分，平均在 200lx，显色性更好，环境照度 30lx。

　　餐厅：餐厅照明应能够起到刺激人的食欲的作用，依空间大小设置照度，创造不同的气氛。

　　图 6-34 为光影艺术，图 6-35 为装饰照明。

图 6-34　光影艺术

图 6-35　装饰照明

3. 高效节能的照明设计

　　（1）公共场所和部位的照明采用高效光源、高效灯具和低损耗镇流器等附件，并采取其他节能控制措施，在自然光的区域设定时间或光电控制。

　　（2）住宅公共部位的照明应采用高效光源、高效灯具和节能控制措施。在设计其光源时，除特殊用途外，不宜选用白炽灯光源，宜采用节能光源，气体放电灯具应采用节能型电感镇流器或电子镇流器。

　　（3）在满足眩光限制和配光要求的条件下，应选用效率高的灯具。采用气体放电灯光源的灯具应配用电子镇流器或节能型电感镇流器。

　　（4）公共部位的灯具控制宜采用光电、人体红外感应等能自动延时关闭的控制开关或定时开关，在有条件时可采用 I-BUS 等总线制照明控制系统。在光线充足的地区应考虑太阳能照明。在风力充足的地区可考虑风力发电照明等。

6.3.3 可持续建筑电气防火

1. 危险环境的划分

为正确选用电气设备、电气线路和各种防爆设施，必须正确划分所在环境危险区域的大小和级别。

（1）气体、蒸气爆炸危险环境

根据爆炸性气体混合物出现的频繁程度和持续时间，可将危险环境分为 0 区、1 区和 2 区。

1）对于自然通风和一般机械通风的场所，连续级释放源一般可使周围形成 0 区，第一级释放源可使周围形成 0 区，第二级释放源可使周围形成 1 区（包括局部通风），如没有通风，应提高区域危险等级，第一级释放源可能导致形成 1 区，第二级释放源可能导致形成 2 区。但是，良好的通风可使爆炸危险区域的范围缩小或可忽略不计，或可使其等级降低，甚至划分为非爆炸危险区域。因此，释放源应尽量采用露天、开敞式布置，达到良好的自然通风，以降低危险性和节约投资。相反，若通风不良或通风方向不当，可使爆炸危险区域范围扩大，或使危险等级提高。即使在只有一个级别释放源的情况下，不同的通风方式也可能把释放源周围的范围变成不同等级的区域。

2）局部通风在某些场合稀释爆炸性气体混合物比自然通风和一般机械通风更有效，因而可使爆炸危险区的区域范围缩小（有时可小到忽略不计），或使等级降低，甚至划分为非爆炸危险区域。

3）释放源处于无通风的环境时，可能提高爆炸危险区域的等级，连续级或第一级释放源可能导致 0 区，第二级释放源可能导致 1 区。

4）障碍物、凹坑、死角等处，由于通风不良，局部地区的等级要提高，范围要扩大。另一方面，堤或墙等障碍物有时可能限制爆炸性混合物的扩散而缩小爆炸危险范围（应同虑到气体或蒸气的密度）。

（2）粉尘、纤维爆炸危险环境

粉尘、纤维爆炸危险区域是指生产设备周围环境中悬浮粉尘、纤维量足以引起爆炸，以及在电气设备表面会形成层积状粉尘、纤维而可能引发自燃或爆炸的环境。在《爆炸危险环境电力装置设计规范》GB 50058—2014 中，根据爆炸性气体混合物出现的频繁程度和持续时间，将此类危险环境划为 10 区和 11 区。划分粉尘、纤维爆炸危险环境的等级时，应考虑粉尘量的大小、爆炸极限的高低和通风条件。对于气流良好的开敞式或局部开敞式建筑物或露天装置区，在考虑爆炸极限等因素的具体情况后，可划分为低一级的危险区域。如装有足够除尘效果的除尘装置，且当该除尘装置停止运行时，爆炸性粉尘环境中的工艺机组能连锁停车，也可划分为低一级的危险区域。

（3）火灾危险环境

火灾危险环境分为 21 区、X 区和 23 区，与旧标准 H—1 级、H—2 级和 H—3 级火灾危险场所一一对应，分别为有可燃液体、有可燃粉尘或纤维、有可燃固体存在的火灾危险环境。

2. 爆炸危险环境中电气设备的选用

选择电气设备前，应掌握所在爆炸危险环境的有关资料，包括环境等级和区域范围划分，以及所在环境内爆炸性混合物的级别、组别等有关资料。应根据电气设备使用环境的等级、电气设备的种类和使用条件选择电气设备。所选用的防爆电气设备的级别和组别不应低于该环境内爆炸性混合物的级别和组别。当存在两种以上爆炸性物质时，应按混合后的爆炸性混合物的级别和组别选用。如无据可查又不可能进行试验时，可按危险程度较高的级别和组别选用。爆炸危险环境内的电气设备必须是符合现行国家标准并有国家检验部门防爆合格证的产品。

爆炸危险环境内的电气设备应能防止周围化学、机械、热和生物因素的危害，应与环境温度、空气湿度、海拔高度、日光辐射、风沙、地震等环境条件下的要求相适应。其结构应满足电气设备在规定的运行条件下不会降低防爆性能的要求。

3. 电气防火防爆的基本措施

（1）消除或减少爆炸性混合物

消除或减少爆炸性混合物属一般性防火防爆措施。

例如，采取封闭式作业，防止爆炸性混合物泄漏；清理现场积尘，防止爆炸性混合物积累设计正压室，防止爆炸性混合物侵入；采取开式作业或通风措施，稀释爆炸性混合物；在危险空间充填惰性气体或不活泼气体，防止形成爆炸性混合物；安装报警装置等。

（2）隔离和间距

隔离是指将电气设备分室安装，并在隔墙上采取封堵措施，以防止爆炸性混合物进入。电动机隔墙传动时，应在轴与轴孔之间采取适当的密封措施；将工作时产生火花的开关设备装于危险环境范围以外（如墙外）；采用室外灯具通过玻璃窗给室内照明等，都属于隔离措施。将普通拉线开关浸泡在绝缘油内运行并使油面有一定高度，保持油的清洁；将普通日光灯装入高强度玻璃管内并用橡皮塞严密堵塞两端等，都属于简单的隔离措施。

（3）消除引燃源

为了防止出现电气引燃源，应根据爆炸危险环境的特征和危险物的级别和组别选用电气设备和电气线路，并保持电气设备和电气线路安全运行。安全运行包括电流、电压、温升和温度等参数不超过允许范围，还包括绝缘良好、连接和接触良好、整体完好无损、清洁、标志清晰等。

（4）爆炸危险环境接地和接零

1）整体性连接

在爆炸危险环境，必须将所有设备的金属部分、金属管道以及建筑物的金属结构全部接地（或接零）并连接成连续整体，以保持电流途径不中断。接地（或接零）干线宜在爆炸危险环境的不同方向且不少于两处与接地体相连，连接要牢固，以提高可靠性。

2）保护导线

单相设备的工作零线应与保护零线分开，相线和工作零线均应装有短路保护元件，并装设双极开关同时操作相线和工作零线。1 区和 10 区的所有电气设备，2 区除照明灯具以外的其他电气设备应使用专门接地（或接零）线，而金属管线、电缆的金属包皮等只能作为辅助接地（或接零）。除输送爆炸危险物质的管道以外，2 区的照明器具和 20 区的所有电气设备，允许利用连接可靠的金属管线或金属桁架作为接地（或接零）线。

3）保护方式

在不接地配电网中，必须装设一相接地时或严重漏电时能自动切断电源的保护装置或能发出声、光双重信号的报警装置。在变压器中性点直接接地的配电网中，为了提高可靠性，缩短短路故障持续时间，系统单相短路电流应当大一些。

6.3.4 建筑智能化

智能建筑的发展有两个基础条件：一是社会对信息化的需求；另一个是信息技术的发展水平。二者缺一都不能促进智能建筑的发展。我国于 20 世纪 90 年代开始时兴智能建筑这个概念，并如雨后春笋般建起了很多冠以"智能建筑"称号的具有一定程度的自动控制功能、属于不同等级的现代化建筑。

智能建筑的定义为：智能建筑是利用系统集成的方法，将计算机网络技术、通信技术、信息技术与建筑艺术有机地结合在一起，通过对设备的自动监控、对信息资源的管理和对使用的信息服务及其与建筑工程之间的优化组合所获得的投资合理、适合信息社会需要并且具有安全、高效、合适、便利和灵活等特点的建筑物。

根据世界上已建成的智能建筑的功能，以及上面的各种提法及其含义，智能建筑应该具有：建筑设备自动化系统，即 BAS；通信自动化系统，即 CAS；比较完善的办公自动化系统，即 OAS。所以我们也经常把智能建筑称为 3A 建筑。这三个系统都有各自独立的主控设备和网络，又有大型计算机和高速数据网络将其有机地集成在一起，通过组织、协调，不仅实现了三者各自的功能，而且发挥了三者的群体功能，这样的建筑，就是智能建筑。

弱电系统与系统集成。智能建筑的弱电系统应该高度集成化，如果不集成，不应该称之为智能建筑，而且，智能建筑的弱电系统设备是一个方面，系统的集成则是更重要的另一个方面。智能建筑就是一个智能化的、集成化的、功能健全的建筑。不妨以一个群体来比拟，这个群体的每一个成员都耳聪目明、器官健全、反应迅速，能够接受各级领导的指挥并做出正确的反应动作。这个群体有各种不同行当、不同层次的大小领导，一旦接到上级指示，就能实时地做出正确判断，并对下级发号施令。这个群体有一个联系广泛、思路敏捷、明察秋毫、判断正确、指挥得当的最高领导，它既能按级调兵遣将，也能视需要越级指挥具体管事的成员。这里讲的组成群体的成员、各级领导、总指挥就是智能建筑的子系统以及 3A 系统的组成设备和控制关系，就是计算机网络技术、通信技术和信息技术，就是对设备的自动监控、对信息资源的管理和对使用者的信息服务。如果说 3A 系统的设备是智能建筑必须具备的设备条件，那么群体成员及其各级领导（各子系统）与总系统的协调工作就是将其进行智能化的集成。集成到哪一级集成的内容与系统的设置一样，反映或体现了这个智能建筑的智能化程度与等级。

功能要求与评定标准。智能建筑从总体上讲，要求具有智商高、器官全、功能强等特点。所谓智商高，就是人们想到的事，智能系统不但都能想到，而且由于它的思维速度快，还应该超前于人们的思维；所谓器官全，就是人类各器官具有的功能它都具备，它能看、听、讲并且能接收、发送、贮存各种信息，还能操作、控制各个机构、系统；所谓功能强，就是它所具有的各种功能，都能被正确、全面、快捷地完成。但不同类型的智能建筑对智能化的要求应该有所不同，并有所侧重，谈高则高，谈低则低，这样才能做到合理投资，把钱花在刀刃上。比如保安自动化系统对银行金库尤为重要，一定要灵敏可靠。通信自动化系统和办公自动化系统对商业办公大厦至关重要，如果没有这两个系统，对外联系就会不畅，信息资料就不能被共享，处在这个建筑里的人们就不能享受到信息化社会的好处，这个商业办公大厦也就不能被冠以智能大厦的称号了。对于建筑设备自动化系统，智能化商业大厦与智能化住宅的要求不同，与智能化医院的要求也不同，所以，不同类型的智能化建筑，如商业办公大厦、政府大厦、医院、住宅等都有不同的智能化功能要求。同一类型的智能化建筑也应视其重要程度、地理环境的不同分别设置不同等级的智能化系统。如要以智能化程度来分级，就应该竖向比较，即与同一类型比，而不应该横向比较，即不同类型的智能化建筑之间不能比，这是在确定智能建筑属于哪个档次时必须明确的一个概念。衡量智能建筑的优劣还有一个方法，就是设计、施工、管理的好与不好。最高级的智能建筑，不一定是最好的智能建筑。好的智能建筑，应该是该有的功能都有了（没有设置不该有的功能），已有的功能真正有了（各种装置都发挥了应有的作用），这取决于业主、设计人员、施工单位及管理人员的决策水平。所以对上述人员来说，要确定智能建筑的功能方案，应该根据用户对建筑物功能的需要及其重要程度来定，而不是越高越好，越全越好。那将造成不必要的浪费。同时，对管理人员来说，一定要提高管理水平，不能建造了系统，却无法使系统的功能得到正常的发挥。因为虽然系统能集成，但管理水平是集成不了的。

思 考 题

1. 建筑设备系统有哪些？各系统的主要组成是什么？
2. 供暖系统的分类有哪些？
3. 简述空调系统的各基本组成部分。
4. 举例说明几种节能效果较好的空调系统形式？
5. 论述可持续建筑技术在暖通空调系统中的应用。
6. 给水方式有哪些？
7. 排水系统的分类有哪些？
8. 可持续建筑高质量照明系统设计的目的及主要方面是什么？
9. 举例说明不同室内空间的室内照明作用与艺术效果。
10. 如何对危险环境进行正确的划分？
11. 论述建筑智能化。

参 考 文 献

[1] 陆亚俊 主编．暖通空调（第二版）．北京：中国建筑工业出版社，2007.
[2] 孙刚 等编著．供热工程（第四版）．北京：中国建筑工业出版社，2009.
[3] 范荣义 等编．空气调节（第四版）．北京：中国建筑工业出版社，2009.
[4] 李亚峰 等主编．建筑给排水工程．北京：机械工业出版社，2006.
[5] 李英姿主编．建筑电气．武汉：华中科技大学出版社，2010.

［6］陈小荣　主编．智能建筑供配电与照明．北京：机械工业出版社，2011.

［7］《供配电系统设计规范》GB 50052—2009

［8］《建筑照明设计标准》GB 5003—2013

［9］王选，倪良才．建筑电气节能设计．建筑工程，2008，（8）：297—298.

［10］ 李宏文 主编．电气防火检测技术与应用．北京：中国建筑工业出版社，2010.

［11］《智能建筑设计标准》GB 50314—2015.

第7章　被动式建筑技术

7.1　被动式设计原则

7.1.1　被动式设计概述

被动式设计是相对主动式设计而言的，主动式设计是通过暖通空调设备的工作运转，达到良好的建筑室内环境；被动式设计是在规划建筑方案设计过程中，根据建筑所在地的区域气候特征，遵循建筑环境控制技术基本原理，综合建筑功能要求和形态设计等需要，合理组织和处理各建筑元素，利用建筑本身的自然潜能，实现对建筑周围环境、采光、遮阳、通风，以及能量储存充分利用，使建筑物不需依赖空调设备而本身具有较强的气候适应和调节能力，创造出有助于促进人们身心健康的良好建筑内外环境，它是建筑与自然环境达到和谐而统一的产物。

被动式设计（Passive design）的概念在德国已经有 20 年的历史了。世界第一幢符合被动式标准的建筑是位于德国中南部城市达姆施塔特市城区的一幢普通的三层高居住建筑，1991 年经过节能改造以后投入使用，年能耗从略高于 160kWh/（a·m²）降到 1992 年以后的年均约 35kWh/（a·m²），年终端耗能降低了约 78%。

7.1.2　被动式设计原则

1. 合理的选址与朝向（图 7-1）。

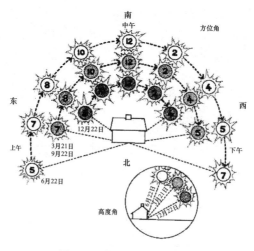

图 7-1　合理的选址与朝向

206

最大限度获得和控制日照：东西北三个方位的树木不但不会影响日照，而且还可以阻挡冬季冷风渗透，南向的落叶树由于冬季没有树叶，也不会对日照产生遮挡。

2. 朝向应位于正南方向（偏差在 10° 以内）。

注意，正南正北是地球南北极的连线，而不是磁南磁北。一般的指南针指的是磁场方向。

3. 南墙开窗原则（图 7-2）。

在供暖期，南向窗就会自动集热并提升室内温度。在冬至日，太阳处在最低点，太阳光透过南向窗照射进室内的深度超过 6m。随着太阳高度的不断升高，进入室内的阳光会越来越少。

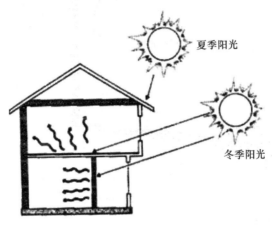

图 7-2　正南朝向

4. 东、西、北墙面减少开窗。

在东、西墙过量开窗会使夏季过热。冬天，北向窗过多导致热损失增大。可以通过安装 Low-E 玻璃来解决窗户传热过程中产生的问题。

5. 通过遮阳调节太阳得热量。

通过外部遮阳板、挑檐、绿化遮阳等手段来调节室内的太阳得热量。

6. 在适当位置设置足够的蓄热体（图 7-3）。

蓄热体能使室内温度在年周期内的波动较小。砖、混凝土、瓷砖、土坯和其他的密实材料都可以作为蓄热体来使用。

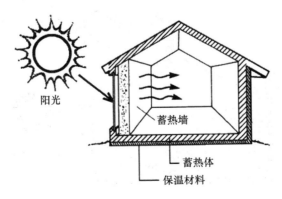

图 7-3　蓄热体设置

207

7. 墙体、顶棚、地板、基础和窗户的保温（图 7-4）。

利用天然的建筑技术（例如秸秆建筑）也能得到高效的保温墙体。

在温暖的气候条件下，可以将反光材料——铝箔，安装在屋顶的橡木上来减少夏季的制冷负荷，在冬季也可以减少室内的热损失。

可在窗户内侧安装硬质的泡沫蓄热百叶窗，方便开合。

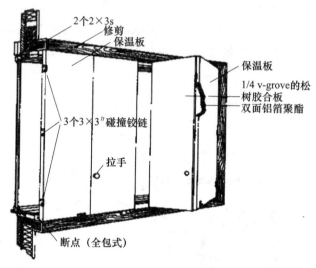

图 7-4　保温措施

8. 避免保温材料受潮。

在潮湿的时候，大多数保温材料的热阻值都会明显降低。可以设置隔汽层，以降低通过围护结构的水蒸气量，从而保证保温材料的性能。

9. 有预冷预热的新风系统。

建筑空调系统中新风负荷非常大，如果能够利用自然条件预热预冷，可节约大量能源，例如令新风先通过地下通道以充分利用地下土壤的冷量和热量达到节约建筑能耗的目的。

10. 要使每个房间都可以直接供热或者尽可能获得太阳辐射热（图 7-5）。

采用矩形或者正方形平面，有温暖需求的房间一般布置在南向。

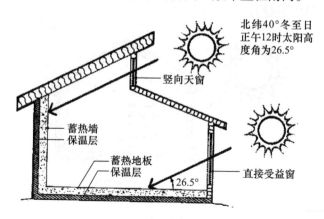

图 7-5　太阳辐射示意图

11. 创造接受太阳自由照射的空间（图 7-6）。

保证室内舒适度的同时，创造出更多的白天可用的空间。最有效的方法是改变受太阳自由照射的平面布置形式：如绿化种植、设置走廊、隔墙、入口通道和其他设计特征，这些措施都可以防止太阳暴晒。

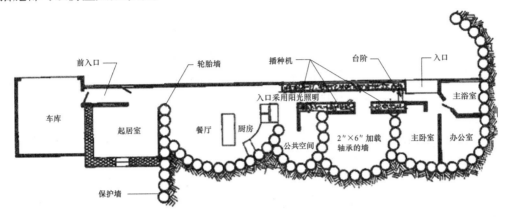

图 7-6　创造接受太阳自由照射空间

12. 通过覆土或景观来使建筑避免风的袭击（图 7-7）。

掩埋建筑的部分外墙或把房子"掩埋起来"，可以减少建筑的热损失。

如果不选择覆土的形式，保护建筑免受风侵袭的另一有效方法是将建筑置于一片树林或天然防护带的保护下，例如建在斜坡上，也可以自己种植防护林。

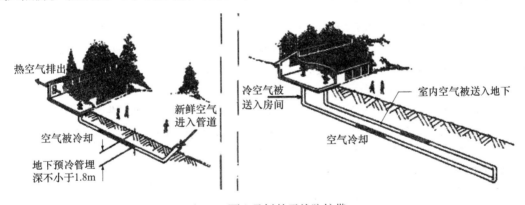

图 7-7　覆土及树林天然防护带

13. 日常生活与太阳运动同步化。

努力寻求生活习惯与日照的和谐统一，例如在寒冷的冬季沐浴着阳光就是一件惬意的事。

14. 提供高效、适当规模、适应环境的辅助加热系统。

7.2　自然采光技术

自然采光技术，就是要根据自然光线照度变化大、光谱丰富以及与室外景致有机联系在一起的特点，向室内居住者提供气候变化、时间变化、光线方向和强弱变化以及各种动态信息所形成白天室内自然时空环境之感。利用自然采光可在室内创造富有情感和优美意境的环境，是极富生命力的室内装饰。自然光线是房间照明最为经济、极为宜人的光源，合理利用各种窗户，可以达到良好的装饰效果。比如，水平窗可使人感到舒展开阔，垂直窗使人犹如从室内观看条屏挂幅式构图景物。落地窗不但能增加房间明亮程度，而且，人居住着产生与室内外浑然一体之感觉。

在设计自然采光时应注意如下问题：

客厅和起居室的自然采光宜充足，尤其是谈话区应尽量安排在采光良好的窗前，音像视听区应远离窗前，以避免阳光直射视听设备影响收视效果。

书房的自然采光宜明亮，尤其是写字台宜放在朝北的窗户下，因为北面光线柔和，稳定且不刺眼。写字台宜与窗户垂直放置，让光线从左上方射来，这样在读书和写字时，光线较为适宜。

卧室特别是睡眠休息区，光线宜柔和、幽暗，尤其是双人床应放在光线较暗房间中后部。厨房采光应良好，光线充足，但应避免光线直射。

餐室的光线应柔和、舒适，特别是餐桌上应避免强光直射，以免影响菜肴口味。

少年儿童和老年人及病人居室最好在冬天采光充足，有阳光射入房内，夏天应避免阳光直射引起炎热。当然，采光设计应避免房间过暗或过亮。

进行室内自然采光设计时，应尽量设法让自然景致形成空间天然装饰。例如，可以利用茶色玻璃反射；铝箔板和镜子反光强，能增加房间亮度，构成虚幻空间和丰富空间层次；至于金属百叶窗，更能根据居室需要，任意调节光照的明暗程度。

7.2.1 自然采光原理

地球围绕太阳公转的轨道是椭圆形的，每年7月离太阳最远（称为远日点），每年1月最近（称为近日点），平均距离是1亿4960万km（天文学上称这个距离为1天文单位）。以平均距离算，光从太阳到地球大约需要经过8分19秒。太阳光中的能量通过光合作用等方式支持着地球上所有生物的生长，也支配了地球的气候和天气。

建筑的自然采光需要在其围护结构上开口，即形成窗，允许太阳光进入并充分发散光线。设计良好的自然采光能避免直射引起的削弱视力和产生不舒适的多余得热和亮度。根据窗的位置、形式的不同可以将自然采光分为侧窗采光、天窗采光、中庭采光和新型自然采光。

1. 侧窗采光

侧窗采光是在房间的一侧或两侧上开采光口，是最常用的一种采光形式。光线具有明确的方向性，有利于形成阴影，并可通过它看到室外风景，扩大视野。主要缺点是照度分布不均匀，靠近窗户的地方照度大，往里走照度下降明显。除了房间进深影响光线的均匀以外，建筑物的间距、窗户的面积、分布以及形状都影响房间的照度分布均匀。

2. 天窗采光

天窗采光时，光线自上而下，有利于获得较为充足与均匀的室外光线，光效自然宜人，在现代建筑设计和室内设计中经常采用。天窗采光除了上述优点外，也存在着一些缺点，主要是直射阳光和辐射热的问题。前者由于是直射阳光，对工作会产生不利影响；后者则需要加强通风以解决夏日闷热的问题。

天窗采光根据开窗形状可以分为矩形天窗、锯齿形天窗、横向天窗、井形天窗和平天窗等类型，其中平天窗在公共建筑中应用较为广泛。

3. 中庭采光

中庭最大的贡献在于提供了优良的光线和射入到平面进深最远处的可能性，允许进深较大的建筑能够自然采光，本身则成为一个自然光的收集器和分配器。至于庭院、天井和建筑凹口可以看作中庭的特殊形式。

中庭的采光除了考虑直射光外，更主要的是光线在中庭内部界面反射形成的第二次或第三次漫反射光。中庭起了一个"光通道"的作用，面向使用空间的开口就是这条光通道的出口处，这条光通道四周的墙体决定了这一光线的强弱，以及有多少光线可照到中庭底和进入建筑物底层房间的内部。

4. 新型自然采光

随着现代科学技术的发展，出现了许多新型自然采光系统，如几何光学系统、导光管采光系统、光导纤维引光系统等。

几何光学系统可以将光引至地下 30m 的房间中。

导光管采光系统将太阳集光器收集的光线送到室内需要采光的地方。

光导纤维也被称为导光纤维，是一种能把光能闭合在纤维总而产生导光作用的纤维。它能将光的明灭变化等信号从一端传送到另一端。

7.2.2 常用自然采光与遮阳措施

建筑遮阳作为一项十分便捷和有效的降温手段在我国具有悠久的发展历史，特别在我国传统民居建筑中，遮阳是一种十分常见适应当地气候特点和居民生活习惯的构造形式，比如云南地区的"干阑式"建筑，其底层架空，设凉台，采用歇山顶利于通风，出檐较远，平面呈正方形，可使中央部分终年形成阴影区，这种由建筑物自身设计构成"遮阳"的做法是十分有效的。岭南地区民居中常见利用门窗飘檐形式进行遮阳，当地门窗除了砌砖飘板遮阳外，也有利用木板飘蓬构件进行遮阳。虽然民居中的遮阳具有较好的降温效果，但其中遮阳技术大都是人们对环境的被动措施，是依靠人们的日常经验，而无理论支持，由于环境和人们生活习惯的不同，民居中的这些遮阳技术并不完全适合现代一般住宅，为了达到这个目的，则需要对遮阳理论深刻理解，对不同气候特点、不同形式的建筑设计合适的遮阳措施。

同国内一样，国外建筑遮阳的发展具有较长的历史，特别是在古建筑中，随处可见遮阳设计的理念。如希腊和罗马建筑的柱廊和柱式门廊为室外活动提供了开阔的阴凉空间。同我国民居和古建筑遮阳一样，西方对古建筑遮阳设计未达到集合计算程度，基本上是以日常生活的经验作为依据。20 世纪初，美国人赖特把太阳几何学引入建筑设计领域，这是具有里程碑意义的贡献，开创了遮阳设计的先河。但赖特的遮阳设计主要是挑檐的设计，但挑檐遮阳不适合建筑业的高速发展。另一位建筑设计大师柯布西耶接着做出了里程碑意义的贡献，他是第一个根据气象资料并请专业人员设计全天候建筑遮阳系统的现代建筑师，如今西方遮阳板主流造型手法是打破原有建筑各个功能构件的联系，更多地考虑采光口和阳台、外廊、屋顶、墙面的综合遮阳设计，使遮阳构件与建筑浑然天成。

总体来说，建筑遮阳方式有以下几类。

1. 绿化遮阳

植物对建筑周围具有良好的遮阳效果，较为常见的绿化遮阳有屋顶绿化和垂直绿化两类。屋顶绿化能够为建筑切断或减弱外界热量向建筑顶楼传递，能够改善顶层空间、创造良好的热环境。垂直绿化是利用攀爬植物的隔热作用来达到这样的目的，其中常见的植物有爬山虎等，经测试结果证明，爬山虎绿化墙面可降低建筑物外表面温度，缩短高温持续时间。但是植物对建筑墙体和屋顶具有一定破坏作用，所以需要根据实际情况谨慎运用。

2. 自遮阳与互遮阳

建筑自遮阳指通过建筑构件本身，达到遮阳的目的，如窗户的部分缩进能形成阴影区，将窗户置于阴影之内，形成自遮阳洞口；悬挑出的较长的屋檐，在具有避雨功能的同时，也能达到遮阳的作用。互遮阳指建筑物与建筑物之间相互形成阴影，达到减少屋顶和墙面得热的目的。有研究表明自遮阳对于建筑节能具有良好的表现。但该类遮阳方式主要是建筑设计和城镇规划阶段就决定了其遮阳程度，而竣工后一般得不到改动。

3. 内遮阳

内遮阳方式在我国建筑中十分常见，窗内遮阳方便易行，内遮阳是在室内设窗帘，对室内冷负荷峰值有延迟、衰减的作用，但是内遮阳装置的主要功能为美化室内环境和优化室内采光，所吸收的热量散发在室内环境中，对减少室内冷负荷效果很差。

4. 外遮阳

外遮阳装置能够遮挡阳光入射外窗和墙面，减少进入室内的热量，能明显减小室内冷负荷，具有很强的节能潜力。由于该类遮阳方式使用简易，对于降温节能和改善室内热环境具有良好的效果，十分适合我国各个地区的建筑。

根据地区的气候特点和房间的使用要求，可以把遮阳做成永久性的或临时性的。永久性的即在外窗设置各种形式的遮阳板；临时性的即在外窗设置轻便的布帘、竹帘、软百叶、帆布篷等，在寒冷季节，为了避免遮挡阳光，争取日照，还可以拆除。在永久性遮阳设施中，按其构件能否活动或拆卸，又可分为固定式或活动式两种。固定式为一旦安装就不能调节尺寸，对活动式水平外遮阳的调节方式，分为多次调节和二次调节，多次调节为超过两次的调节方式，即人们可以根据一年中季节的变化，一天中天气的变化，甚至不同人员对室内环境的要求和不同随意调节水平外遮阳板的挑出尺寸；视一年中季节的变化，一天中时间的变化和天空的阴晴情况，任意调节遮阳板的挑出长度；二次调节为一年当中只对水平板进行两次挑出长度的调节，在一年内需要遮阳的遮阳期到来时展开至最大的挑出长度保证遮阳期的被动式遮阳降温功能，在遮阳期结束时，收回遮阳装置至一定长度而不影响冬季被动式供暖。这种调节方式比多次调节方式具有简便方便、围护保养要求低和造价低的优点。图 7-8 为遮阳形式。

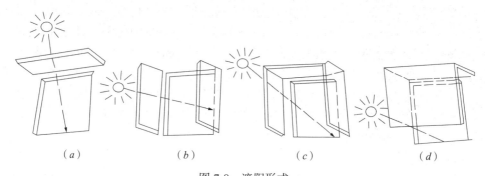

(a)　　　　　(b)　　　　　(c)　　　　　(d)

图 7-8　遮阳形式

(a) 水平式；(b) 垂直式；(c) 综合式；(d) 挡板式

7.2.3 智能化自然采光系统

当前，"绿色照明工程"在建筑照明领域得到大力的推广，所谓"绿色照明工程"即是实现环境保护和照明节能，降低建筑能耗。"照明节能"是在要求照明舒适性的前提下，合理利用能源，提高能源使用效率。而自然光作为一种取之不尽用之不竭的洁净能源，如何合理利用自然光是实现绿色照明的必经之途，不论从环境的实用性还是美观的角度，采用被动或主动手段，充分利用自然光照明是实现建筑可持续发展的有效途径之一，有着十分重要的意义。因此，建立智能化自然采光系统就显得十分必要。把自然光和灯具照明都作为室内空间中的照明元素，希望把自然光和人工照明联合控制，最大限度地合理利用自然光为目标的人工照明补偿。

自然采光要求利用自然光源来保证室内光环境。白天的时候，太阳光资源十分丰富，可以通过建筑来采光，那么采到自然光以后怎么和室内光环境进行互动，如何在一个智能系统上将这两个联动起来，也就是所说的智能化自然采光系统。正是基于这样的思想，希望通过不同的自然光的时段和室内，包括通过遮阳的变化，进行对整个系统的联动，在这个系统中，把室内照明看成是被控制的对象，比如同样的建筑在夜间得到人们认为舒适的相同光环境的条件下，在有自然采光的条件下，考虑室内照明较之的变化情况，也就是在以人为本的控制条件下，让被控对象在控制方式的作用下得到我们想要的输出结果。

传统的光源和灯具的调光范围具有一定的局限性，无论从它们的光电参数和寿命来考虑，都不适合作为智能化自然采光系统的室内照明手段。基于半导体的一种新型光源的层面，即 LED 照明系统是有条件来作为智能化系统的室内照明手段。把半导体照明作为室内照明的一个主要的光源，通过智能控制，营造这种和自然光互动良好的这样一种控制模型来实现。

这种智能化自然采光系统比较有名的模型有 PSALI（Permanent Supplementary Artificial Lighting in Interiors，室内恒定辅助人工照明），它的原理如图 7-9 所示。

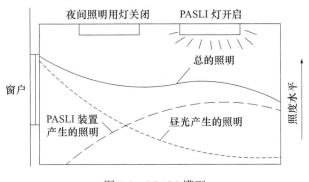

图 7-9　PSALI 模型

7.2.4 光导照明系统

自然光光导照明是 20 世纪 80 年代末在国外普遍流行的一种新型照明装置，该照明装置无需常规能源就能提供白天室内照明，减小了由常规能源带来的环境污染，光源取自室外自然光线，通过特殊的传输与分配后，导入到室内需要光线的地方，得到由自然光带来的特殊照明效果，是一种绿色健康、节能环保的新型照明产品。

自然光光导照明系统通过采光装置聚集室外的自然光线并导入系统内部，再经过特殊制作的导光装置强化与高效传输后，由系统底部的漫射装置把自然光线均匀导入到室内任何需要光线的地方。从黎明到黄昏，甚至是雨天或阴天，该照明系统导入室内的光线都十分充足。

自然光光导照明系统主要由 3 部分组成：采光装置、导光装置、漫射装置，其结构原理如图 7-10 所示。

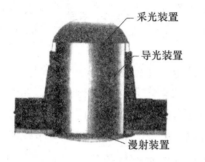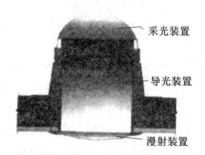

图 7-10　光导照明系统

采光装置外形美观，规格多样，由 PC 工程塑料特殊加工制成，外表面用 UV 涂料紫外线上光工艺处理，装置耐磨，有良好的隔热、隔声性能，耐紫外线照射，透光性强，采光效率高，不易破碎，重量轻，燃烧时不释放有毒物质，离火自熄，是一种既安全又不污染环境的绿色产品。外观样式主要有：半球形，钻石形和方形。

导光装置主要由光导管与弯管组成。光导管是由特殊材质制作的，具有超强反射和汇聚日光的作用。随着科技的进步，光导管材料制作工艺不断提高，材料的反射率也不断增大，现在国内外普遍使用的光导管材料反射率在 0.92 ~ 0.99 之间。但是光在不同反射率材料的光导管内传输时，其传输效果是不一样的，经过 n 次反射后，反射率高的光强剩余量大。所以选择高反射率的材料制作光导管与弯管，其传输效率相对比较高。

漫射装置由 PC 工程塑料特殊加工制成，具有良好的透光性、漫射均匀性、不易自燃且离火自熄，并具有极好的隔热和隔声功效；外形美观，规格多样，可分为：磨砂型、颗粒型、钻石型、半圆型、方型等多种；漫射器透过率可以根据用户不同的需求制定，可以在 0.8 ~ 0.95 范围内变动。

7.3　自然通风技术

自然通风是指利用空气温差引起的热压或风力造成的风压来促使空气流动而进行的通风换气。它通过空气更新和气流的作用对人体的生理感受起到直接的影响作用，并通过对室内气温、湿度及围护结构内表面温度的影响而起到间接的影响作用。建筑内部的通风条件是决定人们健康、舒畅的重要因素之一。良好的通风可以把新鲜空气带入室内，带走进入室内的热量，还可以促进人体的汗液蒸发降温，使人感到舒适。

然而随着空调的产生，使人们可以主动地控制居住环境，而不是像以往那样被动地适应自然，从而使人们渐渐淡化了对自然通风的应用。而如今全球能源紧缺，迫于节约能源、保持良好的室内空气品质，把自然通风这一传统建筑生态技术重新引回现代建筑中，有着比以往更为重要的意义。

7.3.1 自然通风原理

1. 利用风压实现自然通风

所谓风压，是指空气流受到阻挡时产生的静压。当风吹向建筑物正面时候，受到建筑物表面的阻挡而在迎风面上静压增高，产生正压区，气流再向上偏转，同时绕过建筑物各侧面及背面，在这些面上产生局部涡流，静压降低，形成负压差，风压就是利用建筑迎风面和背风面的压力差，室内外空气在这个压力差的作用下由压力高的一侧向压力低的一侧流动，而这个压力差与建筑形式、建筑与风的夹角以及周围建筑布局等因素相关当风垂直吹向建筑正面时，迎风面中心处正压最大，在屋角及屋脊处负压最大，通常所说的"穿堂风"就是典型的风压通风（图 7-11）。

2. 利用热压实现自然通风

热压通风即通常所说的烟囱效应，其原理为室内外温度不一，两者的空气密度存在差异，室内外的垂直压力梯度也相应有所不同，此时，若在开口下方再开一小口，则室外的空气就从此下方开口进入，而室内空气就从上方开口排出，从而形成"热压通风"。室内外空气温差越大，则热压作用越强，在室内外温差相同和进气、排气口面积相同的情况下，如果上下开口之间的高差越大，热压越大（图 7-12）。

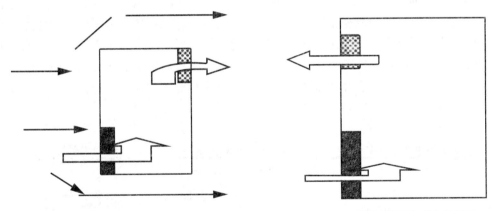

图 7-11　利用风压实现自然通风　　　图 7-12　利用热压实现自然通风

3. 利用风压和热压实现自然通风

建筑中的自然通风往往是热压与风压共同作用的结果，只是各自作用的程度不同，对建筑物整体自然通风的贡献不同。热压作用相对稳定，烟囱效应拔风的产生条件较容易实现，而风压作用常常受到大气环流、地方风、建筑形状、周围环境等因素的影响，具有不稳定性。所以，当风压与热压同时作用时，还可能出现减弱通风效果的情况。当风向与热压作用的流线方向相同时，会相互促进，反之，则会相互阻碍，从而影响自然通风的效果。利用风压和热压进行自然通风往往是相互补充的，在实际情况中它们是共同作用的。一般来说，在建筑进深较小的部位多利用风压来直接通风，而在进深较大的部位则多利用热压来达到通风效果。

7.3.2　建筑规划、设计与自然通风

建筑的规划、设计应该尽量组织好室内的通风：主要房间应该朝向主导风迎风面，背风面则布置辅助用房；利用建筑内部的开口，引导气流；建筑的风口应该可调节，以根据需要改变风速风量；合理的家具布局与隔断，还能让风的流速风量更加宜人。

在世界各地的传统民居中，自然通风得到了广泛的应用。在湿热地区，我们看到的传统民居往往有这样的外表：建筑都有开阔的窗户；采用轻便的墙体；深远的挑檐；高高在上的顶棚并且设置有通风口；建筑往往架空，以避开地面的潮汽和热气，采集更多的凉风。传统的热带民居已经积累了大量自然通风的宝贵经验。现代建筑中对自然通风的利用不局限于传统建筑中的开窗、开门通风，而是需要综合利用室内外条件，在实现上有了更丰富的技术措施和更严格的舒适条件的限制。在建筑设计阶段就开始有意识地根据建筑周围环境、建筑布局、建筑构造、太阳辐射、气候、室内热源等，来组织和诱导自然通风；在建筑构件上，通过门窗、中庭、双层幕墙、风塔、屋顶等构件的优化设计，来实现良好的自然通风效果。下面介绍并浅析适用于现代建筑的一些自然通风方式。

7.3.3　自然通风强化措施

1. 控制建筑布局与体型

建筑总平面布局受很多因素影响，从生态的角度上，影响布局的主要有阳光与风向。建筑布局对自然通风的效果影响很大。在考虑单体建筑得热与防止太阳过度辐射的同时，应该尽量使建筑的法线与夏季主导风向一致；然而对于建筑群体，若风沿着法线方向吹向建筑，会在背风面形成很大的漩涡区，对后排建筑的通风不利。为了消除这种影响，群体布置中的建筑法线应该与风向形成一定的角度，以缩小背后的漩涡区。由于前幢建筑对后幢建筑通风的影响很大，因此在整体布局中，还应该对建筑的体型，包括高度、进深、面宽乃至形状等实行一定的控制（图 7-13）。

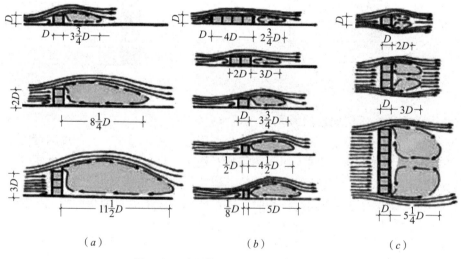

（a）　　　　　　　　　　（b）　　　　　　　　　　（c）

图 7-13　建筑体型对自然通风的影响

（a）不同高度建筑的漩涡区范围；（b）不同深度建筑的漩涡区范围；（c）不同长度建筑的漩涡区范围

2. 围护结构开口的优化设计

房间的开口大小、相对位置等，直接影响到风速和进风量。进风口大，则流场大；进风口小，流速虽然增加，但是流场缩小。根据测定，当开口宽度为开间宽度的 1/3 ～ 2/3 时，开口大小为地板总面积的 15% ～ 25% 时，通风效果最佳。开口的相对位置对气流路线起着决定作用。进风口与出风口宜相对错开位置，这样可以使气流在室内改变方向，使室内气流更均匀，通风效果更好（图 7-14）。

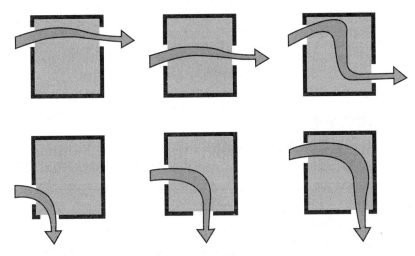

图 7-14　围护结构开口位置对自然通风的影响

3. 调整建筑内部布局以组织穿堂风

传统的热带建筑中非常重视"穿堂风"的组织，"穿堂风"是自然通风中效果最好的方式。所谓"穿堂风"是指风从建筑迎风面的进风口吹入室内，穿过房子，从背风面的出风口吹出。应该尽量组织好室内的通风：主要房间应该朝向主导风迎风面，背风面则布置辅助用房；利用建筑内部的开口，引导气流；建筑的风口应该可调节，以根据需要改变风速风量。室内家具与隔断布置不应该阻断"穿堂风"的路线；合理的布局家具与隔断，还能让风的流速、风量更加宜人（图 7-15）。

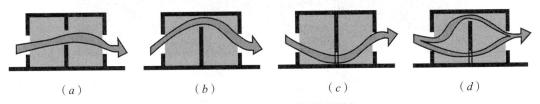

（ a ）　　　　（ b ）　　　　（ c ）　　　　（ d ）

图 7-15　室内隔断对自然通风的影响

（ a ）隔断中部开口；（ b ）隔断上部开口；（ c ）隔断下部开口；（ d ）隔断上下开口

4. 太阳能强化自然通风

充分利用太阳能这一可持续能源转化为动力进行通风其利用太阳的热量，加热采热构件，并使建筑内部的空气上升，形成热压，引起空气流动。

太阳能强化自然通风在建筑的实现上常见的有三种方式：屋面太阳能烟囱、Trombe墙和太阳能空气集热器（图 7-16）。

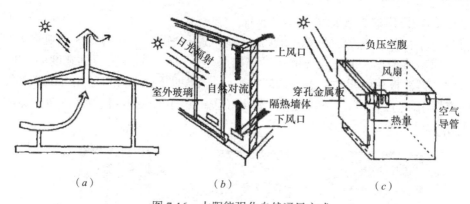

（a）　　　　　　　　　（b）　　　　　　　　　（c）

图 7-16　太阳能强化自然通风方式

（a）太阳能烟囱；（b）Trombe 墙；（c）太阳能空气集热器

5. 双层幕墙强化自然通风

双层幕墙由内外两道幕墙组成，两层玻璃幕墙之间留一个空腔，空腔的两端有可以控制的进风口和出风口为了更好地实现隔热，通道内一般设置有百叶等遮阳装置在冬季，关闭进出风口，利用温室效应，提高围护结构表面的温度，有效提高内层玻璃的温度，减少建筑的供暖费用；夏季，打开进出风口，利用烟囱效应在空腔内部实现自然通风，降低内层玻璃表面的温度，减少空调的制冷费用。

在国内，也已经有了双层幕墙的尝试。清华大学低能耗试验楼中，在南向与东向外墙上，采取了双层玻璃幕墙的做法，并辅助以百叶遮阳（图 7-17）。

图 7-17　清华大学低能耗实验楼

6. 中庭强化自然通风

中庭是利用竖直通道所产生的烟囱效应以及层高所引起的热压来有效组织自然通风，比如在冬天，阳光透过玻璃屋顶直射进来，中庭屋顶的侧窗关闭，使中庭成为一个巨大的暖房，到了夜晚，白天中庭储存的热量又可以向两侧的房间辐射；而夏天，中庭屋顶的侧窗开启，将从门厅引进的自然风带着热量一并排出，使建筑在夜间能冷却下来另外，拔风井同样也是利用烟囱效应，造成室内外空气的对流交换，形成自然通风。

由福斯特主持设计的法兰克福商业银行（图 7-18）就是一个利用中庭进行自然通风的成功案例。在这一案例中，设计者利用计算机模拟和风洞试验，对 60 层高的中庭空间的通风进行分析研究。为了避免中庭内部过大的紊流，每 12 层作为一个独立的单元，各自利用热压实现自然通风，取得良好的效果。

图 7-18　法兰克福商业银行

7. 通风屋顶强化自然通风

通风屋顶内部一般有一个空气间层，利用热压通风的原理使气流在空气间层中流动，以提高或降低屋顶内表面的温度，进而影响到室内空气的温度，通风隔热屋面通常有以下两种方式：

（1）在结构层上部设置架空隔热层，这种做法把通风层设置在屋面结构层上，利用中间的空气间层带走热量，达到屋面降温的目的，另外架空板还保护了屋面防水层。

（2）利用坡屋顶自身结构，在结构层中间设置通风隔热层，也可得到较好的隔热效果。

图 7-19 为屋顶自然通风方式。

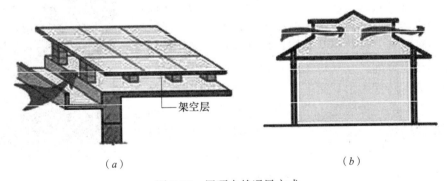

架空层

（a）　　　　　　　　　　　　　　　　（b）

图 7-19　屋顶自然通风方式

（a）结构层上面设置架空通风层；（b）结构层中间设置通风层

8. 捕风装置强化自然通风

捕风装置，是一种自然风捕集装置，是利用对自然风的阻挡在捕风装置迎风面形成正压、背风面形成负压，与室内的压力形成一定的压力梯度，将新鲜空气引入室内，并将室内的混浊空气抽吸出来，从而加强自然通风换气的能力。

捕风装置的基本构造和实物模型如图 7-20 所示，捕风装置的进风口 1 和排风口 2 的开口方向刚好呈 180°，且进风管的尺寸要小于排风管，垂直部分呈套筒结构，使得新风和排风分开，不会造成交叉污染，装置通过底座和轴承承载上面的风管，可活动捕风，对进风管和排风管出口两侧合理配置，在轴承的作用下使得装置能自由旋转，风向板的设计仿风向标的构造，能起到合理调整捕风装置工作状态的作用。

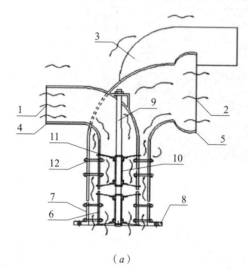

（a）　　　　　　　　　　　　　　　　　（b）

图 7-20　捕风装置

（a）设计结构示意图；（b）实物模型

1—进风口；2—排风口；3—风向板；4—活动进风管；5—活动排风管；6—固定进风管；
7—固定排风管；8—连接法兰；9—轴；10—轴承；11—连杆；12—平衡装置

9. 无动力风帽强化自然通风

无动力风帽是通过自身叶轮的旋转，将任何平行方向的空气流动，加速并转变为由下而上垂直的空气流动，从而将下方建筑物内的污浊气体吸上来并排出，以提高室内通风换气效果的一种装置。该装置是利用自然界的自然风速推动风机的涡轮旋转及室内外空气对流的原理，将任何平行方向的空气流动加速并转变为由下而上垂直的空气流动，以提高室内通风换气效果的一种装置，它不用电，无噪声，可长期运转，排除室内的热气、湿气和秽气，其根据空气自然规律和气流流动原理，合理设置在屋面的顶部，能迅速排出室内的热气和污浊气体，改善室内环境。其构造如图 7-21 所示。

图 7-21　无动力风帽

7.3.4　新风预热预冷措施

在被动式建筑设计中，常用的新风预热预冷主要措施为地道风技术。

地道风预热预冷技术是指利用人工或已存地道冷却空气，通过通风系统送至地面上的建筑物，达到新风预热预冷的目的。地道风预热预冷系统相当于一台空气-土壤的热交换器，利用土壤层对自然界的冷、热能量的储存作用来预热预冷新风。

7.4 保温与隔热技术

被动式建筑一方面凭借高保温隔热与高气密性的建筑围护结构，来抵御冬天室外低温与夏天太阳辐射、室外高温给室内热环境造成的影响；另一方面利用建筑围护结构墙体靠近室内一侧的高蓄热重质材料，来实现冬天利用太阳能供暖、夏天利用通风蓄冷降温的高效节能目标。

室内的温度及舒适性并不能只靠供热或制冷来实现，更要依靠保温及隔热技术来补充。良好的保温隔热性能不仅能提高建筑的室内环境，还能在很大程度上节约能源。

7.4.1 墙体保温与隔热技术

谋求建筑物的高隔热化和高气密性是被动式建筑设计的基本所在。为了在冬季利用太阳热能和室内热源等营造一个温暖的室内环境，同时又在夏季利用蒸发冷却和地下热（冷源）等营造一个凉爽的室内环境，首先要考虑的问题是如何在冬季尽量减少室内的热损失而在夏季尽量减少太阳辐射和从室外空气传入的热量。墙体的保温隔热是最有效的方法。

1. 墙体保温与隔热技术原理

墙体的保温与隔热是建筑围护结构节能构造设计中的一项重要内容，建筑设计应结合当地的气候条件和建筑的性质与特点，采用合理的构造技术，以满足人们对室内热舒适性的要求。墙体的保温与隔热涉及建筑物中的建筑围护结构热工设计方面的专业知识，主要表现在墙体阻止热量传递的能力和防止在墙体内表面及内部产生凝结水的能力，可分冬季和夏季两种情况来分析。

墙体保温隔热对于冬季而言，应采用充分的隔热措施，尽量减少墙体的热损失。对建筑物整体进行足够的隔热、气密后，仅依靠透过窗户的太阳辐射和室内热源，就可以保持舒适的室内温度，同时还能降低结露的概率。

墙体保温隔热对于夏季而言，在墙体有充分隔热时，就要尽力减少从窗户进入室内的太阳辐射热，同时还要能够顺畅地将室内热负荷排出到室外。此外，还需要进一步考虑遮挡太阳辐射的措施。

2. 墙体保温与隔热技术实例——EPS 外墙保温体系

随着建筑节能的迅速发展，外墙外保温技术在世界上得到了广泛的应用，其中应用时间最早、应用面积最多的当属模塑聚苯板（EPS）薄抹灰外墙外保温系统。EPS 是膨胀聚苯乙烯泡沫塑料的简称，EPS 外保温系统是由特种胶泥、板、玻璃纤维网格布和饰面涂层组成的集墙体保温和装饰功能于一体的新型构造系统。EPS 膨胀聚苯板薄抹灰外墙外保温系统具有优越的保温隔热性能，良好的防水性能及抗风压、抗冲击性能，能有效解决墙体的龟裂和渗漏水问题。

EPS 外保温系统是在 20 世纪 70 年代出现石油危机后，为最大限度地减少民用、工业建筑和设施的能耗而逐步推广发展起来的。随着材料和应用技术的不断改进，EPS 外保温装饰系统已经成为当今建筑节能墙体中最具竞争力的体系之一。

EPS 外保温饰面系统是一种简便易行的外保温技术，具有施工简单快捷、设计方便、周期短、出图量少等突出特点。该系统整合了各种复合墙体、内保温墙体、EPS 建筑模块墙体、EPS 板夹芯墙体等的优点，以 EPS 板与外墙面粘结为科研攻关着眼点，较好地解决了粘结强度、耐冻融等技术关键，克服了预制建筑模块、夹芯墙、钢丝网夹芯板等工艺存在的施工繁琐、未能彻底消除热桥、节能效果低等缺点。该体系具有以下优势：

（1）自重轻

它利用 EPS 板为保温层，加上粘结胶泥、玻璃网加强层和饰面涂料的重量仅为 $2 \sim 3 kg/m^2$，这个重量对墙体来说是可以忽略的，这尤其对已有建筑物节能改造非常有利。另外，该保温层很薄，一般只需 $40 \sim 60mm$ 就能满足墙体节能 50% 的要求，几乎不增加建筑面积，从而可使外承重墙的厚度减至 190mm 或 240mm，故总的外墙自重可减轻 $1/3 \sim 1/2$，从而减少了地震反应和地基负载。

（2）增加有效使用面积

采用该系统外承重墙可减至 240mm 或 190mm，与夹芯墙或其他墙体相比，由于其几乎不占建筑面积和墙体大幅度减薄，房屋的面积利用率比夹芯墙构造提高了 3% 左右。

（3）无热桥

EPS 外保温系统可以包裹建筑物任何外露的墙体，可以做到几乎无热桥，是任何其他构造都难以比拟的。

（4）施工方法灵活、适应性极强

该系统采用特种胶泥，可任意切割成型的 EPS 板和柔性增强玻璃网，以及可广泛选择的饰面涂料，致使该体系的成型工艺具有极大的灵活性，可做到量体（建筑物）裁衣就地缝合（粘结）。不论新老建筑物和墙体类型，该系统均可为建筑外墙或建筑物外轮廓缝制贴身的轻质保温外套，国外资料形象地称之为建筑物的"宇航服"。由此可以看出该系统极佳的适应性，因此极富装饰性、可塑性，可用这种系统制作出各种厚度、各种造型和符合建筑美学要求的建筑墙体和装饰来。

（5）更换修饰方便

可采用简单的工具切割修补已有的 EPS 保温层。该体系正常维修只需几年更换一次外饰面的涂层，也可直接在处理过的面层上涂刷需要的涂料，从而使建筑物的外观总能保持漂亮的色彩，使建筑永葆青春。

（6）保护墙体

该系统能有效保护承重墙体（骨架）不受外界侵袭，尤其对墙体裂缝的保护具有重要意义，普通砌体结构房屋墙体裂缝无处不在，而这种系统能减少墙体裂缝的扩展。采用粘结胶泥和玻璃丝网加强层还能对开裂的墙体进行补强。

（7）足够的强度和耐久性

该系统具有建筑物保温墙体应具备的足够的强度和耐久性能，表现在：

1）特种胶泥

它是由高分子聚合乳液与等量水泥经均匀搅拌而成的胶粘剂，对媒介材料具有极强的吸附粘结能力，而硬化后又保留了有机材料的弹性，是一种性能稳定的结合材料，尤其具有可靠的耐候性（耐冻融性）、耐久性和化学稳定性（抗氧化）等，该材料的粘结性和耐久性已被国外几十年的建筑实践所证实。

2）增强玻璃网层

由耐碱或经抗碱处理的玻璃网格布和特种胶泥组成该系统的加强层，国外称之为装甲外壳，它和 EPS 一起具有很强的抗冲击（撞击）韧性，适应于墙体在外界条件下所产生的很大的变形、反复冻融而不裂不坏。

3）饰面涂层

增强玻璃网层是非常理想的涂层界面，可在其上涂刷与其配套的各种涂料或装饰层，具有足够的抗风化、耐紫外线、防水性能和装饰功能等。

4）EPS 板

EPS 板属于低导热性材料，具有吸水性极低、压缩强度、抗拉强度较高、耐低温、自熄性等突出优点，成为体系的主体铺垫材料。

（8）综合效益显著

该系统除自重轻、厚度薄、施工方便、适合各种外墙基层等带来的综合效果外，其价格的核心是粘结乳液和增强玻璃网，目前的进口材料的价格普遍较昂贵，进口手续繁琐、供货不及时，国内一般建设单位和开发商难以承受。国产的三元牌胶粘胶，各项技术性能已达到国外同类产品的水平，而其综合造价却低于国外产品 20% ～ 40%，比较适合我国国情，为大面积推广 EPS 外保温饰面系统创造了条件。

（9）显著的热工效果

EPS 系统适合各种基层的墙体，根据目前外墙的实际情况和建筑节能 50% 的目标，很容易实现墙体节能要求（见表 7-1）。

不同墙体 EPS 保温层厚度及外墙的传热系数 *K* 表 7-1

墙体	墙厚（mm）	EPS 板厚（mm）	外墙（主体部分）传热系数 K [W/（m²·K）]
黏土空心砖	240	50	0.580
	370	40	0.582
	490	30	0.586
混凝土空心砌块	190	60	0.593
黏土实心砖	240	60	0.547
	370	50	0.567
	490	40	0.592

7.4.2 外门窗保温与隔热技术

门窗属于房屋建筑中的围护和分隔构建，不承重。但其对采光、通风及观望的特殊要求，使得它成为建筑物中热交换、热传导最敏感、最活跃的部位。与围护墙体相比较，门窗是轻质薄壁构件，是建筑保温、隔热、隔声的薄弱环节。建筑能耗的 70% 以上是由于围护结构的热损失造成的，其中门窗就占了 50% 左右。因此，提高门窗的节能性能对于建筑节能有重要的意义。

1. 外门窗保温与隔热技术原理

门窗产生的能耗主要由以下几个部分组成：

（1）热传导：主要由门窗、玻璃的室内外两侧温度差形成热量流动；

（2）空气渗漏：由门窗缝隙造成的室内外不同温度空气的交换；

（3）温室效应：阳光透过门窗的透明部分进入室内对空气的加热，造成夏季空调负荷增加。但在冬季，可以增加室内热舒适度，降低空调供暖负荷。

而外门窗节能的本质是尽可能减少这些能耗，以达到节能的目的。在既定人群密度及保证采光通风要求的情况下，提高外门窗的保温隔热性能是最有效的方法，包括外门窗自身的保温隔热性能及门窗缝隙的保温隔热技术。

2. 外门窗保温与隔热技术的重点

（1）玻璃的选择和创新

门窗的玻璃在保温隔热性能中的作用十分重要。

实际测试证明，普通单层玻璃由于热透射率高，玻璃表面的对流传热十分活跃，所以普通单层玻璃热损失较大，易结露甚至结霜，在有保温隔热要求的门窗上不能满足使用要求。为此，在建筑玻璃幕墙和高性能保温节能门窗上，逐步推广采用中空玻璃、热反射玻璃、吸热玻璃、低辐射 Low-E 玻璃等特种玻璃等。

（2）消除热桥（冷桥）

国内外建筑门窗的工作者都遇到过同样的"等强问题"。希望门窗框架和玻璃能够具有相同的抗风强度、相同的隔声能力、相同的热阻抗能力、相同的装饰效果等。随着玻璃工业的发展，浮法平板玻璃、中空玻璃、吸热玻璃、热反射玻璃、Low-E 玻璃等的出现，玻璃的热工、光学性能有了显著改善。但门窗框架的导热系数与玻璃差距较大，从而出现的热桥（冷桥）现象，增加了建筑能耗，目前已经比较成熟的消除热桥（冷桥）的方法有：

1）铝合金断热型材（TIF）：在铝合金的型材截面之中，使用热桥（冷桥）断开。目前断热型材主要有两种工艺：一种是连续注塑法，大批量生产应用较多；另一种是断热条嵌入法，应用断热隔离条与铝材在外力下挤压嵌合组成断热型材。铝合金断热型材在玻璃幕墙和保温隔热门窗中应用效果较好。

2）金属型材包裹法隔热：将钢或铝门窗外侧裸露的表面用隔热材料包裹，以隔阻冷（热）空气直接接触门窗金属框架。意大利 Secco 公司薄壁保温钢窗就是采用这种隔热方法。

3）隔热材料和复合材料：新型塑料门窗传热系数小、密封性好、耐腐蚀，由于加入多种抗老化剂，耐候性较高，热变形、冷脆裂和老化问题得到了很好的改善。另外，最近几年逐步推广的彩板门窗，密封性好，可以采用双波结构，保温隔热性能较高，也是一种可以大面积推广的节能型保温门窗。

4）采用双层门窗：该方法效果好，但是材料消耗多，造价高。

（3）减少换气热损失

提高门窗的气密性，减少因冷热气流在压力差和温度差的作用下穿过门窗结构缝隙引起大量失热的"显热效应"；同时降低对流和换热过程中由于室内外湿度差引起的"潜热损失"。如上所述，提高门窗气密性对改善隔热性能至关重要。提高门窗的气密性能，主要方法是少用推拉窗，多用平开窗，气密性可以提高一级；改进密封元件，采用高弹性橡胶密封条代替尼龙毛条，可以明显改善密封效果；采用全周边双层密封结构，改进门窗附件性能，也对密封性能起到改进作用。

（4）重点开发和推广下列 8 项技术

1）建筑门窗和建筑幕墙的全周边高性能密封技术。降低空气渗透热损失，提高气密、水密、隔声、保温、隔热等主要物理性能。在密封材料和密封结构及空气换气构造上有较大突破。

2）高性能中空玻璃和经济型双玻璃系列产品，在工艺技术和产品性能上要有较大突破。重点解决热反射和低辐射中空玻璃、高性能安全中空玻璃以及经济型双玻璃的结露温度、耐冲击性能和安装技术，实现隔热与有效利用太阳能的科学结合。

3）铝合金专用型材及镀锌彩板专用异型材断热技术。重点解决断热材料的国产化和耐火组合强度、燃烧后有害窒息气体安全等问题，降低材料成本，扩大推广面。

4）复合型门窗专用材料的开发和推广应用技术；重点开发铝塑、钢塑、木塑复合型门窗专用配套材料和复合型配套附件及密封材料。

5）门窗窗型设计及幕墙保温隔热技术。要以建筑节能技术为动力，对我国住宅窗型结构、开启形式和窗体构造进行技术改造和创新，改变单一的推拉窗型，发展平开、复式内开窗及多功能窗。改善密封窗的换气功能和安全性能，发展断热、高效节能的铝合金窗和多功能门类产品。

6）门窗和幕墙的成套技术。开发多功能系列化，具地域特色的配套产品；要在提高配套附件质量、品种、性能上有较大突破；要树立铭牌产品、高档精品市场优势；发展多元化、多层次节能产品产业化生产体系。

7）太阳能开发及利用技术。建筑门窗和建筑幕墙要改变消极保温隔热被动节能的技术理念。要把节能和合理利用太阳能、地下热（冷）能、风能结合起来，开发节能和环保用能（利用太阳能、风能、地热能）相结合的门窗及幕墙产品。

8）改进门窗及幕墙安装技术。提高门窗及幕墙结构与围护结构的一体化节能技术水平，改善墙体的总体节能效果。重点解决门窗、幕墙的锚固及填充技术和开发利用太阳能、空气动力节能技术。

7.4.3 屋面保温与隔热技术

作为建筑整体节能的重要组成部分，屋面保温隔热技术的运用是否合理，直接影响到整个建筑的环保与节能效果。事实证明，屋面部分的能耗占整个建筑能耗的 7% ~ 8%，由此可见，在住宅建筑热量损失的构成中，屋面占了相当大的一部分。因此，追求建筑节能的过程中，不能忽略屋面部分的能耗降低。

1. 屋面保温与隔热技术原理

（1）屋顶保温

在寒冷地区或装有空调设备的建筑中，屋顶应设计成保温屋顶。保温屋顶应按稳定传热的原理来考虑热工问题。在墙体中，防止室内热损失的主要措施是提高墙体的热阻，这一原则同样适用于屋顶保温。为了提高屋顶的热阻，需要在屋顶中增加保温层。

（2）屋顶隔热

在夏季太阳辐射和室外气温的综合作用下，从屋顶传入室内的热量远比从墙体传入室内的热量多。在多层建筑中，顶层房间占有很大比例，屋顶的隔热问题应予以认真考虑，我国南方地区的建筑屋面隔热尤为重要，应采取适当的构造措施解决屋顶的降温和隔热问题。

总体而言，屋顶隔热、保温的基本原理可归纳为以下几点：

1）用隔热材料控制热量的流进流出；

2）通过屋顶里层的通风换气进行排热（夏季）和防止结露；

3）利用防潮片材防止湿气进入屋顶里层以及防止室内向外漏气。

2. 屋面保温与隔热技术实例

（1）屋顶的保温

屋顶的保温设计首先应满足规范中传热系数的要求，目前常采用以下方法：

1）"正铺法"，即在屋顶上将保温隔热层铺在防水层之下，为了不使热量向室内辐射，屋顶应设通风间层或架空隔热板。

2）"倒铺法"，在屋面上将保温层铺在防水层之上，使防水层掩盖在保温层之下，可保护防水层免受损伤。这种保温层材料最好采用吸湿性小的渗水材料，如挤塑聚苯板。在保温层上可选择大粒径的卵石或混凝土板作保护层，以此延缓保温材料的老化过程。

3）在屋面上加盖保温隔热的岩棉板。它用水泥膨胀珍珠岩制成方形的箱子，内填岩棉板，倒放在屋面上，在岩棉板与屋面之间形成 3cm 的空气间层。此外，屋面材料应尽量选用节能、传热系数小、稳定性好、价格低、节土、利废、重量轻、力学性能好的材料。施工时，应确保保温层内不产生冷凝水。在采用屋面保温和隔热技术的同时，坡屋面通风屋顶不仅使用效果良好，而且也美化了城市。

（2）屋顶的隔热

屋顶的隔热分别平屋顶的隔热和坡屋顶的隔热。

1）平屋顶的隔热。

① 通风隔热屋面：在屋顶中设置通风间层，使上层表面起着遮挡阳光的作用。利用风压和热压作用把通风间层中的热空气不断带走，以减少传到室内的热量，从而达到隔热降温的目的。一般有架空通风隔热屋面和顶棚通风隔热屋面两种做法。

② 蓄水隔热屋面：在屋顶蓄积一层水，利用水蒸发时需要大量的汽化热，从而大量消耗晒到屋面的太阳辐射热以减少屋顶吸收的热能，从而达到降温隔热的目的。蓄水屋面构造与刚性防水屋面基本相同，主要区别是增加了一壁三孔，即蓄水分仓壁、溢水孔、泄水孔和过水孔。

③ 种植隔热屋面：在屋顶上种植植物，利用植被的蒸腾作用和光合作用，吸收太阳辐射热，从而达到降温隔热的目的。种植隔热屋面构造与刚性防水屋面基本相同，所不同的是需增设挡墙和种植介质。

④ 反射降温屋面：利用材料的颜色和光滑度对热辐射的反射作用，将一部分热量反射回去从而达到降温的目的。例如采用浅色的砾石、混凝土作面，或在屋面上涂刷白色涂料，对隔热降温都有一定的效果。如果在吊顶通风隔热的顶棚基层中加铺一层铝箔纸板，利用二次反射作用，其隔热效果将会进一步提高。

2）坡屋顶的隔热。

炎热地区在坡屋顶中设进气口和排气口，利用屋顶内外的热压差和迎风压力差，组织空气对流，形成屋顶内的自然通风，以减少从屋顶传入室内的辐射热从而达到隔热降温的目的。进气口一般设在檐墙上、屋檐部位或室内顶棚上，出气口最好设在屋脊处，以增大高差，有利于加速空气流通。

7.4.4 地面保温技术

地面按其是否直接接触土壤分为两类：一是不直接接触土壤的地面，又称地板。其中又分为接触室外空气的地板和无供暖地下室上部的地板以及底部架空的地板等；二是直接接触土壤的地面。

1. 地面保温技术要求

（1）对地面的保温应满足相关规范要求。对于接触室外空气的地板，以及不供暖地下室上部的地板等，应采取保温措施，使地板的传热系数小于或者等于规范中的规定值；

（2）对于直接接触土壤的非周边地面，一般不需要做保温处理，其传热系数即可满足规范要求；对于直接接触土壤的周边地面（即从外墙内侧算起 2.0m 范围内的地面），应采取保温措施，使地面的传热系数小于或等于 $0.3W/(m^2 \cdot K)$。

2. 地面保温常见方法

（1）直接接触土壤的地面保温：

1）地面下铺设碎石、灰土保温层。此法施工方便、造价低廉，但对保温效果难以进行有效控制。

2）结合装修进行处理，如使用浮石混凝土面层、珍珠岩砂浆面层或使用各类木地板铺装等。此法可以通过使用不同的保温材料以及不同的保温厚度对节能效果进行控制，但受内装修材料选择影响，只可在特定建筑场所内使用。

3）根据不同地面面层的构造在面层以下设置保温层。由于地面均需承受一定的荷载，因此，保温材料均需选用抗压强度较高的产品，如挤塑聚苯板、硬泡聚氨酯等。

（2）架空（或外挑）楼板的保温：与室外空气直接接触的架空（或外挑）楼板的保温层做法主要有两种，即保温层在楼板上和保温层在楼板下。

1）保温层在楼板上的做法。保温层在楼板上由于直接承受荷载，因此保温材料均需选用吸水率小、抗压强度较高的产品，如挤塑聚苯板、泡沫玻璃等。这种做法可能影响室外净高，但施工较为方便，且对外立面线脚影响较小。

2）保温层在楼板下的做法。保温层在楼板下时可选择多种保温材料，如膨胀聚苯板、挤塑聚苯板、聚氨酯泡沫塑料、胶粉聚苯颗粒保温浆料、水泥聚苯板、泡沫玻璃保温板、矿棉板以及岩棉板。可使用和外墙保温系统相同或类似的材料及系统进行处理。这种做法不影响室内净高。

7.5 被动式太阳能技术

7.5.1 被动式太阳能建筑概述

1. 被动式太阳能建筑定义

经过设计，使建筑构件本身能够利用太阳能来供暖，也能通过自然通风完成降温制冷的过程，系统运转过程中不需消耗电能，这样的系统称为被动式太阳能系统。采用这种系统设计的建筑成为被动式太阳能建筑。建筑的布局和形态、建造材料、使用人群，以及建筑的绿化和环境就组成了一个建筑的生态系统，它同时也会受到系统外的诸如城市的经济、地理以及太阳光环境等因素的影响，从建造开始到拆除的全过程就是这个系统的生命周期。运用这样的观点进行建筑设计，建筑就不再是孤立的体量，它有生长的过程，有决定建筑个性的外部环境，有系统内各要素的相互作用和同级系统间的影响。这一观念的转变，让建筑的设计过程变得生动起来，建筑方案的生成过程转化为寻求影响系统各个要素间动态平衡的过程。

2. 被动式太阳能系统原理

用建筑物的一部分实体作为集热器和贮热器，利用传热介质对流分配热能的系统即为被动式太阳能系统。被动式太阳能系统利用建筑材料的吸热性、蓄热性和传热介质的对流收集热能，贮存热能，分配热能。被动式太阳能系统在冬季吸收热能作为供暖的热源，在夏季把建筑物内的热量散发出去，作为调节室内温度的冷源。被动式太阳能系统的能量利用比较充分，效率较高，经济实惠，且简便易行，发展前途比较广阔。

3. 被动式太阳能建筑的优点

（1）能源方面，全年能耗低；

（2）良好的生活环境：大面积的开窗、开阔的视野、明亮的内部空间以及开放的平面布局；

（3）舒适性：安静、结构坚固、冬暖夏凉；

（4）独立性：能源自给自足；

（5）价值：入住者较高的满意度和建筑的升值潜力；

（6）低维护费：耐久性好，使用和维修费用低；

（7）良好的经济性能：不受燃料价格上涨影响，当建设成本回收以后可以长时间的节约燃料费用；

（8）对环境的影响：清洁、可再生能源取代矿物燃料，减少习惯性浪费和污染。

4. 被动式太阳能建筑的设计要点

一座被动式太阳能建筑若要正常运转，在设计过程中应充分考虑以下所列的五大要素：

（1）采光口（Aperture）：允许阳光射入的玻璃窗便是典型的采光口，阳光从玻璃窗射入室内，同时避免热空气外流，室内的长波红外辐射无法透过玻璃，从而提高了室内的温度。窗户与正南方向左右偏差30°以内都可以接受，而且在冬季供暖季节还要注意上午 9 时至下午 3 时，窗户不被树木等物体的阴影遮挡。

（2）吸热介质（Absorber）：一般来说，被动式太阳能设计中，吸热材质与蓄热体是合为一体的，蓄热体表面为深色材质，吸收热能，然后传递给蓄热体，把热量储存起来。这个蓄热体可以是砌体墙、地板、分隔物或储水容器，吸热表面必须放置在太阳辐射经过的路径上。另外需要注意的问题是，室内过多的深色材料会影响采光及照明效果，因此，在设计的过程中必须权衡利弊。

（3）蓄热体（Thermal Mass）：蓄热体能够储存由太阳能产生的热能。吸热介质和蓄热体通常是合为一体的，区别在于吸热器是指暴露在太阳辐射下的吸热表面，而蓄热体是指表面材料下的蓄热物质。具有较高热容的材料适合用作蓄热体，在建筑中，墙壁和地板是常用选择。有些案例中，也有采用装满水的容器作为蓄热体，这时，就要注意避免藻类在水中生长。

（4）热量分布（Distribution）：指热能从蓄热体传递到室内各个部分的方式。一个严格的被动式太阳能设计应该只采用三种天然的热传递方式，即热传导、对流和辐射。如果房间不大，自然形成的热对流便能将热量传递到室内各个角落。而在有些情况下，会增加通风口以促进对流，甚至安装辅助风扇、管道和送风机来促进热能的再分配。

（5）控制（Controls）：悬挑的遮阳屋顶几乎是必备的控制构件，用于遮挡夏季炎热的阳光，避免夏季室内温度过高。其他用于避免室内温度过高或过低的装置还包括电子传感器、可控制的排风设备、百叶窗和遮阳篷。

7.5.2 围护结构太阳能蓄热措施

被动式太阳能建筑最基本的工作机理是所谓的"温室效应"。被动式太阳能建筑的外围护结构应具有较大的热阻，室内要有足够的重质材料，如砖石、混凝土，以保持房屋有良好的蓄热性能。按采集太阳能的方式区分，被动太阳房可以分为以下几类。

1. 直接受益式

冬天阳光通过较大面积的南向玻璃窗，直接照射至室内的地面、墙壁和家具上，使其吸收大部分热量，所吸收的太阳能，一部分以辐射、对流方式在室内空间传递，使室内温度升高，另一部分导入蓄热体内，然后逐渐释放出热量，使房间在晚上和阴天也能保持一定温度。采用这种方式的太阳房，由于南窗面积较大，应配置活动的保温窗帘或保温活动扇，并要求窗扇的密封性能良好，以减少通过窗的热损失。窗应设置遮阳板，以遮挡夏季阳光进入室内。直接受益式供热效率较高，缺点是晚上降温快，室内温度波动较大，对于仅需要白天供热的办公室、学校教室等比较适用，直接受益式太阳能建筑利用方式参见图7-22。

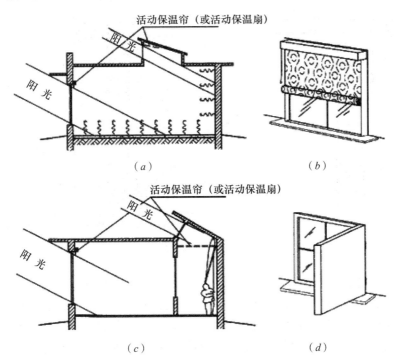

图7-22 直接受益式太阳能建筑利用方式

（a）直接受益式；（b）活动保温帘；（c）直接受益式；（d）活动保温扇

2. 集热蓄热墙式

集热蓄热墙又称特朗勃墙，在南向外墙除窗户以外的墙面上覆盖玻璃，墙表面涂成黑色或某种深色，以便有效地吸收阳光。另外，在墙的上下部位留有通风口，使热风自然对流循环，把热量交换到室内。一部分热量通过热传导传送到墙的内表面，然后以辐射和对流的形式向室内供热；另一部分热量加热玻璃与墙体之间夹层内的空气。热空气由墙体上部的风口向室内供热。室内冷空气由墙体下部风口进入墙外的夹层，再由太阳加热进入室内，如此反复循环，向室内供热。集热蓄热墙参见图 7-23。集热蓄热墙的形式有：实体式集热蓄热墙、花格式集热蓄热墙、水墙式集热蓄热墙、相变材料集热蓄热墙、快速集热墙等。

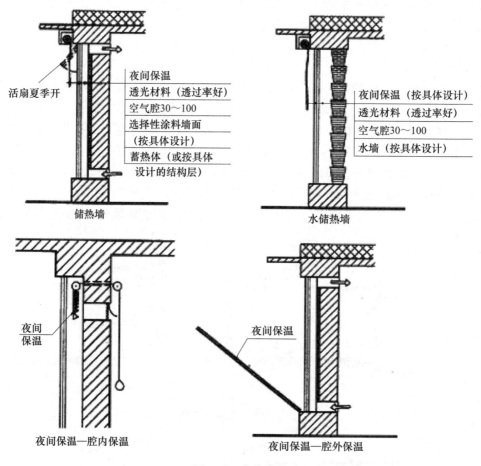

图 7-23 集热蓄热墙

3. 附加阳光间式

阳光间附加在房间南侧，通过墙体将房间与阳光间隔开，墙上开有门窗。阳光间的南墙或屋面为玻璃或其他透明材料。阳光间受到太阳照射而升温，白天可向室内供热，晚间可作房间的保温层。东西朝向的阳光间提供的热量比南向少一些，且夏季西向阳光间会产生过热，因而不宜采用。北向阳光间虽然不能提供太阳热能，但可获得介于室内与室外之间的温度，从而减少房间的热量损失。附加阳光间参见图 7-24。

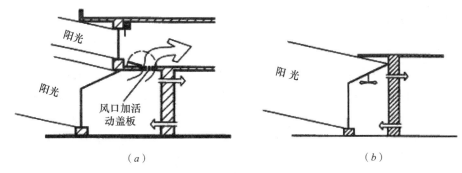

图 7-24 附加阳光间

（a）附加阳光间供上传供暖；（b）附加阳光间加吊扇

4. 屋顶池式

蓄热屋顶也称屋顶浅池，屋顶池式太阳房兼有冬季供暖和夏季降温两种功能，适合冬季不属寒冷而夏季较热的地区。有两种应用方式，其中一种是在屋顶建造浅水池，利用浅水池集热与蓄热，而后通过屋顶面板向室内传热；另一种是由充满水的黑色袋子"覆盖屋面"。其上设置可水平推拉开闭的保温盖板。冬季白天晴天时，将保温板敞开，让池水或水袋充分吸收太阳辐射热，其所储热量，通过辐射和对流传至下面房间；夜间则关闭保温板，阻止其向外的热损失。夏季保温盖板启闭情况则与冬季相反，白天关闭保温盖板，隔绝阳光及室外热空气，同时用较凉的水袋吸收下面房间的热量，使室温下降；夜晚则打开保温盖板，让水袋冷却。保温盖板还可根据房间温度、水袋内水温和太阳辐照度，进行自动调节启闭。蓄热屋顶参见图 7-25。

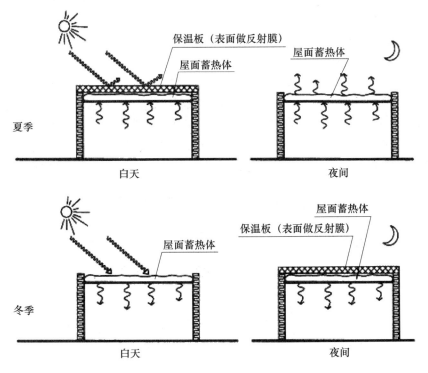

图 7-25 蓄热屋顶

7.5.3　太阳能光热技术

1. 太阳能光热技术概况

就目前来说，人类直接利用太阳能还处于初级阶段，太阳能利用的基本方式可以分为光–热利用、光–电利用、光–化学利用、光–生物利用四类。在四类太阳能利用方式中，光–热转换的技术最为成熟，产品也最多，且成本相对较低。如：太阳能热水器、太阳灶、太阳能温室、太阳房、太阳能海水淡化装置以及太阳能供暖和制冷器等。

在光热转换中，当前应用范围最广、技术最为成熟、经济性最好的是太阳能热水器的应用。太阳能热水器将太阳光能转化为热能，将水从低温加热到高温，以满足人们在生活、生产中的热水使用。太阳能热水器按结构形式分为真空管式太阳能热水器和平板式太阳能热水器，真空管式太阳能热水器为主，占据国内95%的市场份额。真空管式家用太阳能热水器是由集热管、储水箱及支架等相关附件组成，把太阳能转换成热能主要依靠集热管。集热管利用热水上浮冷水下沉的原理，使水产生微循环而达到所需热水。

太阳能热发电是太阳能热利用的另一个重要方面，这项技术是利用集热器把太阳辐射热能集中起来给水加热产生蒸汽，然后通过汽轮机、发电机来发电。根据集热方式不同，又分高温发电和低温发电。

若能用太阳能全方位地解决建筑内热水、供暖、空调和照明用能，这将是建筑设计最理想的方案。太阳能与建筑（包括高层）一体化研究与实施，是未来太阳能开发利用的重要方向，也是整个太阳能行业做大的根本所在。

2. 太阳能光热系统在建筑一体化中的应用实例

太阳能光热技术发展至今，已日趋成熟。世界各国都寻求将太阳能与建筑密切结合，不断完善外形美观、布局合理的太阳能与建筑一体化的设计思路。目前用得较多的是以下两种太阳能光热建筑系统。

（1）热管真空管太阳能热水系统

热管真空管太阳能热水系统如图7-26所示，由储热水箱、热管真空管集热器组、循环泵、辅助电加热器和控制系统等组成。热管真空管集热器吸收太阳辐射，将水加热，循环泵将储水箱中的低温水输入集热器进行循环加热。循环泵的工作由光控仪（光敏探头）控制、当太阳辐照度达不到设定值时，循环泵不工作；如当全天达不到设定辐照度时，也可由辅助加热装置进行加热，辅助加热可以手动选择，也可设定成自动运行模式，保证随时都有热水供应。

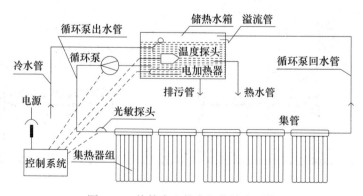

图 7-26　热管真空管太阳能热水系统

　　热管真空管集热器可以放在房顶，也可安装在阳台上，在建筑设计时就考虑在阳台外做好支架，将集热器固定在支架上即可。阳台壁挂式集热器不破坏建筑的整体外观，与建筑有机地结合在了一起，使该系统成为建筑整体的一部分，解决了太阳能光热利用方面的种种弊端。

　　（2）平板太阳能光热系统

　　平板太阳能集热器是太阳能集热器中的一种类型，如图7-27所示，由吸收体、铝合金边框、钢化玻璃透明盖板、保温材料及有关零部件组成。在加接循环管道、保温水箱后，即成为类似与图7-26所示的太阳能光热系统。

　　平板太阳能集热器的工作原理十分简单，阳光透过透明盖板照射到表面涂有吸收层的吸热体上，其中大部分太阳辐射能为吸收体所吸收，转变为热能，并传向流体通道中的工质。这样，从集热器底部入口进入的冷工质，在流体通道中被太阳能所加热，温度逐渐升高，加热后的热工质带着有用的热能从集热器的上端出口，进入储热水箱中，成为有用能量。与此同时，由于吸热体温度升高，通过透明盖板和外壳向环境散失热量，构成平板太阳集热器的各种热损失。这就是平板太阳集热器的基本工作过程。

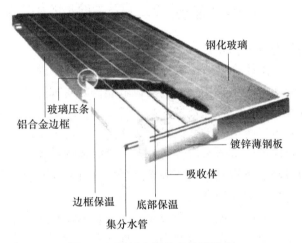

图 7-27　平板太阳能集热器结构

　　平板型太阳能集热器结构简单、运行可靠、成本低廉、热流密度较低（即工质的温度较低）、安全可靠。与真空管太阳能集热器相比，它具有承压能力强、吸热面积大、热效率高等特点，是太阳能与建筑一体结合最佳选择的集热器类型之一。

7.5.4　太阳能光伏发电技术

1. 太阳能光伏发电技术介绍

　　光伏发电是当今主流的太阳能发电方式。不论是独立使用还是并网发电，光伏发电系统主要由太阳电池板、控制器和逆变器三大部分组成，它们主要由电子元器件构成，不涉及机械部件，所以光伏发电设备极为精炼、可靠稳定、寿命长、安装维护简便。理论上讲，光伏发电技术可以用于任何需要电源的场合，上至航天器，下至家用电源，大到兆瓦级电站，小到玩具，光伏电源可以无处不在。

　　太阳能光伏发电技术的基本工作原理是：当太阳光照射到由P型和N型两种不同导

电类型、同质半导体材料构成的 P-N 结上时，在一定的条件下，太阳能辐射被半导体材料吸收，在导带和价带中产生非平衡载流子，即电子和空穴。由于 P-N 结势垒区存在着较强的内建静电场，在电场的作用下，N 区的空穴向着 P 区移动，而 P 区的电子则向着 N 区移动，最后在太阳电池的受光面上积累大量的负电荷（电子），而在它的背光面上积累大量的正电荷（空穴）。即在光照作用下太阳电池内部形成电流密度、短路电流和开路电压。此时如果在太阳电池的两个表面引出金属电极，并用导线接上负载，即形成由 P-N 结、连接电路和负载组成的回路，在负载上就有"光生电流"流过，实现对负载的功率输出。

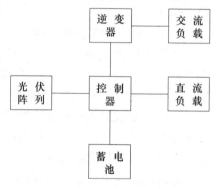

图 7-28　光伏发电系统基本构成

光伏发电系统基本构成和分类：光伏发电系统一般由光伏电池阵列、控制器、蓄电池（组）、逆变器和负载组成。如图 7-28 所示。

光伏发电系统可以分为并网型和离网型两大类型。并网型光伏发电系统就是在"交流负载"处理连接电网，"蓄电池"视情况取舍；离网型的光伏发电系统就是没有与电网相连的光伏发电系统。

太阳能光伏发电具有许多优点：

（1）无污染：绝对零排放——无任何物质及声、光、电、磁、机械噪声等的"排放"；

（2）可再生：资源无限，可直接输出高品位电能，具有理想的可持续发展属性；

（3）资源的普遍性：基本上不受地域限制，只是地区之间有丰富与欠丰富之别；

（4）机动灵活：发电系统可按需要以模块方式集成，可大可小、扩容方便；

（5）通用性、可存储性：电能可以方便地通过输电线路传输、使用和存储；

（6）分布式电力系统：将提高整个能源系统的安全性和可靠性，特别是从抗御自然灾害和战备角度看，它更具有明显的意义；

（7）资源、发电、用电同一地域：有望大幅度节省远程输送和变电设备的投资费用；

（8）光伏建筑集成：节省发电基地使用的土地面积和费用，是目前国际上研究及发展的前沿，也是相关领域科技界最热门的话题之一。

目前，光伏发电产品主要用于以下三大方面：

（1）为无电场所提供电源，主要为广大无电地区居民的生活及生产提供电力。另外还有微波中继电源及一些移动电源和备用电源产品；

（2）太阳能日用电子产品，如各类太阳能充电器、太阳能路灯和太阳能草坪灯等；

（3）并网发电，这在发达国家已经大面积推广实施。我国并网发电才刚刚起步，2008年北京"绿色奥运"部分用电由太阳能发电和风力发电提供。

2. 被动式建筑中太阳能光伏发电技术的应用

太阳能光伏电池与建筑结合的并网光伏发电技术是近十来年发展起来的在城市中推广应用太阳能光伏发电的一个重要方向。建筑物能为太阳能光伏发电系统提供足够的面积，且无需另占土地，而光伏电池阵列可替代常规建筑材料，从而能省去光伏太阳能发电系统的支撑结构，节省材料费用；安装与建筑施工结合，节省安装成本；分散发电，就地使用，避免了输电和配电损失，降低了输电和配电的投资和维修成本；并网型光伏发电系统与电网互为补充，共同为本地负载提供电能，使供电可靠性大为提高；太阳能光伏电池与建筑屋顶、墙面及遮阳系统结合的集成设计使建筑更加洁净、完美，更易被专业建筑师、用户和公众接受，同时满足了光伏建筑一体化的整体性、美观性、技术性及安全性原则，应用前景光明。

太阳能光伏发电技术和建筑的结合方式主要有以下两种：

（1）光伏系统覆盖在建筑屋顶上，组成光伏发电系统，叫作 BAPV（Building Attached Photo Voltaics）。比如屋顶的光伏电站。如图 7-29 所示。

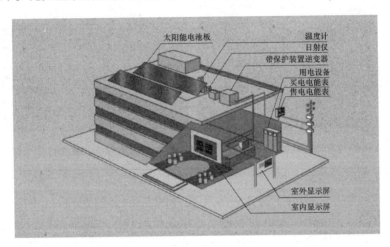

图 7-29　光伏发电系统

（2）建筑材料与光伏器件相集成，用光伏器件直接代替建筑材料，即光伏建筑一体化，叫作 BIPV（Building Integrated Photo Voltaics），这样不仅可开发和应用新能源，比如将太阳光伏电池与玻璃幕墙、窗户玻璃、屋瓦等集成在一起，还可与装饰美化合为一体，达到节能环保的效果，是今后光伏应用发展的趋势。如图 7-30 所示。

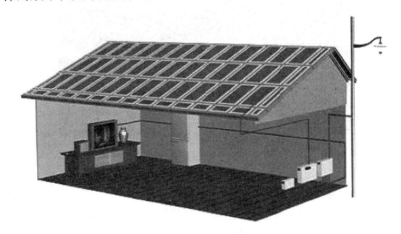

图 7-30　光伏建筑一体化系统

3. 我国太阳能光伏发电与建筑一体化实例

（1）青岛客运站

青岛客运站是 2008 年北京奥运会发电的标志工程之一，采用非晶硅薄膜屋顶，用来提供地下停车场用电，其峰值为 103kW，采用并网发电系统。如图 7-31。

（2）北京奥体中心体育场

北京奥体中心体育场采用非晶硅光伏建筑一体化和非晶硅发电站，其峰值为 8.14kW，采用独立系统，电网作为备用能源。如图 7-32。

图 7-31　青岛客运站

图 7-32　北京奥体中心体育场

（3）浙江义乌国际贸易三期

浙江义乌国际贸易三期的 1.295kW 太阳能并网电站已建成并投入发电，是目前国内单一屋顶上最大的太阳能光伏发电的发电站。该系统将建筑的钢筋结构屋顶分为 8 大区域进行安装，实现了太阳能建筑的一体化。太阳能光伏组件产生的直流电并入对应的集中型逆变器，就近并网，用于满足建筑内部负载消耗，不对外部电网送电。如图 7-33。

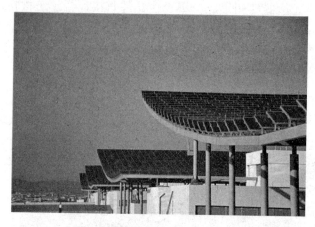

图 7-33　浙江义乌国际贸易三期

思 考 题

1. 被动式设计理念包含哪些内容？
2. 建筑设计中有哪些可以利用的自然能源？
3. 建筑中常用自然采光措施有哪些？
4. 建筑中常用遮阳措施有哪些？

5. 自然通风的原理是什么？建筑规划时如何充分利用自然通风？
6. 常用自然通风措施有哪些，可以采取哪些强化措施？
7. 引入新风有哪些可以降低建筑能耗的措施？
8. 围护结构有效的保温隔热措施有哪些？
9. 举例说明被动式太阳能利用主要方法。
10. 举例说明太阳能光热技术及其应用。
11. 举例说明太阳能光电技术及其应用。

参 考 文 献

［1］ 陆亚俊等著. 暖通空调（第二版）. 北京：中国建筑工业出版社，2007

［2］ 孙一坚等主编. 工业通风（第四版）. 北京：中国建筑工业出版社，2010

［3］《被动式太阳能建筑技术规范》JGJ/T 267—2012.

［4］ 鄢熙杭. 生态住宅智能化的设计策略研究. 沈阳：沈阳建筑大学，2012.

［5］ 曾宪鹏. 浅论生态建筑设计面临的挑战——被动式建筑设计观念的建立. 黑龙江科技信息，2010.

［6］ 郭保振. 自然采光控制策略研究与节能分析. 济南：山东大学，2008.

［7］ 李斌. 我国南方地区村镇住宅外窗水平外遮阳设计研究. 长沙：湖南大学，2010.

［8］ 沙华晶，许鹏，汤雯雯. 夏热冬冷地区遮阳及自然采光节能优化设计. 建筑节能，2012.

［9］ 李忠民，赵秀玉. 自然通风的原理及其在建筑设计中的应用. 黑龙江科技信息，2009.

［10］ 林国海，翟洪远，魏有海等. EPS模块在外墙外保温系统中的应用. 建筑节能，2011，39（11）：65-69. DOI：10. 3969/j. issn. 1673-7237. 2011. 11. 017.

［11］ 林国海，翟洪远，庄子粒等. EPS模块外墙外保温系统在被动式低能耗建筑中的应用. 中国住宅设施，2014，（5）：34-43.

［12］ 李小飞. 屋面保温隔热技术探讨［J］. 企业技术开发：中旬刊，2012，（3）：138-139. DOI：10. 3969/j. issn. 1006-8937. 2012. 03. 072.

［13］ 张磊，鞠晓磊，曾雁等.《被动式太阳能建筑技术规范》解读. 建设科技，2012，（5）：50-54，57. DOI：10. 3969/j. issn. 1671-3915. 2012. 05. 032.

［14］ 代建生，崔云肖. 几种屋顶保温隔热措施探讨. 城市建设与商业网点，2009，（16）：223-224.

［15］（日）彰国社. 被动式太阳能建筑设计. 北京：中国建筑工业出版社，2004.

［16］ 赵春江，杨金焕，陈中华等. 太阳能光伏发电应用的现状及发展. 节能技术，2007，25（5）：461-465. DOI：10. 3969/j. issn. 1002-6339. 2007. 05. 022.

［17］ 梁盼. 太阳能光伏发电建筑一体化系统设计与研究. 郑州：河南农业大学，2011. DOI：10. 7666/d. y1999403.

［18］ 宣晓东. 太阳能光伏技术与建筑一体化应用初探. 合肥：合肥工业大学，2007. DOI：10. 7666/d. y1053926.

［19］ 鲁红光. 被动式太阳能建筑一体化设计［J］. 科技传播，2013，（20）：39-40.

［20］ 李志远. 新型自动捕风装置及其自然通风系统的理论与实验研究. 北京：北京工业大学. 2009

第8章 绿 色 建 材

8.1 建筑功能材料

8.1.1 调温、调湿材料

1. 相变调温材料

相变调温建材是利用相变储能材料作为原材料制备的建筑材料，具有节能和环境舒适功能。相变材料是利用材料的相变焓储存热量的材料，高于相变温度时吸收热量，低于相变温度时放出热量。

实际应用的相变材料有固-固定形相变材料、固-液微胶囊相变材料和以多孔材料为载体的有机无机相变复合材料。

（1）相变调温材料的反应机理

调温材料是利用它在一定温度下的可逆反应热和相变热来工作的。当环境气温高于这个温度时，它就发生反应或相变，从而积聚热量；当气温低于这个温度时，它就发生可逆反应或相变，从而释放热量。对于民用建筑来说，白天可以贮藏多余的热量，夜间再把热量释放出来，从而保持室内温度平稳。

相变调温材料要满足如下要求：

1）调温材料的热源：采用可逆反应热和相变热，宜选用单位质量热熔大的材料。

2）调温材料的调温区间：民用建筑以 15～30℃为宜。相变热调温的材料，其相变温度应在上述区间；

3）调温材料的耐久性：调温材料应能无限制地重复使用 50 年以上，应具有优良的抵抗物理作用（老化、风化、冻融、干湿等）、化学作用（低浓度酸碱盐）和生物作用（霉变等）的能力；

4）调温材料对环境的影响：应具有不污染环境的性质，无臭、不溢漏、不挥发和不放射等；

5）调温材料的设置：一般填充在建筑物墙体内。相变调温材料多数为固液相变，故需慎防液体溢漏；

6）调温材料的防火：调温材料若遇火会燃烧，则必须采取防火措施。例如，用水泥砂浆将其密封在墙体内。

（2）常用相变材料的相变温度与相变能及其应用（表 8-1）

无论是无机还是有机自调温材料，其组分多少会有一定的腐蚀性、挥发性或氧化性等，所以，自调温材料的包覆非常重要。目前，主要的自调温材料包覆方法有：浸渍法、混合法、高聚物交联吸收法、微胶囊法。

常用相变材料的相变温度与相变能　　　　　　表 8-1

样品名称	相变温度（℃）	相变能（kJ/kg）
水	0	333.6
石蜡	12～24	200～300
十二醇	17～24	188
十八烷	22～27	205
硬脂酸丁酯	18～23	140
硬脂酸甲酯	23～27	188
棕榈酸丙酯	16～19	186
棕榈酸丁酯	17～21	138

目前，用于建筑的自调温功能材料研究中存在的问题主要有：

1）理想相变点和较大相变潜热的结合；

2）多组分相变材料相分离现象的解决；

3）自调温相变材料价格的降低。

自调温材料利用相变材料的储热特性使建筑增加自调温功能，降低建筑能耗。物质在发生相变的过程中总会吸收或释放一定的热量，这些热量即为物质的相变潜热，且比其因自身温度的升高或降低而吸收或放出的热量要大得多，所以，相变材料可利用这部分热量影响周围的环境。当环境温度高于其相变点时，它吸收热量，由固态变为液态，从而降低环境温度；在环境温度低于其相变点时，释放热量，由液态变为固态从而使环境温度升高。我们利用相变材料的这种储热特性，可以在环境温度较高时，把多余的能量储存起来，在环境温度较低时再把它释放出来，从而实现建筑节能。相变材料的潜热储能方式与显热储能、化学反应储能方式相比具有能量密度高，设计灵活，使用方便，易于管理等优点。

对于自调温材料，通过将多种相变材料复合，可以克服单一组分的缺点，得到具有理想的相变点且相变潜热较大的复合型相变材料，从而得到物化性能更好、成本更低的自调温工质材料。尤其是将纳米技术应用于相变材料，可发挥纳米材料的量子效应和表面效应，使自调温材料的储热性能得到新的提高。

2. 调湿材料

（1）定义及种类

调湿材料是指不需要借助任何人工能源和机械设备，依靠自身的吸放湿特性感应调节空间空气的湿度变化，自动调节空气相对湿度的功能材料。目前，调节室内相对湿度主要依靠空调或其他耗能调湿器，不仅耗费电能较大，而且不利于温室气体的排放控制。

调湿材料不同于一般的干燥剂，它必须具有调节相对湿度的作用，即除了湿度超过规定范围时，具有吸收水分的作用外，当湿度低于设定范围时，也能释放出水分，起到增湿剂的作用，通过吸湿、增湿来保持系统内相对湿度的恒定。

按照调湿材料的调湿基材及调湿机理可分为：无机调湿材料、化学液体调湿材料、有机高分子调湿材料、复合调湿材料、生物质和再生资源调湿材料、纳米改性多功能调湿材料。

① 无机调湿材料。主要包括天然无机非金属矿物调湿材料、人工合成无机化合物调湿材料。天然无机非金属矿物调湿材料包括天然沸石、天然硅藻土、天然凹凸棒、蒙脱石、海泡石、高岭土、石膏等；人工合成无机化合物调湿材料包括硅酸钙、人造沸石、硅胶等。

② 化学液体调湿材料。主要包括有机化合物和无机化合物两大类，其原理是利用化合物液体本身各种不同浓度和环境温度的饱和蒸气压，根据所需的相对湿度选择化学液体的品种和浓度，以达到恒湿的作用。采用这种水溶液来调湿，具有湿度恒定、设备简单和方法易行等优点。

③ 有机高分子调湿材料。常由具有三维交联网状结构的超强吸水性树脂，如淀粉、聚丙烯酸、聚丙烯酸钠、聚丙烯酰胺、聚乙烯醇、丙烯脂等。它的吸水容量大，可高达自身质量的数百至数千倍；但它的放湿性能很差，被吸附的水很难脱附。

④ 复合调湿材料。是近年来人们长期观察天然无机矿物、人工合成无机及有机高分子调湿材料等单一调湿性能吸放湿规律不平衡的现象发展起来的多功能调湿材料。由于是无机 / 无机、无机 / 有机高分子材料的交叉组合反应，其产品多样化，因此应用领域非常广泛。

⑤ 生物质基和再生资源调湿材料。是天津大学于 2003 年提出的以生物质废弃物为主要原料，配以特定的添加剂制备而成。以生物质为基础原料研发绿色环保型的调湿材料，具有相当大的潜能。

⑥ 纳米改性多功能调湿材料。调湿材料广泛用于室内空间、封闭小空间的湿度调节，例如，作为文物、档案、书画和贵重物品的保存，不单单限于湿度的调节，还必须要求纸质品、板材、陶瓷、涂料等调湿材料的不燃、防虫、防蛀、防腐蚀、抗菌、抗老化等功能。

近年来，国内外研究开发的调湿材料品种繁多，但稍加归类可将其分为如下 4 种：

1）特种硅胶。硅胶是一种具有多孔结构的无定形的二氧化硅，其化学组成为 $SiO_2 \cdot nH_2O$，硅胶经各种"活化"处理，它的有效面积可达 $700m^2/g$，并且对极性分子（H_2O）的吸附能力超过对非极性分子（如烷烃类）的吸附能力。

2）无机盐类。这类调湿材料的调湿作用完全由盐溶液所对应的饱和蒸汽压所决定。在同样温度下，饱和盐溶液的蒸汽压越低，所控制的相对湿度也越小。虽然在差不多整个湿度范围内能够通过选择适当的盐水饱和溶液来维持

3）蒙脱土类。蒙脱土是膨润土的主要成分，是一种具有层状结构的铝硅酸盐矿物，它的单位晶胞系由二层 Si-O 状四面体，中间夹着一层 Ai-（O、OH）八面体所组成，相邻层的硅氧四面体通过铝氧八面体构成 2：1 层结构。蒙脱土的层状结构以及能吸附和释放水蒸气的特性，使它成为天然的调湿材料，但它的湿容量很小（仅百分之几）。

4）有机高分子材料类。

（2）调湿材料的作用机理

调湿材料的吸、放湿过程如图 8-1 所示。当室内空气相对湿度超过 φ_2 时，调湿材料沿曲线 1 吸收空气中水分，阻止空气相对湿度增加。当室内空气相对湿度低于 φ_1 时，调湿材料沿曲线 2 放出水分。只要调湿材料的含湿量处于 $d_{min} \sim d_{max}$ 范围时，室内空气相对

湿度就自动维持为 $\varphi_1 \sim \varphi_2$。由图 8-1 可知：阴影部分越狭窄，调湿材料的吸、放湿能力越接近。在室内空气相对湿度范围 $\varphi_1 \sim \varphi_2$ 内，调湿材料的吸、放湿曲线斜率越大，达到同样调湿性能所用调湿材料就越少。不同调湿材料的调湿性能不同，对于民用建筑，调湿材料对室内空气相对湿度的调节范围以 40% ~ 60% 为宜。

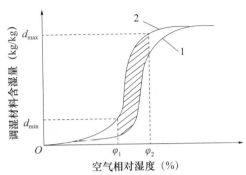

1—调湿材料吸湿性能曲线；2—调湿材料放湿性能曲线；
d_{min}—调湿材料放湿后最小含湿量；d_{max}—调湿材料放湿前最大含湿量；
φ_1—调湿材料放湿前空气相对湿度；φ_2—调湿材料吸湿前空气相对湿度

图 8-1 调湿材料的吸、放湿曲线

用调湿材料被动调节房间湿度的方法正越来越受到重视，其原因是调湿材料具有价格低、无能耗、应用范围广等优点。将调湿材料或涂料或板材直接用于房间围护结构的内表面，利用围护结构内表面进行室内湿度的调节，它能够缓和室内湿度的波动，减轻空调系统的湿负荷。当围护结构内表面的调湿材料的量以及它的蓄湿量足够大时，这种被动调节湿度的方式可以对室内余湿进行"高吸低放"，从而大大减轻空调系统的湿负荷。（调湿材料在建筑节能中的应用前景. 吴宏伟，王厚华，庄燕燕. 制冷与空调. 2009 年 12 月 23 卷 6 期）

目前，国内在研究调湿材料方面主要存在以下问题：首先开发出的调湿材料虽然较多，但是对调湿材料理论的研究大都停留在定性研究上，并没有得到影响因素与调试性能之间定量关系。其次，对调湿材料吸放湿的研究也仅局限于相对小而且封闭的空间内。最后，对于调湿材料性能的评价还没有一个科学系统的体系。

8.1.2 隔声、隔热材料

1. 隔声材料

隔声材料，是指把空气中传播的噪声隔绝、隔断、分离的一种材料、构件或结构。对于隔声材料，要减弱透射声能，阻挡声音的传播，就不能如同吸声材料那样多孔、疏松、透气，相反它的材质应该是重而密实的。

隔声量遵循质量定律原则，就是隔声材料的单位密集面密度越大，隔声量就越大，面密度与隔声量成正比关系。一个面积非常大的隔层，其单位面积质量为 m_s，当声波从左面垂直入射时，激发隔层做整体振动，此振动再向右面空间辐射声波。以单位面积考虑，透射到右面空间的声能与入射到隔层上的声能之比称透射系数 τ。

定义无限大隔层材料的传递损失（也称透射损失）T_L：

$$T_L = 10\lg\frac{1}{\tau}\ (dB)$$

上述简单情况下可计算得到传递损失近似为：

$$T_L = 20 \lg \frac{\omega m_s}{2\rho_0 c_0} \, (\text{dB})$$

式中　T_L——传递损失；

　　　τ——（声能）透射系数；

　　　$\omega = 2\pi f$ 为圆频率；

　　　m_s——材料的单位面积质量；

　ρ_0、c_0——空气密度和声波传播速度。

隔声材料在物理上有一定弹性，当声波入射时便激发振动在隔层内传播。当声波不是垂直入射，而是与隔层呈一角度 θ 入射时，声波波前依次到达隔层表面，而先到隔层的声波激发隔层内弯曲振动波沿隔层横向传播，若弯曲波传播速度与空气中声波渐次到达隔层表面的行进速度一致时，声波便加强弯曲波的振动，这一现象称吻合效应。这时弯曲波振动的幅度特别大，并向另一面空气中辐射声波的能量也特别大，从而降低隔声效果。产生吻合效应的频率 f_c 为：

$$f_c = c_0^2 / 2\pi \sin 2\theta \left[12\rho (1 - \sigma^2)/eh^2 \right]^{\frac{1}{2}}$$

式中　ρ、σ、e——隔层材料的密度、泊松比和杨氏模量；

　　　　　　h——隔层厚度。

任意吻合频率 f_c 与声波入射角 θ 有关。

材料吸声着眼于声源一侧反射声能的大小，目标是反射声能要小。吸声材料对入射声能的衰减吸收，一般只有十分之几，因此，其吸声能力即吸声系数可以用小数表示；材料隔声着眼于入射声源另一侧的透射声能的大小，目标是透射声能要小。

吸声材料对入射声能的反射很小，这意味着声能容易进入和透过这种材料；这种材料的材质应该是多孔、疏松和透气，这就是典型的多孔性吸声材料，在工艺上通常是用纤维状、颗粒状或发泡材料以形成多孔性结构，材料中具有大量的、互相贯通的、从表到里的微孔，也即具有一定的透气性。隔声材料对减弱透射声能，阻挡声音的传播，就不能如同吸声材料那样多孔、疏松、透气，相反它的材质应该是重而密实。隔声材料材质的要求是密实无孔隙或缝隙；有较大的重量。由于这类隔声材料密实，难于吸收和透过声能而反射能强，所以它的吸声性能差。

2. 隔热材料

隔热材料，能阻滞热流传递的材料，又称热绝缘材料。

隔热材料按其内部组织和构造的差异，可分为以下三类。

（1）多孔纤维质隔热材料：由无机纤维制成的单一纤维毡或纤维布或者几种纤维复合而成的毡布。具有导热系数低、耐温性能好的特点。常见的有超细玻璃棉、石棉、矿岩棉等；

（2）多孔质颗粒类隔热材料：常见的有膨胀蛭石、膨胀珍珠岩等材料；

（3）发泡类隔热材料：包括有机类、无机类及有机无机混合类三种。无机类常见的有泡沫玻璃、泡沫水泥等。有机类的如聚氨酯泡沫、聚乙烯泡沫、酚醛泡沫及聚酰亚胺泡沫等。此类泡沫具有低密度、耐水、低导热系数等优点，广泛应用于保温领域。混合型多孔质泡沫材料是由空心玻璃微球或陶瓷微球与树脂复合热压而成的闭孔泡沫材料。

具体衡量隔热性能的尺度是材料的导热系数，导热系数的大小反映了材料隔热性能的优劣。影响材料导热系数的因素有材料本身因素及使用环境等。首先是材料组分及宏观结构，对于多孔质材料而言，材料种类、密度及泡孔结构都是影响导热系数的因素。其次材料的使用温度、压力是影响导热系数的另一部分因素。而所有这些因素对导热系数的影响都与材料内部传热过程有关。

几种常用的保温隔热材料：

（1）保温隔热纸：FiberGC-10-50 系列隔热纸导热系数 0.027W/（m·K），厚度 0.4～5mm，白色，纸状，具有超薄的优势，常用于 IT 类小型电子产品以及家电领域，极少用于建筑类的保温隔热；

（2）玻璃纤维棉板/毡：导热系数 0.035W/（m·K），厚度 3～5mm，白色，分硬板和软毡状，玻璃纤维结构，用于家电产品、管道等；

（3）聚氨酯发泡板（PU/PIR）：导热系数 0.02～0.035W/（m·K），多色，硬质、脆性，厚度 10～200mm；

（4）离心剥离纤维棉/岩棉：导热系数一般为 0.038W/（m·K），厚度 30～200mm，黄色，用于建筑行业，机房、库房等；

（5）微纳隔热板：导热系数 0.02W/（m·K），耐温较高，多用于高温环境；

（6）气凝胶毡：常温下导热系数 0.018W/（m·K），厚度 2～10mm，白色或蓝色，柔性毡，可根据要求定制成硬性板状材料，适用于设备、管道保温。

（7）真空隔热板是最新的隔热材料，在国外大受推广，多用于家电行业等，这种材料的导热系数极低仅为 0.004W/（m·K）。所以在保温节能上面效果突出。目前国内的冰箱、冷藏集装箱已经完全使用这种材料。

另外，新型隔热材料，如气凝胶保温隔热材料、碳质保温隔热材料、复合保温隔热材料等材料具有明显的性能优势。保温、隔热材料也在向纳米化、复合型方向发展。

8.1.3 防辐射材料

防辐射材料是指能够吸收或消散辐射能，对人体或仪器起保护作用的材料，常见防辐射材料包括：防 x 射线屏蔽材料、防 γ 射线屏蔽材料以及防中子屏蔽材料等。

屏蔽材料对电离辐射的屏蔽作用是通过材料中所含吸收物质对电离辐射的吸收完成的。物质对射线的吸收大体按下述两种方式进行，即能量吸收和粒子吸收。能量吸收以射线与物质粒子发生弹性和非弹性散射方式进行，如康普顿散射。能量吸收的大小与吸收物质原子序数的 4 次方成正比。

建材中放射性物质衰变都有氡同位素产生，是室内环境中氡和放射性的主要来源。研究开发有效的防氡建材是减少氡危害的重要的手段，目前，国内外所研究的防氡防辐射建材存在如下问题：（1）功能、品种单一；（2）成本较高；（3）应用面较窄；（4）未能充分利用工业废渣生产防氡、防辐射建材，变废为宝；（5）未能将防氡防辐射功能结合，制备具有防氡防辐射双重功能的生态建材。

总结世界各国防辐射纤维及材料研究状况，有如下特点：防辐射纤维及材料研究涉及范围广，辐射防护研究包括了人类所面临的各种主要辐射：中子辐射、x、γ 射线辐射，电磁波辐射，激光辐射、红外线辐射、紫外线辐射；对中子辐射、x、γ 射线辐射，电磁波辐射和激光辐射的研究最多；辐射防护不但包括对人体的防护，还包括对精密仪器的防护；

防护材料的形式多种多样、橡胶、塑料、纤维、涂料、胶粘剂。表 8-2 为世界各国防辐射纤维及材料研究状况。

世界各国防辐射纤维及材料研究状况 表 8-2

建材种类	样品	氡释率（%）	建材种类	样品	氡释率（%）
花岗石板	11	3.41	天然砂	10	11.8
大理石砖	5	3.9	石灰	7	21.5
红黏土砖	21	10.5	褐泥	4	16.7
青砖	13	12.6	泥土墙	5	11.9
普通水泥	15	13.7	煤渣砖	6	14.8
混凝土	3	12.9	凝灰岩	3	18.8

防辐射混凝土，通常采用普通水泥和密度大的重骨料配制而成，是一种表观密度大，含有大量结晶水，并能有效屏蔽原子核辐射的混凝土，是原子核反应堆粒子加速器及其他含放射源装置。常用的防护材料由于其密度大，所以对 x 射线和 γ 射线的防护性能良好；同时，其含较多结晶水和轻元素，故对中子射线的防护性能也很好。

防辐射混凝土主要防止 α、β、γ、x 和中子等射线对人体的伤害，这些射线中 α、β 射线穿透能力，低且易被吸收，很小厚度的防护材料就能屏蔽这些射线，设计防辐射混凝土时主要考虑对 γ 射线和中子射线的屏蔽，γ 射线穿透能力强，其通过高密度建筑材料时能量能被减弱，达到一定密度和厚度时，射线可完全被吸收，中子射线因不带电核，所以具有高度穿透能力，对中子射线防护相对于对 γ 射线防护难度更大。

防辐射混凝土通常应满足如下要求：（1）具有足够的表观密度；（2）含有适量的屏蔽射线中子等所必需的物质；（3）具有结构体所必需的强度和耐久性；（4）成型加工容易，可制成形状特殊的屏蔽体；（5）价格相对低廉。此外，还要求混凝土质地均匀，使用时体积变化小，吸收射线后温升小，导热系数高以及辐照损伤小等。与普通混凝土相比，防辐射混凝土应该能够在辐照条件下体现出更好的性能。

防辐射混凝土原料选择：防辐射混凝土的原料与普通混凝土大致相同，但又有区别，其基本原料如下：（1）水泥：原则上应选用水化热低、相对密度较大、结晶水含量较多的水泥，但一般采用 32.5MPa 以上的硅酸盐水泥或普通硅酸盐水泥；（2）集料：防辐射混凝土的集料应是一些高密度的材料，一般选用质量密度大含铁量高级配良好的赤铁矿、磁铁矿、褐铁矿、重晶石等制成矿石或矿砂来做其粗细集料；（3）拌合水：防辐射混凝土拌合用水应为 pH 值大于 4 的洁净水，其质量要求应符合《混凝土用水标准》JGJ 63—2006 中的要求；（4）掺合料：为进一步加强防辐射混凝土的射线防护能力，还可以掺加一些对射线有特殊作用的掺合料。

8.1.4 绿色建筑装饰材料

建筑装饰材料指起装饰作用的建筑材料。它是指主体建筑完成之后，对建筑物的室内空间和室外环境进行功能和美化处理而形成不同装饰效果所需用的材料。它是建筑材料的一个组成部分，是建筑物不可或缺的部分。

1. 绿色装饰材料分类

（1）绿色涂料

溶剂型建筑涂料虽性能优良，但对环境污染严重，对人体健康不利。因此世界各国都在严格控制涂料中有机挥发物（VOC）的含量，发展低污染、无污染的涂料，建筑涂料的水性化是 21 世纪建筑涂料的发展方向，美国水性涂料在涂料中的比例占 80% 左右。

（2）绿色壁纸

塑料壁纸虽有一系列优点，但使用过程中仍挥发出少量有机挥发物，遇火燃烧时会产生氯化氰有毒气体，加之它不透气、易老化、废旧壁纸不能降解回收等弱点。不能适应市场需要。因此研究开发对人体无毒、无害、透气好、装饰功能好的壁纸是时代的要求。

（3）抗菌制品

抗菌制品是通过制品表面的抗菌成分，实现杀菌或抑制微生物生长和繁殖进而达到长期卫生、安全的目的。用抗菌材料制成的产品具有卫生、自洁功能，其抗菌性可与制品寿命同步。

2. 绿色装饰材料的优点

绿色装饰材料能够充分满足建筑物的力学性能，使用功能及耐久性的要求。绿色健康，产品多选用无毒、无害、低排放的原料，对人体无害。

绿色建筑装饰材料对自然环境具有亲和性。采用低能耗的制造工艺和不污染环境的生产技术。大量使用废物渣、废液、垃圾等废弃物。节约全球有限的资源和能源，符合我国可持续发展的原则。

绿色建筑装饰材料具有多功能化，如抗菌、灭菌、防雾、除臭、防火、调温、调湿、消声等功能，提高人们居住环境质量。

美国环保局（EPA）正在开展应用于住宅室内空气质量控制的研究计划，绿色建材与传统建材相比，具有的五个基本特征：（1）绿色建材生产所用原料尽可能少用天然资源，应大量使用尾矿、废渣、废液等废弃物；（2）采用低能耗制造工艺和不污染环境的生产技术；（3）在配制或生产过程中不得使用甲醛、卤化物溶液利或芳香族碳氢化物，产品不得含有汞及其化合物，不得用铅、镉、铬及其他化合物作为颜料及添加剂；（4）产品的设计是以改善生活环境、提高生活质量为宗旨，即产品不仅不损害人体健康，而且应有益于人体健康，产品具有多功能性，如抗菌、防霉、除臭、隔热、防火、调温、消声、消磁、放射线、抗静电等；（5）产品可循环或回收再生利用，无污染环境的废弃物。

3. 环境清洁材料

日本科学家山本良一于 1990 年提出生态环境材料概念，随后生态环境材料研究受到了各国科学家的高度重视，成为材料科学领域的研究热点。

环境清洁材料是指在材料的制作、加工使用以及废弃的时候均考虑到资源、环境、生态等因素的材料，应用的时候有良好的使用性和环境协调性，对资源消耗少、对环境污染小、并且具有可再生性，对于人类没有不良的影响。环境清洁材料是人类主动考虑材料对生态环境的影响而开发的材料，是充分考虑人类、社会、自然三者相互关系的前提下提出的新概念，这一概念符合人与自然和谐发展的基本要求，是材料产业可持续发展的必由之路。

环境清洁材料概述应具备三个要素：（1）先进性：扩展人类发展前沿领域，以人类发

展为导向;(2)环境协调性:与生物圈共存,减少对环境的危害;(3)舒适性:优化便利设施,创造一个与自然和谐共生的生活

环境清洁材料包括四种类型:(1)原料无害化材料,如:无铅材料、无铬材料、汞替代材料、环境友好半导体材料等;(2)绿色环境过程材料,如:使用可再生资源为原料、废弃物再利用、绿色生产过程;(3)可循环利用材料,如:循环利用合金、循环利用复合材料、低杂质合金、材料的循环设计等;(4)高资源生产率材料,如:精益结构设计材料、四要素材料(低损耗材料、高效率材料、生命周期评价设计材料、导向应用材料)等。

(1)金属环境清洁材料

金属清洁材料包括钢铁环境清洁材料和有色金属环境清洁材料两大类,有助于节能和减少 CO_2 排放的高效率,在改善环境和促进工业可持续发展方面具有重要作用。

(2)无机非金属环境清洁材料

1)水泥环境清洁材料

水泥工业对环境产生很大的影响:首先,大量的水泥需要消耗大量的自然资源;其次,生产每吨水泥就会有 1t CO_2 排放到大气中,这占到 CO_2 排放量的 7%;再次,生产水泥需要消耗大量的水资源;最后,拆毁建筑物以及道路产生了大量的混凝土垃圾带来环境问题。

水泥生态环境材料,是指那些煤耗低、电耗低、废气与废弃物排放量少、资源耗费少、能够利用低品位原料、城市垃圾和工业废弃物生产的水泥。工业废弃物中有一些有毒有害的物质,可以通过改变水泥生产工艺加以处理,变废为宝,这是水泥工业与环境协调的一个很好的方法。

2)陶瓷环境清洁材料

坯料及釉料配方设计时优先选用环境友好型原料,例如选用无硫或低硫原料,以避免烧成过程中因生成大量硫氧化物而造成环境污染;尽量不用或少用含碳素和有机物较多的原料,以免烧制过程中因大量碳氧化物的产生而影响环境。应从烧固体燃料向烧液、气态燃料转变,着重考虑使用清洁燃料。利用各种工业废弃物,如:钢铁矿渣、稀土矿渣、铝土尾矿、粉煤灰、煤矸石等制备陶瓷材料达到废物再利用的目的,开发具有污染物处理功能的多孔过滤陶瓷、抗菌陶瓷等陶瓷生态环境材料等。

3)玻璃环境清洁材料

传统玻璃产业具有高天然矿物资源消耗、高能源消耗、高环境污染和低生产效率等特点,采用轻量化工艺,在保持玻璃制品强度和性能的条件下,降低制品的单重,可节约大量资源和能源。最大限度利用碎玻璃和其他回收材料。改进窑炉结构和燃烧条件,采用富氧燃烧、全氧燃烧等先进技术,提高热效率,减少污染,增加窑炉使用年限。通过控制原料的粒度,减少超细粉遇到热空气时的飞扬,改进燃烧系统,确保完全燃烧、减少微粒的逸出,采取宽投料池、薄层投料及设备的改进等措施降低烟尘的排放。

开发生态环境材料:在达到要求性能的前提下,降低产品毒性和污染,如用无铅玻璃代替铅玻璃,不加入砷、碲、铊、镉等有毒性物质以及放射性元素,降低玻璃色釉中铅、镉的含量。利用各种尾渣、矿渣、炉渣、粉煤灰、珍珠岩尾粉制造玻璃、微晶玻璃、泡沫玻璃及玻璃马赛克等。在玻璃表面负载纳米 TiO_2、ZnO 等半导体薄膜,利用光催化反应可将吸附的油污、NO_x、SO_x 等污染物分解成无害的 CO_2、H_2O 等,起到自清洁作用。涂 SnO_2 膜或 In_2O_3-SnO_2 膜的玻璃,能屏蔽微波,以防止微波辐射对人类健康的伤害。

（3）高分子环境清洁材料

在高分子的合成过程中，会使用大量的溶剂、催化剂等物质，它们可能会残留在产品中，同时，在合成反应中有时会生成有毒的副产物，对产品的使用者带来危害。

采用无毒、副产物的原料或者对毒、副产物进行无害化处理；采用高效无毒化的催化剂，提高催化效率，缩短聚合时间，降低反应所需的能量；溶剂实现无毒化，可循环利用并降低产品中的残留率；改善聚合反应的工艺条件应对环境友好；反应原料应选择自然界中含量丰富的物质，而且对环境无害。

光降解高分子材料。向聚合物中添加光敏剂，在光的作用下降解高分子材料吸收紫外线发生光化学反应使高分子降解；生物降解高分子材料，具有优良的生物降解性，包括化学合成可降解高分子、天然高分子和微生物合成可降解高分子等；光-生物降解高分子材料，结合光和生物的降解作用，以达到高分子材料的完全降解。

（4）天然矿物环境清洁材料

天然矿物具有表面效应、孔道效应、结构效应、离子交换效应、结晶效应、溶解效应、水合效应、氧化还原效应、半导体效应、纳米效应、矿物生物交换效应等诸多效应，表现出独特的环境净化功能。这些材料的原料是天然矿物，与环境有很好的相容性，且具有环境修复（如大气、水污染治理等）、环境净化（杀菌、消毒、分离等）和环境替代（如替代环境负荷大的材料等）等功能。

随着人类社会的不断发展，为了能够更加方便人们的生活，环境的清洁是非常必要的，在环境清洁建材方面，已经开发出了各种无毒、无污染的建筑涂料；生态资源材料、环境净化材料、环境修复材料、环境降解材料也在不断的研发当中。

在未来，除了新材料的发展以外，生态环境清洁材料由于存在可循环再生性的特点，所以废弃材料的回收和合理的运用也可以成为推动经济发展的重要手段。

8.2　保温节能材料

在建筑工程中，把用于控制室内热量外流的材料称为保温材料，即对热流具有显著阻抗性的材料或材料复合体。

建筑保温材料的显著特征是导热系数小。而导热系数小的材料多是孔隙多、密度小的轻质材料，大部分没有足够的强度，不适合直接用作建筑的屋顶及外墙的基材，特别是当外围护结构兼有承重结构的作用时，更是如此。

8.2.1　墙体材料

墙体保温节能主要是通过墙体的保温隔热来实现的。人们为了追求在一年四季都能在室内感觉到较为舒适的温度而在墙体部位采取的一些技术措施或者手段，这些技术或者手段可以使墙体阻挡外界高温空气向室内的制冷设备所提供的凉爽空气传递或者阻挡室内的供暖设备所提供的温暖空气向室外传递，使墙体具备保温隔热的能力或者使其保温隔热能力得到提高，这样就称为对墙体进行了保温隔热处理，简称为墙体保温隔热。

保温隔热材料要具有较好的保温性能、耐候性、防火性和防水性，较强的变形协调能力、抗冲击能力。较好的保温性能是指材料的导热系数较低，热稳定性能较好；较好的耐候性是指材料的耐冻融性能、耐暴晒性能、抗风化能力、抗降解能力以及耐老化性能高；较好的防火性是指材料的耐火等级较高，具体说就是材料在明火状态下不会产生大量有毒气体，在有火灾发生时能够延缓火势继续蔓延；防水性好是指材料具有较好的憎水性，较强的透气性能，能够使墙体避免产生结露现象；较强的变形协调能力是指基层材料有较强的变形适应能力，变形时，材料各层逐层渐变，可以及时传递和释放多余应力，从而使防护面层能够保持在无开裂、不脱落的完整状态。

所谓墙体保温隔热材料就是指运用在墙体部位与墙体成为一体能够帮助减少建筑物热量损失和能量耗散的建筑材料。它有两个方面的含义：帮助减少建筑冬季室内暖气或空调提供的热量向室外寒冷空气扩散；帮助减少建筑夏季室外燥热空气向室内空调提供的凉爽空气扩散。这种材料能够使墙体具备或提高其保温隔热能力、加在墙体上的技术措施或者手段所用的、本身具有保温隔热性能并能够显著提高墙体的保温隔热性能。

在建筑墙体节能设计中，如何选择保温隔热材料是关键，墙体保温材料的选择应该遵循以下原则：

（1）根据外墙的结构形式、地区所处的温度范围、所追求的保温隔热效果（但必须选用效率高、质量优的保温隔热材料）等来选择；

（2）墙体保温材料的使用寿命应该与建筑物主体的正常维修期基本一致；

（3）必须满足墙体节能保温工程对墙体保温材料的密度的要求；

（4）墙体保温材料必须选用化学稳定性较好的材料；

（5）保温隔热材料必须是阻燃性好（在选择时优先选用不燃和难燃的材料）、吸水率小的材料；

（6）保温隔热材料既要方便施工安装，又不影响其保温隔热性能。

墙体保温材料按照材料组成的不同可以分为有机类墙体保温材料、无机类墙体保温材料和复合类墙体保温材料三大类，一般无机类要优于有机类墙体保温材料（表8-3）。

墙体保温材料分类及代表材料

表8-3

名称	分类	代表材料	优缺点
墙体保温材料	无机类	珍珠岩水泥板、复合硅酸盐、泡沫水泥板和泡沫混凝土、加气混凝土、硅酸钙绝热制品等	相对于有机类墙体保温材料，无机类的主要优势在于：阻燃防火、小变形、抗老化性好、稳定性好、环保健康、节约有机能源、可以废料利用、好粘结、牢固安全、长寿命、易施工、低成本等。不足之处是无机类保温材料的密度比较大、结构不够致密、难于加工，保温隔热性能略差
	有机类	聚苯乙烯泡沫板（EPS板和XPS板）、胶粉聚苯颗粒、酚醛泡沫类、喷涂聚氨酯类等	有机类保温材料出现了以EPS板、XPS板和SPU等为代表的轻质、高致密性、保温隔热性能较好的产品，近年来以如雨后春笋般的速度迅速占领了我国的保温市场的主导地位，尤其EPS板和XPS板是最受市场欢迎，已占领了近80%的市场份额，而SPU的发展前景更为客观
	复合类	芯材为EPS板、XPS板类、金属夹芯板等	金属夹芯板以其多孔、超轻、应用范围广，且具有较好的装饰性、能加快施工速度、较好的抗震性、易工业化操作、耐久性较高等特点越来越受人们欢迎

从20世纪80年代初期，我国开始致力于墙体保温工作的开展和部署，至今已经有20年的发展历程。目前，市场上，存在着多种技术方法和墙体保温形式，这些技术方法和形式了分为外墙外保温、外墙内保温和外墙夹芯保温技术。

　　由于内保温技术的占用内部有效使用空间、易形成结露和产生热桥现象、不适应于居民进行二次装修等诸多不足，目前我国已在某些建筑墙体中明确规定禁止采用内保温技术。外墙外保温技术以相对于内保温技术诸多的优点越来越受建筑外墙保温市场的青睐，因其在基层墙体的外侧，不会占用居民的建筑物的有效使用面积，还可以保护建筑物不受外界环境的影响，从而可以在其原来可以达到的寿命的基础之上得以延长，外保温技术还不易形成结露和产生热桥等现象，方便居民的二次装修等，这些明显的优势使得外墙外保温技术得到了蓬勃发展。夹芯保温技术因为这种墙体保温技术很难保证保温隔热面积而很难达到国家规定的65%的节能率，只能使用在某些地区，使用范围有限。

　　外墙内保温结构由保温材料作为主材的保温层在基层墙体的内侧，中间做有粘结层，外部再做饰面层（图8-2）。

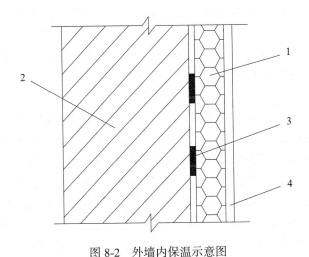

图 8-2　外墙内保温示意图

1—保温层；2—基层墙体；3—粘结层；4—外饰面层

　　外墙夹芯保温技术是在基层墙体的内部设保温层，其做法如图8-3所示，内外墙面各做饰面层，另外还设一层夹芯保温层。

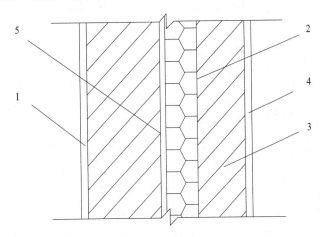

图 8-3　外墙夹芯保温

1—外饰面层；2—保温层；3—基层墙体；4—内饰面层；5—夹芯保温层

对夹心保温复合墙体保温材料的要求：

（1）保温材料与空气层，能有效防止蒸汽渗透至内叶墙；

（2）在长期残留的湿气，如风动水、冷凝蒸汽等的作用下，保温材料性能不致降低；

（3）在湿热环境下保温材料防腐性能、防生物侵害性能好，并达到建筑物的防火要求；

（4）颗粒填料必须填满，以防有水汽从空隙渗入内叶墙，并要求颗粒填料能够自承重；

（5）现场发泡保温材料不能随时间收缩使保温层出现缝隙，以防水汽从缝隙渗入内叶墙；

（6）板材类保温材料必须与墙体牢固连接，并采取有效措施防比空气或水汽对保温材料的性能影响。

在夹心墙体中应用的无机类保温材料有珍珠岩、蛭石等，有机类保温材料有聚苯乙烯、聚氨酯、聚异氰脲酸酯和泡沫玻璃等。这些保温材料可以是板材类、粒状填充或现场发泡，如果选用合适都能达到很好的保温隔热效果。

按照保温层的形成方式可以把外墙夹芯保温技术分为填充式和发泡式两种，填充式是保温层的保温板直接搁置在内、外墙片之间，再做一些技术处理而成的夹芯保温层；发泡式是保温层由可以现场发泡的保温材料现场发泡形成的。因为保温层处于墙体中间，可以得到有效的保护，不易受外界影响，耐久性要好一些，防火性能也较高，也使得该保温技术的保温层材料的要求不是太高，几乎可以使用各种墙体保温材料，施工时对季节的要求也不是很高。另外，还可以显著改善保温体系的热阻性能。但是这种做法最大的缺点是很容易导致墙体保温隔热面积的不足，达不到国家推行的建筑节能标准，故目前只是在某些比较特殊的地区得到了一定的运用。

外墙外保温技术是保温层设置在外墙的外侧，中间加做粘结层，外再做饰面层，示意图如图 8-4 所示。

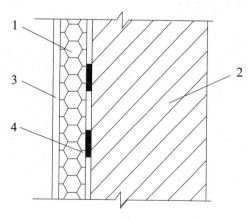

图 8-4　外墙外保温

1—保温层；2—基层墙体；3—粘结层；4—外饰面层

保温性能是外墙外保温质量的一个关键的指标，由于外保温构造原因，对保温材料有如下要求：

（1）导热系数低，热稳定性好；

（2）憎水性好、透气性强，能有效避免水蒸气迁移过程中出现的墙体内部结露现象；

（3）耐冻融、耐暴晒、抗风化、抗降解，耐老化性能高，具有良好的耐候性；

（4）基层变形适应性强，各层材料逐层渐变，能够及时传递和释放变形应力，保护面层不脱落、不开裂；

（5）耐火等级高，在明火状态下不应产生大量毒气，在火灾发生时能延缓或阻比火势蔓延；

（6）柔性强度相适应，抗冲击能力强。

我国用于外保温墙体的保温材料主要有：膨胀型聚苯板（EPS）、挤塑型聚苯板（XPS）、岩（矿）棉板、玻璃棉毡以及超轻的聚苯颗粒保温料浆等。近年来，聚氨酯硬泡也开始在建筑外保温中崭露头角。

8.2.2　屋面保温材料

我国的北方地区冬季寒冷，为使冬季房间内部的温度能够满足使用要求以及建筑节能的需要，应当在屋顶设置保温层。

为了给居住在建筑物中的人们提供一个舒适的热环境，人类越来越多地在建筑中采用了空调技术、供暖技术，但建筑能耗直线上升，环境污染日趋严重。为了减少建筑能耗，尽量减少屋面的热损失，屋面保温成了严寒地区的屋顶的又一种大功能。

屋面系统中保温材料的使用带来了一些问题，例如，它导致了屋面卷材的老化速度加快、热震以及由于屋面卷材层的热胀冷缩所产生的应力。因此，作为屋面的保温材料必须具有一定的性能。

1. 屋面保温材料应具有的性能

（1）R（热阻）值

屋面保温材料应该具有较高的 R（热阻）值，而且同时还要尽可能地薄。在屋面保温材料系统的整个使用寿命周期中 R（热阻）值应该保持恒定，并且不应该出现被称为"热漂移"的现象。当保温材料开始失去它的 R（热阻）值或抵抗热量传输能力时就会产生热漂移现象。

（2）抗压强度

屋面保温材料必须具有较高的抗压强度以及适当的密度。我们不能按照顺序先在屋顶板上面铺设一层絮状隔热层，然后再在保温隔热层上面铺设复合屋面系统，就像在一个住宅的阁楼上应用的那样。因为这种保温层太柔软，它不能为固定在它上面的屋面系统提供一个实体的、刚性的底板，玻璃纤维絮状保温材料缺乏合适的抗压强度和密度不能作为屋面的底层结构。

（3）尺寸稳定性

保温板材必须具有尺寸稳定性，如果保温材料因为收缩、卷曲或者翘曲而改变了形状，将会导致保温板之间的连接处隆起或分裂。这可能会使沥青屋面卷材在这些隆起的部位发生开裂或破裂。

2. 屋面保温层的位置

屋顶中按照结构层、防水层和保温层所处的位置不同，可分为以下几种情况：

（1）保温层设在防水层之下，结构层之上，称之为"正置式保温"。这是最普通的做法。大部分不具备自防水性能的保温材料都可以放在屋面的这个位置上。

（2）保温层与结构层组合复合板材，既是结构构件，又是保温构件。一般有两种做法：一是为槽板内设置保温层，这种做法可减少施工工序，提高工业化施工水平，但成本偏高。其中把保温层设在结构层下面者，由于产生内部凝结水，从而降低保温效果。另一种为保温材料与结构层融为一体，如加气的配筋混凝土屋面板。这种构件既能承重，又能达到保温效果，简化施工，降低成本。但其板的承载力较小，耐久性较差，因此，适用于标准较低，且不上人的屋顶中。

（3）保温层设置在防水层上面，亦称"倒置式保温"。其构造层次为保温层、防水层、结构层。将保温层铺在防水层之上，其优点是防水层被掩盖在保温层之下，而不受阳光及气候变化的影响，热温差较小，同时防水层不易受到来自外界的机械损伤。

（4）防水层与保温层之间设空气间层的保温屋面。由于空气间层的设置，室内供暖的热量不能直接影响屋面防水层，故把它称为"冷屋顶保温体系"。这种做法的保温屋顶，无论平屋顶或坡屋顶均可采用。平屋顶的冷屋面保温做法常用垫块架空预制板，形成空气间层，再在上面做找平层相防水层。其空气间层的主要作用是，带走穿过顶棚和保温层的蒸汽以及保温层散发出来的水蒸气；并防止屋顶深部水的凝结；另外，带走太阳辐射热通过屋面防水层传下来的部分热量。因此，空气间层必须保证通风流畅，否则会降低保温效果。

在以上的屋面保温的四种形式中，正置式保温、倒置式保温是应用的最广泛的两种形式，其中正置式保温是传统屋面的做法，而倒置式保温实现在应用最广泛的一种。

3. 保温屋面的施工

（1）找平层的施工

当屋面结构层为现浇混凝土时，宜随捣随抹找平（可加水泥砂浆），当结构层装配式预制板时，应在板缝灌掺膨胀剂的 C20 细石混凝土，然后铺抹水泥砂浆，找平层宜在砂浆收水后进行二次压光表面应平整。

（2）隔汽层的施工

隔汽层可采用防水卷材或防水涂料，首先钢筋混凝土屋面板上抹 1∶3 水泥砂浆，然后涂刷冷底子油一道，待其干燥后再做二道热沥青或铺设一毡二油卷材即成隔汽层。隔汽层的位置应设在结构层上，保温层下。采用卷材作隔汽层时，可采用满涂满铺法或空铺法，其搭接长度不得小于 70mm，搭接要严密，涂膜隔离层则应在板端处留分格缝嵌填密封材料。

（3）板状保温层的施工要求

板状材料保温层的基层应平整、干燥和干净；板状保温材料应紧靠在需要保温的基层表面上，并应铺平垫稳；分层铺设的板块上下层接缝应相互错开，板间缝隙应采用同类材料嵌填密实；干铺的板状保温材料，应紧靠在需保温的基层表面上，并应铺开垫稳。分层铺设的块体上下层接缝应相互错开，接缝处应用同类材料碎屑填嵌密实；粘贴的板状保温材料，应贴严、铺平，粘贴所使用的胶粘剂应与保温材料的材性相容。分层铺设的板块上下层接缝应相互错开。板缝间或缺角处应用碎屑加胶料拌匀填补严密；用玛琋脂及其他胶结材料粘贴时，板状保温材料相互之间及基层之间应满涂胶结材料，以便互相粘牢；玛琋脂的加热不应高于204℃，使用温度不宜低于109℃；用水泥砂浆粘贴时，板间缝隙应保温灰浆填实并勾缝。保温灰浆的配合比一般为1∶1∶10（水泥∶石灰膏∶同类保温材料的随粒，体积比）；干铺的保温层可在负温下施工，用沥青胶结材料粘贴的板状材料。

可在气温不低于−20℃时施工；用水泥砂浆铺贴的板状材料，可在气温不低于5℃时施工，如气温低于上述温度，应采取保温措施；粘贴的板状保温材料应贴严、粘牢。

4. 常见屋面保温材料

在建筑中，习惯上将用于控制室内热量外流的材料叫作保温材料，防止室外热量进入室内的材料叫作隔热材料保温、隔热材料统称为绝热材料。常用的保温隔热材料按其成分可分为有机和无机两大类，下面就一些工程中较为常见的材料做简单介绍。

（1）膨胀珍珠岩制品

膨胀珍珠岩及其制品是我国发展较早，应用广泛的建筑保温材料，膨胀珍珠岩具有较小的堆积密度及优良的保温绝热性、不燃性且价格低廉。但该材料常因吸水性大导致保温层的热导性能增加而失去保温隔热能力，工程应用中主要有水泥珍珠岩制品、聚合物憎水珍珠岩制品，膨胀珍珠岩散料作为填充材料做成芯板屋面。由于水泥珍珠岩制品在施工过程中水分无法排尽，而温度的变化会使防水层起鼓开裂、造成屋面渗漏。

（2）膨胀蛭石制品

蛭石可直接作为松散状填料用于建筑保温中，亦可配合水泥、沥青等材料制成膨胀蛭石制品应用于建筑材料中。常见的膨胀蛭石制品有水泥蛭石制品、蛭石矿渣棉制品等。膨胀蛭石散料及制品具有质量轻、导热系数小、防火、防腐、化学性能稳定、无毒无味等特点，但吸水率高，施工难度大。

（3）加气混凝土

加气混凝土以硅质和钙质原材料为主要原料，参加发气剂（铝粉、锌粉等），经加水搅拌，由化学反应形成空隙，经浇筑成型，预养切割，蒸压养护等过程形成的多孔硅酸盐混凝土。具有质量轻、保温性能好、可加工等优点，加气混凝土孔隙达70%～85%，体积密度一般为500～900kg/m³，为普通混凝土的1/5～1/3，可减轻建筑物自重，大幅度降低建筑物的综合造价。另外，由于材料内部具有大量的气孔和微孔，因而有良好的保温隔热性能，其导热系数为0.11～0.16W/（m·K），是黏土砖的1/5～1/4。

（4）聚苯乙烯泡沫塑料

聚苯乙烯泡沫塑料是目前使用最普遍的一种保温隔热材料，它具有质量轻、保温隔热性能良好（导热系数0.044 W/（m·K）左右）、价格便宜、易加工、施工操作简便等优点，在严寒地区有比较长的使用历史。同时，聚苯乙烯泡沫板具有非常优越的防潮性能，可用于直接接触潮汽或水，特别是可以用于倒置式保温屋面，在节能屋面上具有很高的应用价值。

聚苯乙烯泡沫塑料耐热性较差，使用温度有所限制，另外，防火应引起重视，在加入阻燃剂后，防火性能有所改善，抗老化能力差，使用寿命在20年左右，废弃材料不能降解而造成"自色污染"、不利于环保，影响到长期的应用和发展。

（5）聚氨酯（PUR）泡沫塑料

聚氨酯泡沫塑料是一种高分子聚合物，可替代传统的珍珠岩、蛭石等保温材料，其优点：

1）优良的隔热保温性能。硬质 PUR 泡沫塑料的导热率取决于泡沫内填充气体的导热率，因硬质泡沫塑料在制造过程中以氟利昂为发泡剂，在形成均匀致密的封闭孔中充满了氟利昂气体，而氟利昂的导热率是常见气体中导热率最低的。

2）独特的抗水渗透性能。硬质 PUR 泡沫塑料的闭口孔隙率可达 92% 以上，是结构致密的微孔泡沫体。

3）施工操作方便。一般在现场直接喷涂发泡成型，可在任何复杂结构的屋面上作业，硬质聚氨酯 PUR 泡沫塑料屋面投资虽较高。

（6）酚醛树脂泡沫塑料

酚醛树脂泡沫塑料具有导热率低、力学性能好、吸水率低、耐热性好、难燃等优点，尤其适合于某些特殊场合作保温隔热材料或其他功能性材料。同时，在耐热方面也优于聚氨酯发泡材料。酚醛树脂泡沫隔热效果比普通屋面材料高 2～3 倍，酚醛泡沫是国际上公认的建筑行业中最有发展前途的一种新型保温防火隔音材料。目前，在发达国家酚醛发泡材料发展迅速，已广泛应用于建筑、国防、能源等领域。

5. 屋面隔热保温材料的发展趋势

（1）废料利用

近几年粉煤灰、废旧泡沫塑料等固体废弃物得到了很好的开发应用，如已大面积应用的水泥聚苯板的主要成分就是废旧泡沫塑料。节能利废型材料的特点之一是由于材料来源于固体废弃物，具有较大的价格优势。

（2）多功能复合型材料

各种材料各有优缺点：如有机类保温材料保温性能好，但是耐高温性能差、强度低、易老化、防火性能差；无机类保温材料耐高温、无热老化、强度高，但吸水率高或机械加工性能差。为了克服单一保温材料的不足，则要求使用功能复合型的建筑保温材料。

（3）新型材料

目前，已经出现几种新型保温材料（如：纳米孔绝热材料）。对于绝热材料而言，热对流主要由材料中的空气来完成，由于空气中的主要成分氮气和氧气的自由度在 70nm 左右，因此只有在大部分气孔尺寸都小于 50nm 时，气孔内的空气分子就会失去自由流动的能力，材料内部才能基本消除对流，使对流传热大幅度降低。

8.2.3　建筑隔热保温涂料

根据隔热保温涂料作用机理的不同，可将其分为阻隔型隔热保温涂料、反射型隔热保温涂料、辐射型隔热保温涂料三种。

（1）阻隔型隔热保温涂料

阻隔型隔热保温涂料主要以海泡石（纤维状的含水硅酸镁）、蛭石（含氮、磷、钾、铝、铁、镁、硅酸盐等水合物）、珍珠岩粉、陶瓷空心微珠等导热系数较低的多孔无机隔热骨料为原料，掺以耐候性好、韧性好、成膜性好的有机胶粘剂，辅以合适的助剂等，经过机械打浆、发泡、搅拌等工艺制成膏状隔热涂料。表 8-4 中列举了几种常见隔热骨料的基本性能。

常见隔热骨料的性能比较 表8-4

隔热骨料	密度（kg/m³）	粒径（mm）	导热系数［W/（m·K）］
海泡石	120～185	0.15～2.5	0.042～0.058
蛭石	140～200	0.3～5.0	0.0693～.0769
珍珠岩粉	60～80	0.15～2.5	0.048～0.052
陶瓷空心微珠	120～300	0.3～0.6	0.043～0.047

阻隔型隔热保温涂料主要是阻止热传导，是通过涂料中各组分对热传导的显著热阻抗来实现隔热的被动式降温。一般采用低导热系数（$\lambda \leqslant 0.25$W/（m·k））的组合物或在涂膜中引入导热系数极低的空气，并且涂层要具有一定的厚度，以获得良好的隔热效果，这类涂料通常具有堆积密度较小、保温效果突出等特点，但由于只能减慢而不能阻挡太阳热能的传递，热导率低、介电常数小，隔热效果不明显，通常只适用于冬季寒冷且温度偏低时间较长、夏季高温时间较短的北方。

我国的阻隔型隔热保温涂料是在20世纪80年代末发展起来的，当时主要以高温管道及设备表面使用的保温隔热涂料为主。最初使用的是能够耐高温的无机硅酸盐类材料，例如水泥和水玻璃等，并且添加的绝热填料也主要是硅酸盐类材料，例如膨胀珍珠岩、石棉纤维和海泡石粉等，因此这类涂料被称为"硅酸盐复合保温隔热涂料"。20世纪90年代末，人们开始采用聚苯乙烯泡沫颗粒及废弃材料作为保温隔热骨料，加入有机树脂乳液配制成隔热保温涂料后，发现这种涂料的保温绝热性能明显提高。近年来外墙外保温涂料已经从传统膏状涂料向粉状涂料转变，并且以粉状产品为主，通常情况下被称为"轻质绝热砂浆"、"保温砂浆"等。

（2）反射型隔热保温涂料

太阳的能量主要集中在可见光区（400～760nm，约占45%）和红外光区（760～2500nm，占50%）。这些照射到涂层上的能量有3种响应方式：反射、吸收和透过。若定义涂层的表面总反射率为ρ、吸收率为ε、透过率为T，则有

$$\rho + \varepsilon + T = 1$$

建筑外墙涂料一般都是不透明涂层，因此，可近似认为其透过率$T = 0$，故而上式可简化为：

$$\rho + \varepsilon = 1$$

因此，理想的隔热保温涂层必须要对可见光和红外波段具有较高的反射率ρ和较低的吸收率ε，这就需要涂层在这两个波段具有尽可能高的太阳反射比和尽可能低的导热系数，全面阻止太阳热能通过涂膜向建筑物内传递，实现主动式和智能型隔热。这样在夏季就能驱散进入居室的热量，而在冬季将室内的热量折回到原处，勿使热量外泄。

影响涂层反射率的因素，包括颜填料的折射系数与合成树脂折射系数的比值、涂层厚度、颜填料粒径和涂料的颜料体积浓度（PVC）值等，但主要取决于颜填料与树脂的折射系数，其比值越大，则涂层的反射率越高。合成树脂的折射系数为1.45～1.50，其种类的差异对涂层的太阳热反射吸收率低的合成树脂为基料能力影响不大。因此，可选择透明度高、可见光和近红外光，选用折射系数较高的颜填料作为隔热功能填料。常用的反射型隔热填料有氧化铝、二氧化钛、空心玻璃微珠和陶瓷微粉等（表8-5）。

常见反射填料的折射系数 表 8-5

名称	折射系数	名称	折射系数
空心玻璃微珠	1.57	氧化铝	1.70
钛白粉（金红石型）	2.80	硫酸钡	1.64
钛白粉（锐钛型）	2.50	硫酸镁	1.58
氧化锌	2.20	二氧化硅	1.54
锌钡白	1.84	氧化铁红	2.80
滑石粉	1.59	氧化铁黄	2.30

反射型隔热保温涂料最初是为满足军事和航天需求而发展起来的。20 世纪 40 年代，美国人 Alexander Schwartz 将导热系数极低的空气引入到多层铝膜之间，制成了新型反射隔热复合材料。这一发明标志着反射隔热涂料的诞生。反射型隔热保温涂料于 20 世纪 50 年代在国外研制成功并投产，20 世纪 70 年代至 80 年代其理论表述已经形成，至 20 世纪 90 年代后期，反射型隔热保温涂料技术已发展得相当完善。

国内热反射隔热保温涂料的研究是从 20 世纪 90 年代开始的，虽然起步较晚，但近年来发展迅速。经过 20 多年的不懈努力，反射型隔热保温涂料的研发在我国呈现出方兴未艾的趋势。

（3）辐射型隔热保温涂料

辐射型隔热保温涂料的作用机理：辐射型隔热保温涂料与阻隔型、反射型隔热涂料的隔热机理迥然不同。后两者只能减慢而无法阻挡热量的传递，当热量缓慢地通过隔热层后，建筑物内部空间仍会缓慢升温，此时即使涂层外部温度降低，热能也只能储存其中。而辐射型隔热涂料却能够将热量以红外辐射的形式发射至外部空间，从而达到良好的隔热降温效果，减轻"热岛"效应。辐射型隔热保温涂料的研究在我国尚处于起步阶段。

红外辐射粉体主要是 20 多种具有反型尖晶石结构的过渡金属氧化物、碳化物、氮化物、硼化物和硅化物，如 Fe_2O_3、MnO_2、CuO、ZrO_2、SiO_2、Co_2O_3、Cr_2O_3、SiC 等。低红外吸收和高发射率成分都是由多原子组成的具有大分子结构的物质，由于在振动过程中多原子的存在易改变分子的对称性和偶极矩，能够将吸收的热量通过 2.5～5μm 和 8～12μm 波段辐射到外层空间去，将其用于水性隔热保温涂料中，能够有效降低涂层的温度。

水性辐射型隔热保温涂料在国外已经得到广泛应用，我国最近 10 年才开始研制。目前，获取高发射率红外辐射材料最主要的方式是制备红外辐射陶瓷粉。较著名的辐射型隔热保温涂料是英国 CRC 公司推出的 ET-4 型红外辐射涂料；美国的 C-10A 和 SBE 涂料；日本推出的 CRC 系列红外辐射涂料（CRC1000 和 CRC1500）；石成利等开发了一种由耐火粉体、烧结剂、复合增黑剂、悬浮剂等十多种组分构成的高温红外辐射材料；冯春霞等采用固相烧结法制备出 Fe_2O_3-MnO_2-CO_2O_3-CuO 过渡金属红外辐射材料，并将其作为主要功能填料制备辐射型隔热涂料；李建涛等采用过渡金属氧化物掺杂和高温固相烧结法制备了一种发射率大于 94% 的红外辐射粉，最终配制成的外墙隔热保温涂料在"大气窗口"波段内发射率大于 78%，隔热保温性能优良；彭同江等制备出了一种 ZnO 掺杂堇青石基红外陶瓷粉体。

多功能薄型隔热保温涂料、纳米孔超级隔热保温涂料的发展引起广泛重视。

荷兰 Akzo Nobel、美国 DuPont、PPG 和 SherwinWilliams 公司均拥有隔热保温涂料的技术和产品，国内使用包括：Akzo Nobel 公司的节能涂料产品"Cool Chemistry"、美国的 CC 100、澳大利亚的 Insulseal 和德国的 Thermo Shield 产品，其中 Thermo Shield 盾牌陶瓷隔热涂料中含有极小的真空陶瓷微珠泡，对阳光有着较高的反射率，涂覆 0.3mm 厚度左右即可令被涂物内部温度大大降低，节能约 40%。在美国，多所大学已建成节能环保实验室，旨在开发出隔热保温节能涂料的产品技术。美国热岛集团曾对全美 11 座大城市的建筑物采用浅色屋顶隔热保温涂料的节能潜力进行测算，评估使用该种涂料后每年可为美国节约 7.5 亿美元。日本三菱、立邦、中涂、大日本涂料、关西和长岛特殊涂料公司等都在制造水性隔热保温涂料，据不完全统计，包括美国、以色列、德国、日本等国均使用了这种隔热保温涂料。

在我国，尽管对水性隔热保温涂料的研究起步较晚，使用过程中遇到了一些困难，但国内在不断地科技攻关中解决了一个个难题，制得的隔热保温涂料达到了较为满意的效果。

硅溶胶是以水为分散介质的无机高分子聚偏硅酸的胶体溶液，其主要成分为纳米级的二氧化硅粒子。当其作为无机涂料的胶粘剂时，随着水分的蒸发，二氧化硅粒子间能形成牢固的硅氧键（Si-O 键）而成为连续涂膜。但由于硅氧键刚性较强、无变形能力，成膜交联又是一个缩水过程，因而其单独使用时常温固化成膜性较差，涂膜极易出现裂纹、微孔等致命缺陷。因而业界常将合成树脂乳液与其配合使用，提高涂层的整体成膜性和韧性，改善综合性能。硅溶胶涂料在国外，如日本、德国、美国等发达国家已广泛应用在高层建筑上，作为环保型涂料发展速度飞快。

水玻璃是一种无色略带色的透明或半透明黏稠状液体，其分子通式为 $M_2O\text{-}nSiO_2\text{-}mH_2O$（M 可以是钠、钾、锂、铵四种离子，$n$ 为模数），它们作为建筑涂料胶粘剂已有悠久的历史。1878 年，德国科学家凯姆运用硅酸钾水玻璃与无机色素，成功制备出全无机硅酸盐矿物涂料。这种涂料对矿物基层具有超强的渗透力，能与建筑物表面合成一体，且对建筑物有着较好的保护力。水玻璃具有一定的黏度、粘结力和成膜能力，是无机涂料中普遍使用的胶粘剂之一。但由于其成膜性能不佳，涂层质脆柔韧性差、易开裂脱落，因此近年来大都与有机高分子乳液结合配制成复合型涂料使用。

8.2.4 绿色光源

1. 太阳能蓄能发光技术

太阳能蓄能发光技术是利用太阳能蓄能材料把太阳能储存并转换为可见光的技术。太阳能蓄能发光材料是一种非放射性环保蓄能发光材料，也称自发光材料、自发光粉、新型蓄能发光粉、太阳能蓄能发光材料、长余辉蓄能发光材料等，它只需吸收自然光（日光）、灯光等便可产生自发光，是一种"绿色光源"。

（1）蓄能发光材料的发展

发光材料在我国古代就已为人们所知，过去所说的"夜光壁"现象，就是萤石（氟化钙 CaF_2）经过加热或摩擦后在黑暗中所发出的光亮。

17 世纪后，发光现象作为实验科学的研究对象，有人发现在具有荧光性能的材料中，除基质外还有恒量杂质 Cu、Bi、Mn 等，而发光性能又主要取决于后者。

19 世纪末，放射性元素的发现，使发光材料在医学 x 光透视及永久性发光材料方而得到应用，但由于它具有放射性，所以只能在一些特殊领域中使用。

20 世纪 60 年代，科学家才发现了一系列长余辉材料，并广泛应用于各项领域中。

（2）蓄能发光材料的发光原理

蓄能发光材料主动吸蓄日光、灯光、紫外光、杂散光等可见光 5～10min 后，可在黑暗中持续发光 12h 以上，并可根据实际需要，使其发出红、绿、蓝、黄、紫等多种彩色光，其发光原理是分子或原子外围的电子受外界能量如热、光、射线激发后，从基态跃迁至激发态，处于非稳定状态。当外界激发停止后它返回基态时，激发态的电子借助环境热量而逐渐放出光来。

（3）蓄能发光材料的优点

不需任何包膜处理，可长期经受日光暴晒，在高温（500℃）及低温（-60℃）的环境或强紫外线（3000W 高压汞灯）的照射下，不发黑、不变质，在自然环境下，保持良好的发光状态，发光使用寿命长达 30 年以上。

产品无毒、无害、不燃烧、不爆炸、不含磷、铅和其他有害重金属元素或化学成分。使用时不需电源或其他人工能源，充分利用自然光源，其吸光蓄光发光过程可无限循环，永久使用。

粒径小，细度、粒度分布均匀，经独特工艺很容易与油漆、油墨、涂料、塑料等混合使用，可作为一种添加剂，均匀地分布在各种透明介质中，适介于不同行业的产品制造，并可生产多种发光颜色的发光材料。

（4）蓄能发光材料的用途

蓄能发光材料可以开发制作成各种自发光产品，它能让传统产品增添新的功能。

该材料可用于加工夜光字牌、消防发光警示牌、公路发光指示牌、夜光工艺品、广告牌、汽车牌照等。

2. 光伏 LED 照明技术

光伏 LED 照明技术是将光生伏特效应原理应用在照明上，即利用太阳能电池将太阳能转换成电能，再用 LED 照明装置将电能转换为光能。我们将实现这一转换功能的系统称为太阳能照明系统。太阳能照明系统主要包括：太阳能电池组件、蓄电池、控制器、LED 照明负载等。

（1）太阳池电池

太阳能电池，又称光电池、光生伏打电池，是一种将光能自接转换成电能的半导体器件。

当太阳光照射到 P 型和 N 型两种不同导电类型的同质半导体材料构成的 P-N 结上时，在一定的条件下，太阳能辐射被半导体材料吸收，形成内建静电场，此时，若在内建电场的两侧而引出电极并接上适当负载，就会形成电流。

太阳能电池的种类很多，其中包括单晶硅太阳能电池、多晶硅太阳能电池、非晶硅太阳能电池、化合物半导体电池和叠层太阳能电池等。

（2）蓄电池

由于太阳能电池的输入能量极不稳定，所以一般需要配置蓄电池系统才能工作。太阳能电池产生的直流电先进入蓄电池储存，达到一定阈值后，才能供应照明负载。蓄电池的特性直接影响系统的工作效率、可靠性和价格。蓄电池容量的选择一般要遵循以下原则：首先在能够满足夜晚照明的前提下，把白天太阳能电池组件的能量尽量存储下来，同时还要能够存储预定的连续阴雨天夜晚照明需要的电能。

（3）控制器

控制器的作用是使太阳能电池和蓄电池安全可靠地工作，以获得最高效率并延长蓄电池的使用寿命。通过控制器对充放电条件加以限制，防止蓄电池反充电、过充电及过放电。另外，还应具有电路短路保护、反接保护、雷电保护及温度补偿等功能。由于太阳能电池的输出能量极不稳定，对于太阳能灯具的设计来说，充放电控制电路的质量至关重要。

（4）LED 光源

光源采用 LED 发光管，使用寿命较长，又为冷光源。大功率高亮度白光 LED 目前实验室里已经达到 1001m/W 的水平，接近 601m/W 的大功率白光 LED 已进入商业化。大功率 LED 作为光源用于照明具有以下优点：

1）耗电量少：光效为 751m/ W 的 LED 较同等亮度的白炽灯耗电量减少 80%；

2）寿命长：产品寿命长达 5 万 h，24h 连续点亮可用 7 年；

3）纳秒级的响应速度，使亮度和色彩的动态控制变得容易，可实现色彩动态变化和数字化控制；

4）设计空间大：可实现与建筑的有机融合，达到只见光不见灯的效果；

5）环保：无有害金属汞，无红外线和紫外线辐射；

6）颜色，不同波长产生不同彩色光、鲜艳饱和，无需滤光镜，可用红、绿、蓝三原色控制后形成各种不同的颜色，可实现全彩渐变等各种变色效果。

LED 功率比较小，光效高，电压低，且使用直流电，适介于太阳能驱动。LED 的光谱几乎全部集中于可见光频段，所以发光效率高，LED 比节能灯还要节能 1/4，这是固体光源更伟大的改革。

8.2.5 节能玻璃

由于本身的物理、美学方面的特性和优势，玻璃材料在当代建筑中使用得越来越多，在外围护结构中所占的比例越来越大，而不仅限于传统的门窗部位，如大尺度玻璃窗、玻璃幕墙、玻璃屋顶等。

1. 节能玻璃的特点及种类

节能玻璃是具有最大的日光透射率和最小的反射系数的特种玻璃，分低辐射玻璃和多功能镀膜玻璃。可使 80% 的可见光进入室内被物体吸收，又能将 90% 以上的室内物体所辐射的长波保留在室内，因而大大提高了能量的利用率。同时还能有选择地传递太阳能量，把大部分的热辐射能传递进室内，在供暖建筑中可起到保温和节能的作用。另外，这两种玻璃对不同频率的太阳光透过具有选择性，能滤掉紫外线，避免室内家具、图片和艺术品等因紫外线照射而褪色，还能吸收部分可见光，起到防眩光的作用。

2. 节能玻璃的选择

要使玻璃在使用下尽量减少能量损失，必须根据需要选择合适的玻璃。在选择使用节能玻璃时，应根据玻璃的所在位置确定玻璃品种，日照时间长且处于向阳面的玻璃，应尽量控制太阳能进入室内，以减少空调负荷，最好选择热反射玻璃或吸热玻璃及其由热反射玻璃或吸热玻璃组成的中空玻璃。现代建筑都趋向于大面积采光，如果使用普通玻璃，其传热系数偏高，且对太阳辐射和远红外热辐射没有有效限制，因此，其面积越大，夏季进入室内的热量越多，冬季室内散失的热量越多。不同的玻璃具有不同的性质，一种玻璃不能适用于所有气候区域和建筑朝向同，因此，要根据具体情况合理地进行选择。

节能建筑是指在保证建筑使用功能和满足室内物理环境质量条件下，通过提高建筑围护结构隔热保温性能、供暖空调系统运行效率和自然能源利用等技术措施，使建筑物的能耗降低到规定水平；同时，当不采用供暖与空调措施时，室内物理环境达到一定标准的建筑物。节能不能简单地认为只是少用能，其核心是提高能源效率。玻璃节能技术在最近几年已有一定的发展，只是人们对玻璃的认识还不十分全面，因此，掌握玻璃的节能特性对于更好地掌握玻璃节能技术至关重要。

由于玻璃是透明材料，通过玻璃的传热除通过对流、辐射和传导三种形式外，还有太阳能量以光辐射形式的直接透过，因此，玻璃节能评价的主要参数如下。

（1）K 值

传热系数 K 值表示的是在一定条件下热量通过玻璃在单位面积（通常是 $1m^2$），单位温差（通常指室内温度与室外温度之差一般 $10℃$ 或 $1K$）、单位时间内所传递焦耳数。K 值的单位通常是 $W/（m^2·K）$。K 值是玻璃的传导热、对流热和辐射热的函数，它是这三种热传方式的综合体现。玻璃的 K 值越大，它的隔热能力就越差，通过玻璃的能量损失就越多。

（2）太阳能参数

透过玻璃传递的太阳能有两部分，一是太阳光直接透过玻璃而通过的能量；二是太阳光在通过玻璃时一部分能量被玻璃吸收转化为热能，该热能中的一部分又进入室内。通常有三个概念来定义透过玻璃传递的太阳能：1）太阳光透射率，太阳光以正常入射角透过玻璃的能量占整个太阳光入射能的百分数；2）太阳能总的透过率，太阳光直接透过玻璃进入室内的能量与太阳光被玻璃吸收转化为热能后二次进入室内的能量之和占整个太阳光入射能的百分数；3）太阳能反射率，阳光被所有表面（单层玻璃有两个表面，中空玻璃有四个表面）反射后的能量占入射能的百分数。

（3）相对热增益

相对热增益（也称相对增热）是用于反映玻璃综合节能的指标，是指在一定条件下，室内外温度差为 $15℃$ 时透过单位面积（3mm 透明，$1m^2$），玻璃在地球纬度 $30°$ 处海平面，直接从太阳接受的热辐射与通过玻璃传入室内的热量之和。也就是室内外温差在 $15℃$ 时的透过玻璃的传热加上地球纬度为 $30°$ 时太阳的辐射热（$630W/m^2$）与遮蔽系数的积（近年来，有研究认为用相对热增益衡量玻璃的节能型意义不大）。相对热增益越大，说明在夏季外界进入室内的热量越多，玻璃的节能效果越差。对于玻璃真实的热增益是由建筑所处的地球纬度、季节、玻璃与太阳光所形成的夹角以及玻璃的性能共同决定的。影响热增益的主要因素是玻璃对太阳能的控制能力即遮蔽系数和玻璃的隔热能力。

（4）遮阳系数

遮阳系数是相对于 3mm 无色透明玻璃而定义的，它是以 3mm 无色透明玻璃的总太阳能透过率视为 1 时（3mm 无色透明玻璃的总太阳能透过率是 0.87），其他玻璃与其形成的相对值，即玻璃的总太阳能透过率除以 0.87。

3. 节能玻璃的分类

普通平板玻璃（或浮法玻璃）对可见光和长波辐射的反射有限，夏季会因太阳辐射的进入而导致室内过热，增加空调能耗。冬季夜晚和阴雨天气，由于没有阳光，玻璃吸收室内热辐射后向外散热，因此使室内温度降低。即使在冬季的阳光天气，虽然阳光辐射的透过率相当高，但由于室内外温差大，室内大量的热辐射会透过玻璃泄向室外。而建筑节能玻璃具有良好的保温隔热性能，可减少室内外热量的交流，有效地保持室内温度，大大减少了供暖和空调费用。

目前常用的窗用节能玻璃有吸热玻璃、热反射膜玻璃、中空玻璃、低辐射玻璃、Solar-E 玻璃、夹层玻璃、真空玻璃等。

这里将节能窗中的玻璃保温隔热性能做一比较，见表 8-6。

窗用玻璃的保温隔热性能　　　　　　　　　　表 8-6

名称	规格（mm）	热导 [W/（m²·K）]	传热系数 [W/（m²·K）]
浮法玻璃	4	·	6.337
热反射膜玻璃	6	·	5.20
低辐射玻璃	4	·	4.02
夹层玻璃	6F + 0.38 + 6F	·	5.60
普通中空玻璃	3F + 6A + 3F	9.337	3.744
普通中空玻璃	3F + 12A + 3F	7.50	3.413
普通中空玻璃	5F + 12A + 5F	6.10	3.09
单层低辐射中空玻璃	5F + 12A + 5L	2.87	1.96
单层低辐射中空玻璃	6F + 12A + 6L	2.075	1.56
单层低辐射中空玻璃	8F + 9A + 8CE11	3.39	2.20
充惰性气体单层低辐射中空玻璃	8F + 9A + 8CE11	2.66	1.87

注：在计算传热系数时，按我国规定的室内外环境条件，$C_{空·玻}$取 8.6W/（m²·K），$C_{玻·空}$取 23W/（m²·K）。

（1）热反射镀膜玻璃

在浮法玻璃表面用真空磁控溅射的方法镀一层或多层金属或化合物薄膜，能有效地限制太阳辐射和紫外线的入射量，因而对防止夏季室内过热有利。但热反射镀膜玻璃易产生光污染，并且对可见光的阻挡过大，增加建筑室内的人工照明能耗，同时人工照明产生的热量又增加了空调能耗。此外，在冬季，热反射玻璃因其 g 值（总能量透过率）太低，并不利于太阳能的被动式利用。

（2）吸热玻璃

吸热玻璃是在玻璃本体内掺入金属离子使其对太阳能有选择地吸收，同时呈现不同的颜色，吸热玻璃的节能是通过太阳光透过玻璃时将光能转化为热能而被玻璃吸收，热能以对流和辐射的形式散发出去，从而减少太阳能进入室内。吸热玻璃一般有灰色、茶色、蓝色和绿色等品种。但由于可见光的透过率较低，同热反射镀膜玻璃一样，会引起照明的能耗。

（3）中空（或真空、惰性气体）玻璃

单层玻璃的传热系数极大，会导致室内外热交换量较大。中空玻璃是另外一种节能玻璃。中空玻璃由于两片玻璃之间形成了一定厚度并限制了流动空气或其他气体层，从而减少玻璃的对流和传导传热，其对可见光透过率较高，也有利于利用太阳能被动式取暖，因此它具有了较好的隔热能力，适用于寒冷地区。

夏季，辐射成为主要矛盾，普通平板玻璃组成的中空玻璃并不能有效阻挡太阳辐射的进入，由于玻璃"透短阻长"的特性（即可见光可以透射，10μm 波长的热被反射，而室内家具和人体散发的热正是 10μm 波长的热），它反而会导致室内温度的持续升高。而真空玻璃是在密封的两片玻璃之间形成真空，从而使玻璃与玻璃之间的传导热接近于零，同时真空玻璃的单片一般至少有一片是低辐射玻璃，低辐射玻璃可以减少辐射传热，这样通过真空玻璃的传热其对流、辐射和传导都很少，节能效果非常好。

例如，由两片 5mm 普通玻璃和中间厚度为 10mm 的空气层组成的中间玻璃，在热流垂直于玻璃进行传递时对流传热、传导传热、辐射传热各占总传热的约 2%，38%，60%，同时中空玻璃的单片还可以采用镀膜玻璃和其他的节能玻璃，能将这些玻璃的优点都集中到中空玻璃上。

如果使用辐射率为 0.08 的低辐射玻璃，并且将空气层中的空气用氢气置换，空气层的厚度 12mm，其 K 值可以达到 1.4W/（m^2·K）。如果在中空玻璃的外片选择热反射玻璃，它还具有控制太阳能的作用。

中空玻璃的 K 值与玻璃厚度的关系如图 8-5 所示。当增加玻璃厚度时，必然会增大该片玻璃对热量传递和阻挡能力，从而降低整个中空玻璃系统的传热系数。

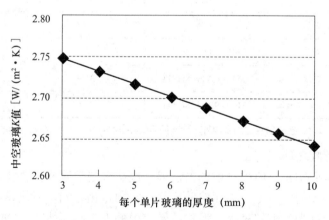

图 8-5　中控玻 K 值与玻璃厚度关系

玻璃的厚度对 SHGC 值影响比较大，同时对可见光透过率的影响也很大。当玻璃厚度增加时，太阳光穿透玻璃进入室内的能量将会随之减少，从而导致中空玻璃太阳得热系数降低。如图 8-6 所示，在由两片白玻璃组成的中空玻璃，单片玻璃厚度由 3mm 增加 10mm，SHGC 值降低了 16%；由绿玻璃（选用典型参数）＋白玻璃组成中空玻璃，降低了 37%。

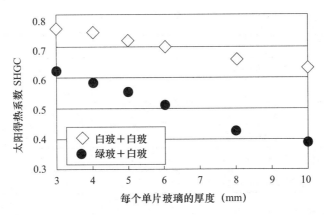

图 8-6　SHGC 值与玻璃厚度关系

（4）低辐射玻璃（Low-E 玻璃）

低辐射玻璃又称为 Low-E 玻璃，是一种对波长在 4.5 ～ 5μm 范围的远红外线有较高反射比的镀膜玻璃，它具有较低的辐射率。在冬季，它可以反射室内暖气辐射的红外热能，辐射率一般小于 0.25，将热能保护在室内。低辐射玻璃的遮蔽系数、太阳能总透射比、太阳光自接透射比、太阳光自接反射比、可见光透射比和可见光反射比等都与普通玻璃差别较大，其辐射率传热系数比较低。

不同气候的地区应选择不同的 Low-E 玻璃品种，以达到最佳的节能效果。具有较高的阳光透过率（$T_r > 60\%$）和遮阳系数（$S_c > 0.5$）的传统型 Low-E 玻璃适用于冬季时间长、气温低的中、高纬度地区，例如英国、北欧、加拿大及中国的东北地区，冬季白天可让更多的阳光直接射入室内。具有较低遮阳系数（$S_c < 0.5$）的遮阳型 Low-E 玻璃适用于冬季寒冷、夏季炎热的中、高纬度地区，如美国、日本及我国的大部分地区。

Low-E 玻璃具有很低的 K 值（传热系数），夏季可阻挡室外热量传入室内，冬季可阻挡室内热量流入室外。玻璃在任何地区、任何气候条件下，都能起到良好的保温隔热作用，因此是目前世界上公认最理想的窗玻璃材料。

Low-E 中空玻璃主要有以下性能特点：

高可见光透过率。普通建筑玻璃的可见光透过率一般为 80% ～ 90%，镀膜低辐射玻璃的可见光透射率有所降低，一般为 70% 左右。

高红外线反射率。Low-E 玻璃对近红外辐射（波长 0.8 ～ 3m）的反射率一般在20% ～ 75% 之间，对远红外辐射的反射率更高，能达到 90%。利用低辐射镀膜玻璃（Low-E 玻璃）对红外辐射的反射性能制作的节能型中空玻璃门窗，白天能大量接受太阳的可见光和一部分近红外线进入室内，有利于提高室内温度。晚上室外温度低于室内时，室内的物体、墙体发射的远红外线，被玻璃窗的低辐射玻璃反射回室内，从而起到保温作用。

低辐射玻璃门窗由于具有保温隔热、节能的效果，在实现生态建筑方面的优越性很突出，资料表明，建筑物使用普通中空玻璃比单层普通玻璃节能 50% 左右，使用低辐射膜玻璃的中空玻璃窗，则可比单层普通玻璃节能 75% 左右（见表 8-7）。

几种常用玻璃的光热参数

表 8-7

玻璃名称	玻璃种类、结构	透光率（%）	遮阳系数 S_c	传热系数 K（W/m² · K）
单片透明玻璃	6c	89	0.99	5.58
单片绿着色玻璃	6F-Green	73	0.65	5.57
单片灰着色玻璃	6Grey	43	0.69	5.58
普通中空玻璃	6c + 12A + 6c	81	0.87	2.72
单片热反射镀膜	6CTS140	40	0.55	5.06
热反射镀膜中空玻璃	6CTS140 + 12A + 6c	37	0.44	2.54
Low-E 中空玻璃	6CEF11 + 12A + 6c	35	0.31	1.66

4. 玻璃节能技术的应用

窗户是建筑保温隔热的薄弱环节，窗户不仅有与其他维护构件所共有的温差传热问题，还有透过窗户缝隙的空气渗透传热，特别是通过玻璃的太阳辐射传热问题。因此，建筑玻璃的节能设计也是提高建筑门窗、洞口保温隔热性能的重要方面。

透明的玻璃窗允许太阳辐射进入，使室内获得热量。一般情况下，对于太阳辐射来说，视觉舒适非常重要，但在炎热的夏季和寒冷的冬季，通过窗户的太阳辐射量也是关系十分重大的。对于供暖居住建筑来说，往往是希望通过窗户进入的太阳辐射热尽量多一些，但对于炎热地区的建筑，白天通过窗户进入室内的热量绝大部分源于太阳辐射，这是使夏季室内过热、空调负荷增加的根本原因。因此，炎热地区窗户节能的主旨则在于隔热，在于尽量减少通过窗户进入室内的太阳辐射热量。

从全球范围来看，欧、美包括日本等发达国家的建筑节能工作一直走在世界前列。从20 世纪早期开始，发达国家就对节能玻璃的研究和应用作了一系列的探索与试验。

为了控制通过窗户的太阳辐射热量，欧洲一些国家在 20 世纪 40 年代开始使用了吸热玻璃，20 世纪 60 年代又开始使用了热反射镀膜玻璃。吸热玻璃和热反射玻璃对于减少太阳辐射得热都是有效的，但是对可见光的透过率都有很大衰减，会造成室内采光不足。为了降低窗户失热，有利于冬季保温，20 世纪 80 年代，一些国家使用了中空玻璃。但在夏季，普通中空玻璃并不能有效阻挡太阳辐射的进入，由于玻璃"透短阻长"的特性，它反而会导致室内温度的持续升高。在此基础上又研制出了镀膜中空玻璃，尤其是镀有 Low-E 膜的中空玻璃，节能效果非常好。实践证明，采用节能玻璃不仅节能效果明显，经济利益也有所提高。在欧洲，高舒适度、低能耗住宅的售价约比普通住宅高出 3%，但每年的运营费用却能节约 60%，相比较，购买节能住宅最划算，已成为欧洲购房者的首选。由于采取了包括采用节能窗户在内的节能措施，德国尽管 30 年来供热住房面积增加许多，但用于供热的总能源消耗几乎没有增长。

随着近些年来住宅建筑的大量性建设，住宅建筑正日益成为耗能大户，节约能源、保护环境是全球化的趋势和要求，同时也是我国的基本国策。目前我国中空玻璃、Low-E 中空玻璃等节能玻璃在建筑中的使用率不足 10%，在住宅建筑中的使用率则更低，尤其是Low-E 中空玻璃只有北京、上海少数的高档住宅有所使用。

随着建筑逐步向智能化、绿色化、生态化方向发展，从建筑物的门窗、幕墙到屋顶结构等，太阳能利用从光-热转换、光-电转换到建筑物整体的隔热保温、居室采光调温和建筑环境舒适美化等，都离不开玻璃。随着玻璃节能技术的进步，玻璃在今后的建筑生态节能设计中将会发挥越来越大的作用。目前的玻璃节能技术主要以对太阳能的被动式利用为主，今后建筑玻璃节能技术的发展将更依赖于对太阳能的利用，从对太阳能的被动式利用逐渐向主动式发展。高效的节能设施将是未来建筑的核心，只有这样才能实现建筑节约能源、保护生态的可持续发展之路。

8.3　固体废弃物在建筑材料中应用

8.3.1　建筑垃圾的应用

全国每年产生的建筑垃圾总量惊人，我国建筑垃圾管理起步于 20 世纪 80 年代末，但绝大部分建筑垃圾未经任何处理，便被露天堆放或者简易填埋的方式进行处置，同时清运和堆放过程中遗撒、粉尘和灰砂飞扬等问题又造成了严重的环境污染。建筑垃圾的产生无疑加剧了人、环境、资源之间的矛盾局面，影响了城市生态环境的协调发展。建筑垃圾处理一直以来都是一个全世界都面临的问题，不少国家都对建筑垃圾做了大量基础性研究工作。

美国是最早进行建筑垃圾综合处理的发达国家之一，早在 1915 年就对筑路中产生的废旧沥青进行了研究利用；在长达近一个世纪的实践中，美国在建筑垃圾处理方面，形成了一系列完整、全面、有效的管理措施和政策、法规，使得美国建筑垃圾再生利用率接近100%。日本自从 20 世纪初就开始制定建筑垃圾处理的相关法律，并认为建筑垃圾是"建筑副产品"，不能随意丢弃。经过几十年的努力，建筑垃圾的再生利用取得了明显的效果，1995 年时再生利用率都已超过 65%，在 2000 年时达到 90% 的利用率。德国的建筑垃圾循环利用率也较高，混凝土的再利用率有望达到 80% 以上。发达国家积极地将建筑垃圾处理当成一种新兴产业来打造，据统计，20 世纪末发达国家再生资源产业规模为 2500 亿美元，到 21 世纪初已增至 6000 亿美元，2010 年达 18000 亿美元。在未来 30 年间，将出现"十大新兴技术"，发达国家将其中有关"垃圾处理"的新兴技术列为第二位。

我国对建筑垃圾的管理起步较晚，开始于 20 世纪 80 年代末 90 年代初，范围仅限于一些大城市。近几年我国处于建筑业大发展时期，建筑垃圾产量急剧增长，容纳城市垃圾的填埋场已捉襟见肘，对建筑垃圾的再生利用已到迫在眉睫的地步。近些年来，我国的一些企业、科研院所开展了许多探索性的研究和尝试。

8.3.2　工业废弃物的应用

当前，环境保护面临严峻的挑战，同时经济的飞速发展对原材料的需求很大，但由于矿产利用率不高，产出很多工业废弃物。统计数据显示，近年来仅我国矿山企业每年产生的工业废弃物约有 26.5 亿 t，综合回收利用率仅为 6.95%，尾矿库占地面积累计已达 37282km^2。

国外关于工业废弃物综合利用起步较早，一些工业发达国家已把无废料矿山作为矿山开发目标，把工业废弃物的综合利用程度作为一个国家科技水平和经济发达程度的衡量标志。美、俄等一些工业发达的国家早在 20 世纪 60 年代初期就开始了对工业废弃物进行回收利用的研究工作，目前一些矿山已实现了无尾工艺生产。并开发出来很多种的产品，如微晶玻璃、建筑陶瓷、尾矿水泥、铸石制品、玻璃制品以及尾矿肥料和灰砂砖等。

目前我国工业废弃物在建筑中的应用有以下几方面：

（1）在建筑用砖工业中的应用

用尾矿生产烧或免烧尾矿砖。不但可以大量利用尾矿，减少尾矿占地，而且也防止了生产黏土砖对土地资源的破坏。

经实验研究，以细粒尾矿主要原料可生产出多种建筑产品。尤其是以石英为主要成分的尾矿，可以生产免烧墙体砖、贴墙砖、人造大理石、水磨石、加气混凝土和仿花岗石等。

（2）在水泥工业中的应用

有色金属尾矿用于生产水泥，就是利用有色金属尾矿中的某些微量元素影响熟料的形成和矿物的组成。目前，国内外对利用尾矿煅烧水泥的研究主要是使用铅锌尾矿和铜尾矿。这两种尾矿不仅可以代替部分水泥原料，而且还能起矿化作用，能够有效地提高熟料产量和质量以及降低煤耗。

（3）在玻璃工业中的应用

利用有色金属尾矿中富含石英和钾长石的特性，用来生产对透明度要求不高的玻璃制品和陶瓷，比如有色玻璃装饰板、微晶玻璃装饰板等。目前，研究较多的是利用尾矿生产微晶玻璃和玻璃马赛克等。

8.3.3 城市垃圾及污泥等利用

城市垃圾是指城市居民生活垃圾、商业垃圾、市政维护和管理中产生的垃圾。大量的垃圾和污泥任意排放和堆放，不仅污染环境，而且造成资源浪费。

1996 年 4 月瑞士的 HCB Rekingen 水泥厂成为世界上第一家具有利用废料的环境管理系统的水泥厂，并得到 ISO14001 国际标准体系的认证。美国、欧盟、日本等发达国家也纷纷采用高新技术，利用工业废弃物替代天然的原料和燃料，生产出达到质量标准并符合环保要求的生态水泥，对于资源的优化配置、环境的保护和社会的可持续发展起到了重要的作用。日本有关研究人员将城市垃圾焚烧灰和下水道污泥一起作为原料来生产生态水泥，不仅减小了废弃物处理的负荷，还有效利用了资源和能源。

思 考 题

1. 调湿材料的作用机理是什么？

2. 为什么说环境清洁材料符合人与自然和谐发展的基本要求，是材料产业可持续发展的必由之路？

3. 在建筑墙体节能设计中，选择保温隔热材料的原则是什么？

4. 外墙外保温质量对保温材料有什么要求？

5. 建筑垃圾在清运和堆放过程中存在哪些问题会造成严重的环境污染？

6. 请简要说明我国工业废弃物在建筑行业中的应用现状？

参 考 文 献

［1］尹万云，乔军，陶新秀等．建筑外墙隔热保温涂料［J］．马鞍山：安徽工业大学学报（自然科学版）．2011，1（28）：59-62.

［2］李宇顺，江朝阳，张耀斌．CC100 绝热保温涂料在沙漠钢结构营房中的应用［J］．钢结构．2009，24（7）：53-54.

［3］J. Eiaerl，Displaying Buildings. R. Sparks C. Culp. Exploring New Techniques Complex Building. Energy Cons μ mption Data. Energy 1996（24）：27-38P.

［4］邢俊，林庆文，陈华．复合型反射隔热涂料的制备与性能研究［J］．水性涂料与涂装．2009，24（9）：37-41.

［5］田福祯，孙晓强，李波，陈崧．调湿材料的研究及应用［J］．新材料产业．2010（1）.

［6］孙学锋，李勇刚，周志华．调湿材料的研究与应用［J］..煤气与热力. 2006，26（1）.

［7］闫全智，贾春霞，冯寅烁，张宇，肖凯，于小龙．被动式绿色调湿材料研究进展［J］．建筑节能. 2010（12）.

［8］Alam H. M.，Singh M. C. Limbachiya vacu μ m insulation panels（vips）for building construction industry-a review of the contemporary developments and future directions[J]. Applied Energy. 2011（88）：3592-3602.

［9］熊俊，宋涛．防辐射材料的研究进展［J］．中国组织工程研究与临床康复. 2010，14（12）.

［10］孙祖红．建筑装饰施工中节能环保绿色装饰材料的应用［J］．新型建材与建筑装饰. 2013.

［11］董发勤，王光华，张宝述，杨玉山．生态环保型建筑功能基元材料［J］．功能材料. 2007,7（38）.

［12］邹秋林，李军，卢忠远．防辐射混凝土高性能化研究进展［J］．混凝土. 2012（1）.

［13］周健，王健，陈军．YFJ332 型热反射隔热防腐蚀涂料的特点和应用［J］．石油化工腐蚀与防护. 2006，23（3）：42-44.

［14］Hideki S.，Kazuk LM.，Eiji N. I. Prepartion and properties of poly（methyl melhactylate）silica hybrid materials incorporating reactive silica nano particles[J]. Polymer. 2006（47）：3754-3759.

［15］赵惠清，翼广宁．寒冷地区外墙保温系统材料选择需要注意的问题［N］．中华建报. 2009，（10）.

［16］D . G. Stephenson and GP. Mitalas，Room Thermal Response Factors，ASHRAE Transaction. 1967，73（1）.

［17］禹良才，刘延成．水玻璃有机硅丙烯酸醋乳液复合内墙涂料的研制［J］．湘潭师范学院学报（自然科学版）. 2005，27（2）：40-41.

［18］黎治平，张心亚，蓝仁华．酸改性钠水玻璃与本丙乳液复合内墙涂料的研制［J］．装饰装修材料. 2003，12：29-32.

［19］陶晓，王日谭．廿年的发展难忘的历程一中国建筑节能墙体保温发展 20 年大型采访报道活动启动. 中华建材报. 2009，1-4.

［20］王亚利，倪文，马明生等．金川镍渣熔融炼铁及熔渣制备微晶玻璃的研究［J］．矿产保护与利用. 2008，4（2）：55-58.

［21］刘洪涛，刘雪玲等．几种常见的外墙保温形式及材料［J］．建筑技术与应用. 2001（01）：39-41.

［22］张琪，黄梅等．外墙保温技术与外墙保温形式对比. CHINA COATINGS. 2008（03）.

［23］王海，尹万民．外墙保温技术在建筑节能中的应用. 建筑节能. 2008（12）：13-16.

［24］郭清泉，邓淑华，黄慧民等．涂层口光反射能力与反射材料粒径及聚集状态的关系［J］．涂料工业. 2007，37（1）：18-21.

［25］周丽红，李寿德．节能复合墙体保温材料分析与探讨［J］．砖瓦. 2008（9）：118-119.

［26］The Ov a Partnership. Building Design for Energy Economy. by The Pitman Great Britain. 1980：101-105P.

［27］侯进，齐广化. 外墙内保温的施工技术［J］. 山西建筑. 2007，（12）.

［28］李相荣. 外墙保温技术及发展现状［J］. 才智. 2009，（23）.

［29］张煌良，吕国强，方卫等. 多注行波管电子枪3维模拟设计. 重庆：重庆大学学报. 2007；30(增刊)：105-106.

［30］孙志兴. 浅述外墙保温技术. 太原：太原城市职业技术学院学报. 2009，（08）.

［31］Khanh TN, Dean E P, Dauid KA, et al. Electron Gtm Design f For fttndatnental ModeS-Band Nhzltiple-BeamAmplifiers［J］, IEEE TRANSACTIONS ON PLASMA SCIENCE. 2004；32（3）：1212-1222.

［32］谭文娟. 建筑外围护结构屋面保温节能研究［D］. 济南，山东大学. 2009，（4）：21-23P.

［33］史蒂夫. 哈蒂著. 简洁图示屋顶细部设计手册［M］. 楚先锋、程东风、王学军译. 北京，中国建筑工业出版社. 2004.

［34］裴刚. 房屋建筑学［M］. 广州：华南理工大学出版社，2002.

［35］上官安星，张玉坤，王中文. 玻璃节能技术在建筑设计中的研究及应用［D］. 天津：天津大学建筑学院. 2009（5）.

［36］杜婷，李惠强，郭太平，周志强. 废弃混凝土再生骨料应用的经济性分析［J］. 新型建筑材料. 2006年6月.

［37］许武毅. Low-E节能玻璃应用技术问答［M］. 北京：中国建材工业出版社. 2016.

第9章 可再生能源利用技术

9.1 热泵技术

9.1.1 热泵的定义及分类

当今社会由于经济的快速发展和人口急剧增长，世界性的生态破坏、环境污染和资源匮乏已经达到自然生态环境所能承受的极限；能源、资源、环境的制约已成为阻碍各国未来经济发展的瓶颈。为缓解巨大的能源与环境压力，近年来节能减排已成为全社会发展的新主题。热泵的发展不仅与国民经济总体发展有关，还与能源的结构与供应、环境保护与可持续发展密切相关。

热泵（Heat Pump）就是以冷凝器放出的热量来供热的制冷系统。热泵与常规所指的空调机的主要差别在于：空调侧重指的是其夏季制冷功能，而如果既能用于夏季制冷，又能用于冬季供热并侧重于冬季供热功能的空调则称之为热泵。热泵可以把不能直接利用的低品位热能（空气、土壤、水、太阳能、工业废热等）转换为可以利用的高品位热能。根据热力学定律，热量是不会自动从低温区向高温区传递的，必须向热泵输入一部分驱动能量才能实现这种热量的传递。热泵虽然需要消耗一定量的驱动能，但所供给用户的热量却是消耗的驱动能和吸收低位热能的总和。用户通过热泵获得的热量永远大于所消耗的驱动能，所以说热泵是一种节能装置。

工程界对热泵系统的称呼尚未形成规范统一的术语，热泵的分类方法也各不相同。按低温热源所处的几何空间分为地表水地源热泵系统、地下水地源热泵系统和地埋管地源热泵系统；按工作原理可以分为机械压缩式热泵、吸收式热泵、热电式热泵和化学热泵；按驱动能源的种类可以分为电动热泵、燃气热泵和蒸汽热泵。在暖通空调专业范围内，对热泵机组分类时，常按热泵机组换热器所接触的载热介质分为空气/空气热泵、空气/水热泵、水/空气热泵、水/水热泵、土壤/水热泵和土壤/空气热泵；当按低位热源可分为空气源热泵系统、水源热泵系统、土壤源热泵系统和太阳能热泵系统。

9.1.2 热泵的热源

热泵可利用的低位热源主要有：空气、水（地下水、海水、河川水、生活及工业用废水等）和土壤等。

空气源热泵以制冷剂为媒介，制冷剂在风机盘管（或太阳能板）中吸收空气中（或阳光中）的能量，再经压缩机压缩制热后，通过换热装置将热量传递给水，热水通过水循环系统送入用户散热器进行供暖或直接用于热水供应。空气源热泵技术从1924年发明到现在，在很长的一段时间里面，没有被人类充分地认识和运用，直到 20 世纪 60 年代，世界能源危机以后才给予充分的重视。世界各国纷纷加大了研发力度，推广热泵技术。空气源热泵目前的产品主要包括家用热泵空调器、商用单元式热泵空调机组和热泵冷热水机组。热泵空调器已占到家用空调器销量的 40% ～ 50%，年产量 400 余万台。空气源热泵的优点是热能无限可用，设备投资低；缺点是冬季温度低时，需要辅助热源，无储存效应，噪声污染大，这使得空气源热泵的推广使用受到限制。在我国北方寒冷的冬季，随着室外温度的降低，热泵效率大大降低，而且蒸发器极易结冰，需消耗电能解冻，很不经济，因此，这种热泵适用于夏热冬冷地区的中、小型公共建筑，像我国黄河以南冬季室外气温较高的地区，据不完全统计，该地区部分城市中央空调冷热源，采用热泵冷热水机组的已占到 20% ～ 30%。

水源热泵是一种利用地球表面浅层水源（如地下水、河流和湖泊）或是人工再生水源（工业废水、地热尾水）的既可供热又可制冷的高效节能空调系统。它将蕴藏于江、河、湖泊、深井水、地表水中的大量不可直接利用的低品位热能提升，变成可直接利用的高品位热能，分别在冬、夏季作为供暖的热源和空调的冷源，即在冬季把水体和地层中的热量提取出来，提高温度后供给室内供暖；夏季把室内的热量"取"出来，释放到水体和地层中去。通常水源热泵消耗 1kW 的能量，用户可以得到 4kW 以上的热量或冷量。水源热泵供热空调系统主要由两部分组成：室内的制冷或制热系统；室外的冷热源换热系统。室外的冷热源系统可根据所设计的建筑物室外条件来选择室外地表水、深井水或河流、湖泊及工业余热、废热等方式。其组成如图 9-1 所示。水源热泵根据对水源的利用方式不同，可以分为闭式系统和开式系统两种。闭式系统是指在水侧为一组闭式循环的换热套管，该组套管一般水平或垂直埋于地下或湖水海水中，通过与土壤或海水换热来实现能量转移。（其中埋于土壤中的系统又称土壤源热泵，埋于海水中的系统又称海水源热泵）。开式系统是指从地下抽水或地表抽水后经过换热器直接排放的系统。用于评价热泵性能优劣时常用的是其性能系数，也称供热系数，用 COP 来表示。它的定义是系统输出的高温热量与所消耗的能量之比值。空气源热泵的供热系数 COP 一般在 2.2 ～ 3.0 之间；而水源热泵在供热时 COP 可达 3.5 ～ 4.0，供冷时活塞式机组为 5.0 ～ 5.2，螺杆式机组可达 6.0。可见水源热泵有很大的节能优势，与空气源热泵相比，相当于节能 30% 以上。水源热泵具有无污染、占地面积小、土建费用低、一机多用、安全可靠、运行维护简便、自动化程度高、使用寿命长等优点。近十几年来，水源热泵空调系统在北美，如美国、加拿大及中、北欧，如瑞士、瑞典等国家取得了较快的发展，我国的水源热泵市场也日趋活跃，该项技术将会成为 21 世纪最有效的供热和供冷空调技术。水源热泵技术的应用，要求建筑所在地要有充足的地下水或其他水源。目前已应用的水源热泵系统中，大多数采用地下水来提取热能，如何解决取水井与回灌井的水位平衡问题，以及由于回灌井的回灌能否给周围的建筑物等造成安全上和质量上的问题等都需要进一步深入研究和探讨，图 9-1 为水源热泵空调系统组成。

图 9-1　水源热泵空调系统组成

地源热泵是利用地球储藏的太阳能资源作为冷热源，进行能量转换的供热制冷空调系统。地源热泵系统主要由 3 部分组成：室外地热能交换系统，水源热泵机组及建筑物内空调末端系统。其系统工作原理如图 9-2 所示。冬季：当机组在制热模式时，就从土壤 / 水中吸收热量，通过压缩机和热交换器把大地的热量集中，并以较高的温度释放到室内；夏季：当机组在制冷模式时，就从土壤 / 水中提取冷量，通过压缩机和热交换器将室内热量集中，排放到土壤 / 水中，达到空调的目的。地源热泵系统的优点为高效、节能、环保、无污染。地源热泵系统在冬季供暖时没有氮氧化物、二氧化硫和烟尘的排放；运行和维护费用低；控制设备简单，运行灵活，系统可靠性强；节省占地空间，没有冷却塔和其他室外设备；使用寿命较长，通常机组寿命均在 15 年以上；供暖空调的同时还可提供生活热水。近年来，热泵技术成了国内建筑节能及暖通空调界的热门研究课题，并开始大量应用于工程实践，与此相关的热泵产品应运而生，其中土壤源热泵发展最快。1996 年至今在北京、河北、山东、江苏、浙江、辽宁、上海、河南、湖北和西藏等地相继建成了地源热泵工程，应用范围基本覆盖了我国所有省份。地源热泵是一种高效、节能、环保型产品，但也有其缺点。首先是投资高，尤其是地下钻井埋管和水文恶劣的情况下更为突出，在一些工程中，地下钻井埋管或打井费用甚至与地上空调系统的建设费用相接近。第二个不足是，目前国内熟悉地源热泵系统的合格设计者为数有限。第三个不足是目前国内有经验的、合格的承包商也不多。因此，地源热泵系统既不是一种万能的系统，也不是在任何地方都能建设的系统，它具有明显的地域特性。地源热泵系统的使用条件和场所为：全年室外空气平均温度（或地下恒温带温度）处于 10 ~ 20℃的地域；具有经济打井的地质条件和拥有合适浅层地下水资源的地域；全年向地下总排热量和总取热量相等或接近的供热、供冷工程；夏季供冷温度不低于 5℃，冬季供热温度不高于 60℃的工程。

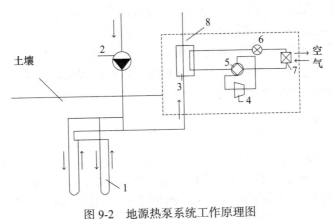

图 9-2　地源热泵系统工作原理图

1—地埋管换热器；2—循环水泵；3—冷热源侧换热器；4—压缩机；
5—换向阀；6—节流装置；7—负荷侧换热器；8—水-空气水源热泵机组

9.1.3　热泵的工质

在热力工程中，实现热能与机械能的转换，或热能的转移，都要借助于一种携带热能的工作物质，简称工质。它是制冷系统中完成制冷循环的工作介质。制冷剂在蒸发器内汽化吸收被冷却物的热量而制冷，又在冷凝器内把热量放给周围介质，重新成为液态制冷剂，不断进行制冷循环。蒸气压缩式制冷装置是利用制冷剂的状态变化来达到制冷的目的，因此，制冷剂的性能直接影响制冷循环的技术经济指标。在蒸气压缩式热泵系统中，热泵工质在各部件间循环流动，来实现热泵从低温热源向高温热源放热的目的。从本质上说，热泵工质的功能与制冷剂在制冷系统中的功能相同。特别是对那些只用一种工作流体且具有制冷和制热功能的机组来说，热泵工质就是制冷剂。所以，制冷剂的发展历程也就是热泵工质的发展历程。

目前，空调用制冷系统中使用的制冷剂有很多种，归纳起来大体上可分四类：即无机化合物、烃类、甲烷或乙烷的卤素衍生物（卤代烃又称氟利昂），以及混合制冷剂。而选取热泵工质有很多要求，对制冷剂的诸多要求原则上也适用于热泵工质。但由于热泵工质更注重本身的节能和环保的特殊性，因此，要从热物理性质和环境特性等方面对热泵工质提出更高的要求，可以归纳为以下三点。

（1）工质的热物理性质是指工质在与热有关的运动中所表现出的性质，一般可以分为两大类：平衡态的热力学性质（简称热力学性质）和非平衡态的迁移性质（简称输运性质）。热力学性质主要包括压力、温度、比体积、密度、压缩因子、比热容、热力学能（内能）、焓、熵、声速、焦汤系数、等熵指数、压缩指数、表面张力等。输运性质是指工质的运输量（如动量、能量、质量等）在传递过程中所表现的性质，如，黏度、热导率、扩散系数等。

（2）工质的环境特性要求主要体现为对臭氧层的破坏和温室效应。热泵工质的使用不能造成对大气臭氧层的破坏和引起全球气候变暖。工质的温室效应用全球温室效应潜能值（GWP）来表示，以 CO_2 为基准值，人为地规定其值为 1.0。工质对臭氧层的破坏能力用大气臭氧损耗潜能值（ODP）来表示。以 R11 为基准值，人为地规定其值为 1.0。

（3）还有很多其他方面的要求。即应具有良好的化学稳定性，对人的生命和健康应无危害，具有一定的吸水性，经济性好，溶解于油的性质等。

此外热泵工质在使用中也有一些注意事项。制冷剂属于化学制品，在一般温度下呈气体状态。有些制冷剂还有可燃性、毒性、爆炸性，所以在保管、使用、运输中必须注意安全，防止造成人身和财产损失的事故。

9.1.4　热泵的循环方式

根据热泵循环的驱动方式不同，可分为压缩式、吸收式、喷射式热泵等类型。

压缩式热泵系统中的工作介质（简称工质）在压缩机中压力由 P_1 升高到 P_2，温度也同时由 T_1 升高到 P_2 相应压力下的温度 T_2，然后进入冷凝器，将热量释放给水，使水温升高，而工质温度下降到 T_3，降温后的工质经过节流阀（膨胀阀）后压力由 P_2 降到 P_4，温度降到相应的 T_4。然后低温低压的工质进入蒸发器，吸收低温热源的热量 Q_2，温度上升到 T_1，再进入压缩机重复循环。其系统由压缩机、冷凝器、节流阀、蒸发器等 4 个主要部分组成，工质循环于其中。其工作原理见图 9-3 所示。

蒸气喷射式热泵是利用高压蒸气的喷射、吸引及扩压作用使制冷剂蒸气由蒸发器压力提高到冷凝器压力，从而将热量从低温热源送到高温热源。其工作原理图见图 9-4 所示。蒸气式喷射热泵的设备结构简单，价格低廉，操作方便，运行可靠，使用寿命长，但热泵的制热系数低，工作蒸气及冷却水消耗大，比较适合于废热、废气的低温热源。

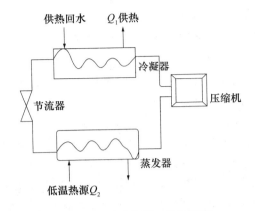

图 9-3 压缩式热泵工作原理图

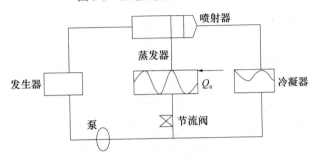

图 9-4 蒸气喷射式热泵工作原理图

吸收式热泵是以消耗热能作为补偿,把热量从低温热源送至高温热源,把来自蒸发器的低压蒸气转化为送往冷凝器的高压蒸气。压缩式系统是通过压缩机来完成工艺过程的,而吸收式系统中则是利用吸收器、发生器等热力设备完成工艺过程。吸收式热泵分为两种:主要利用冷凝过程放热,且驱动热源的温度高于热泵供热温度的热泵,称为第一类吸收式热泵;而主要利用吸收过程放热,并且驱动热源温度低于热泵供热温度的吸收式热泵,称为第二类吸收式热泵。吸收式热泵的优点是可以利用各种热源作为动力,设备维修方便,耗电量小,无噪声,缺点是热效率低,使用寿命不长。其工作原理图见图 9-5。

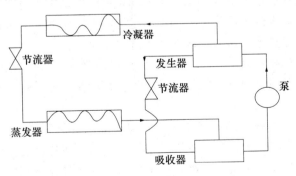

图 9-5 吸收式热泵工作原理图

9.1.5 热泵的应用现状及发展前景

由于能源利用造成的环境问题,使高效节能的热泵技术受到了能源部门和环境保护部门的重视。目前热泵技术在世界上已经有了许多方面的应用，而我国的热泵研究也有数十年历史，早在 20 世纪 50 年代初期，天津大学就开始热泵的研究工作，但当时由于我国能源价格的特殊性以及其他一些因素的影响，使得热泵技术的研究中断。到了 20 世纪 80 年代以后，热泵技术的研究有了很大的发展，国内开展了大量热泵技术应用推广的研究工作，目前我国的热泵应用主要表现在 5 个方面。

（1）新型环保高效的热泵工质。节能和环保是当今世界两大永恒的主题。随着全球变暖、臭氧层被破坏等环境问题的日益严峻，热泵及空调行业制冷剂的替代日益紧迫。这就要求世界各国、各地区及相应的研究者、生产者、使用者、销售者和消费者都能对节能和环保问题做出积极的应对。因此，寻求与开发新型环保高效的热泵工质逐渐成为热泵技术的主要发展动向之一。新型环保高效的热泵工质其 ODP（臭氧破坏潜能值）及 GWP（全球变暖潜能值）应尽可能低，无毒，不可燃、不爆炸，并具有良好的安全性和化学稳定性。此外，环保高效的热泵工质蒸发潜热应非常大，单位容积制冷量应相当高以及具有良好的输运和传热特性。

（2）同时制热 / 制冷的冷热水一体机。风冷热泵冷热水机组通过四通换向阀的切换，既可用于制热，也可以用于制冷，但不能同时既制冷又制热。同时制热 / 制冷的冷热水一体机不同于风冷热泵冷热水机组，它在制冷的同时还可以制备热水。因此，同时制热 / 制冷的冷热水一体机的综合性能系数（制冷系数与制热系数之和）远高于单一制热的热泵机组，具有巨大的节能潜力。因此，根据具体建筑的冷、热负荷情况，研究开发同时制热 / 制冷的冷热水一体机逐渐成为热泵技术的又一发展动向。

（3）高温热泵技术。高温热泵的"高温"是相对于目前占市场主导地位的、供水温度在 55℃以下的热泵产品而言的。高温热泵一般是指环境温度在 10 ～ 15℃以上时，其供热温度在 60℃以上，最高可达 85℃左右的机组。高温空气源热泵技术作为一种高效、环保、节能的供热技术，可以有效减少蓄热水箱的容量及循环水泵的功耗。此外，高温热泵机组可广泛应用于工业热水领域。

（4）与太阳能集热系统的有机结合。太阳能是一种清洁无污染的可再生能源，并且取之不尽、用之不竭。但太阳能热利用系统受气候的影响，在解决能源供应和环境保护上有明显的优势，但也存在着缺陷和问题。主要体现在：能流密度低带来的太阳能资源的分散性问题及阴晴云雨带来的太阳能资源的不稳定性问题。将热泵与太阳能集热系统有机结合，开发新型高效的以热泵为辅助热源的太阳能热水系统，一方面可以解决传统的太阳能热水系统不能全天候运行的缺陷；另一方面，可有效降低单一热泵供热的能耗。可见，太阳能热水系统与空气源热泵相结合的供热系统集各自的优点于一体，是开发和利用可再生能源的理想设备之一。

（5）在温室、干燥等领域的拓展应用。常规的温室供热及热风干燥可采用煤、燃油、生物质能源等常规一次能源为热源，煤炭、生物质能源等燃烧释放出大量的粉尘、碳氧化合物、硫化物和多环芳烃等污染物，严重污染环境，并且其能量利用效率一般都很低，最高仅为 35% 左右。在能源危机和环境污染的双重压力下，热泵供热在温室、干燥等领域的拓展应用逐渐增多。

热泵技术具有节能、环保、利用可再生能源缓解能源危机等优势，有广阔的发展前景。但在发展的过程中，除看到其优势积极的一面外，更应该正视自身存在的问题，避免发展的盲目性。制约热泵技术推广应用主要有两方面因素。一是技术层面的制约因素：热泵的性能系数 COP 随蒸发温度的升高而增大。对于空气源热泵，其蒸发温度随环境温度变化而变化。因而，其性能系数 COP 受气候的影响很大。当室外环境温度过低且空气湿度较大时，空气源热泵蒸发器结霜严重，热泵系统需频繁除霜，从而可导致系统不能正常工作。此外，由于热泵机组全年运行工况变化范围大，机组易出现故障，并且其使用寿命低于传统的电热水器等。因此，变工况下热泵机组的性能及使用寿命在热泵推广应用中有待进一步提高。在热泵工质方面，目前热泵及制冷设备的制冷剂，无论 HFC 类（如 R134a、R125、R32 和 R143a）还是混合物制冷剂（如 R404A、R507A、R407 系列、R410A 和 R417A），其性能均有待进一步提高。二是经济性及其他方面的制约因素：在经济性方面，由于热泵机组的造价较高，并且常规能源的价格偏低，加之其使用寿命较短，与传统的燃气热水器、电热水器等相比，其优越性并不显著。此外，热泵行业的广阔前景吸引了大量企业一哄而上，因而，目前热泵市场较为混乱、鱼龙混杂，产品质量也良莠不齐。同时，销售商的设计、服务水平也各不相同，并有一些急功近利者以次充好，造成了工程质量也参差不齐。所有这些，均在一定程度上影响了热泵技术的推广与应用。

而随着经济的发展，人们的环境意识日益加强，环保要求的呼声越来越高，有利于环保的节能产品将越来越受到重视。而热泵作为一个利国利民的产品，对于节能、健康、安全和环保方面都有十分显著的效果。为此，研究和推广应用热泵技术，对于节省能源、提高经济效益、降低环境污染，促进生产发展有重要的意义。

9.2 风力发电技术

9.2.1 风电特点

随着石油价格的持续上涨以及温室效应的出现，世界各国对新能源的研究和开发关注度提高。风力发电由于具有无污染、投资周期短、占地少等优点，受到世界各国的青睐。风力资源是取之不尽、用之不竭的可再生能源，并且具有无空气污染、无噪声、不产生废弃物的优点。利用风力发电可以节省煤炭、石油等常规能源。风力发电技术成熟，在可再生能源中成本相对较低，有着广阔的发展前景。风力发电技术可以灵活应用，既可以并网运行，也可以离网独立运行，还可以与其他能源技术组成互补发电系统。风电场运营模式可以为国家电网补充电力，小型风电机组为多风的海岛和偏僻的乡村提供生产、生活用电，它所获得的电力成本比小型内燃机的发电成本低得多。

风电作为新能源发电方式之一，有着自己的特点，主要体现在：

（1）造价低，与常规能源发电机相比具有竞争力。建造风力发电场费用比水力发电厂、火力发电厂、核电站低廉。

（2）单机容量小、装机规模灵活、发电方式多样化、建设周期短。如个体风力发电机容量可以是只有十几千瓦乃至千瓦以下，可以随时拆卸。

（3）运行维护简单、可靠性强。不需要燃料，除正常维护外，没有其他消耗。

（4）是一种可再生的清洁能源。如果运用生命周期分析法（LGA）分析可以得出，与燃煤发电相比，每发 10MWh 电，风电与火电比较，可节省 3.731t 标煤，减少向大气排放

0.49887t 粉尘、9.935tCO_2、0.0499872tNO_x、0.07885tSO_2。

（5）风电易于和其他的能源形式构成多能互补系统，根据各地的情况不同，可以构建风电、水电互补系统，也可以构建风电、太阳能发电互补系统等。正是这种可大可小、可集中、可分散、可独立、可互补的机动灵活性造就了风能资源的利用，也焕发出风电的无限生命力。

21 世纪是高效、洁净利用新能源的时代，预计 21 世纪的风电将会呈现以下特点：

（1）实用性。风电变无用为有用，变浪费为节约，无论在草原、山顶、还是在海滩，都可能找到建设风电场的场址，为人类提供大量电能。

（2）合作性。风电场初期投资大，应鼓励跨国、跨地区多边合作开发，义务共担，收益共享。

（3）大型化。风电机组正在由百千瓦级向兆瓦级发展，技术进步很快。

（4）高效性。风力发电机目前的总效率为 26%，21 世纪可能达到 30%。

（5）空间性。目前风电机轮毂高度 30 ～ 50m，21 世纪将会提高到 60 ～ 100m，高处风能较稳、较强，风能密度可提高 10%。

（6）适应性。目前风电机组多适合在 −20 ～ 40℃之间运行，今后要求能抗低温到 −40℃，甚至更低。

9.2.2 我国风能资源分布

中国这几年风电的增长很快，中国的风电在替代化石能源中可以起相当大的作用。地球大气中蕴藏着巨大的风能资源，据估算约有 200 亿 kW。中国幅员辽阔，海岸线长，风能资源比较丰富。中国气象科学研究院根据全国 900 多个气象站陆地上离地 10m 高度资料进行估算，全国陆地风能资源总储量约 3.2TW，估计只有约 10% 可以利用，测算出陆地上可开发风能储量 253 GW，按同样条件对沿海水深 2 ～ 15m 海域估算，海上风能储量 750GW，共计约 1TW。风能资源状况及分布特点随地形、地理位置不同而有所不同。为了了解全国各地风能资源的差异，以便合理的开发利用，选用了能反映风能资源多寡的指标，即利用年有效风能密度和年风速 3m/s 风的年累积小时数的多少将中国全国分为 4 个区，见表 9-1。

风能区划指标

表 9-1

区别　　　　指标	年有效风能密度（W/m^2）	风速≥3m/s 的年小时数（h）	占全国面积（%）
丰富区	≥ 200	≥ 5000	8
较丰富区	200 ～ 150	5000 ～ 4000	18
可利用区	150 ～ 50	4000 ～ 2000	50
贫乏区	≤ 20	≤ 2000	24

结合表 9-1 和相关资料，可以进一步得到中国风能区划的详细分布：（1）风能丰富区包括：东南沿海、山东半岛和辽东半岛沿海区；三北部区；松花江下游区。（2）风能较丰富区包括：东南沿海内陆和渤海沿海区；三北的南部区；青藏高原区。（3）风能可利用区包括：两广沿海区；大小兴安岭山地区；中部地区。（4）风能贫乏区包括：川云贵和南岭

山地区；雅鲁藏布江和昌都地区；塔里木盆地西部区。

9.2.3 风力发电机的工作原理及基本组成

在常规能源告急和全球生态环境恶化的双重压力下，风能作为一种无污染、可再生、高效清洁的替代能源，近 30 年来发展尤为迅猛。目前风力发电机经过多年的发展，已有很多种形式，其中老式风力发电机现在不再使用，现代风力发电机正为人们广泛使用。尽管风力发电机的形式各异，但它们的工作原理是相同的，即利用风轮从风中吸收能量，再转变成其他形式的能量。

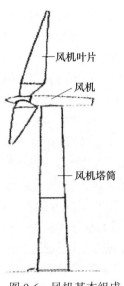

图 9-6　风机基本组成

以水平轴风力发电机为例，水平轴风力发电机主要由风轮、塔架及对风装置组成。其中水平轴风力发电机的风轮由 1～3 个叶片组成，它是风力发电机从风中吸收能量的部件（图 9-6）。

其中叶片的结构有如下 4 种形式：

（1）实心木质叶片。这种叶片是用优质木材精心加工而成，其表面可以蒙上一层玻璃钢，以防止雨水和尘土对木材的侵蚀。

（2）使用管子作为叶片的受力梁，用泡沫材料、轻木或其他材料作中间填料，并在其表面包上一层玻璃钢。

（3）叶片用管梁、金属肋条和蒙皮组成。金属蒙皮做成气动外形，用钢钉和环氧树脂将蒙皮、肋条和管梁粘结在一起。

（4）叶片用管梁和具有气动外形的玻璃钢蒙皮做成。玻璃钢蒙皮较厚，具有一定的强度，同时，在玻璃钢蒙皮内可粘结一些泡沫材料的肋条。

当风轮旋转时，叶片受到离心力和气动力的作用，离心力对叶片是一个拉力，而气动力使叶片弯曲。当风速高于风力发电机的设计风速时，为防止叶片损坏，需对风轮进行控制。控制风轮有 3 种主要方法：1）使风轮偏离主风向；2）改变叶片角度；3）利用扰流器，产生阻力，降低风轮转速。

为了让风轮能在地面上较高的风速中运行，需要用塔架把风轮支撑起来。这时，塔架承受两个主要载荷：一个是风力发电机的重力，向下压在塔架上；另一个是阻力，使塔架向风的下游方向弯曲。塔架有张线支撑式和悬梁式两种基本形式。塔架所用的材料可以是木杆、铁管或其他圆柱结构，也可以是钢材做成的桁架结构。不论选择什么塔架，使用的目的是使风轮获得较大的风速。在选择塔架时，必须考虑塔架成本。引起塔架破坏的载荷主要是风力发电机的重力和塔架所受的阻力。因此，选择塔架要根据风力发电机的实际情况来确定。大型风力发电机的塔架基本上是锥形圆柱钢塔架。

自然界的风，不论是速度还是方向，都经常发生变化。对于水平轴风力发电机，为了得到最高的风能利用效率，应使风轮的旋转面经常对准风向，为此，需要有对风装置。用尾舵控制对风是最简单的方法，小型风力发电机多采用这种方式。在风力发电机两侧装有控制方向的舵轮，多用于中型风力发电机。用专门设计的风向传感器与伺服电机相结合的传动机构来实现对风，多用于大型风力发电机组。

9.2.4　风力发电系统的种类与特点

风力发电机组种类繁多，根据不同的划分标准可以分为以下几种类型。

（1）机组容量

机组容量为 0.1 ～ 1kW 的为小型机组，1 ～ 1000kW 为中型机组，1 ～ 10MW 为大型机组，10MW 以上的为特大或巨型机组。

（2）风力发电机的运行特征和控制

1）恒速恒频（constant speed constant frequency，CSCF）风力发电系统。这是 20 世纪 80 年代、90 年代常见的一种类型的风力发电系统，机组容量已发展到 MW 级，具有性能可靠、控制与结构简单的特点。但这种风电系统，当风速发生变化时，风力发电机的转速不变，风力发电机必偏离最佳转速，风能利用率 C_p 值也会偏离最大值，导致输出功率下降，浪费了风力资源，发电效率大大降低。

2）变速恒频（variable speed constant frequency，VSCF）风力发电系统。VSCF 风电系统风力发电机的转速可变化，当风速改变时，可适时地调节风力发电机转速，使之保持最佳状态，风能利用系数 C_p 接近或达到最佳，可实现对风能最大限度地捕获，由此优化了机组的运行条件，系统的发电效率也大为提高。相对 CSCF 风力发电系统，VSCF 风力发电系统转速运行范围较宽，可灵活地调节系统的有功和无功。目前，国内外已建或新建的大型风电场中的风电机组多采用这种运行方式，尤其是 MW 级的大容量风电系统已成为主流的风力发电系统。

（3）运行方式

1）离网型风力发电系统。这是一种以单机独立运行为主的小型风电系统，系统的三相交流输出经整流稳压后，再提供给负载或用户使用，离网型风电系统的主要服务对象是以风电为主或缺电地区的广大农户，我国的内蒙古是应用和推广小型离网风力发电最主要和最好的地区。离网型风力发电系统容量相对较小，较为常见的一般为百瓦级和千瓦级。目前，独立的风电或风光互补路灯系统在城乡公路供电中发展迅速，已被广泛地应用。

2）并网型风力发电系统。与常规发电模式相同，与大电网并网运行是大规模利用风能的最有效、最经济方式。目前，国内外建成或新建的大型风电场都采用这种运行方式，成为利用风能发电的主要方式。

（4）风力发电机风轮轴的位置

1）垂直轴风力发电机。垂直轴风力发电机直到 20 世纪 20 年代才开始出现，比水平轴风力发电机晚。与水平轴风力发电机组相比，单位千瓦能力投资可节省近 50%，具有机组使用寿命长、易检修、地面维护简单、不存在"对风损失"等特点。垂直轴风力发电机又分为 2 类：阻力型风轮机（Savonius 式风轮），叶尖速比低于 1；升力型风轮机（Darrieus 式风轮）叶尖速比可达 6，风能利用率甚至与水平轴的不相上下。近年，中国在垂直轴风力发电机研制方面也得到了长足发展。2006 年，在内蒙古自治区化德县建成了中国垂直轴风力发电试验基地，50kW 小样机组已建成并投入发电运行；2007 年底，1.5MW 实用型样机也在该基地开始试验运行。

2）水平轴风力发电机。垂直轴风力发电机功率相对小以及启动性能差成为其应用的最大问题，相比之下水平轴风力发电机组单机容量大，技术手段成熟，研究设计十分深入细致，且积累了大量的工程实践经验，应用非常广泛。目前世界上功率最大的是德国 Enercon 公司制造的 E-126 型风力发电机，标称额定功率 6MW，最大可产生 7MW 的功率；中国华锐集团的单机容量 6MW 风力发电机组研发工作进展顺利，首台样机于 2011 年 6 月下线。除了噪声大，水平轴风力发电机由于其构造特点，存在一些难以克服的缺点。由于受重力及惯性力的共同影响，在叶片的旋转过程中，重力方向维持不变，但惯性力方向是不断改变的，叶片承受的不是恒定而是交变荷载，这是一种内力状况较差的受力模型，对叶片的抗疲劳是很不利的。叶片容易损耗且造价非常昂贵，对材质要求十分苛刻，制造要求条件高。另外，水平轴风力发电机通常安装在几十米甚至百米高空的塔架上，安装、检修以及维护较为困难，这些因素制约了水平轴风力发电机组单机容量的进一步增大。

（5）输出功率调节

1）变桨距调节型。这种类型风力发电机组加装了叶片桨距调节机构，可使桨距角随风速改变而变化，改善了机组的功率输出特性及启动性能。运行时，改变桨距角对转速进行调节。若机组输出功率低于额定功率，桨距角通常维持为 0，不进行任何控制；当高于额定功率时，变桨距调节改变桨距角，使输出功率维持恒定，避免风速过大，影响机组的安全运行。变桨距调节可减小桨叶承受的应力，节约叶片制造材料，有效降低机组的重量，延长机组使用寿命，提高了系统运行性能，但使机组结构的复杂性有所增加。

2）定桨距失速调节型。定桨距失速调节通常用于恒速运行情况，是传统丹麦风电技术的典型代表，这类风电系统将轮毂和桨叶固定相连，桨距角保持不变。额定风速以上时，利用桨叶翼型失速特性，当气流功角达到失速条件，在桨叶表面紊流的影响下，降低机组的发电效率，以此实现对输出功率的限制。该方式功率调节简单，但叶片过于沉重，致使其结构及成型工艺复杂，机组受力较大且发电效率较低。

（6）变换器功率变流：

1）交-交变换系统。交-交变换器无中间直流滤波环节，为四象限变换器，能与电源间进行能量的交换，工作可靠，效率高，在风电系统中有一定的应用。但这类变换器中的功率开关器件一般采用自然对流的工作方式，电流谐波含量较大；变换器要吸收大量的无功，导致功率因数较低；元器件数量较多，并且变换器输出侧还需要隔离变压器，致使系统结构复杂，这些因素制约了其广泛的应用。

2）交-直-交变换系统。交-直-交电压源型变换器，也称"背靠背"变换器，是当前各类工程领域中应用最为广泛的变换器，该类型变换器也可实现能量的双向传递，并且直流滤波环节实现了风电系统和电网间的电磁解耦；该类型变换器通常采用双脉宽调制（pulse width modulation，PWM）的工作方式，输出电流谐波含量小，具有结构简单，功率因数可调，网侧易于实现有功和无功的解耦控制等优点，目前这类变换器已广泛应用于各类风力发电系统。

3）混合式变换系统。该类型变换系统共含 4 个可控变换器：将电压型和电流型两个变换系统并联运行。电流源变换器为主变换器，电压源变换器为副变换器，具有控制方式灵活，输出电能质量高，便于实现电机矢量调节等优点；但该类型变换器所需的功率器件数量多，拓扑结构复杂，导致硬件成本过高，且控制系统设计困难。

4）矩阵式变换系统。该类型变换器也属于一种交-交变换器，采用四象限开关拓扑结构，可实现功率双向传送。与传统变换器相比，它的输出电压、频率和功率因素均可调，具有控制自由度大，结构紧凑，重量轻且效率高等优点。但换流过程中禁止同一桥臂的两个开关同时处于导通或关闭的状态，实现起来很难；同时由于无中间直流环节，在变换器的输入和输出侧具有比较强的耦合作用，在风电系统中的应用仍处于试验研究阶段。

5）多电平变换和谐振变换系统。上述变换器输出电压的等级较高，开关损耗明显降低，但变换器拓扑结构和控制系统的设计非常复杂，成本也高，在风力发电领域尚无法广泛应用。

9.2.5 风力发电的现状及发展趋势

目前，中国所采用的主要替代能源技术之一便是风力发电，其对能源结构的改善、能源安全问题的解决以及气候变化的应对发挥着十分重要的作用，因此，中国制定了一系列政策来表示对其大力扶持，主要包括分摊电费、全额并网、财税优惠等，而上网电价也是通过最初的完全竞争向当前的特许权招标模式过渡。

风能若要成为补充能源，促进其规模效应的充分发挥就需要风力发电场建设的加强。中国目前有大大小小、将近百家风电场，其所分布的主要位置在三北地区与东南部沿海，其中三北地区的黑、吉、辽东北三省以及内蒙古的风能分布最为密集。中国能源局的 6 个千万千瓦级风电基地建设于 2008 年启动。相关基地分别被规划在河北、甘肃、江苏、新疆、内蒙古等具有丰富风能资源的地区。在这一系列基地的建设中要属甘肃酒泉风电基地建设效率最高，当前已经进入实施阶段。就近海风电（主要包括海上以及潮间带）而言，其在 2009 年有了质的飞跃，在山东省以及江苏省的沿海地区，华能、龙源、中电投、三峡总公司等企业，投入了少量样机，从而对风机性能的检验以及安装技术的提高进行有效地探索。随着海上风电项目招标工作的顺利进行，这表明了中国的风能发电场规模已经步入大规模示范阶段。

而我国风力风电所面临的问题现阶段也有很多，主要有四方面。

（1）中国在选择风电场地址、合理评价资源、调查前期工作以及电网状况上仍存在着不足。因为加入电网的风电将会越来越多，所以风能资源的调查以及评价工作应该进一步地深入并充分提高其准确性。在对风能资料进行整理时要将工业成分、气象灾害、运输条件、自然环境保护以及周边地貌等各方面因素的影响充分考虑进来；

（2）因为风电具有不稳定性及不连续性，所以其所占比例和对电网的影响也不断加大，进而增加了电力系统在运行的过程中会遇到各种麻烦的可能性。就中国当前在电力发电的实际情况来看，大规模的风电开发无论是在技术方面还是在经济方面，都会促使电网在运行、规划以及管理上面临着巨大的挑战。必须加强风力发电与其他发电方式之间的协调性，并促进系统调控能力的提高，这样才能不断促进供电安全可靠性的增强；

（3）风力能源同电网的规划、经济的发展方面缺乏协调性。上文中有提到，中国内陆风能资源主要集中在甘肃、新疆和内蒙古这一带，其占有风能资源量开发的百分之九十以上。然而不得不引起我们注意的是，甘肃、新疆、内蒙古这些地区在经济上并不发达，其电网规模通常较小且这些地区无需大量的电负荷，这就意味着中国的主要风力能源地区的风电容纳能力低，继而制约了当地风电发展；

（4）风能电网建设的滞后性。不可忽视的问题之一便是电网的发展速度难以赶上风电的发展。就好比汽车与公路的关系，车只要有资金就可以立即买到手，但是公路的建设却需要长时间的修葺。当前风力电网调度所存在的重大问题便在于对气候的过于依赖，一旦有风就可以顺利发电，没有风一切都是枉然。近些年来，全国范围内存在着严重的气风现象，部分地区冬季限电比例已经贴近 50%，这也就意味着大多数风机像是在吸收太阳能，而非发电。弃风现象的产生还有一个原因便是在于电网发展的滞后。风电项目规模在不断地扩展，然后却使电网难以正常消化。有电难输是风电发展的一道不可小视的难题。

虽然存在一些问题，但是我国风电发展还是有很多有利的条件。有以下几点，中国的风能资源十分丰富且本身具有庞大的风电市场，粗略估计可供使用的储量风能为 1 亿 kW，这样便确保了中国风电的大规模开发；中国的风力发电技术的发展越来越快，风力发电机等一系列风力发电设备齐全，从而推动风力发电技术向更高一个层次迈入；风电成本的降低，促使中国风电更加具有竞争力。近几年来，风电设备的国产化率不断地在提高，且风电场的规模以及风电的成本都得到了很好的改善，从而使风电的竞争力也随之有了很大地提高；中国政府对风力发电领域的高度重视。鉴于对风力发电领域的重视，从而制定了一系列优越的相关政策，主要包括税收政策、产业政策、财政政策以及宏观政策等，进一步推动了风电的发展。

9.3 光热利用技术

9.3.1 光热利用简介

太阳能光热技术是指将太阳能辐射能转化为热能进行利用的技术。太阳能光热技术的利用通常可分直接利用和间接利用两种形式。

常见的直接利用方式有：

（1）利用太阳能空气集热器进行供暖或物料干燥；

（2）利用太阳能热水器提供生活热水；

（3）基于集热 - 储能原理的间接加热式被动太阳房；

（4）利用太阳能加热空气产生的热压增强建筑。

太阳能间接利用主要形式有：

（1）太阳能吸收式制冷；

（2）太阳能吸附式制冷；

（3）太阳能喷射制冷。但目前也还处于研究阶段，有的仅仅制造出了样机，尚未形成定型产品和批量生产。

9.3.2 常见的太阳能光热利用技术

1. 太阳能供暖及提供生活热水

利用太阳能作房间冬天供暖之用，在许多寒冷地区已使用多年。因寒带地区冬季气温甚低，室内必须有暖气设备，若欲节省大量化石能源的消耗，应设法应用太阳辐射热。大多数太阳能供暖使用热水系统，亦有使用热空气系统。

太阳能供暖系统是由太阳能收集器、热储存装置、辅助能源系统，及室内供暖风扇系统所组成，其过程是太阳辐射热传导，经收集器内的工作流体将热能储存，再供热至房间。而辅助热源则可装置在储热装置内、直接装设在房间内或装设于储存装置及房间之间等不同位置。

太阳能供热技术是以太阳能为系统采集热源，同时辅以常规能源系统，采用低温地板辐射方式向建筑物提供冬季供暖，并同时提供建筑物全年生活用热水的一种新型节能供热方式。

所谓向建筑物提供冬季供暖是指在晴好天气下，循环水泵将自来水输送到屋顶太阳能集热器的吸热管中，太阳能集热器通过采集热量，将水加热，热水顺着管路被输送到储水箱的外层，因储水箱设有内外两层，内层为生活用热水，外层为供暖用循环水，储水箱外层的热水再根据需要输送到各房间地暖管线进行散热供暖。这样太阳能集热器吸热管中的水、储水箱外层水以及地暖管线水就形成了一个全封闭的循环系统，水可以重复循环使用。

对于生活用热水，自来水直接进入到储水箱内层，通过热传导原理被储水箱外层热水加热，加热后的内层水被输送到厨房、卫生间等各生活用水点供应热水。内层水和各用水点之间是一个开放式的系统。

在阴雨天气或太阳能量不足的情况下，利用辅助能源作为补充，加热储水箱的外层水，使外层水温度达到供热要求。

2. 太阳能空调

人们不仅可以利用这部分热能为建筑物提供热水和供暖，而且还可以利用这部分热能为建筑物提供制冷空调。从节约能源和保护环境的角度考虑，用太阳能替代（或部分替代）常规能源驱动空调系统，正日益受到世界各国的重视。

当前，世界各国都在加紧进行太阳能空调技术的研究。据调查，已经或正在建立太阳能空调系统的国家和地区有意大利、西班牙、德国、美国、日本、韩国、新加坡、中国香港等。利用太阳能进行空调，对节约常规能源，保护自然环境都具有十分重要的意义。

太阳能空调的最大优点在于季节适应性好：一方面，夏季烈日当头，太阳辐照能量剧增，人们在炎热的天气迫切需要空调；另一方面，由于夏季太阳辐照能量增加，使依靠太阳能来驱动的空调系统可以产生更多的冷量。这就是说，太阳能空调系统的制冷能力是随着太阳辐照能量的增加而增大的，这正好与夏季人们对空调的迫切要求相匹配。太阳能制冷空调可以用多种方式来实现，每种方式又都有其自身的特点。将太阳能吸收式空调系统与常规的压缩式空调系统进行比较，除了季节适应性好这个最大优点之外，它还具有以下几个主要优点：

（1）传统的压缩式制冷机以氟利昂为介质，它对大气层有一定的破坏作用；吸收式制冷机以不含氟氯烃化合物的溴化锂为介质，无臭、无毒、无害，有利于保护环境。

（2）无论采取何种措施，压缩式制冷机都会有一定的噪声，而吸收式制冷机除了功率很小的屏蔽泵之外，无其他运动部件，运转安静，噪声很低。

（3）同一套太阳能吸收式空调系统将夏季制冷、冬季供暖和其他季节提供热水三种功能结合起来，做到了一机多用，四季常用，可以显著地提高太阳能系统的利用率和经济性。

9.3.3 光热利用技术存在的问题

在太阳能产业高速发展的今天，太阳能光热技术的开发和推广应用还存在某些不足，其中包括"太阳能与建筑一体化"等问题。太阳能热水器应用在高层住宅上和建筑的一体化结合是主要难点。体现在以下几方面。

（1）用地及规划原因对安装位置的限制

由于现在城市用地的日趋紧张加上北方气候的原因，大部分新建小区仍然为行列式布局，层数也逐渐发展为中高层住宅，这给普通整体式太阳能的安装带来了一定的限制：首先表现在低层用户同层使用太阳能热水器在日照时间上无法保证，而且同层没有安装位置；如果安装在屋顶上，就存在管线过长、管线内凉水过多、热损失大等缺陷；加上高层部分屋面相对较小，去掉消防通道和设备用房的占用，从面积上也难以满足整栋楼的安装要求，所以在设计上就必须考虑其他的途径。

（2）现有系统的限制

目前太阳能热水器系统形式一般为分户集热分户供水系统，各户之间用热水量不平衡，不能充分利用太阳能集热设施，系统的使用效率低，相应占用的空间和需要的成本较高，与建筑的结合性也差。

（3）产品本身的问题

目前整体式太阳能热水器自身存在很多问题，很不适合在建筑上安装：

1）大水箱带来的视觉效果不好，影响建筑美观，很难与建筑进行完美的结合；

2）安装对屋面的影响较大，例如对屋面防水的破坏、结构的影响；

3）整体式太阳热水器本身无法解决的一些问题，如真空管易结垢、易炸管碎管、不承压、不易自动控制等，限制了它的推广和使用。

（4）建筑设计没有考虑

现在建筑设计对太阳能热水器的情况是连屋面上也没有预留管线接口及安装的基础，更不要说在阳台和墙面上以及对建筑一体化的考虑了。因此，若能把建筑物与太阳能热水设施统一考虑，实现相互间的有机结合，既能提供生活便利，又能保持建筑物的整体性、美观性不受破坏

9.3.4 光热支持政策与措施

太阳能家电下乡工程：是由财政部、商务部、工业和信息化部联合发起的，是深入贯彻落实科学发展观、积极扩大内需的重要举措，是财政和贸易政策的创新突破。主要内容是顺应农民消费升级的新趋势，运用财政、贸易政策，引导和组织工商联手，开发、生产适合农村消费特点、性能可靠、质量保证、物美价廉的家电产品，并提供满足农民需求的流通和售后服务；对农民购买纳入补贴范围的家电产品给予一定比例的财政补贴，以激活农民购买能力，扩大农村消费，促进内需和外需协调发展。2008年12月31日，国务院办公厅发布《关于搞活流通扩大消费的意见》，提出全面推进家电下乡工作，从2009年2月1日起，包括太阳能热水器在内的一系列产品将被补充到家电下乡政策补贴范围。从补贴的标准来看，所有家电下乡的中标产品，由中央和试点地区财政以直补方式给予销售价格13%的资金补贴。

2009 年 3 月 26 日，财政部、住房城乡建设部《关于加快推进太阳能光电建筑应用的实施意见》中提出支持开展光电建筑应用示范，实施"太阳能屋顶计划"，加快光电在城乡建设领域的推广应用。一是推进光电建筑应用示范，启动国内市场。现阶段，在条件适宜的地区，组织支持开展一批光电建筑应用示范工程，实施"太阳能屋顶计划"。争取在示范工程的实践中突破与解决光电建筑一体化设计能力不足、光电产品与建筑结合程度不高、光电并网困难、市场认识低等问题，从而激活市场供求，启动国内应用市场。二是突出重点领域，确保示范工程效果。综合考虑经济性和社会效益等因素，现阶段在经济发达、产业基础较好的大中城市积极推进太阳能屋顶、光伏幕墙等光电建筑一体化示范；积极支持在农村与偏远地区发展离网式发电，实施送电下乡，落实国家惠民政策。三是放大示范效应，为大规模推广创造条件。通过示范工程调动社会各方发展积极性，促进落实国家相关政策。加强示范工程宣传，扩大影响，增强市场认知度，形成发展太阳能光电产品的良好社会氛围；促进落实上网分摊电价等政策，形成政策合力，放大政策效应；将光电建筑应用作为建筑节能的重要内容，在新建建筑、既有建筑节能改造、城市照明中积极推广使用。

9.4　光 伏 技 术

9.4.1　光伏技术介绍

太阳能光伏发电系统是利用太阳电池半导体材料的光伏效应，将太阳光辐射能直接转换为电能的一种新型发电系统，有独立运行和并网运行两种方式。独立运行的光伏发电系统需要有蓄电池作为储能装置，主要用于无电网的边远地区和人口分散地区，整个系统造价很高；在有公共电网的地区，光伏发电系统与电网连接并网运行，省去蓄电池，不仅可以大幅度降低造价，而且具有更高的发电效率和更好的环保性能。

一套基本的太阳能发电系统是由太阳电池板、充电控制器、逆变器和蓄电池构成，下面对各部分的功能做一个简单的介绍：

（1）太阳电池板

太阳电池板的作用是将太阳辐射能直接转换成直流电，供负载使用或存贮于蓄电池内备用。一般根据用户需要，将若干太阳电池板按一定方式连接，组成太阳能电池方阵，再配上适当的支架及接线盒组成。

（2）充电控制器

在不同类型的光伏发电系统中，充电控制器不尽相同，其功能多少及复杂程度差别很大，这需根据系统的要求及重要程度来确定。充电控制器主要由电子元器件、仪表、继电器、开关等组成。在太阳发电系统中，充电控制器的基本作用是为蓄电池提供最佳的充电电流和电压，快速、平稳、高效的为蓄电池充电，并在充电过程中减少损耗、尽量延长蓄电池的使用寿命；同时保护蓄电池，避免过充电和过放电现象的发生。如果用户使用直流负载，通过充电控制器还能为负载提供稳定的直流电（由于天气的原因，太阳电池方阵发出的直流电的电压和电流不是很稳定）。

（3）逆变器

逆变器的作用就是将太阳能电池方阵和蓄电池提供的低压直流电逆变成 220V 交流电，

供给交流负载使用。

（4）蓄电池

蓄电池的作用是在有光照时将太阳能电池板所发出的电能储存起来，到需要的时候再释放出来。太阳能蓄电池是"蓄电池"在太阳能光伏发电中的应用，采用的有铅酸免维护蓄电池、普通铅酸蓄电池，胶体蓄电池和碱性镍镉蓄电池4种。国内被广泛使用的太阳能蓄电池主要是：铅酸免维护蓄电池和胶体蓄电池这两类蓄电池，因为其固有的"免"维护特性及对环境较少污染的特点，很适合用于性能可靠的太阳能电源系统，特别是无人值守的工作站。

9.4.2 太阳能光伏发电的利用

（1）用户太阳能电源：1）小型电源10～100W不等，用于边远无电地区如高原、海岛、牧区、边防哨所等军民生活用电，如照明、电视、收录机等；2）3～5kW家庭屋顶并网发电系统；3）光伏水泵：解决无电地区的深水井饮用、灌溉。

（2）交通领域如航标灯、交通/铁路信号灯、交通警示/标志灯、宇翔路灯、高空障碍灯、高速公路/铁路无线电话亭、无人值守道班供电等。

（3）通信/通信领域：太阳能无人值守微波中继站、光缆维护站、广播/通信/寻呼电源系统；农村载波电话光伏系统、小型通信机、士兵GPS供电等。

（4）石油、海洋、气象领域：石油管道和水库闸门阴极保护太阳能电源系统、石油钻井平台生活及应急电源、海洋检测设备、气象/水文观测设备等。

（5）家庭灯具电源：如庭院灯、路灯、手提灯、野营灯、登山灯、垂钓灯、黑光灯、割胶灯、节能灯等。

（6）光伏电站：10～50MW独立光伏电站、风光（柴）互补电站、各种大型停车场充电站等。

（7）太阳能建筑将太阳能发电与建筑材料相结合，使得未来的大型建筑实现电力自给，是未来一大发展方向。

（8）其他领域包括：1）与汽车配套：太阳能汽车/电动车、电池充电设备、汽车空调、换气扇、冷饮箱等；2）太阳能制氢加燃料电池的再生发电系统；3）海水淡化设备供电；4）卫星、航天器、空间太阳能电站等。

9.4.3 太阳能光伏技术的系统形式

太阳能光伏发电的应用方式有多种，包括独立、并网、混合光伏发电系统，光伏与建筑集成系统以及大规模光伏电站领域；在偏远农村电气化、荒漠、军事、通信及野外检测等领域得到广泛应用，并且随着技术的发展，其应用领域还在不断地延伸和发展。

1. 独立光伏发电系统

独立光伏发电系统是不与公共电网系统相连而孤立运行的发电系统，通常建设在远离电网的边远地区或作为野外移动式便携电源，比如公共电网难以覆盖的边远农村、海岛、边防哨所、移动通信基站等等。由于太阳能发电的特点是白天发电，而负荷用电特性往往是全天候的，因此在独立光伏发电系统中储能元件必不可少。尽管其供电可靠性受气象环境等因素影响很大，供电稳定性也相对较差，但它是边远无电地区居民和社会用电问题的重要方式。

2. 并网光伏发电系统

并网光伏发电系统与公共电网相连接，共同承担供电任务。光伏电池阵列所发的直流电经逆变器变换成与电网相同频率的交流电，以电压源或电流源的方式送入电力系统。容量可以视为无穷大的公共电网在这里扮演着储能环节的角色。因此，并网系统不需要额外的蓄电池，降低了系统运行成本，提高了系统运行和供电稳定性，并且光伏并网系统的电能转换效率要大大高于独立系统，它是当今世界太阳能光伏发电技术的最合理发展方向。

3. 混合光伏发电系统

混合光伏发电系统是将一种或几种发电方式同时引入光伏发电系统中，联合向负载供电的系统。其目的是综合利用各种发电技术的优点，避免各自的缺点。如光伏系统的优点是维护少，缺点是电能输出依赖于天气、不稳定。在冬天日照差，但风力大的地区，采用光伏/风力混合发电系统，可以减少对天气的依赖性，降低负载缺电率。

4. 光伏建筑一体化

"光伏发电与建筑物集成化"的概念在 1991 年被正式提出，是目前世界上大规模利用光伏发电的研发热点。根据光伏方阵与建筑结合的方式不同，光伏建筑一体化可分为两大类：一类是光伏方阵与建筑的结合，这种方式是将光伏方阵依附于建筑物上，建筑物作为光伏方阵载体，起支撑作用。另一类是光伏方阵与建筑的集成，这种方式是光伏组件以一种建筑材料的形式出现，光伏方阵成为建筑不可分割的一部分。

5. 光伏发电与 LED（Light Emitter Diode）照明的结合

LED 照明，也称固态照明。LED 是发光二极管，是半导体材料制成的组件，可将电能转换为光能。基于 LED 技术的半导体照明，具有高效、节能、环保、长寿命、易维护等显著特点。光伏 LED 照明技术是将光生伏特效应原理应用在照明上，即利用太阳能电池将太阳能转换成电能，再用 LED 照明装置将电能转换为光能。光伏发电技术能与 LED 照明完美结合关键在于两者同为直流电、电压低并能互相匹配等特点。两者结合不需要变频器将光伏电池产生的直流电转化为交流电，因此，大大提高了整个照明系统的效率，所具有的优势是显而易见的。

9.4.4　光伏发电所面临的关键技术

光伏发电主要存在以下几方面的问题：

（1）设备运行的安全有待完善。电站设备运行是否安全，主要考虑三方面：逆变器散热、汇流箱和组件的二极管。三者是电站发生火灾的主要威胁因素。短路造成火灾，这也是国际上的电站运营商首要关注的问题。据报道：国外某一个电站在着火后，等到浓烟滚滚基本上将太阳光遮挡住了，消防人员才开始处理。如果出现类似故障，中国企业同样没办法立刻着手解决，因为这个时候上面是有电的。至今未找到行之有效的灭火方案，水灭火会导电；固体泡沫在有倾斜角度的组件上面无法停留；所以，在建设电站的时候，应该充分完善电站安全措施，考虑防火、防震等应急快速反应预案。例如：国外的电站设有标识，据了解，目前我国所建电站还没有类似标识出现。这是中国相关部门和相关企业应该深入思考的。

（2）电站质量能否经受住检验有待考察。国内有不少电站其实采用的是转化率不那么好的组件，这也许是造成电站设计初始发电量和实际运行发电量数字差距的原因之一。电缆，用铁芯代替铜芯，成本降了，质量也降了，还有可能危及电站的安全运行。参与电站建设的企业，为降低成本，有的人会想是不是减少几个保险丝，是不是可以减少几个接地点。据某企业透漏，目前光伏所用熔断器在国际上合格的没几家。盈利固然重要，但以次充好要不得。追逐利润不应该成为唯一的终极目的，短视行为是要付出代价的。企业需踏踏实实，靠技术降低成本，在竞争中获胜，真正做到问心无愧，价格、质量双优先。

（3）电站是否可靠仍是未知数。光伏发电是大的系统工程，涉及的因素很多，从原材料到电池组件、设备、逆变器、升压变压设备，还有一些辅助的材料，包括光伏电缆等。可以从四方面控制电站可行性：第一，从电站设计上，做到科学合理设计；第二，采购方，要严格按照实际需求采购，如电缆方面不得用铁芯电缆代替铜芯电缆；第三，施工方，按照设计要求，严格施工，精确化操作。第四，监理方，认真把关。

（4）电站后期运营维护面临诚信危机。现在光伏电站在建设数量上不断扩张的同时，更应该强调电站建设的质量。质量包括主设备的质量和系统集成的质量。一个企业生存最关键莫过于信任或者信誉，一个项目，如何能够让各方相信，在5年、10年、25年的生命周期里，让人觉得你的企业还会存在，这是很难的。业内一些人士这样表示，有时候出了问题，往往连人都找不到，或是因为企业倒闭，或是因为负责人跳槽离职，打官司都问题一大堆，这无疑增加了光伏电站的运营风险。如果没有稳定的维修保障，部分项目将会后患无穷。

（5）电网配套问题重重。光伏发电站最大的问题在某种程度上是上网问题，电网配套也有很多问题存在。因为正午发电高峰期，若电压过大，会导致电网无法承受，导致断网。同时，光伏发电自身电力不稳定，时有时无。没有电网的协助，前期的盲目扩大于事无补，因为电网公司没有那么大的吸纳量。所以，有些企业为了实现光伏电站并网，在输电线路和变电站方面投资不小。电网配套问题是制约光伏发展的一个根本性问题，如不解决，将严重制约中国大型地面光伏电站的发展速度。

9.5 生物质能热利用技术

9.5.1 生物质能简介

生物能源——又称生物质能，就是太阳能以化学能形式贮存在生物中的能量形式，即以生物为载体的能量。它直接或间接地来源于绿色植物的光合作用，可转化为常规的固态、液态和气态燃料，取之不尽、用之不竭，是一种可再生能源，同时也是唯一一种可再生的碳源。生物质能的原始能量来源于太阳，所以从广义上讲，生物质能是太阳能的一种表现形式。

生物能源是一种绿色能源，是指从生物质得到的能源，它是人类最早利用的能源。古人钻木取火，伐薪烧炭，实际上就是在使用生物能源。

但是通过生物质直接燃烧获得的能量是低效而不经济的，随着工业革命的进程，化石能源的大规模使用，使生物能源逐步被煤和石油天然气为代表的化石能源所代替。但是，工业化的飞速发展，化石能源也被大规模利用，产生了大量的污染物，破坏了自然界的生态平衡，为了进行可持续发展，以及化石能源的弊端日益显现，生物能源的开发和利用又被人们所侧重。

9.5.2　生物质直接燃烧技术

生物质直接燃烧是将生物质直接作为燃料燃烧，主要分为炉灶燃烧和锅炉燃烧。直接燃烧是最简单也是最早被采用的生物质能利用方式，但在过去的传统燃烧方式中，生物质燃烧效率极低，能源和资源的浪费很大。因此，若能开发一种方便和高效的生物质直接燃烧技术，必将具有很好的经济和社会效益。

1. 炉灶燃烧技术

炉灶在中国农村生活中已沿用了几千年，且占有相当大的比例。旧式柴灶不但热效率低（只有 10% 左右）、浪费燃料，而且严重污染了环境。自 20 世纪 80 年代开始，我国政府在农村大力推广节柴灶，至 1996 年底推广节柴灶 1.7 亿户，每年减少了数千万吨标准煤的能源消耗。节柴灶具有以下特点：一是热能在灶内停留时间长，可以得到充分利用，故热效率高（可达 20% ～ 25%）；二是没有熏烟，污染少；三是质量小，可拆装；四是多功能。

目前，节柴灶的推广仍然是一些农村地区特别是偏远山区生物质能利用的一个重要方面。采用先进技术，提高全国数亿台小型炉具的燃烧和热利用效率，降低污染物的排放，开发燃用农作物的生物质炉具，实现农村炉具的商品化和规模化，以达到更广泛的应用，对于改变我国农村生物质利用状况具有重大意义。

2. 锅炉燃烧

锅炉燃烧采用先进的燃烧技术，把生物质作为锅炉的燃料，以提高生物质的利用效率，适应于相对集中、大规模利用生物质资源。生物质燃料的种类很多，按照锅炉燃烧方式的不同又可分为流化床锅炉和层燃炉等。

9.5.3　气态生物质燃料技术

生物质汽化技术已有 120 多年的历史。最初的汽化反应器产生于 1883 年，它以木炭为原料，汽化后的燃气驱动内燃机，推动早起的汽车或农业排灌机械。在 20 世纪 20 年代大规模开发使用石油以前，汽化器与燃气机的结合一直是人们获取动力的有效方法。生物质汽化技术的鼎盛时期出现在二次世界大战期间，当时几乎所有的车载汽化器，民用燃料匮乏，因此，德国大力发展了用于民用汽车的车载汽化器，并形成了与汽车发动机配套的完整技术。我国生物质汽化技术也在 20 世纪 80 年代后得到了较快的发展。20 世纪 80 年代初期，我国研制了由固定床汽化器和内燃机的稻壳发电机组，形成了 200kW 稻壳汽化发电机组的产品并得到推广。生物质汽化集中供气技术在高效利用农村剩余秸秆，减轻由于秸秆大量过剩引起的环境问题，为农村居民供应清洁的生活燃料方面已经开始发挥作用，逐渐成为以低品位生物质原料供应农村现代生活燃气的新事业。

1. 生物质汽化的基本原理

生物质汽化是在一定的热力学条件下，将组成生物质的碳氢化合物转化为含一氧化碳和氢气等可燃气体的过程。为了提供反应的热力学条件，汽化过程需要供给空气或氧气。使原料发生部分燃烧。汽化过程和常见的燃烧过程的区别是燃烧过程中供给充足的氧气，使原料充分燃烧，目的是直接获取热量，燃烧后的产物是二氧化碳和水蒸气等不可再燃烧的烟气；汽化过程只供给热化学反应所需的那部分氧气，而尽可能将能量保留在反应后得到的可燃气体中，汽化后的产物是含氢、一氧化碳和低分子烃类的可燃气体。

2. 汽化技术分类

生物质汽化有多种形式，如果按汽化介质可分为使用汽化介质和不使用汽化介质两种。不使用汽化介质有干馏汽化；使用汽化介质分为空气汽化、氧化汽化、水蒸气汽化、水蒸气-氧气混合汽化和氢气汽化等。

（1）馏汽化

干馏汽化其实是热解气体的一种特例。它是在安全无氧或只提供极有限的氧使汽化不至于大量发生的情况下进行的生物热解，也可描述成生物质的部分汽化。它主要使生物质的挥发在一定温度作用下进行挥发，生成固体炭、木焦油、木醋液（可挥发物）和汽化气（不可凝挥发物）4 种产物。按热解温度可分为低温热解（600℃以下）、中温热解（600～900℃）和高温热解（900℃以上）。

（2）空气汽化

以空气为汽化介质的汽化过程。空气的氧气与生物质中的可燃组分进行氧化反应，产生可燃气，反应过程中放出的热量为汽化反应的其他过程即热分解与还原过程提供所需的热量，整个汽化过程是一个自供热系统。但由于空气中含有 79% 的氮气，它不参与汽化反应，却稀释了燃气中可燃组分的含量，其汽化气中氮气含量最高达 50% 左右，因而降低了燃气的热值气体。由于空气可以任意取得，空气汽化是所有汽化过程中最简单也最易实现的形式，因而这种汽化技术应用较普遍。

（3）氧化汽化

氧化汽化是指向生物质燃料提供一定氧气，使之进行氧化还原反应，产生可燃气，但没有惰性气体氮气。在与空气汽化相同的当量比下，氧气汽化的反应温度提高，反应速率加快，反应器容积减少，热效率提高，汽化气热值提高 1 倍以上。在与空气汽化相同的反应温度下，氧气汽化的耗氧量较少，当量比降低，因而也提高了气体质量。氧气汽化的气体产物热值与城市煤气相当。在该反应中应控制氧气供给量，既保证生物质全部反应所需的热量，又不能使生物质同过量的氧反应生成过多的二氧化碳。

（4）水蒸气汽化

水蒸气汽化是指水蒸气同高温下的生物质发生反应，它不仅包括水蒸气-炭的还原反应，尚有一氧化碳与水蒸气的变换反应等各种甲烷化反应以及生物质在汽化炉内的热分解反应等，其主要汽化反应是吸热反应过程。因此，水蒸气汽化的热源来自外部热源及蒸汽本身热源。水蒸气汽化的热源来自外部热源及蒸汽本身热源，但反应温度不能过高。该技术较复杂，不易控制和操作。水蒸气汽化经常出现在需要中热值气体燃料而又不使用氧气的汽化过程中，如双床汽化反应器中，就有一个床是水蒸气汽化床。

（5）水蒸气-氧气混合汽化

水蒸气-氧气混合汽化是指空气（氧气）和水蒸气同时作为汽化质的汽化过程。从理论上分析，空气（或氧气）-水蒸气汽化是比单用空气或单用水蒸气都有效的汽化方法。一方面，它是自供热系统，不需要复杂的外供热源；另一方面，汽化所需的一部分氧气可由水蒸气提供，减少了空气（或氧气）消耗量，并生成更多的氢气及碳氢化合物。特别是在有催化剂存在的条件下，一氧化碳变成二氧化碳反应的进行，降低了气体中一氧化碳的含量，使气体燃料更适合于用作城市燃气。

（6）氢气汽化

氢气汽化是使氢气同碳及水发生反应生成大量甲烷的过程，其反应条件苛刻，需要在高温高压及具有氢源的条件下进行。此类汽化不常应用。

9.5.4　液态生物质燃料技术

以非粮食类的生物质为原料制取液体燃料的研究正越来越为国内外所广泛关注，目前正在研究的技术大致可以分为4种，即快速热解、直接液化、超临界萃取和生物技术。

1. 快速热解（fastpyrolysis）

在常压、超高加热速率（103～104K/s）、超短产物停留时间（0.15～1s）、适中温度（500℃左右）的条件下，生物质被热裂解，生成含有大量可冷凝有机分子的蒸气，蒸气被迅速移出反应器（防止可冷凝有机分子进一步热裂解为不可凝气体分子）进行冷凝，可以获得大量液体燃料、少量不可冷凝气体和炭。

2. 直接液化（liquefaction）

直接液化分两步：首先被破碎的生物质与溶剂、催化剂（加速生物质液化）混合，在250～400℃温度下液化为初级液体产物；然后在高压（15MPa左右）条件和催化剂（促进还原气的脱氧作用）的作用下，使用还原气（如 H_2 或 CO）脱去初级液体产物中的氧，得到较高质量的液体燃料。直接液化得到液体燃料的氧质量分数较低，一般为20%左右，质量产率一般在35%～70%，经过两步直接液化后得到的液体燃料高热值一般在40MJ/kg左右。

直接液化需要通入高压还原气，使用溶剂，对设备有一定要求，成本较高，使用受到一定限制。但对于水生植物，比如藻类，用直接液化技术处理，优点非常明显。藻类含水量高，使用直接液化技术无须干燥；藻类含有较高的脂类、多糖、蛋白质等易热解组分，热解温度较低。因此，直接液化藻类制取液体燃料是研究的一个热点。

可能由于设备、动力费用较高的缘故，国内尚没有见到采用直接液化工艺转化生物质制取液体燃料的报道。目前直接液化技术处于实验室研究阶段，由于直接液化藻类能够获得品质较高的生物油，因此，直接液化技术可能会走向产业化。

3. 超临界萃取（supercriticalextrac2tion）

超临界萃取是让物料和超临界流体进入萃取器混合，选择性地萃取物料中的成分，然后进入分离器，通过调节压力和温度使萃取物与超临界流体分离，分离后的流体再次超临界化并送回萃取器循环使用。

4. 生物法（biotechnology）

生物法是利用微生物发酵，将生物质转化为乙醇。传统生物法采用的生物质原料一般是甘蔗、玉米等含糖或含淀粉的粮食类生物质。但利用这类生物质原料受到耕地和成本的限制，因此利用速生林木材、废弃的农作物秸秆等木质纤维素类生物质生产乙醇受到国内外科学工作者的极大关注。

生物法分为二步，第一步利用酸或酶将木质纤维素类生物质中的纤维素和半纤维素水解为单糖，第二步利用微生物发酵水解液制取燃料乙醇。酸水解—发酵工艺可能会产生废酸污染。因此，科学工作者正在努力探索酶水解—发酵工艺，期望完全利用生物技术的方法将这类生物质转化为酒精。酶水解—发酵工艺的难点在于纤维素、半纤维素、木质素紧密地联结在一起，形成致密的三维结构，严重的妨碍水解反应。因此，水解前需要对木质纤维素进行预处理，破坏纤维素—木质素—半纤维素之间的连接，降低纤维素的结晶度，除去木质素或半纤维素并增加纤维素的比表面积，使之适于纤维素酶的作用。目前流行的预处理方法是蒸汽爆碎法。如果能模仿反刍动物胃液对植物纤维的强大消化作用，合成出与反刍动物胃液类似的生物酸，或者考察白蚁如何消化木材，分离并且合成其中起关键作用的化合物，则对木质素、纤维素、半纤维素的分离将更加高效且无污染。近年来的研究表明，木质素、纤维素、半纤维素难以有效分离的主要原因不是组成其单体连接键的性质，而是其聚合物的三维结构所导致的空间障碍，使酶蛋白分子难以接近、结合和识别以完成催化反应。因此，研究木质素、半纤维素、纤维素所形成的致密的三维结构与酶催化功能之间的关系，对利用木质纤维素类生物质生产乙醇具有重要意义。

9.6　冷热电联产热回收技术

9.6.1　冷热电联产

冷热电三联供技术（Combined Cooling Heating Power，CCHP）是指用天然气驱动发电机发电，回收余热用于冬季供热、夏季供冷的综合能量系统，可用于建筑或一个区域的能源供应。CCHP 技术将先功后热的热力学合理性转化为运行上的经济性，在世界范围内获得了成功的应用。

9.6.2　冷热电联产的热回收技术

以燃气内燃机为基础的冷热电三联供系统工作原理如下：利用天然气燃烧产生的高温烟气在内燃机中做功，将一部分热能转换成高品位的电能，利用余热回收装置将燃气内燃机中的烟气、缸套冷却水、油冷器及中冷器冷却水的热量进行回收，这四种形式的热量中，前两种是余热回收的主要来源，其中烟气温度一般 400℃以上，可进入余热锅炉制蒸汽或热水，也可用于双效吸收式制冷供暖供热水；一级利用后的低温烟气（130～170℃）和缸套冷却水（85～90℃）可用于单效吸收式制冷供暖供热水，也可直接利用换热器进行供暖和供热水，从而实现冷热电三联供。另外为了保持发动机气缸有适当的温度范围，缸套水的热量应优先利用。根据烟气、缸套水的不同回收方式，可以形成不同配置模式的冷热电三联供系统，以下为较常见的四种模式：

（1）内燃机发电机组＋水—水换热器＋温水溴化锂机组，其特点：

1）系统的控制比较简单，运行安全可靠；

2）适用于电负荷较大及热水需求量较大的场所，如宾馆医院等。

（2）内燃机发电机组＋水—水换热器＋烟气—水换热器＋热水型单效溴化锂制冷机，其特点：

1）方案与上一方案相比缸套水采用单独的回路，运行控制简单；

2）烟气采用 2 级回收，高温烟气得到品质较高的热水通入溴化锂机组制取冷量，对于低温烟气则制取生活热水；

3）适用于生活热水及电负荷较大的场所，如宾馆、医院等。

（3）内燃机发电机组＋余热锅炉＋烟气换热器＋水－水换热器＋蒸汽溴化锂制冷机，其特点：

1）控制比较复杂，对系统运行的安全可靠性要求较高；

2）适用于电负荷及热负荷均较大的场所，如工厂商业区也可以适用于大量蒸汽需求的场所，如医院等。

（4）内燃机发电机组＋水水换热器＋烟气冷凝换热器＋烟气双效溴化锂吸收式机组，其特点：

1）烟气首先进入吸收式机组的高压发生器作为驱动热源，出来的低温烟气再进入烟气冷凝换热器，进一步回收烟气的显热和潜热，制取的热水作为低压发生器的热源烟气余热，实现了梯级利用；

2）此系统简单，运行控制较容易。

节约能源和保护环境是当今世界面临的两大关键问题，2003 年夏天世界各地出现高温等气候异常现象，我国各地用电负荷均超过历史最高水平，电力部门采取对工业部门拉闸限电等措施以确保居民用电和电网安全。我国长江中下游地区过去不设置供暖空调，其实夏季高 32 ～ 37℃的天数达一个多月，冬天 5 ～ 2℃以下的天数也长达两个多月，自改革开放以来，人民生活水平有了很大提高，多数采用电力空调，夏季用电压缩制冷，冬季用电压缩热泵供暖，使用于供暖空调的电负荷占总电力负荷的比例有继续升高的趋势。

9.6.3　热回收的设备

转轮式换热器是一种蓄热能量回收设备。分为显热回收和全热回收两种。显热回收转轮材质一般为铝箔，全热回收转轮材质为具有吸湿表面的铝箔材料或其他蓄热吸湿材料（如陶纤维等）。转轮作为蓄热芯体，新风通过转轮的一个半圆，而同时排风通过转轮的另一半圆随着转轮不断地旋转，新风和排风以这种方式交替通过转轮。由于新风和排风之间存在温度和湿度差，转轮不断地在高温、高湿侧吸收热量和水分，并在低温低湿侧释放，完成热量湿度（全热式）的交换。

一个蜂窝状的转轮在电动机的驱动下，以 10r/min 的数度旋转，回风从热交换器的上侧过转轮拍到室外。在这个过程中，回风中大多数的全热（热和湿）保存在转轮中，而脏空气却被排出。另一方面，室外的空气从转轮的下半部分进入，通过转轮，室外的空气吸收转轮存的能量，冬天进行预热，夏天进行预冷，然后供应给室内。

转轮换热器的特点是：设备结构紧凑、占地面积小，节省空间；热回收效率高；单个转轮的迎风面积大，阻力小。在大风量空调系统热回收中应用较多。

静止型板式换热器属于一种空气与空气直接交换的换热器，它不需要通过中间煤质进行换热，也没有转动系统，因此，静止型板式换热器（也叫固定式换热器）是一种比较理想的能量回收设备。静止型板式换热器是在其隔板两侧的两股气流存在温差和水蒸气分压力差时，进行显热或全热回收的。

在板式换热器中，波状翅片既起辅助传热的作用，又起支撑和导流作用。根据翅片所形成的流道和气流方向的不同，板式换热器可分为叉流式和顺流式。

静止板式换热器的特点是密封性好，混风率低；热回收效率高；无运转部件，运行平稳可靠。在空调系统热回收中应用最为广泛。

热管换热器必须采用全金属结构，工艺比较复杂，因此重量大，价格较贵。热管式换热器主要用于工业项目，造价较高，冬夏季需要转换。

热管式换热器回收机组安装需要注意很多事项：当水平安装时，低温侧上倾 5°～7°，由于热管换热器全年使用，冬季的低温侧，夏季成高温侧，用手动方法进行转换，使其下倾 10°～14°，比较麻烦。热管式机组排风应含尘量小，且无腐蚀性物质。热管机组使用温度范围在 -40～80℃ 之间。

热管迎风面风速宜采用 1.5～3.5m/s。热管冷、热端之间的隔板，宜采用双层结构，以防止因漏风而造成交叉污染。当热气流的含湿量较大时，应设计凝水排除装置。启动换热器时，应使冷、热气流同时流动，或使冷气流先流动；停止时，应使冷、热气流同时停止，或先停热气流，操作麻烦。

一般非工业项目，采用相对的过滤措施，从经济和围护方面，建议可采用转轮换热器或板式换热器。

9.6.4　热回收的能效

随着经济快速发展，化石能源有限性和环境压力日益增大，天然气作为一种高热值清洁能源，在城市能源系统中已显示出日益重要的作用。充分合理利用天然气的一个重要途径是发展冷热电三联供，这种系统是建立在能量梯级利用的基础上，将制冷供热（供暖和卫生热水）及发电过程一体化的多联产总能系统，其目的在于提高能源利用率，减少二氧化碳及有害气体的排放。一般的天然气内燃机在运行过程中，燃料热量 1/3 约通过烟气散失，还有约 1/3 通过缸套水中冷水及辐射热散失。由于天然气的主要成分为甲烷，含氢量很高，因而燃烧后排出的烟气中含有大量汽化潜热较高的水蒸气，如果能充分回收利用烟气冷凝余热和缸套水余热，实现能量的梯级利用，整个机组的一次能源利用率可得到很大提高。天然气作为能源利用的最高效率是电热冷三联产。从热力学第一定律来说，它的节能原理就是能把能量吃光榨尽。

天然气在燃气轮机里就有 30%～40% 的能量转化为电能，一次转化的效率就高于一般火电厂的锅炉蒸汽轮机机组的效率。再加上排出高温烟气产生的高温高压蒸汽进入蒸汽轮机发电，使能量利用率达到 60% 以上。剩余的能量还可以用来制冷，产生热水，用于各种不同能级的用户，系统能量梯级充分利用，使能量利用率达到 80% 以上的最高境界。这便是天然气电热冷三联产的供能价格比烧煤还有竞争力的根本原因。能源产业的一场革命，大电网与微小型发电机并存，被全球专家认为投资省、能耗低、可靠性高的能源系统，是 21 世纪的发展方向。

思　考　题

1. 热泵系统有哪几部分构成？它是如何工作的？
2. 热泵的热源有哪些？
3. 简述风力发电系统的工作原理？

4. 根据运行方式风力发电系统可分为哪几种？

5. 简述几种太阳能直接利用的方式？

6. 光伏发电存在哪些关键技术问题？

7. 什么是生物质能直接燃烧技术？

8. 目前，液态生物质技术有几种？

9. 简述以燃气内燃机为基础的冷热电三联供系统的工作原理？

参 考 文 献

［1］ 徐邦裕，陆亚俊，马最良编. 热泵［M］. 北京：中国建筑工业出版社，1988.

［2］ 廉乐明，谭羽非，吴家正等编. 工程热力学［M］. 北京：中国建筑工业出版社，1999.

［3］ 陆亚俊，马最良，邹平华著. 暖通空调［M］. 中国建筑工业出版社，2002.

［4］ 王承煦，张源主编. 风力发电［M］. 北京：中国电力出版社，2003.

［5］ 陈雷，邢作霞. 大型风力发电机组技术发展趋势［J］. 可再生能源，2003（1）：27-30.

［6］ 睢耀辉. 浅论太阳能应用与建筑节能［J］. 科技传播，2011，14.

［7］ 旷玉辉，王如竹. 太阳能热利用技术在我国建筑节能中的应用与展望［J］. 2001.

［8］ 初祎君. 太阳能光伏建筑的立面设计研究［D］. 长沙：湖南大学，2009.

［9］ 宣晓东. 太阳能光伏技术与建筑一体化应用初探［D］. 合肥：合肥工业大学，2007.

［10］ 袁晓，赵敏荣，胡希杰，等. 太阳能光伏发电并网技术的应用［J］. 上海电力，2006，4：342-347.

［11］ 马文生，郝斌. 光伏建筑一体化相关问题的探讨［J］. 可再生能源，2011，29（1）：94-97.

［12］ 赵晶，赵争鸣，周德佳. 太阳能光伏发电技术现状及其发展［J］. 电气应用，2007，26（10）：6-10.

［13］ 狄丹. 太阳能光伏发电是理想的可再生能源［J］. 华中电力，2008（5）：59-62.

［14］ 尹淞，郝继红. 我国太阳能光伏发电技术应用综述［J］. 电力技术. 2009（3）：1-4.

［15］ 张立文，张聚伟，田葳，等. 太阳能光伏发电技术及其应用［J］. 应用能源技术，2010，147（3）：4-8.

［16］ 李景明，王红岩，赵群. 中国新能源资源潜力及前景展望［J］. 天然气工业，2008，28（1）：149-153.

［17］ 董章杭，林文雄. 作物化感作用研究现状及前景展望［J］. 中国生态农业学报，2001，9（1）：80-83.

［18］ 蒋剑春. 生物质能源应用研究现状与发展前景［J］. 林产化学与工业，2002，22（2）：75-80.

［19］ 邱钟明，陈砺. 生物质汽化技术研究现状及发展前景［J］. 可再生能源，2002（4）：16-19.

［20］ 吴创之，马隆龙. 生物质能现代化利用技术［M］. 北京：化学工业出版社，2003.

［21］ 陈霖新，唐艳芬，王建. 燃气冷热电三联供的能量消耗分析研究［J］. 节能与环保，2005（4）：5-8.

［22］ 别祥，韩光泽. 天然气冷热电三联供系统热力学分析［J］. 化学工程，2010（1）：57-62.

［23］ 江丽霞，金红光，蔡睿贤. 冷热电三联供系统特性分析与设计优化研究［J］. 工程热物理学报，2009（S1）.

第10章 智能建筑

10.1 智能建筑概述

智能建筑概念诞生于20世纪末的美国。目前，国内外关于智能建筑的定义尚未统一，美国智能建筑学会、日本智能建筑学会、欧洲智能建筑协会及我国智能建筑专家，对智能建筑都有其定义。我国在2015年11月实施的《智能建筑设计标准》GB/T 50314—2015中，明确提出了智能建筑是"以建筑为平台，兼备建筑设备、办公自动化及通信网络系统，集结构、系统、服务、管理及它们之间的最优化组合，向人们提供一个安全、高效、舒适、便利的建筑环境。"这个以国家标准形式给出的智能建筑的定义，比较清晰地解释了智能建筑的本质内涵及特性。

智能建筑（Intelligent Building）是指利用计算机技术、网络通信技术及自动控制技术，经过系统综合开发，将楼宇自动化、通信自动化、消防自动化、管理自动化、办公自动化与建筑物的结构、系统服务管理成为一体，为人们提供理想、安全、舒适和节能高效的工作和生活空间。

智能建筑通常包含三大基本要素，即楼宇自动化系统（BAS）、通信自动化系统（CAS）和办公自动化系统（OAS），三者有机结合。使建筑物能够提供一个合理、高效、舒适、安全、方便的生活和工作环境。

10.1.1 智能建筑的发展史

1. 智能建筑在全球的发展状况

世界上第一幢智能大楼是1984年出现在美国康州首府哈特福德市的城市广场，这是一栋38层的办公建筑，原来就有比较好的建筑设备系统。例如，较早地应用了数字程控交换机；办公自动化机器的集中使用；设置计算中心；消防、安保的自动监控等。20世纪80年代后期，智能建筑风靡全球，这主要是由于电子技术，特别是微电子技术在计算机、通信、控制三方面应用于楼宇自动化、通信网络以及它们的系统集成方面有了飞跃的发展。日本在1986年建造的东京本田青山大厦和NTT品川大厦，以及后来的NEC、N17、松下、三井、东芝等办公大楼，具有很完善的设备系统，设备与建筑设计配合融洽。这些大公司建设的设备系统主要是为了自己使用，不仅提高了工作效率，同时也改善了企业形象。除此之外，新加坡计划建成"智能城市花园"、印度计划建设"智能城"、韩国计划将其半岛建成"智能岛"等智能建筑。也就是说，智能建筑是科技发展的产物，尤其是现代计算机（Computer）技术、现代控制（Control）技术、现代通信（Communication）技术和现代图形显示（CRT）技术，即所谓4C技术的历史性突破和在建筑平台上的应用，使

"智能建筑"在使用功能和技术性能上与传统建筑相比较发生了深刻的变化，从而使这种综合性高科技建筑物成为现代化城市的又一个重要标志。

2. 智能建筑在中国的发展状况

20 世纪 80 年代中期，中国科学院计算技术研究所就曾进行"智能化办公大楼可行性研究"，对智能办公楼的发展进行了探讨。20 世纪 80 年代后几年，出现了较早的一批智能设施和系统较为完备的建筑物。中国大陆上"智能建筑"真正的普及和推广是在 1992 年改革开放大潮中。首先打出"智能建筑"旗号的是房地产开发商，另一个最早进入这个市场的是系统集成商，他们多半原来是搞通信或是承担网络工程的，由做网络转向专门做综合布线。

在智能建筑的发展过程中，原来建筑事业的主力军，即建筑工程的设计和施工安装两支队伍在"智能建筑"却显得技术准备不足，行业中的一些先知先觉者为了规范市场，统一认识，便在上海首先提出了制订"智能建筑设计标准"的问题，此标准在 1996 年作为上海市的地方标准出台。对智能建筑划为三级，仅以上海浦东新区为例，1990 ~ 1996 年就建造了 20 层以上智能高楼 89 幢。上海全市 1990 ~ 1996 年间共建造 20 层以上智能高楼 497 座，总计约 1062 万 m^2。智能建筑兴起于沿海城市和北京，同时武汉、西安、乌鲁木齐城市也出现了智能建筑。

建设部在 1997 年 10 月发布了《建筑智能化系统工程设计管理暂行规定》。在这一规定中：界定了有关建筑智能化工程的主管部门是国家建设部，具体的工程项目的设计部门应是本工程的设计总体负责机构，设计负责人应对工程总体（包括智能化系统工程）负全面责任。规定了任何智能建筑工程应在立项时就应将智能化系统的设计要求提出，经批准立项之后，即作为设计要求下达到设计单位进行设计。承包分项的系统集成商应在工程总体设计的指导下进行本系统的细化设计。系统集成商除系统的细化设计之外还要承担设备安装、调试、用户培训以及交工后的维护服务等一系列工作。规定还指出智能建筑在竣工和正常运转一段时间后要进行评估。

此后，建设部在 1998 年 10 月又颁布了《建筑智能化系统工程设计和系统集成专项资质管理暂行办法》以及与之相应的《执业资质标准》两个法令。这两个法令规定了承担智能建筑设计和系统集成的资格，实际上是个市场准入的标准，它将排斥一切不符标准、不具实力、没有业绩的不合格企业进入市场。1998 年 6 月在建设部勘察设计司领导下成立了建筑智能化系统工程设计专家委员会，协助政府进行一些行业管理和推进智能建筑事业的工作。

综上可见，近 20 年的建筑智能化发展之所以如此迅猛，是因为它是现有经济和技术发展的重要体现，更是人性化的重要体现。

10.1.2　智能建筑具备的优势

1. 优化环境

目前，不少高层建筑的中央空调系统不符合环境卫生要求，使得用户精神萎靡不振，甚至频繁生病，已经成为传染疾病的一大杀手。然而，智能建筑中的消防报警自动化、保安自动化系统可确保楼内人员的人身和财产安全；空调系统能够检测出空气中有害污染物含量并且自动消毒；智能建筑对湿度、温度、照度以及空气中的含氧量都能够自动调节，甚至能够控制色彩和音响。

2. 节省能耗

节能是智能建筑高效率、高回报的具体体现，发达国家的建筑物耗能占全国总耗能的30%～40%，其中，空调、供暖和通风设备的耗能为65%，占主导地位；厨房耗能占6%；照明、电梯及电视耗能占14%；生活热水耗能占15%。在满足使用者要求的前提下，智能建筑可以通过高科技手段，尽可能利用大气冷热量和自然光调节室内的环境，在最大限度上减少能耗，并按照事先编好的程序，通过区分开工作、非工作时间，实现室内湿度、温度不同标准的自动控制。

3. 信息服务

智能建筑中，用户可以通过直拨电话、电视会议、电子邮件、卫星接收、信息检索、分析统计等各种方法，及时获取全世界最新动态的商业情报、科技情报和金融资讯。并且，可以借助国际互联网，及时对外发布信息，随时与世界各地企业进行电子商贸往来。

4. 综合管理

因为智能建筑内的各系统需要同时运行，所以管理起来具有一定难度。而"智能建筑综合管理系统"可以进行整个楼宇的高度集成、实时监控和全方位的物业管理，是一种先进、科学的楼宇综合管理系统，从而在一定程度上使用户更加方便。

5. 功能完善

一般的建筑物都是根据事先设定的功能需求完成建筑和结构设计，但是智能建筑要求建筑结构设计必须具备多种功能。除支持3A功能的实现外，还必须具有大跨度、开放式的框架结构，允许用户方便、迅速改变建筑物的使用功能，办公、生活所需的通信及电力供应也具有很大的灵活性。通过结构化综合布线系统，合理分布多种标准化的弱电与强电插座，只要改变跳接线，便能方便插座的使用。

10.2　楼宇自动化系统

楼宇自动化系统（Building Automation System，简称BAS），BAS系统是一种集自动测量控制技术、计算机技术及网络技术为一体的高科技系统，它由中央工作站、通信网络、区域控制器、传感器、电动或气动执行器等组成，是能够完成多种控制及管理功能的网络系统。利用计算机及其网络技术、自动控制技术和通信技术构建的高度自动化的综合管理和控制系统。将大楼内部各种设备连接到一个控制网络上，通过网络对其进行综合的控制，并运用相应技术手段，依据一定的技术标准，实现该建筑的智能化，即通信自动化、办公室自动化和楼宇管理自动化。它是随着计算机在环境控制中的应用而发展起来的一种智能化控制管理网络。它可以将大楼的各个系统进行集中管理和最佳控制，从而最大限度地提高和优化楼宇控制管理水平，完善系统功能，降低管理维护费用，减少能源消耗。建筑物内所有机电装置和能源设备通常采用集散型控制系统，它的特征是"集中管理，分散控制"，即以分布在现场被控设备处的多台微型计算机控制装置来完成被控设备的交时监测、保护与控制。

10.2.1　BAS系统的组成

当前智能建筑的"智能"一般是通过建筑设备的智能化来获得的。建筑设备自动化系统通常包括暖通空调设备、给水排水设备、电气设备、消防设备及安防设备等控制系统。根据我国行业标准，楼宇自动化系统又可分为设备运行管理与监控系统、消防与安防系统。一般情况下，这两个系统宜一同纳入楼宇自动化系统考虑。当独立设置消防与安防系统时，建立与楼宇自动化监控中心通信联系，以便灾情发生时，能够按照 TCP/TP 协议实现远程操作，进行一体化的协调控制。其主要包括以下几个内容：中央空调-冷冻机房自控-新风及空调机-主要的供风和排风机-空调系统分区开 / 关监控-中央空调计费系统；给水 / 排水设备计费系统及设备管理；公共照明系统分区 / 分层开 / 关监控；变电系统监控-高压及配电监控-通过电力变送器对整个楼宇供电情况作模拟监控；自动扶梯和电梯监控；消防系统报警监控；锅炉机房及热水供应监控系统；防盗系统。

10.2.2　BAS 系统的设计

首先，确定建筑物的使用功能，即要求 BAS 系统所要达到的控制目标，有哪些自动化控制及管理系统能满足建筑物内的各功能。根据各系统所包含的设备，制作出楼宇自控系统的被控与监控设备明细，并做出详细的自动化控制功能说明，给出每一系统的控制方案及达到的控制目的。根据系统复杂程度及今后的发展要求，确定监控中心位置和使用面积，并做出足够的预留。

其次，在确定被控设备的数量及相应的控制方案后，确定被控设备的监控点数及其性质，核对监控点的技术可行性。绘制出相应的平面布置及其走线、布点平面图。

最后，根据相应的平面布置及其走线、布点平面图，画出 BAS 总控制网络图，并画出各被控设备的控制原理图及监控中心设计及平面布置。

10.2.3　BAS 系统的监控范围和参数内容

BAS 系统的监控范围和参数内容是由建筑物业主根据资金、实际设备安装情况、建筑物所要达到的标准等具体情况提出来的，所以各个工程均不能完全一致，但通常监控内容大致如下：

（1）空调机组 / 新风空调机组；新 / 回风空调机组；变通风量空调机组。

（2）冷 / 热源系统冷冻机组；冷却水泵；冷却塔；热交换器；热水二次水泵；热泵机组。

（3）给水排水系统各类水泵；各类水箱。

（4）电力系统照明控制；高 / 低压信号测量；备用发电机组。

（5）电梯保安门锁；巡更等。

10.2.4　BAS 系统优势

楼宇自控系统（BAS）可将建筑物的空调、电器、给水排水及消防报警等进行集中管理和最佳控制，通过测量室内、外空气的状态参数以维持室内舒适环境为约束条件，把最小能耗量作为评价函数、工作顺序和运行时间及空调系统各环节操作运行方式，以达到最佳节能运行效果。

通常所说的现代化楼宇自动化控制系统，主要应用于基础设施建设，它本质上属于网络系统，它要求能够实现对各类建筑设备和设施的有效控制和管理，这是一种非常复杂的自动化控制系统。楼宇自动化控制系统的组成核心是中央计算机，中央计算机通过通信线路实现与关键设备和控制对象互联，自控系统的监测对象包括执行器、传感器、变送器、耦合元件，在先进软件的支持下，能够更加科学智能地进行数据整理分析、逻辑判断和图形编辑，这样的智能化操作可以实现对整个系统的集中监测和控制，不仅有效地提高了系统运行效率和增强系统运行稳定性，而且在此基础上能减少运行管理成本，这些整合在一起形成了一个完整的楼宇自动化控制系统。具体优势如下：

（1）室内恒温控制。

现代楼宇中的中央空调是调节楼宇内温度与环境舒适性的重要设备。楼宇自动化系统中的空调控制子系统其主要作用就是要做好中央空调的控制以使得楼宇内的温度与湿度都保持在一个较为良好的状态。

楼宇自动化系统中的空调控制子系统其控制流程如下：传感器温、湿度监测—环境数据比较—中央空调控制，通过楼宇自动化系统完成对于中央空调的控制用以实现对于楼宇内空气的加热或是加湿处理，为楼宇内的人员营造良好的居住环境。在空调系统的构建以及应用过程中，要对室内温度和室外温度进行有效控制，并且对两者进行对比分析，在对室内温度和室外温度进行控制时，可以直接利用计算机对其进行操控，一旦发现两者之间存在比较明显的差异性时，可以直接利用与实际情况相符合的措施对其进行调节，这样不仅能够保证室内温度和室外温度一直保持在一定的水平上，而且还能够为人们提供良好的温度体验。

（2）室内空气质量。

室内空气质量与人类健康息息相关，主要依据空气质量参数判断其使用标准。物理性的参数有温度、相对湿度、空气流速和新风量；化学性的参数有二氧化硫、二氧化氮、一氧化碳、二氧化碳、氨、臭氧、甲醛、苯、甲苯、二甲苯、苯并芘、可吸入颗粒 PM2.5、PM10 和总挥发性有机物；生物性的参数主要是菌落总数；放射性的参数主要是氡。

1）室温自动控制。

室内的最佳温度冬季是 16 ~ 24℃，夏季是 22 ~ 28℃。如果室内温度偏低或者偏高，人们就能明显感觉到不舒服，不仅会降低工作和学习效率，还会伴有很强的不适感，最常见的是出虚汗、思维迟钝、头脑晕眩等。所以，必须利用一切可利用的方案保证室内环境的舒适性。

对室内温度进行控制是暖通空调的作用之一，在此系统中，主要通过干球温度传感器执行控制，若产生变化，则通过传感器对信号进行收集，然后经调节机构进行调控。在对温度进行控制的时候，则需通过送风装置与加热器进行控制，若出现升温情况，则在加热器增多热量的同时，送风装置也会进行调整。在自动控制系统中，通常采取电加热控制室温，因为不同类型及规划的建筑的室温调控方式是不同的，所以要采取适合的调控方法。在控制系统中，施工人员确定好安装温度传感器的位置，其安装环境与距离对温度感应产生直接的影响，并要远离辐射严重及热源设备，若在墙体围护附近进行安装，则要测量温度。在安装的时候可以进行悬挂，使其不与墙体直接接触。因为夏、冬季的温度变化大，所以暖通空调要采取不同调整措施。当人感觉室内温度不舒适时，通过变动控制进行调节，在不用空调的季节，自动控制系统也会做好控制工作，避免电量出现浪费。

2）室内湿度自动控制。

相对湿度过低或过高对人体都会产生不好的影响，如果室内湿度低于 40%，人的代谢速度降低和纤毛运动速度下降会使得黏膜位置容易沾染灰尘，进而导致呼吸道疾病的出现。如果湿度过高，也对健康不利，大量的人体排泄的、难以蒸发的汗液会导致人感到闷热。

室内湿度自动控制主要包括间接控制法和直接控制法。首先，间接控制法，其温度与空调露点温度有关，在对湿度控制过程中，要结合湿度的变化，当湿度变化不大时，则不需要调整，只对机器露点温度进行调整，其湿度也会结合室内湿度做出相应的调整。其次，直接控制法，主要对针对室内湿度变化比较大的情况中，暖通空调系统通过传感器或湿球，感应湿度的变化，并通过调节机构做出调整，室内热湿负责在调整完成后会恢复正常，这种控制方式可以使人的感官达到满意。

3）新风量自动控制。

新风量是影响身体健康的重要指标，在空气不流通的房间且缺氧的环境下，大脑会缺氧、产生嗜睡和醒后精神萎靡的现象，在情况严重时，会产生神经衰弱和器官慢性衰竭等症状。同时，湿气、有害气体、细菌和病毒等容易聚集。

例如，系统通过 CO_2 等传感器进行室内环境的探测，当室内空气 CO_2 等的浓度超过设定的标准值时，BA 系统启动送、排风机进行排风和补充新鲜空气，以保持相应区域的空气质量达到正常的范围。在保证室内空气质量的前提下，通过转轮式热回收装置使排风和新风进行能量的交换充分利用室内排风的冷热量，既能使室内温度保持在我们所需要的范围内，又能节约空调冷、热和水的使用量，从而达到节能的目的。

对冷热源、空调系统的最佳控制，温、湿度的自动调节，新风等合理监控从而保证楼宇内的人员感到环境的舒适性，提高工作效率。楼宇自控系统的使用不仅将室内空气质量控制在合理的范围内，同时实现了智能化管理的目的。

（3）便于大楼内的所有设备的保养和维修；

（4）便于大楼管理人员对设备的操作和监视设备运行情况，提高整体管理水平；

（5）良好的管理将延长大楼的设备的使用寿命；

（6）及时发出设备故障及各类报警信号；

（7）节省运行费用，节省能源。

要注意自动化技术与暖通空调技术的配合，才能更好地实现建筑设备系统的合理设计、有效使用以及运行控制过程中的能量节约。根据室外气候条件和室内参数设定值，自动调整空调制冷系统的运行参数，真正做到设备响应当地气候，保证建筑设备在提供建筑环境要求的同时，达到初投资、运行费和维修服务费最小的优化目标。

10.2.5 消防自动化系统

消防自动化系统（Fire Automation System，简称 FAS）作为智能建筑的子系统之一，即具有独立运行的功能，又能同其他系统联网进行系统集成。消防自动化技术的主要内容包括火灾参数的检测技术、火灾信息处理与自动报警技术、消防防火联动与协调控制技术、消防系统的计算机管理技术以及火灾监控系统的设计、构成、管理和使用等。

为了保障人们在智能建筑中的工作、生活、学习和休闲娱乐，采用先进技术和高科技手段，建立一个现代化的消防自动化系统十分必要。智能建筑具有高标准和复杂性，一旦出现火情，要做到尽快有效地开展扑救工作，对智能建筑消防提出了特殊的要求。

智能建筑中的消防工作具有如下特征：

（1）许多智能建筑的结构跨度大，空间高度超高，且结构复杂。一旦发生火情，扑救工作非常困难。

（2）智能建筑的内外环境要求标准高，尤其是内环境，为了满足人们的工作生活等多方面要求，大量采用多种多样的装饰材料，一旦发生火灾，大量可燃材料的燃烧将产生有害的烟气和毒气，直接危害人们的生命安全。

（3）由于智能建筑尤其是高层建筑和超高层建筑，其建筑容量大，可同时容纳成千上万人在楼内工作，一旦发生火灾，建筑通道复杂且楼层太多，人员疏散难度大，疏散时间长。

（4）智能建筑大多数是多用途的综合性大楼，往往设有办公室、写字间、会议厅、饭店、公寓、娱乐场所，人员复杂，难以管理。如果人们的防火意识淡薄或者放松警惕，就会增加火灾发生的可能性。

针对智能建筑的消防特点，消防自动化系统具有以下基本功能：

（1）自动喷水灭火系统

水是最为常用的灭火介质，具有无毒，无污染的优点。而且水系统的结构简单，造价低廉，工作可靠，维护使用方便，因此，成为智能建筑中最主要的灭火介质。自动喷水灭火系统根据系统构成和灭火过程，可以分为室内消火栓灭火系统和室内自动喷淋水系统。

（2）自动气体灭火系统

自动气体灭火系统主要用于不适宜水灭火或有贵重设备的场所，如配电间、计算机房、可燃气体及易燃液体仓库等。气体自动灭火设备室通过探测器探测到火情后，向灭火控制器发出信号，控制器收到信号后通过灭火指令来控制气体压力容器上的电磁阀，放出灭火气体执行灭火任务。

（3）火灾紧急通话系统

火灾紧急通话系统是与普通电话分开的系统，主要目的是保证火灾发生时，消防控制室可直接与火灾报警器的设置点及其他重要场所通话，以便及时通报有关火灾情况，有利于组织灭火。

（4）火灾事故广播系统

火灾发生后，为了便于组织人员安全疏散和通告有关火灾事项，火灾自动报警控制系统通常设置火灾紧急广播及警铃。火灾事故广播系统一般有两种，一种是独立设置的，另一种是正常的广播系统。建筑物内部的正常广播系统兼有火灾事故广播作用，当发生火灾时，消防控制室将其强制切换到紧急广播系统，并且在消防话筒播音。

（5）安全疏散系统

安全疏散系统主要包括事故照明与疏散照明（或叫应急照明）系统，是为了保障火灾时人员安全疏散而设置的。应急照明的电源除了正常供电外，一般还有设备用电源或自备发电机供电。通常都设置在疏散通道、公共出口处，如疏散电梯、防烟楼梯间及前室、消防电梯及前室等。

（6）消防电梯管理系统

消防电梯是智能建筑中特有的必备设施之一，其作用有两个。一个是当火灾发生时，正常电梯因断电及不防烟火而停止使用，消防电梯迅速作为垂直疏散的通道被启用；另一个是作为消防队员登高扑救的重要运送工具。消防电梯运行管理控制的专用开关通常设置在建筑物消防控制室内。

10.2.6　安全防范自动化系统

安全防范自动化系统（Safety Automation System，简称 SAS）是以安全防范技术为先导，以人力防范为基础，以技术防范和实体防范为手段，为建立具有探测、延迟、反应基本功能并使其有效结合的综合安全防范服务保障体系而进行的活动。它是一个技术性和综合性很强的系统，涉及很多方面，是一个名副其实的系统工程。

1. 安全防范技术分类

（1）物理防技术（Physical Protection）：主要指实体防范技术。

（2）电子防范技术（Electronic Protection）：指应用于安全防范的电子、通信、计算机与信息处理技术及其相关技术。

（3）生物统计学防范技术（Biometric Protection）：指利用人体的生物学特征进行安全防范的一种特殊技术，如指纹。

2. 安全防范的内容

（1）对人身安全和财产的保护。

（2）对信息系统的保护。

3. 安全防范层次

（1）外部入侵保护

对各出入口和其他通道的状态检测与控制，防止无关人员从外部侵入，把嫌疑人排除在所防卫区域之外，属第一道防线。

（2）区域保护

利用各种探测器对重点防护区域探测是否有人非法进入。如果有人非法进入，则向控制中心发出报警信号，控制中心再根据情况做出相应的处理。

（3）特殊目标保护

对特定目标的重点保护。

4. 安全防范的三个基本要素

（1）探测：感知显性和隐性风险事件的发生，并发出报警。

（2）延迟：延长和推迟风险事件发生的进程。

（3）反应：组织力量为制止风险事件发生所采取的快速行动。

10.3　通信自动化系统

通信自动化系统（Communication Automation System，简称 CAS）是智能建筑的主要组成部分，它为建筑的使用者提供最快和最有效的服务。通信自动化系统对来自建筑物内外的各种不同的信息进行收集、处理、储存、传输等工作，保证建筑物内语音、数据、图像传输的基础，同时与外部通信网（如电话公网、数据网、计算机网、卫星以及广电网）相连，与世界各地互通信息。通信系统可以说是整个智能系统的基础，是智能系统能否正常运行的关键。通信系统技术水平的高低制约着智能建筑的智能水平。

10.3.1 CAS 系统组成

智能建筑的通信系统，大致可以划分为三个组成部分，它们是：以程控交换机为主构成的语音通信系统、以计算机及综合布线系统为主构成的数据通信系统、以电缆电视为主构成的多媒体系统。这三部分既互相独立，又相互关联。

一栋智能建筑，除了有电话、传真、空调、消防与安全监控等基本系统外，各种计算机网络、综合服务数字网络都是不可缺少的，只有具备了这些基础通信设施，需要提供给人们的新信息技术，如电子数据交换、电子邮政、电视会议、视频点播、多媒体通信等才有可能获得使用，使楼宇构成名副其实的智能建筑。

10.3.2 CAS 系统的设备和基本功能

1. 语音通信

（1）程控交换机

"交换"和"交换机"最早起源于电话通信系统（PSTN）。传统意义上的电话交换系统必须由话务接线员手工接续电话，这被称为人工电话交换系统，而所指的程控交换机是在人工电话交换机技术上发展而来的。

程控交换机的作用是将用户的信息、交换机的控制、维护管理等功能，采用预先编制好的程序存储到计算机的存储器内。当交换机工作时，控制部分自动监测用户的状态变化和所拨号码，并根据其要求来执行相关程序完成各种功能。由于采用的是程序控制方式，因此被称为存储程序控制交换机，简称为程控交换机。

在微处理器技术和专用集成电路飞速发展的今天，程控数字交换的优越性愈加明显地展现出来。目前所生产的中等容量、大容量的程控交换机全部为数字式，而且交换机系统融合了 ATM、无线通信、IP 技术、接入网技术、HDSL、ADSL、视频会议等先进技术，因此，这种设备接入网络的功能是相当完备的。可以预见，今后的交换机系统，将不仅仅是语音传输系统，而且是一个包括声音、文字、图像的综合传输系统。目前，已广泛应用的 IP 电话就是其应用的一个方面。

（2）用户交换机

程控交换机如果应用在一个单位或企业内部作为交换机使用，称它为用户交换机。用户交换机的最大特点就是外线资源可以共用，而内部通话时不产生费用。

用户交换机是机关、工、矿企业等单位内部进行电话交换的一种专用交换机，其基本功能是完成单位内部用户的相互通话，但也可以接入公用电话网通话（包括市内通话，国内长途通话和国际长途通话）。

（3）程控数字交换机的基本功能和特点

程控交换机一般具有以下系统功能及用户功能：来话可多次转接及保持；一般可以对分机进行计费；可作呼叫转；电脑话务员或人工应答；分机服务等级限制；分机弹性编号；分机免打扰；分机分组代答；特权分机可直接拨外线；多方通话；可锁定特殊号码。

程控数字交换机是现代数字通信技术、计算机技术与大规模集成电路（LSI）有机结合的产物。先进的硬件与日臻完美的软件综合于一体，赋予程控交换机以众多的功能和特点，使它与机电式交换机相比，具有以下优点：体积小，重量轻，功耗低；能灵活地向用户提供众多的新业务服务功能；工作稳定可靠、维护方便；便于采用新型共路信号方式；易于与数字终端，数字传输系统连接，实现数字终端。

2. 图像通信

图像通信是传送和接收图像信号或称之为图像信息的通信。它与语音通信方式不同，传送的不仅有声音，而且还有图像、文字、图表等信息，这些可视信息是通过图像通信设备变换为电信号进行传送，在接收端再把它们真实地再现出来。所以说图像通信是利用视觉信息的通信，或称它为可视信息的通信。

图像通信是通信技术中发展非常迅速的一个分支。数字微波、数字光纤、卫星通信等新型宽带信道的出现，分组交换网的建立，微电子技术和多媒体技术的飞速发展，有力地推动了这门学科的进步。数字信号处理和数字图像编码压缩技术产生了愈来愈多的新的图像通信方式。图像通信的范围在日益扩大，图像传输的有效性和可靠性也在不断得到改善。

3. 文字通信

文字通信是一种比图像通信简单的通信，通常的文字通信有用户电报、传真、电子邮件。

（1）用户电报

用户电报是用户将书写好的电报稿文交由电信公司发送、传递，并由收报方投送给收报人的人一种通信业务。由于通信事业的不断进步和发展，现在人们对电报的使用已经愈来愈少了，而逐渐被传真所代替。

（2）传真通信

传真是一种通过有线电路或无线电路传送静止图像或文字符号的技术。其原理是发送端将欲传送的图像或文件，在水平和垂直方向分解成若干微小单元（像素）并以一定的顺序将各个像素变换成电信号，通过有线或无线的传输系统传送给接收端，接收端将收到的电信号转变为相应的亮度的像素，并按照同样的顺序在水平和垂直方向记录下来，就可以还原与原稿一模一样的图像或文件。

需要指出的是，传真是必须依靠电话线路才能传递的原稿的复印件，而且需要双方都具备传真能力，即收发双方都有传真设备，但现在利用计算机、扫描仪及相关软件也可以实现双方的无传真机的传真，因为现在 Windows 或 XP 都集成了虚拟传真机的功能。

（3）电子邮件

电子邮件是 Internet 上的重要信息服务方式。电子邮件是以电子信息的格式通过互联网为世界各地的 Internet 用户提供了一种极为快速、简单、经济的通信和交换信息的方法。与电话相比，E-mail 的使用非常经济，传输几乎是免费的。而且这种服务不仅仅是一对一的服务，用户也可以一封邮件向一批人发送，或者接收邮件后转发其他用户，也可以发送附件，譬如音乐文件、照片、声音等作为附件传送。由于这些优点，Internet 上数以千万计的用户都有自己的 E-mail 地址，E-mail 也成为利用率最高的 Internet 应用。

10.3.3　计算机网络通信系统

在智能建筑中，网络系统是"通信网络""办公自动化网络"和"建筑设备自动化控制网络"的总称，是智能建筑的基础。网络系统对于智能建筑来说，犹如神经系统对于人一样重要，它分布于智能建筑的各个角落，是采集、传输智能建筑内外有关信息的通道。

1. 智能建筑网络系统的发展过程

智能建筑的发展过程，在功能上是一个从监控到管理的过程，在技术上是一个以计算机技术、控制技术和通信技术等现代信息技术为基础的多学科的发展史。

智能建筑的早期，由于技术条件的限制，采用模拟信号的一对一布线，网络系统是传输模拟信号的模拟电路网络，大型建筑内的设备只能在中央监控室内采用大型模拟仪表集中盘对少数的重要设备进行监视，并通过集中盘来进行集中控制，形成所谓的"集中监控，集中管理"的模式，此时的建筑仅仅可以称为"自动化建筑"。

2. 智能建筑网络系统的结构

智能楼宇的计算机网络系统可以分为内网和外网两部分，原则上，内网和外网是彼此分开的，物理上不应该有相互联系，这是出于安全性能上的考虑，但无论内网或外网，都可以划分为三个部分：用于连接各局域网的骨干网部分、智能楼宇内部的局域网部分以及连接 Internet 网络的部分。

（1）用于连接各局域网的骨干网

骨干网是通过桥接器与路由器把不同的子网或 LAN 连接起来形成单个总线或环形拓扑结构，这种网通常采用光纤做骨干传输。骨干网是构建企业网的一个重要的结构元素。它为不同局域网或子网间的信息交换提供了传输路径。骨干网可将同一座建筑物、不同建筑物或不同网络连接在一起。通常情况下，骨干网的容量要大于与之相连的网络的容量。骨干网是属于一种大型的传输网路，它用于连接小型传输网络，并传送数据。

注意与智能楼宇区别的是，人们通常把城市之间连接起来的网称为骨干网，这些骨干网是国家批准的可以直接和国外连接的互联网。而那些有接入功能的 ISP 想连到国外都得通过骨干网。我国现有九个属于国家级别的 Internet 骨干网络。

相比之下，智能楼宇内的骨干网仅局限于一座建筑物内部，它的作用就是完成将楼宇中的多个网络链接在一起，也完成将广域网的链接与本建筑物内的局域网络连接到一起。

（2）智能楼宇内部的局域网

一般地，楼层局域网分布在一个或几个楼层内，这样，对局域网的类型、容量大小、具体配置的选择要根据实际情况来决定，例如：流量的大小、工作站的点数的设置、覆盖范围、可能对服务器的访问的频度等。目前，大部分局域网采用的网络结构为总线型的以太网络、令牌环 Token Ring 为主，传输介质以双绞线、同轴电缆为主，也可采用光纤。

（3）连接 Internet 网络

智能楼宇与外界的连接，主要借助于公用网络，例如公用电话网络系统、数据专线 DDN、接入服务 XDSL、ATM、X.25 公用分组交换网等。当然，如果楼宇处于特殊地理位置，例如较偏远地区，或者由于与外界联络的特殊需要，也可以架设微波卫星通信网络，但对于这种接入，由于国家的通信规范的要求，需要根据当地城市管理的制度，并且履行特别的手续才能架设。

3. 宽带通信网的相关技术

（1）ISDN

综合业务数字网（Integrated Service Digital Network，简称 ISDN）是基于现有的电话网络来实现数字传输服务的标准，与后来提出的宽带 B-ISDN 相对应。传统的 ISDN 又被称为窄带（Narrowed）ISDN 即 N-ISDN，简称 ISDN。

ISDN 又称"一线通"，即可以在一条线路上同时传输语音和数据，用户打电话和上网可同时进行。ISDN 的出现，使 Internet 的接入方式发生了很大的变化，极大地加快了 Internet 在我国的普及和推广。目前，已经标准化的 ISDN 用户 - 网络接口有两类：基本接口（BRI）和一次群速率接口（PRI）。

（2）ATM

ATM 技术综合了电路交换的可靠性与分组交换的高效性，借鉴了两种交换方式的优点，采用了基于信元的统计时分复用技术。

信元（cell）是 ATM 用于传输信息的基本单元，其采用 53 字节的固定长度。其中，前 5 个字节为信头，载有信元的地址信息和其他一些控制信息，后 48 个字节为信息段，装载来自各种不同业务的用户信息。

（3）ATM/IP 平台

随着宽带 IP 技术的发展，在 IP 网上传输话音、视频等实时业务的服务质量（QoS）的保证问题逐步得到解决。目前正在开发多种算法和协议，将话音、视频业务以及传统的数据通信业务逐步移到 IP 网上。IP 业务即将成为通信业务的主流。

随着 IP 业务的发展，ATM/IP 平台将逐步过渡到纯 IP 平台。目前全球电信网已装备了大量 ATM 设备，传统数据通信业务仍有很大的市场，因此 ATM/IP 多协议多业务平台仍将在一个时期内继续存在。

（4）ADSL 技术

DSL（数字用户线路，Digital Subscriber Line）是以铜质电话线为传输介质的传输技术组合，它包括 HDSL、SDSL、VDSL、ADSL 和 RADSL 等，一般称之为 xDSL。它们主要的区别就是体现在信号传输速度和距离的不同以及上行速率和下行速率对称性的不同这两个方面。

ADSL 技术是 xDSL 系列的之一，ADSL 技术即非对称数字用户环路技术，就是利用现有的一对电话铜线，为用户提供上、下行非对称的传输速率。

10.3.4　其他网络相关技术

1. 电视系统 CATV

CATV 是指传输双向多频道通信的有线电视，也称为共用天线电视系统（Common Aeroline Televisoion），或称有线电视网、闭路电视系统等，它的传输介质是同轴电缆。

常用的同轴电缆有两类：50Ω 和 75Ω 的同轴电缆。75Ω 同轴电缆用于 CATV 网，也称为 CATV 电缆，传输带宽可达 1GHz。50Ω 同轴电缆主要用于基带信号传输，传输带宽为 $1 \sim 20$MHz，总线型以太网就是使用 50Ω 同轴电缆，在以太网中，50Ω 细同轴电缆的最大传输距离为 185m，粗同轴电缆可达 1000m。

2. 多媒体技术

智能化的建筑楼宇目前大部分应用了视频监控系统，这对于智能楼宇的规范管理发挥了重要的作用，由于计算机技术的高速发展，现在已集中采用了多媒体技术，与传统的集成监控系统相比，多媒体视频系统的最大特点是将单纯的系统主机换成了多媒体计算机，即在微机的扩展槽中插入视频卡或图像卡后，就能在显示器上显示输入的视频图像，所以多媒体视频监控系统的主机同时还兼有了视频监视器的功能。

常用的多媒体视频监控系统，系统主机应该使用高性能的多媒体计算机，同时配置相关的多媒体、视频、网络通信等相关硬件设备，以保证功能齐全、性能稳定。多媒体视频监控系统一般都能提供视频、声频信号的动态录制功能。在值班人员的操作下或有警情发生时，监控系统可录制定长度的录像至硬盘，速度为每秒 25 帧。每段录像有相应文件名和时间字符信息，值班人员可根据文件名、时间信息查阅录制的图像。

另外，多媒体视频监控系统可作为独立系统运行，并可与消防系统、其他报警系统等专业系统联网。支持电话线的远程遥控、监视、报警，支持电话线远程联网监控。

10.4　办公自动化系统

办公自动化系统（Office Automation System，简称 OAS）是利用技术的手段提高办公的效率，进而实现办公自动化处理的系统。它采用 Internet/Intranet 技术，基于工作流的概念，使企业内部人员方便快捷地共享信息，高效地协同工作；改变过去复杂、低效的手工办公方式，实现迅速、全方位的信息采集、信息处理，为企业的管理和决策提供科学的依据，深受众多企业的青睐。

10.4.1　OAS 系统的技术基础

办公自动化系统包含：硬件部分、软件部分、多媒体技术、计算机网络与通信技术。

1. 办公自动化系统的硬件

办公自动化系统的硬件指各种现代办公设备。它是辅助办公人员完成办公活动的各种专用装置，为办公活动的信息处理提供高效率、高质量的技术手段。

2. 办公自动化系统的软件

办公自动化系统的软件是指能够管理和控制办公自动化系统，实现系统功能的计算机程序。办公自动化的软件体系有其层次结构。一般分为三层：系统软件、公用支撑软件和应用软件。

3. 多媒体技术

办公自动化系统（OAS）引入多媒体技术，使系统适于处理语音、图形、图像、动画和视频等，使信息处理更为丰富、生动，更能够满足办公要求，同时也将提高办公自动化信息处理的应用范围和价值。

4. 计算机网络与通信技术

计算机网络，是指将地理位置不同的具有独立功能的多台计算机及其外部设备，通过通信线路连接起来，在网络操作系统，网络管理软件及网络通信协议的管理和协调下，实现资源共享和信息传递的计算机系统。

计算机网络技术可以实现以下功能：

（1）数据通信：数据通信即实现计算机与终端、计算机与计算机间传输各种类型的信息。

（2）资源共享：包括硬件资源、软件资源、数据资源、信道资源（通信信道可以理解为电信号的传输介质）。

（3）远程传输：在很远的用户之间可以互相传输数据信息，互相交流，协同工作。

（4）分布处理：要处理的任务分散到各个计算机上运行，而不是集中在一台大型计算机上。

（5）集中管理：如数据库情报检索系统、交通运输部门的订票系统、军事指挥系统等。

（6）负载平衡：多台计算机共同承担一个任务，如果某一台出现问题，其他的可以代替。

网络通信技术（NCT：Network Communication Technology）是指通过计算机和网络通信设备对图形和文字等形式的资料进行采集、存储、处理和传输等，使信息资源达到充分共享的技术。通信网络技术是一种由通信端点、节（结）点和传输链路相互有机地连接起来，以实现在两个或更多的规定通信端点之间提供连接或非连接传输的通信体系。通信网按功能与用途不同，一般可分为物理网、业务网和支撑管理网等三种。

（1）物理网是由用户终端、交换系统、传输系统等通信设备所组成的实体结构，是通信网的物质基础，也称装备网。

（2）业务网是疏通电话、电报、传真、数据、图像等各类通信业务的网络，是指通信网的服务功能。

（3）支撑管理网是为保证业务网正常运行，增强网络功能，提高全网服务质量而形成的网络。在支撑管理网中传递的是相应的控制、监测及信令等信号。

10.4.2　OAS 系统的设备及常用办公软件

常用的办公设备包括：

（1）办公信息的输入、输出设备：如打印机、麦克风、音箱、扫描仪、手写笔等。

（2）信息处理设备：如各种计算机、工作站或服务器等。

（3）信息复制设备：如复印机、磁盘、光盘刻录机等。

（4）信息传输设备：如电话、传真机、计算机局域网、广域网等。

（5）信息储存设备：如硬盘、可移动硬盘、U 盘等。

（6）其他辅助设备：如空调、不间断电源、碎纸机等。

随着计算机技术的发展，办公软件已由文字输入、处理、排版、编辑、查询、检索等单机应用软件发展成为现代化网络办公系统。未来的办公自动化软件除了可以完成现有的功能外，将更有效地使用各种先进技术帮助用户完成更多任务，实现办公效率的进一步提高。

办公自动化系统软件按照层次化的观点可以分为基本软件层和应用软件层。各软件都支持办公室网络环境。

1. 基本软件

基本软件是计算机本身的运行及提供开发管理和应用所必需的软件，包括操作系统、软件工具、数据库管理系统等。另外还需要有构成计算机网络通信环境所需的软件，如网络操作系统和网络管理软件等。

2. 应用软件层

应用软件是包括各种办公事务处理的应用程序和实用程序，可分为具有一定通用功能的应用软件和专用的应用软件。应用软件在办公自动化系统中起着重要的作用，因为办公自动化系统的效能最终体现在所有应用软件的效能上，所以应用软件的数量和质量决定了办公自动化的使用价值。

（1）通用的应用软件

通用的应用软件大多是一些工具型软件，使用这些软件可以处理办公自动化系统中的一定应用领域的各种业务。通用应用软件主要包括：文字处理功能、电子表格处理功能、电子邮件收发功能、日程管理功能、图形与图像处理功能、语音处理功能。

（2）专用应用软件

专用应用软件是为一种或多种工具办公业务和其他业务使用的软件，种类十分广泛，比如：办公用品管理软件、出退勤管理软件等；医院管理系统、商店管理系统、旅馆管理系统等。

10.4.3 OAS 系统的设计

办公自动化系统是一个以计算机为核心，以信息处理为主要对象，并由人参与和管理控制下运行的复杂的人机信息系统。从设计层面上把办公自动化系统分为广义设计和狭义设计。

1. 广义设计

广义设计即制定系统总体方案是一项复杂的工作，它是建立在对现实系统进行全面深入的调查分析的基础上弄清现行系统的业务流程，信息（或数据）流程和系统的功能，并给出逻辑描述，建立现行系统的逻辑模型。然后，根据用户的需求和线性系统的情况，得出对新系统的功能需求，对这些需求加以明确的描述，给出新系统功能需求的逻辑描述，进而建立新系统的逻辑模型。因此，系统分析的基础任务就是从逻辑上分析现行系统设计出新系统，它是建立系统的关键，其工作质量如何，将影响整个系统建设的质量。系统分析的最后成果是提出建设的总体方案，它是系统的设计根据。

2. 狭义设计

系统设计是将用户的要求和系统总体方案提出的系统逻辑模型转换成具体现实的关键一步。办公自动化系统的设计包括硬设备设计和应用软件开发两大部分内容。但是，办公自动化的硬设备一般采用成熟的技术和设备。因此硬设备设计主要是选型、采购。然后，办公自动化的应用软件却要根据各自的不同业务和管理情况，进行精心设计的。可见办公自动化系统的设计主要包括以下内容：

（1）计算机系统及其配套设备的选型；

（2）原始数据的准备，组织和录入；

（3）代码设计；

（4）输出和输出的信息形式和规格；

（5）数据库设计；

（6）应用软件设计；

（7）通信网络设计；

（8）系统安全、保密设计；

（9）其他基建工程设计，如机房改造等；

（10）制定具体实施计划。

根据系统的规模和复杂程度，整个系统设计还可分成若干具体设计阶段，如分系统设计、模块设计、土建工程设计等。系统设计需由经验丰富的系统设计员来承担。

10.4.4　OAS 系统的特性

办公自动化系统有五大特性，这五大特性包括：开放性、易用性、健壮性、严密性和实用性。这是因为与企业现有 ERP、CRM、IIR、财务等系统相融合集成，是 OA 办公系统的大势所趋。只有具备开放性的 OA 办公系统，才能与其他信息化平台进行整合集成，帮助用户打破信息孤岛、应用孤岛和资源孤岛。如今，大部分组织内部人员年龄跨度较大，众口难调，只有易用性高的 OA 办公系统才能获得用户的一致青睐。而 OA 办公系统的严密性和健壮性是衡量软件优劣的重要指标，也是反映 OA 软件厂商实力差距的重要方面。此外，不实用的 OA 办公系统，无论看起来功能多丰富，性价比多高，都可能造成与企业和行业发展的不配套，无法达到提升效率的目的。纵观国内 OA 办公系统整个市场，能在这五个特性上有着杰出表现的是中国软件行业的领军企业—万户网络公司，有着"赛迪顾问协同管理平台类软件国内占有率第一"等荣誉，其研发的 OA 办公系统是当前最普及应用的新一代协同 2.0 产品。从万户 OA 在诸多用户中的表现来看，其在开放性、易用性、严密性、健壮性和实用性上达到了极致。

1. 开放性：把整合用到极致

从技术上看，万户 OA 采用整合性强的技术架构（J2EE）作为底层设计对软件的整合性会有决定性的帮助。因此，软件就能预留大量接口，为整合其他系统提供充分的技术保障。

2. 易用性：学软件有难度，但上网人人都会

万户 OA 是目前国内唯一一款能真正做到彻底网络风格化的协同软件，平台从整体到细节，彻底坚持网络风格，甚至能实现与外网的全面打通，从而，让软件应用变得像上网一样简单。

3. 健壮性：没有并发数上限的平台

坚持网络风格是最大限度提升软件健壮性的一种有效手段，这样一来，决定应用并发数的并不是软件平台本身，而是硬件和网络速度；也就是说，从理论上讲，万户 OA 这样的软件平台没有严格的并发数限制。

4. 严密性："用户、角色、权限"三维管控还不够

企业，尤其是集团型企业，从制度落地的现实需求来看，一方面必须有统一的信息平台，另一方面，又必须给各个子公司部门相对独立的信息空间。所以，OA 办公系统不仅要实现"用户、角色和权限"上的三维管控，还必须同时实现信息数据上的大集中与小独立的和谐统一，也就是必须实现"用户、角色、权限＋数据"的四维管控，具备全面的门户功能。而万户 OA 平台的权限分配就能成功实现严密的分级设置模式，彻底实现真正的门户应用。

5. 实用性：80% 标准化＋ 20% 个性化的绝配

支撑制度落地的 OA 办公系统最好能采用标准化平台的模式，在标准化的基础上，提供开放的强大的自定义功能，如此便能同时具备项目化与产品化的优点。万户 OA 就成功做到了这一点，既有标准化，又部署了大量的自定义工具，包括：首页门户自定义、知识管理平台、工作流程平台、自定义模块平台，自定义关系平台，以及大量的设置和开关与支持以上模块定义的基础自定义内容，如：数据表自定义、表单自定义、频道自定义等，通过这些功能或工具，让企业对系统的控制力大大加强，在日常的使用中不再过分依赖软件开发商，能够让系统迅速适应管理的变革。

10.5 智能建筑的实例

随着现代通信技术、计算机技术和自动控制技术的飞速发展，以及人们对舒适、温馨、方便、安全和高效率的工作环境的要求，智能化大楼在发达国家应运而生。1984年美国出现了全球第一座智能大厦，我国智能化大楼也相继出现。

智能建筑至今只不过几十年的历史。智能建筑有智能大厦、智能住宅以及智能小区三种。1985年我国在深圳国贸大厦首次引入楼宇自动化应用技术。1997年正式建成的上海博物馆智能建筑系统已达国内领先地位。国外大型体育场更是注重建筑的智能化信息化。可以说在国家的重要标志性建筑物，如大型综合运动会设施的智能化、信息化水平高低反映了该国家的社会经济和科技水平。智能化住宅是单体建筑与智能小区所提供的智能化服务和环境不同，它以自动控制技术为核心，微处理器技术与计算机网络技术为辅助，融合物业管理、消防、保安、建筑结构安全等专业知识的一项新技术。美国微软公司总裁比尔·盖茨耗资数百万美元的住宅，它可根据主人和外宾的不同身份和习惯提供不同的服务和通行限制。这样的智能住宅，不论小区管理是否智能化，它都可以独立地实现上述功能。

1990年建成的北京发展大厦（18层）可认为是我国智能建筑的雏形。1993年建成的广尔国际大厦可称为我国大陆首座智能化商务大厦。2008年奥运会国家体育场在设计和施工阶段在科技攻关和成熟技术应用方面，采用一批针对建筑结构、节能环保、智能建筑的科技成果，是当今我国乃至世界智能建筑的杰出代表。它是由通信系统、体育竞赛管理系统、管理信息系统、建筑设备监控管理系统及节能系统等几大部分组成。它的智能化系统是以先进的控制策略为指导，分为纵向集成、横向集成、总体集成二三种模式的体育场馆整体数宁化技术解决方案。以分布式数据库技术DSA集成了建筑设备监控系统、火灾报警消防联动控制、安全防范系统，以OPC技术集成了办公自动化系统、票务管理系统和公共广播系统。充分实现了大型体育场馆对现代化的综合性管理手段和场馆运行的要求。

10.5.1 智能大厦建筑功能概述

武汉某智能大厦的楼宇由两个塔楼组成，办公楼为地上51层，外观为长方形；酒店为地上35层，外观为半圆形，办公楼与酒店之间裙房6层，地下2层；总建筑面积近12万m^2。地下2层为停车场，1层及地下1层为商场，2层为银行大厦营业大厅，3层为银行办公及酒店咖啡厅，4层为食堂及酒店宴会厅，5层为游泳池、桑拿、会议中心，6层为计算中心及设备层。该智能大厦是集娱乐、办公、酒店为一体的综合型大厦，已完成的智能系统有：楼宇自动化系统、消防报警及自动控制系统、综合布线系统、办公自动化系统、安防系统、公共广播系统、会议系统、IC门禁系统及停车场管理系统。

10.5.2　自控系统设计

BAS 系统设计和实施的好坏直接关系到大厦内的各种设备协调有序地工作，最大可能地减少相关的管理人员和最大限度地节约能耗，降低大厦的管理和运营费用，因此，选择性价比高的 BAS 设备供应商对大厦 BAS 系统至关重要。考虑到大厦的楼层较高，使用功能多样，需求属于大型规模，最终采用了西门子公司的 S-600 系统。S-600 系统结构由三级组成，分别是操作站级、网络控制器级和现场控制器级。主要功能包括对空调系统（包括冷热源系统、空调机和新风机系统、送排风机系统等）、给水排水系统、变配电系统、照明系统等系统进行监控及控制。S-600 与火灾报警系统通过接口联网，实施系统监控，使大厦内各种设备连成一个整体，统一有序地处理各种日常或突发事件。大楼控制系统设中央站，下面各层设控制器分别控制冷水系统、空调处理机组、照明系统、给水排水系统、供配电系统、电梯。系统具体包括中央监控电脑系统、积木式模块控制器（MBC）、单元控制器（UC）、数字点单元（DPU），配套传感器及执行机构等。在中央控制室内配置一套图形工作站，图形工作站能监视整座大楼接入系统内的设备运行状态，对整座大楼进行综合监控管理。另外配置 3 台图形工作站为 IBM586 计算机，彩色显示器，一台 24 针打印机，西门子公司提供 IN-SIGHT 图形管理软件。通过 INSIGHT 软件，用户可以在 WINDOWS 视窗的操作环境下，操纵鼠标，以动态的彩色图形方式，灵活地监控大楼内的各种设备。借助鼠标及主副菜单的帮助，用户不必像键盘操作系统那样，要记住命令的名字、指令，并依次序键入指令。通过 INSIGHT 软件，用户使用鼠标可以形象地监控大楼内所有设备运行情况（供操作人员使用）；在荧光屏上显示不同任务的视窗，并在视窗之间进行切换；排定和修改设备的工作程序；收集和分析采样数据（供节能分析用）；管理报警信号和操作者信息（供管理人员使用）。

10.5.3　BAS 系统的硬件

本系统提供齐全的硬件设备，它包括中央处理机、网络控制器、操作终端机、显示器、打印机、数字控制器、传感器、执行器及采样器等设备及信号传递线路，具有资料收集、处理及与外围设备之间传递信息的功能。监控点设定值的修改和软件程序的变更是在现场经操作终端直接输入而实现，不需要到生产厂家去修改。中央处理机（CPU）不停地对整个系统检测，当系统内出现任何不正常情况时，会自动发出警报，并做出检测及故障警报记录，要求系统允许 40 个以上的使用人员进行操作，为确保 BAS 运行，系统具备 5 个以上不同级别的密码检测功能，操作人员按等级类别各具不同的操作密码，不同的密码对应不同的操作指令。

10.5.4　BAS 系统的软件

1. 工作站软件

本系统提供具备中文菜单选择及能随时获得中文操作提示的工业标准用工作站界面软件，以尽量减少对操作员所需的培训要求。包括以下功能：图表显示及环境控制功能；制订或取消楼宇操作；收集和分析历史记录；定义与构造动态彩色图像显示；控制器数据的编辑、编程、存储及写入等。

2. DDC 软件

DDC 控制器能部分或全部运行以下的能量管理程序：每日计划；按照日历表计划；节日计划；临时修正计划；最优开 - 关时间计划；自动夏令时间转换；夜晚延时控制；热焓转换（节热器）；高峰需求限止；温度补偿工作循环；风机速度 /CFM 控制；加热制冷连锁；冷级复位；热级复位；热水复位；冷却水复位；冷凝水复位；冷冻机顺序。所有程序将会自动执行而不需要人工干预，并且都是可适性的，允许用户根据实际应用要求进行调整。DDC 控制器可执行日常的，或由用户定义的特殊任务操作，并自动执行这些计算程序和特殊控制程序，由警报管理系统来监视和直接把情况报告给设备操作员。每个 DDC 控制器都能自行分配或独立的报警分析和过滤程序，尽量减少由非临界报警而产生的控制器停止工作的情况，即 DDC 控制器的报警能力受到了其他控制器或一个监控工作站、本地 I/O 设备与网络上其他设备通信等工作的影响。提供多种对历史数据的收集功能，（人工 / 自动）采集、存贮、显示系统在 I/O 概览中列出的控制点的数据。DDC 控制器具有对在控制点 I/O 概览中指明的数字输入和输出控制点自动进行运行时间累加和存贮的功能。DDC 控制器可对用户选择的在控制点 I/O 概览中指明的模拟和数字脉冲输入型控制点，以日、星期、月的方式自动采集、计算、存储设备总消耗量值。DDC 控制器能记录下泵或风机系统循环启或停的次数这样的事件。对在点 I/O 概览里的控制点，事件总计程序将按日、星期、月的间隔进行累计。

思 考 题

1. 什么是智能建筑？
2. 智能建筑通常包含的三大基本要素是什么？
3. 智能建筑具备哪些优势？
4. 楼宇自动化系统（BAS）具备的优势是什么？
5. 什么是安全防范自动化系统（SAS）？
6. 通信自动化系统（CAS）包含的三个组成部分是什么？
7. 办公自动化系统（OAS）包含哪几个部分？
8. 从设计层面上理解，办公自动化系统的设计分为哪几种方式？
9. 办公自动化系统（OAS）的五大特征是什么？
10. 列举你所了解的智能建筑实例？

参 考 文 献

[1] 邢彤，周檀君，付文璟. 智能建筑概述 [J]. 科技与生活，2010（7）：61-61.
[2] 南学平. 可持续发展建筑的理论与实践 [J]. SHANXI ARCHITECTURE，2006，32（17）.
[3] 孙景芝，张铁东主编. 楼宇智能化技术 [M]. 武汉：武汉理工大学出版社，2009.
[4] 梁毅. 楼宇自动化系统 [J]. 内蒙古科技与经济，2002，（6）：58-59.
[5] 吴兴. 楼宇自动化系统概述 [J]. 科技情报开发与经济，2008，18（29）：183.
[6] 王勇 著. 智慧建筑 [M]. 北京：清华大学出版社，2012.

［7］解静涛. 智能建筑通信系统现状与发展［J］. 太原科技，2005（3）：32-33.

［8］张卓，刘丽娟，齐春桥，等. 基于 LOTUS R5 平台智能小区信息管理系统［J］. 大连：大连大学学报，2004，22（4）：63-68.

［9］黄宪东，刘士君编著. 办公自动化技术与实践［M］. 北京：中国人民大学出版社，1989.

［10］丁宁，韩福涛，舒刘海. 浅谈办公自动化系统的设计与实施［J］. 治淮，2011（002）：42-44.

［11］赵起升，朱静孙，王平. 智能建筑中的楼宇自动化设计及其应用［J］. 武汉：华中科技大学学报（城市科学版），2003，20（3）.

第11章 可持续建筑的施工及运营维护

11.1 绿 色 施 工

绿色施工作为建筑全寿命周期中的一个重要阶段，是实现建筑领域资源节约和节能减排的关键环节。绿色施工是指工程建设中，在保证质量、安全等基本要求的前提下，通过科学管理和技术进步，最大限度地节约资源并减少对环境负面影响的施工活动，实现节能、节地、节水、节材和环境保护（"四节一环保"）。实施绿色施工，应依据因地制宜的原则，贯彻执行国家、行业和地方相关的技术经济政策。绿色施工应是可持续发展理念在工程施工中全面应用的体现，绿色施工并不仅仅是指在工程施工中实施封闭施工，没有尘土飞扬，没有噪声扰民，在工地四周栽花、种草，实施定时洒水等这些内容，它涉及可持续发展的各个方面，如生态与环境保护、资源与能源利用、社会与经济的发展等内容。如图11-1所示，为典型的现代施工方法，但是它并不是真正意义上的"绿色施工"。

图 11-1 某建筑施工现场

11.1.1 我国绿色施工的实施现状

绿色施工是可持续发展思想在工程施工中的应用体现，是绿色施工技术的综合应用。绿色施工技术并不是独立于传统施工技术的全新技术，而是用"可持续"的眼光对传统施工技术的重新审视，是符合可持续发展战略的施工技术。

随着可持续发展战略在我国推广，建筑业的可持续发展也越来越受到社会各界的重视，绿色建筑设计、绿色施工作为在建筑业落实可持续发展战略的重要手段，已经为众多的业内人士所了解。但需要说明的是，绿色施工虽然与可持续发展密切相关，但在其实际的推行中，存在深度、广度不足，系统化、规范化差，口头赞同多、实际行动少等现象，绿色施工的作用并不明显，亟待进一步加强与完善。绿色施工是可持续发展思想在工程施工中的应用体现，是绿色施工技术的综合应用。绿色施工技术并不是独立于传统施工技术的全新技术，而是用"可持续"的眼光对传统施工技术的重新审视，是符合可持续发展战略的施工技术。

　　绿色施工并不是很新的思维途径，承包商以及建设单位为了满足政府及大众对文明施工、环境保护及减少噪声的要求，为了提高企业自身形象，一般均会采取一定的技术来降低施工噪声、减少施工扰民、减少环境污染等，尤其在政府要求严格、大众环保意识较强的城市进行施工时，这些措施一般会比较有效。但是，大多数承包商在采取这些绿色施工技术时是比较被动、消极的，对绿色施工的理解也是比较单一的，还不能够积极主动的运用适当的技术、科学的管理方法以系统的思维模式、规范的操作方式从事绿色施工。事实上，绿色施工并不仅仅是指在工程施工中实施封闭施工，没有尘土飞扬，没有噪声扰民，在工地四周栽花、种草，实施定时洒水等这些内容，还包括了其他大量的内容，如生态与环境保护、资源与能源利用、社会与经济发展等。真正的绿色施工应当是将"绿色方式"作为一个整体运用到施工中去，将整个施工过程作为一个微观系统进行科学的绿色施工组织设计。绿色施工技术除了文明施工、封闭施工、减少噪声扰民、减少环境污染、清洁运输等外，还包括减少场地干扰、尊重基地环境，结合气候施工，节约水、电、材料等资源或能源，环保健康的施工工艺，减少填埋废弃物的数量，以及实施科学管理、保证施工质量等。正如图 11-2 所倡导的，绿色施工要节约资源保护环境。

图 11-2　节约资源保护环境广告

　　大多数承包商注重按承包合同、施工图纸、技术要求、项目计划及项目预算完成项目的各项目标，没有运用现有的成熟技术和高新技术充分考虑施工的可持续发展，绿色施工技术并未随着新技术、新管理方法的运用而得到充分的应用。施工企业更没有把绿色施工能力作为企业的竞争力，未能充分运用科学的管理方法采取切实可行的行动做到保护环境、节约能源。

　　绿色施工意识的加强与整个环保意识的加强是相辅相成的过程。当前。包括政策的制定者、业主、设计者、施工人员及公众在内，人们对环保的认识仍然普遍不够，公众环保意识水平仍有待提高。我国公众环境意识的特点主要表现在：说得多。做得少；学者和政府官员对环境问题关注较多，而一般居民的环境意识普遍欠缺；城镇居民的环境意识较强，但广大农村居民的环境意识普遍欠缺；对环境问题的认识较高。但实际承受能力有限。根据2000年国家环保总局公布的一项"全国公众环境意识调查报告"显示，我国公众的环境意识尚处于较低水平：虽然多数公众认为我国环境污染状况严重，且一旦把环境问题与其他社会问题，如社会治安、教育、人口、就业、经济、科技和社会公平等相比较，则显出公众对环境问题的重视程度偏低；调查还表明，我国公众的环保意识具有强烈的"依赖政府感"，认为保护环境主要是政府的责任，公众（包括企业、社会团体，甚至地方政府）在观念和行为上均不认为自己也是保护环境和生态的责任主体之一。

　　在建设项目的建造过程中，由于建筑施工作业的特点，以及一线从业人员一般受教育水平较低，他们对施工过程的环境保护、能源节约尤为不重视，似乎已经习惯了刺耳的噪声、严重的浪费和一些习惯性的不良做法。此外对绿色施工的宣传、教育不足，也是导致对绿色施工认识不足的原因，如众多承包商都有一个错误认识就是认为采用绿色施工技术一定会增加费用，事实并非如此。

　　一些绿色施工技术的运用需要增加建筑成本，如无声振捣。现代化隔离防护，节水节电等对可持续发展有利的新型设备（施）；有利于可持续的建造方法的研究与确定等。承包商的目标是以最低的成本及最高的利润在规定的时间内建成项目。除非几乎不增加费用，或者已经在合同中加以规定，或者承包商在经济上有好处，否则承包商不会去实施与环境或可持续发展有关的工作。

　　绿色施工概念的应用同样可以在施工中产生节约的效果。例如通过减少施工现场的破坏、土石方的挖运和人工系统的安装，降低现场清理费用；通过监测耗水量、在有可能的场合重新利用雨水或施工废水，降低水费；通过施工和拆除废料的重新利用，降低填埋场的额外收费和运输费；通过更仔细的采购以及资源和材料的重新利用，降低材料费；减少由于恶劣的室内空气品质引起的雇员健康问题等。

　　当前承包商采用绿色施工技术或施工方法，经济效果并不明显。很多情况下，由于绿色施工被局限在封闭施工、减少噪声扰民、减少环境污染、清洁运输等方面，通常要求增加一定的设施或人员投入，或需要调整施工作业时间，因此会带来成本的增加。而一些节水、节电措施如果没有系统长期的采用，则由于其节约的费用可能低于其投入而得不到应用。

　　由于缺乏系统科学的制度体系，使得政府在宏观调控上缺乏有效的手段，各个部门的标准不同，给执行带来了较大的困难。当前我国建设行政管理部门对施工现场的管理主要体现在对文明施工的管理，对于绿色施工还没有系统科学的制度来予以促进、评价及管理；缺乏必要的评价体系，不能以确定的标准来衡量企业的绿色施工水平。另一方面，当前我国建筑市场仍存在一些不良现象，各项改革仍在进行，如，不规范的建筑工程承发包制导致一些施工企业不是通过改进施工技术和施工方法来提高竞争力；建筑工程盲目压价严重，导致承包商的利润较低，经济承受能力有限。

11.1.2　绿色施工的原则

1. 减少场地干扰、尊重基地环境

工程施工过程会严重扰乱场地环境，这一点对于未开发区域的新建项目尤其严重。场地平整、土方开挖、施工降水、永久及临时设施建造、场地废物处理等均会对场地上现存的动植物资源、地形地貌、地下水位等造成影响；还会对场地内现存的文物、地方特色资源等带来破坏，影响当地文脉的继承和发扬。因此，施工中减少场地干扰、尊重基地环境对于保护生态环境，维持地方文脉具有重要的意义。业主、设计单位和承包商应当识别场地内现有的自然、文化和构筑物特征，并通过合理的设计、施工和管理工作将这些特征保存下来。可持续的场地设计对于减少这种干扰具有重要的作用。就工程施工而言，承包商应结合业主、设计单位对承包商使用场地的要求，制订满足这些要求的、能尽量减少场地干扰的场地使用计划。计划中应明确：

（1）场地内哪些区域将被保护、哪些植物将被保护，并明确保护的方法。

（2）怎样在满足施工、设计和经济方面要求的前提下，尽量减少清理和扰动的区域面积，尽量减少临时设施、减少施工用管线。

（3）场地内哪些区域将被用作仓储和临时设施建设，如何合理安排承包商、分包商及各工种对施工场地的使用，减少材料和设备的搬动。

（4）各工种为了运送、安装和其他目的对场地通道的要求。

（5）废物将如何处理和消除，如有废物回填或填埋，应分析其对场地生态、环境的影响。

（6）怎样将场地与公众隔离。

2. 施工结合气候

承包商在选择施工方法、施工机械，安排施工顺序，布置施工场地时应结合气候特征。这可以减少因为气候原因而带来施工措施的增加，资源和能源用量的增加，有效地降低施工成本；可以减少因为额外措施对施工现场及环境的干扰；可以有利于施工现场环境质量品质的改善和工程质量的提高。

承包商要能做到施工结合气候，首先要了解现场所在地区的气象资料及特征，主要包括：降雨、降雪资料，如：全年降雨量、降雪量、雨期起止日期、一日最大降雨量等；气温资料，如年平均气温、最高、最低气温及持续时间等；风的资料，如风速、风向和风的频率等。

施工结合气候的主要体现有：

（1）承包商应尽可能合理的安排施工顺序，使会受到不利气候影响的施工工序能够在不利气候来临时完成。如在雨期来临之前，完成土方工程、基础工程的施工，以减少地下水位上升对施工的影响，减少其他需要增加的额外雨期施工保证措施。

（2）安排好全场性排水、防洪，减少对现场及周遍环境的影响。

（3）施工场地布置应结合气候，符合劳动保护、安全、防火的要求。产生有害气体和污染环境的加工场（如沥青熬制、石灰熟化）及易燃的设施（如木工棚、易燃物品仓库）应布置在下风向，且不危害当地居民；起重设施的布置应考虑风、雷电的影响。

（4）在冬期、雨期、风期、炎热夏季施工中，应针对工程特点，尤其是对混凝土工程、土方工程、深基础工程、水下工程和高空作业等，选择适合的季节性施工方法或有效措施。

3. 绿色施工要求节水节电环保

节约资源（能源）建设项目通常要使用大量的材料、能源和水资源。减少资源的消耗，节约能源，提高效益，保护水资源是可持续发展的基本观点。施工中资源（能源）的节约主要有以下几方面内容：

（1）水资源的节约利用。通过监测水资源的使用，安装小流量的设备和器具，在可能的场所重新利用雨水或施工废水等措施来减少施工期间的用水量，降低用水费用。

（2）节约电能。通过监测利用率，安装节能灯具和设备、利用声光传感器控制照明灯具，采用节电型施工机械，合理安排施工时间等降低用电量，节约电能。

（3）减少材料的损耗。通过更仔细的采购，合理的现场保管，减少材料的搬运次数，减少包装，完善操作工艺，增加摊销材料的周转次数等降低材料在使用中的消耗，提高材料的使用效率。

（4）可回收资源的利用。可回收资源的利用是节约资源的主要手段，也是当前应加强的方向。主要体现在两个方面，一是使用可再生的或含有可再生成分的产品和材料，这有助于将可回收部分从废弃物中分离出来，同时减少了原始材料的使用，即减少了自然资源的消耗；二是加大资源和材料的回收利用、循环利用，如在施工现场建立废物回收系统，再回收或重复利用在拆除时得到的材料，这可减少施工中材料的消耗量或通过销售来增加企业的收入，也可降低企业运输或填埋垃圾的费用。

4. 减少环境污染，提高环境品质

工程施工中产生的大量灰尘、噪声、有毒有害气体、废物等会对环境品质造成严重的影响，也将有损于现场工作人员、使用者以及公众的健康。因此，减少环境污染，提高环境品质也是绿色施工的基本原则。提高与施工有关的室内外空气品质是该原则的最主要内容。施工过程中，扰动建筑材料和系统所产生的灰尘，从材料、产品、施工设备或施工过程中散发出来的挥发性有机化合物或微粒均会引起室内外空气品质问题。许多这些挥发性有机化合物或微粒会对健康构成潜在的威胁和损害，需要特殊的安全防护。这些威胁和损伤有些是长期的，甚至是致命的。而且在建造过程中，这些空气污染物也可能渗入邻近的建筑物，并在施工结束后继续留在建筑物内。这种影响尤其对那些需要在房屋使用者在场的情况下进行施工的改建项目更需引起重视。常用的提高施工场地空气品质的绿色施工技术措施可能有：

（1）制定有关室内外空气品质的施工管理计划。

（2）使用低挥发性的材料或产品。

（3）安装局部临时排风或局部净化和过滤设备。

（4）进行必要的绿化，经常洒水清扫，防止建筑垃圾堆积在建筑物内，贮存好可能造成污染的材料。

（5）采用更安全、健康的建筑机械或生产方式，如用商品混凝土代替现场混凝土搅拌，可大幅度地消除粉尘污染。

（6）合理安排施工顺序，尽量减少一些建筑材料，如地毯、顶棚饰面等对污染物的吸收。

（7）对于施工时仍在使用的建筑物而言，应将有毒的工作安排在非工作时间进行，并与通风措施相结合，在进行有毒工作时以及工作完成以后，用室外新鲜空气对现场通风。

（8）对于施工时仍在使用的建筑物而言，将施工区域保持负压或升高使用区域的气压会有助于防止空气污染物污染使用区域。

对于噪声的控制也是防止环境污染，提高环境品质的一个方面。当前中国已经出台了一些相应的规定对施工噪声进行限制。绿色施工也强调对施工噪声的控制，以防止施工扰民。合理安排施工时间，实施封闭式施工，采用现代化的隔离防护设备，采用低噪声、低振动的建筑机械如无声振捣设备等是控制施工噪声的有效手段。

5. 实施科学管理、保证施工质量

实施绿色施工，必须要实施科学管理，提高企业管理水平，使企业从被动地适应转变为主动的响应，使企业实施绿色施工制度化、规范化。这将充分发挥绿色施工对促进可持续发展的作用，增加绿色施工的经济性效果，增加承包商采用绿色施工的积极性。企业通过 ISO14001 认证是提高企业管理水平，实施科学管理的有效途径。

实施绿色施工，尽可能减少场地干扰，提高资源和材料利用效率，增加材料的回收利用等，但采用这些手段的前提是要确保工程质量。好的工程质量，可延长项目寿命，降低项目日常运行费用，利于使用者的健康和安全，促进社会经济发展，本身就是可持续发展的体现。

11.1.3　绿色施工的要求

为贯彻落实科学发展观，加快转变经济发展方式，实现我国建筑行业安全发展、绿色发展，推动施工现场管理水平再上新台阶，应该贯彻以下要求。

（1）在临时设施建设方面，现场搭建活动房屋之前应按规划部门的要求取得相关手续。建设单位和施工单位应选用高效保温隔热、可拆卸循环使用的材料搭建施工现场临时设施，并取得产品合格证后方可投入使用。工程竣工后一个月内，选择有合法资质的拆除公司将临时设施拆除；

（2）在限制施工降水方面，建设单位或者施工单位应当采取相应方法，隔断地下水进入施工区域。因地下结构、地层及地下水、施工条件和技术等原因，使得采用帷幕隔水方法很难实施或者虽能实施，但增加的工程投资明显不合理的，施工降水方案经过专家评审并通过后，可以采用管井、井点等方法进行施工降水；

（3）在控制施工扬尘方面，工程土方开挖前施工单位应按《建筑工程绿色施工规范》GB/T 50905—2014 的要求，做好洗车池和冲洗设施、建筑垃圾和生活垃圾分类密闭存放装置、沙土覆盖、工地路面硬化和生活区绿化美化等工作；

（4）在渣土绿色运输方面，施工单位应按照的要求，选用已办理"散装货物运输车辆准运证"的车辆，持"渣土消纳许可证"从事渣土运输作业。

（5）在降低声、光排放方面，建设单位、施工单位在签订合同时，注意施工工期安排及已签合同施工延长工期的调整，应尽量避免夜间施工。因特殊原因确需夜间施工的，必须到工程所在地区县建委办理夜间施工许可证，施工时要采取封闭措施降低施工噪声并尽可能减少强光对居民生活的干扰。

11.1.4 绿色施工的措施与途径

我国资源总量和人均资源量都严重不足，同时我国的消费增长速度惊人，在资源再生利用率上也远低于发达国家。我国各地区在气候、地理环境、自然资源、经济社会发展水平与民俗文化等方面都存在巨大差异。我国正处于工业化、城镇化加速发展时期。我国现有建筑总面积 400 多亿平方米，预计到 2020 年还将新增建筑面积约 300 亿 m^2。在我国推进绿色施工，是一项意义重大而十分迫切的任务。我们如果不会行可持续发展战略，或许几十年后，我们的地球真的就变成图 11-3 所展现的惨状。

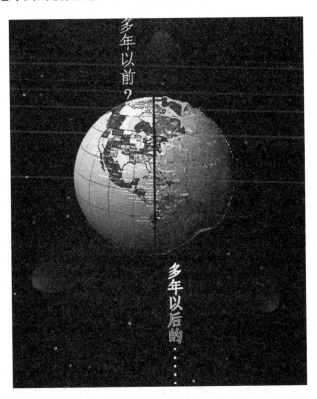

图 11-3 地球的变化对比

因此，我们必须采取有效措施推进绿色施工的普及，具体措施如下：

（1）建设和施工单位要尽量选用高性能、低噪声、少污染的设备，采用机械化程度高的施工方式，减少使用污染排放高的各类车辆。

（2）施工区域与非施工区域间设置标准的分隔设施，做到连续、稳固、整洁、美观。硬质围栏 / 围挡的高度不得低于 2.5m。

（3）易产生泥浆的施工，须实行硬地坪施工；所有土堆、料堆须采取加盖防止粉尘污染的遮盖物或喷洒覆盖剂等措施。

（4）施工现场使用的热水锅炉等必须使用清洁燃料。不得在施工现场熔融沥青或焚烧油毡、油漆以及其他产生有毒、有害烟尘和恶臭气体的物质。

（5）建设工程工地应严格按照防汛要求，设置连续、通畅的排水设施和其他应急设施。

（6）市区（距居民区 1000m 范围内）禁用柴油冲击桩机、振动桩机、旋转桩机和柴油发电机，严禁敲打导管和钻杆，控制高噪声污染。

（7）施工单位须落实门前环境卫生责任制，并指定专人负责日常管理。施工现场应设密闭式垃圾站，施工垃圾、生活垃圾分类存放。

（8）生活区应设置封闭式垃圾容器，施工场地生活垃圾应实行袋装化，并委托环卫部门统一清运。

（9）鼓励建筑废料、渣土的综合利用。

（10）对危险废弃物必须设置统一的标识分类存放，收集到一定量后，交有资质的单位统一处置。

（11）合理、节约使用水、电。大型照明灯须采用俯视角，避免光污染。

（12）加强绿化工作，搬迁树木须手续齐全；在绿化施工中科学、合理地使用余处置农药，尽量减少对环境的污染。

11.2　建筑过程监控

发展是人类社会永恒的主题。自从 20 世纪 90 年代联合国在环保大会上提出"可持续发展"口号后，"可持续发展"战略越来越受到人们的关注，在社会发展中得到了广泛的宣传和应用，在建筑领域也掀起了一股"绿色建筑"热潮。由于传统城市发展模式、传统建筑体系是不可持续的体系，是污染环境、造成生活质量下降的体系，因此，探索绿色道路。在智能和绿色建筑项目中，包含节能监控和门禁产品在内的可靠的物理安防系统。节能环保作为可持续发展的保证，已成为我国的基本国策。国家"十一五"期间对建筑节能制定了法律法规、相应的规范及科技方面的支撑等。"十二五"期间对建筑节能环保等方面还有更高的目标。目前中国建筑能耗约占全社会总能耗 1/3。因此对建筑过程监控就非常有必要，通过对建筑内设备进行实时监测和控制，为用户提供舒适的工作生活环境，并在此基础上通过资源的优化配置和系统的优化运行达到节约能源和人力的目的。就现在而言，建筑能耗主要有供暖、空调、照明、炊事等能耗。其中空调能耗又占了主要比例。随着我国城市化进程的加快和人民生活水平的普遍提高，我国居民的居住环境得到了极大改善。家庭装饰装修成为一种普遍现象。由于装修不当造成的室内环境污染问题，成为近年来影响公众身体健康的主要原因。随着科技发展社会进步人们在室内工作学习时间越来越长。据统计，人的一生大约有 2/3 的时间在室内度过。因此，创造一个安全健康的室内环境尤为重要。

根据以上分析，创建绿色建筑需进行安防监控、电力监控、照明监控、空调监控、室内环境污染监控等。

11.2.1　可持续建筑安防监控

随着人们对安防重视程度的提高，并且建筑也变得越来越复杂，所以安防设计得以在早期介入整个建筑的生命周期。开发商和建筑管理团队应提前考虑电子监控设备和网络、摄像设备安装的有利位置、电缆管槽、电子线路的密闭与抗干扰及支托。视频监控是安全防范系统的重要组成部分，它是一种防范能力较强的综合系统。视频监控以其直观、准确、及时和信息内容丰富而广泛应用于许多场合。可以对楼内重要位置进行24h不间断监控。同时将监控画面保留存储，以便随时调用。将视频监控信息存入DVR（DigitalVideoRecorder（硬盘录像机），即数字视频录像机），并且将DVR提供的数据通过以太网实时传输到监控中心工作站上将多路视频信号显示于电视墙上。

视频监控系统又称闭路监视系统，按其工作原理，可以分为摄像、传输、控制、显示与记录4个部分，摄像部分包括摄像机、镜头、防护罩、支架和电动云台，其作用是对被摄体摄像并转换为电信号。传输部分包括线缆、调制与解调设备、线路驱动设备，其作用是把摄像机发出的电信号传送到监控中心。显示与记录部分包括监视器、画面处理器和录像机等，其作用是把从现场传来的电信号转换为图像并在监视设备上显示并录像。控制部分则负责所有设备的控制和图像信号的处理，图11-4为摄像部分，图11-5为传输线。

图 11-4　摄像部分

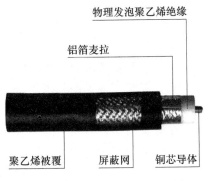 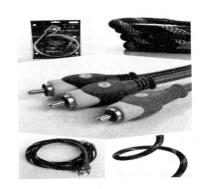

图 11-5　传输线

11.2.2　可持续建筑电力监控

电力监控系统以计算机、通信设备、测控单元为基本工具，为变配电系统的实时数据采集、开关状态监测及远程控制提供了基础平台，它可以和检测、控制设备构成任意复杂的监控系统。楼宇电力监测主要针对楼内各个回路的电流、电压、功率因数、功率等电力参数实时监测，生成历史数据报表，对过限和低限的参数报警，在一段时间内评估电能质量情况，并且对能耗较大的回路生成节能提示报告。在电力监测室内安装电力监控调理板和 PLC（PLC 是一种专门在工业环境下应用而设计的数字运算操作的电子装置。）实现以上数据的采集、放大、整流、滤波与计算，并且通过以太网实现远程监控。

电力监测主要是对电流、电压、电能的监测。电力监测系统利用测量技术、现场总线技术和组态软件技术，对中低压配电系统的数据进行实时测量、传输以及远程监控，实现了分散采集和集中管理。电力监测系统分为三个部分：数据采集单元、数据传输单元、数据监控单元。数据采集单元负责采集电流和电压，并计算得出功率。数据传输单元使用工业以太网作为传输介质。数据监控单元将实时监控数据通过 HMI（HMI 是 Human Machine Interface 的缩写，"人机接口"，也叫人机界面。又称用户界面或使用者界面）人机界面显示在大屏显示系统上，监控终端也可以在本地实时监控各个回路运行状态，实现数据监控。

我国电气引发的火灾事故逐年剧增，已成为火灾发生的主要原因之一，并在所有火灾起因中居首位。政府有关部门也非常重视，相继制定或修改了有关标准规范，要求在建筑中设置电气火灾监控系统。下面介绍一种火灾监控设备。

JFD-B 型电气火灾监控设备通过对剩余电流和温度信号的采集与监控，实现对电气火灾的早期预防和报警，当必要时还能联动切除被检测的配电回路，也可根据用户需求，满足与火灾报警系统或电能管理系统等进行联动或数据交换和共享。系统各设备之间均采用总线（双绞线）进行连接，使布线简单方便。

11.2.3　可持续建筑照明监控

照明监控系统是对楼内多个照明回路进行集中控制，照明监控还包括宿舍插座的监控，楼内管理人员可以根据不同时段对楼内不同回路照明限电，防止晚上下班后部分楼层办公室忘一记关灯，造成电能浪费。白天工作时间对宿舍插座断电，防止宿舍用电器在无人看管情况下发生故障导致火灾。在每个配电室内安装 PLC 以及低压控制器件，远程操作台内的 PLC 接收启停信号，通过以太网对相应配电室内 PLC 发出控制命令，相应 PLC 控制继电器、交流接触器等低压控制设备执行开 / 关操作。

节能是照明控制系统的一个主要目的。传统的楼宇照明系统需要人为控制一些公共区域白天关灯、晚间开灯。如果照明区域较多的话，每天楼宇管理人员的工作量很繁重。如果采用了智能照明系统，可以根据不同时间、不同场合有选择地对照明区域分时段开关灯，还可以根据需要远程统一开灯和关灯。除此之外，在灯具内部安装明暗调节装置，根据自然光线的强弱，自动调节室内的照度。照明监控系统的多种照明模式，在保证了必要照明的同时，有效的合理控制灯具使用时间，达到节能的目的，同时延长了灯具的使用寿命。

11.2.4　可持续建筑空调设备监控

目前，空调能耗约占建筑能耗的 2/3。对空调系统的监控是非常必要的。下面就对空调系统的监控做以下介绍。

第一、对空调冷热源监控。冷源一般都有冷水机组提供，冷水机组通常分为冷水和冷却水两个分系统，它们共同工作才能完成冷水的供应。冷水系统把冷水机组所制冷水经冷水泵送入分水器，由分水器向各空调分区的新风机组、空调机组或风机盘管供水后，返回到集水器经冷水机组循环制冷。冷却水系统中的冷却水是指制冷机的冷凝器和压缩机的冷却用水。冷却水由冷却水泵送入冷水机组进行热交换，水温提高后循环进入冷却塔进行冷却处理，图 11-6 为冷冻系统监控系统图。

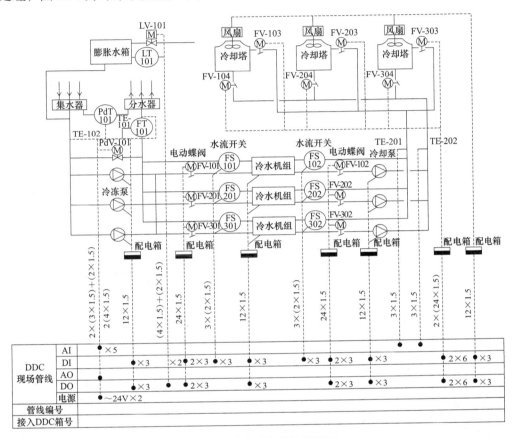

图 11-6　冷冻系统监控系统图

控制中心对冷水机组工作状态的监测内容包括：监测风机运行状态、故障状态、手/自动状态，冷却塔冷却风扇的启、停，冷却塔进水蝶阀的开度，冷却水进、回水温度，冷却水泵的启、停，冷水机组的启、停，冷水机组的冷却水以及冷水出水蝶阀的开度，冷水循环泵的启、停，冷水供、回水的温度、压力及流量，冷水旁通阀的开度等。控制中心根据上述监测的数据和设定的冷水机组工作参数自动控制设备的运行。

控制中心通过对冷水机组、冷却水泵、冷却水塔、冷水循环泵台数的控制，可以有效地、大幅度地降低冷源设备的能量消耗。控制中心可根据冷水供、回水的温度与流量，参考当地的室外温度计算出空调系统的实际负荷，并将计算结果与冷水机组的总供水量做比较，若总供水量减去空调系统的实际负荷小于单台冷水机组供冷量，则自动维持一台冷水机组运行而停止其他几台冷水机组的工作。

空调系统的热源通常为蒸汽或热水，它由城市热网或锅炉提供。空调系统终端热媒通常是 65 ～ 70℃ 的热水，而锅炉或市政管网提供的通常是高温蒸汽。在空调系统中常用热交换器完成高温蒸汽与空调热水的转换，这种换热器称汽–水换热器。也有提供高温热水的热水锅炉，提供 90 ～ 95℃的高温热水，同样需要热交换器把高温热水转换成空调热水，这种换热器称为汽–水换热器。

热交换器交换后的空调热水经热水循环泵（有的系统与冷水泵合用）送到各空调机组等终端负载中，在各负载中进行热湿处理后，水温下降的空调水回流，经集水器进入热交换器再加热，依次循环。图 11-7 为热交换监控系统图。

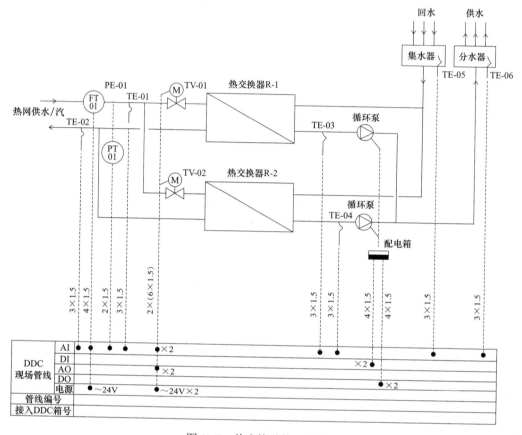

图 11-7　热交换监控系统图

热交换机组的节能控制：根据分水器、集水器的供、回水温度及回水流量，实时计算二次侧所需热负荷，按实际热负荷自动投运相应台数的热交换器及热水循环泵。

第二、空调机组监控系统。控制中心对空调机组工作状态的监测内容主要包括过滤器阻力（ΔP），冷、热水阀门开度，加湿器阀门开度，送风机与回风机的启、停，新风、回风与排风风阀开度，新风、回风以及送风的温、湿度（T、H）等。根据设定的空调机组工作参数与上述检测的状态参数情况，监控中心控制送、回风机的启停，新风与回风的比例调节，换热器盘管的冷热水流量，加湿器的加湿量等，以保证空调区域空气的温度与湿度既能在设定的范围内并满足舒适要求，又能使空调机组以最低的能耗方式运行。

主要监控功能：（1）根据送风温度与 BAS 系统中设定的温度值进行比较，由控制器调节控制冷冻回水电动阀，改变冷水流量，使送风温度达到设定值。（2）将回风管内的温度与系统设定值进行比较，用控制器控制冷水/热水电动阀开度，调节冷水或热水的流量，使回风温度保持在设定的范围之内。（3）对回风管、新风管的温度与湿度进行检测，计算新风与回风的焓值，按回风和新风的焓值比例控制回风门和新风门的开启比例，从而达到节能的效果。（4）检测送风管内的湿度值，并与系统设定值进行比较，由控制器控制湿度电动调节阀，从而使送风湿度保持在所需要的范围之内。（5）测量送风管内接近尾端的送风压力，调节送风机的送风量，以确保送风管内有足够的风压。（6）风机启动/停止的控制、运行状态的检测及故障报警。（7）过滤网堵塞报警。采用压差开关测量过滤器两端的差压，当差压超限时，压差开关闭合，并将报警信号传至上位机，提示物业人员及时进行清扫。（8）防霜冻保护。采用防冻开关检测盘管的温度，当防冻开关检测值低于某一定值（一般设为5℃）时，关闭新风门，热水阀全开并停风机，以防盘管受冻爆裂致使设备损坏，同时将报警信号送至中央管理站。（9）风机运行状态检测。在风机的前后风道处分别安装压差开关测压导气管。当风机运行时，风机前后形成压力差，压差开关检测到有压力差存在后，内部常开触点闭合，上位机显示风机状态为运行；当风机停止时，风机前后压差消失，触点又断开，上位机显示风机状态为停止。通过这种方式检测风机运行状态比直接从动力柜上取点更为可靠。（10）空气质量保证。采用空气质量传感器保证空调房间的空气质量。当房间中 CO_2、CO 浓度升高时，传感器输出信号到 DDC，经计算后输出控制信号，控制新风门开度以增加新风量，图11-8为空气调节系统监控系统图。

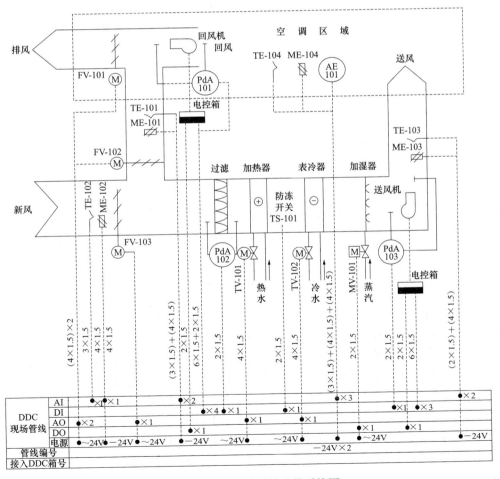

图 11-8 空气调节系统监控系统图

第三、新风机组的监制。新风机组是一种没有回风装置的空调机组，其检测与控制和空调机组基本相同。

新风机组的节能控制：新风机组的节能控制通常以送风风道温度或房间温度为调节参数，即把送风风道温度或房间温度传感器测量的温度送入 DDC 控制器与给定值比较，产生的偏差由 DDC 按 PID 规律调节表冷器回水调节阀开度，以达到控制冷热水量，使夏天房间温度低于 28℃，冬季则高于 16℃。新风机组送风湿度调节、基准参数的再设控制、过滤器堵塞报警、防霜冻保护、风机运行状态检测、空气质量保证、设备的开 / 关控制、与消防系统联动等与空调机组的控制原理和要求相同，图 11-9 为新风机组监控系统图。

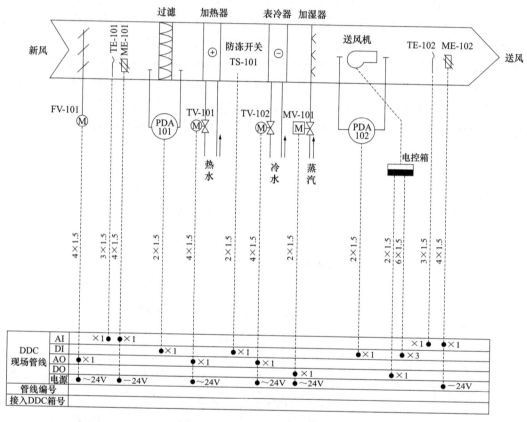

图 11-9　新风机组监控系统图

第四、风机盘管的监测与控制。风机盘管的控制通常不纳入楼宇控制系统内，而作为独立的现场控制器去控制现场的风机盘管，也有个别系统把风机盘管的控制纳入楼宇控制系统内，供应商也提供带有通信接口的风机盘管控制器，只要把这种控制器接在系统的控制总线上，就能完成远程联网控制。这种控制器带有数字输出接口，并带有温度传感器，检测现场温度后与设定值比较，产生偏差时控制风机盘管的回水电动阀，达到控制室温的目的。一般风机盘管的控制由带三速开关的室内温控器来完成，它不带通信接口，安装在需要调温的房间内。温控器上有通 / 断两个工作位置，当温控器打到通的工作位置，风机盘管的回水电动阀全开，并为房间提供经过冷热处理的空气；当温度达到设定值时，复位弹簧会使阀门关闭。

当拨动温控器上三速开关"高、中、低"挡的任意键，风机盘管内的风机按对应的风速向房间送风。另外，在温控器上设有冷、热运行选择开关，降温运行时将选择开关拨在冷挡，加温运行时选择热挡。当选择开关拨在关挡时，电动阀因失电而关闭，风机电源亦同时被切断，风机盘管停机。

11.2.5　可持续建筑室内污染监控

控制室内环境污染要从两方面入手：首先，要为购房者提供一个安全健康的房屋。这就要求从房地产开发建设环节进行有效控制，避免造成室内环境污染，促进和提高我国房地产建设开发行业室内环境保护工作水平。并且积极主动配合建设部门建筑工程室内环境质量验收，真正做到"健康住房"。另外，室内环境专业委员会将在全国范围内开展广泛的"家庭装修室内环境污染情况调查活动"。以某一城市为代表先进行调研，成功经验在全国范围内推广。室内装饰装修是造成室内环境污染的主要因素。室内装修涉及众多环节，每个环节都会影响装修后的室内环境质量。因此，在室内装修各个环节分别控制避免造成室内环境污染，是室内环境污染控制系统工程的重要组成部分。

第一，室内装饰装修环境污染控制工作的一个重要环节，取决于设计师的室内环境保护知识技能水平。第二，为了有效控制室内装饰装修工程造成的室内环境污染，给家装消费者创造健康的居住环境，帮助装饰施工企业施工的工程达到《民用建筑工程室内环境污染控制标准》GB 50325—2020，真正做到健康装修，从室内装饰装修施工环节有效控制室内环境污染，避免因装修造成的室内环境污染对人体健康产生的危害。第三，为了给消费者提供优质环保的装饰、装修材料和产品，避免不环保产品流入市场，在建材流通领域控制室内环境污染，给消费者营造放心的环保装饰建材采购场所。为建材经营者树立安全健康建材经营理念，提高环保建材的市场竞争能力，促进室内装饰材料流通领域健康发展。第四，室内装饰装修材料的生产，能否满足《室内装饰装修材料有害物质限量》标准，是控制室内环境污染的源头问题。第五，为了给室内环保装饰材料的生产者、经营者、使用者和最终受益人，建立"以利于人使用"为出发点的可参考依据，开展"室内环境有害物质释放安全性测试评价"活动，建立"室内环境有害物质释放安全性测试评价指数"体系，真正达到"科技以人为本"的科研目的，是实现"室内环境有害物质浓度预评价计算"的基础和先决条件。

11.3　建筑物的运营和维护

11.3.1　维护计划

关于建筑设计和施工的规范和职业标准的存在，保证了建筑的质量。但是仅有它们还不够，因为即使是一座正确设计和建造的建筑，也不能提供一个高效节能，健康的环境，除非它能够正确地运营和维护。不幸的是，对职业标准的贯彻执行或保证建筑的质量，往往在建筑物施工结束的时候就终止了。这一部分着重于讲述在建筑物运行阶段节约资源的同时，提升室内环境的品质的一个总的看法。培训设备工作人员，以观察关注建筑的标准：

（1）应遵从的方针与程序。

（2）周期性地评估占有的荷载，使用的空间类型和相应的通风，温度，湿度设备。

（3）建立气流和热的参数衡量方法。

（4）检查系统组成机制运行的计划和工作时间表。

（5）检查系统清洁的计划和工作时间表。

（6）建立修缮和取代的体系。包括材料安全数据表（MSDS），在建筑环境设备中清洁和有害物控制的方法以及日常管理的程序和方法。

11.3.2　资源效率和修缮

（1）固体废弃物建立一个有效的垃圾缩减，回收和再利用的程序；

1）降低在资源节省中废弃物处理的花费，这意味着，购买具有更少包装的产品和制造更少废弃物。

2）尽量减少有毒的废弃物，例如沙囊、含汞的荧光物和高亮度的灯、汽油，不可再利用电池以及含汞的器具。

（2）水的节约减少建筑物的用水。

1）在空气和水分配系统建立渗漏探测程序。

2）通过建立低流失和高效率的水龙头和其他固定设备和器具，减少水的流失率和并存的废弃物。

3）培养设备维护人员和房客的节水意识：减少室外的地面用水，修补和替换洒水车，避开容易吸水的区域。例如：

① 尽量在早上洒水，以减少蒸发损失。

② 缩短喷洒时间，以避免水的流失。

③ 当取得当地健康与环境权威机构认可的时候，可以捕捉和使用雨水与可再利用废水。

（3）工作程序将房客与由建筑相关活动产生的环境污染物隔离开；如有必要，将非常敏感的房客从工作地点带离。在房客的活动时间之外工作以减少污染。污染物包括粉尘以及用于墙壁和门涂料与胶粘剂的油漆和化学物质的放射物。最好在有人居住的时候，不要进行油漆、粘结、地毯安放和导致建筑粉尘以及其他碎片的活动。如果做不到这一点，必须有其他的替代方法来尽可能减少对居民健康和生产力的不利影响。

（4）屏障。

当修缮发生时房子已经被居住的时候，使用以下方法来隔离施工活动：

1）将房客和 HVAC 系统隔离开，使他们远离施工区域。

2）将施工区域和居住区域用物理屏障隔开，如塑料布，这可以减少两者之间的空气流通。

3）特别注意保证有过敏症的房客远离施工区。

4）努力减少拆除的噪声和其他影响正常工作与妨碍舒适的因素。

（5）通风

采用暂时性的通风措施来减少空气污染。

1）即使有了物理屏障，与施工相关的空气污染，如粉尘、油漆、胶粘剂的气味还是会通过建筑物的通风系统在其周围循环。需要直接从施工区域将污染气体排出户外，改变通风和供热设施以适应空间的构造，通过考虑其他区域，让该空间被动密封起来。

2）如果需要，将窗户上的隔板和其他孔洞移走，以适应和处理施工造成的各种垃圾，并且引导气体直接排出室外。

3）如果空气处理系统同时服务施工区域与居住区域，将可能气体回流的路径密封，以防止粉尘与气味循环。

4）保证在修缮中产生的微小颗粒能够被有效地过滤。这可以通过为修缮区提供的空气100%来自户外。经常检查和替换过滤器，保证修缮区的管道系统正常运行。

11.3.3 能源效率的运作和维护

1. 运行和维护调整

运行和维护调整是机构发展可持续盈利机制的第一步。一旦一个机构在初运行和维护调整上进行投资，将来的能源效益就能从低能耗运行和维护调整中受益。这种可持续盈利机制要求监控和跟踪资源以便它们能够在将来的改进中作出贡献。

运行和维护目的：

1）找出最有效率的方法，尽可能增大建筑物的功能和减少能源浪费。

2）改进运行和维护方法，作为设备系统运营和耗能的基准。

3）为机构提供一种可持续盈利的机制，用于有效使用能源。

运行和维护操作要点：

1）在选定的时间段内执行改进方法，例如六个月到三年。从改进初运行和维护调整中节省的资源既可以帮助抵消其他优先级稍低但是很重要的改进花费，也可抵消最理想建筑功能但是昂贵的改进花费。

2）衡量和证明改进方法的影响，以创造一条追踪运行和维护活动的基准线，以确定该改进方法是否获得了所期望的结果。

2. 自动控制

保持一个建筑的舒适度，使用控制系统使操作仪器和系统达到能效最大化并减少建筑职员抱怨上的时间。了解并安装完整的系统功能，运行这些功能保证仪器设备正常工作。可利用EMS对卖家提供培训。对于新系统，需要供货商/安装人员完整地测试安装系统，包括说明控制方法和操作步骤：

1）对于新系统，考虑雇佣一个资质足够的第三方专家去评估和代安装系统，保证所有功能正常应用且电子管理系统（EMS）和被控设备正确接触，通常这些服务消耗的资金能在一年内收回。

2）训练一个或多个建筑操作职员对总揽系统控制和运行，保证常规数据实时更新备份。

3. 时刻表

4. 跟踪

跟踪观察整体能源使用情况和设备损坏状态是很重要的。

5. 预防性操作和保养

即使一个设备或系统被精心保养，如果用不合适的控制策略或者用不当的工序运行，也会发生大量的能源浪费。

11.3.4　绿色内务管理和保管实践

1. 采用以下 10 条管理条例作为管理环保建筑内务项目的一个基本框架：

（1）对建筑用户和所有者提供持续的培训。

（2）清洁内外环境以保证健康。

（3）以全面综合的方式清洁、维护建筑。清洁、维护建筑的某一区域可以从整体上影响别的区域。

（4）有计划、周期地整理内务和保证服务。频繁有规律地计划好内务整理是达到建筑高运转最有效率的方法。

（5）升级处理住宅事故的能力，例如由有害化学反应引起的空气污染、溢出和漏水。

（6）减少人们对有害污染和清洁垃圾的倾倒。

（7）减少清洁时产生的化学蒸汽垃圾。

（8）任何时候都要保证工人和房产所有人的安全。

（9）减少进入建筑时的污染。化学稀释不能消除污染，应当考虑从源头控制。

（10）用环保安全的方法处理清洁垃圾。

2. 绿色内务管理和保管实践制定清洁步骤以建立灵活且避免冲突的行程安排。

1）永远遵守清洁产品稀释，使用、安全和处理的说明。

2）逐步设定一个基准并制定建筑清洁需求的第一步。

3）执行每年一度的基准回顾或者调查，特别注意在相邻特性，建筑革新的改变或者建筑用途的改变（例如新租户的要求）上。

3. 目标建筑的检查区域——地下室、减速区和有机械系统的区域。

1）车库、下载区、购物区；

2）地板和地毯；

3）大门和客厅；

4）楼梯和电梯；

5）办公室、工作区、教室、图书馆和居住区；

6）配餐区和用餐区；

7）洗衣房、厕所、喷头和洗浴区；

8）邮件、复印件和计算机房；

9）保管室和储藏室；

10）阁楼和上部区域。

4. 宠物计划需要一个完整的宠物管理程序来实行，完整的宠物管理（IPM）是一个对宠物控制的调整，它是旨在防止达到宠物不可接受程度的最合理方法且对房屋所有者，工人和环境的可能危害最小。

1）清除所有食物，如饮食区和油烟、车罩和通风口的碎屑；

2）保留废物在远离建筑的密封容器中；

3）在必要的地方增设物理屏障，如烟囱罩，空气屏，防止宠物进入和活动；

4）有随身物品时，用有照明功能的随身物品，塑胶板和吸附式随身物品；

5）当必须使用化学药剂时，把它们限制在指定地点并使用最小用量。

5. 清洁产品要按照指导选择无害化学物的清洁产品并避免浪费。

1）保证物质安全数据表（MSDSs）在档，且可以为员工反复查阅；

2）选择清洁产品时需考虑安全因素；

3）选择清洁产品时需考虑环境因素；

4）考虑减少清洁产品的包装。

思 考 题

1. 什么是绿色施工？简述我国绿色施工的现状。

2. 绿色施工的具体原则是什么？有哪些要求？

3. 绿色施工的措施与途径有哪些？

4. 阐述对建筑过程监控的必要性。

5. 简介视频监控系统。

6. 如何对空调系统实施监控？

7. 控制室内环境污染主要从哪几个方面入手？

8. 怎样保证能源效率？

9. 能源效率运作与维护的目的是什么？

10. 能源效率的运作与维护具体内容有哪些？

11. 浅谈绿色内务管理和保管实践。

参 考 文 献

［1］申琪玉，李惠强. 绿色建筑与绿色施工［J］. 科学技术与工程，2005，21（5）：1634-1638.

［2］张希黔，林琳. 绿色建筑与绿色施工现状及展望［J］. 施工技术，2011，08：1-7.

［3］竹隰生，王冰松. 我国绿色施工的实施现状及推广对策［J］. 重庆：重庆建筑大学学报，2005，02：97-100.

［4］绿色施工导则. 中华人民共和国建设部，［2007］223.

［5］王有为. 中国绿色施工解析［J］. 施工技术，2008，06.

［6］《建筑工程绿色施工评价标准》GB/T 50640—2010.

［7］黄怀丰. 绿色建筑浅谈［J］. 环球市场信息导报. 总第416期2011年第24期.

［8］筑能网. "中国室内环境污染控制系统工程"主要工作.

［9］马克刚. 智能小区中安防系统的研究和设计［J］. 合肥：合肥工业大学学报（自然科学版）. 2005年12期.

［10］耿建军. 智能建筑中视频监控系统设计与应用［D］. 济南：山东大学，2007.

［11］百度文库. 电力监控系统——上海艾罗崎. 网络《http：//baike. baidu. com/link?url=TE4yjIfFiEx_2bjesVQnrfg6Ze5lu48geglHPBCF6HMqcmyHo2Uyqnz4oaV1XwclVePahhSYgTvn7LeC8Z7n9q》.

［12］吕雅洁. PLC在电力监控系统中的应用. 城市建设理论研究 2011年第30期.

［13］太平洋安防网. 浅析智能电力监控系统及其在智能建筑中的应用. 电子工程世界 2011.

［14］于凤斌. 防火漏电报警器在低压配电系统中的应用. 城市建设理论研究 2012年第6期.

［15］李江帆. 智能小区景观与道路照明监控系统［J］. 国外建材科技. 2006.

［16］马秋红．校园智能照明系统的设计［J］．内江科技．2010 年第七期．

［17］考试资料文库．建筑设备监控系统．网络 http：//max．book118．com/html/2013/0606/4100459．shtm．

［18］深圳室内环境治理网．中国室内环境污染控制系统工程工作．

［19］张慧萍．基于全寿命周期理论的绿色建筑成本研究［D］．重庆：重庆大学．2012 年．

［20］王明．可持续建筑良性发展策略［J］．工业界建筑．2007 年．

［21］张东波．可持续建筑关键技术与运行管理研究［D］．重庆：重庆大学．2011 年．

［22］程大章．绿色建筑只能化的价值［J］．智能建筑与城市信息．2012 年．

［23］郝林．整体性可持续建筑系统的设计与分析［J］．建筑学报．2013 年．